“十四五”国家重点出版物出版规划项目

中国肥料研究与应用全书

Books of Fertilizer Research and Application in China

肥料科学施用

Scientific Application of Fertilizers

陈新平　吴良泉　王孝忠　主编

化学工业出版社

·北京·

内容简介

本书主要介绍了肥料科学施用的原理与技术及相关方面的知识，包括施肥技术发展历程、科学施肥原理、测土配方施肥原理与技术、新型肥料施肥原理与技术、机械化施肥技术和水肥一体化技术、粮食作物高产绿色施肥原理与技术、大田经济作物高产绿色施肥原理与技术、果树高产优质绿色施肥原理与技术、蔬菜高产优质绿色施肥原理与技术等内容。

本书适合从事肥料研究、生产、应用及营销等方面的科研管理和应用人员学习，也可以作为农业资源与环境、植物营养学、农业绿色发展等相关专业师生的参考用书。

图书在版编目（CIP）数据

肥料科学施用 / 陈新平，吴良泉，王孝忠主编.
北京 ：化学工业出版社，2025. 5. --（中国肥料研究与应用全书）. -- ISBN 978-7-122-47437-7

Ⅰ. S147.2

中国国家版本馆CIP数据核字第2025TG1822号

责任编辑：刘　军　陈思逸　冉海滢　孙高洁
责任校对：宋　玮
装帧设计：王晓宇

出版发行：化学工业出版社
（北京市东城区青年湖南街13号　邮政编码100011）
印　　装：北京建宏印刷有限公司
787mm×1092mm　1/16　印张20¼　字数465千字
2025年11月北京第1版第1次印刷

购书咨询：010-64518888　　售后服务：010-64518899
网　　址：http://www.cip.com.cn
凡购买本书，如有缺损质量问题，本社销售中心负责调换。

定　　价：168.00元　

《中国肥料研究与应用全书》编辑委员会

本书编写人员名单

主　　编：陈新平　吴良泉　王孝忠

编写人员：（按姓名汉语拼音排序）

曹　宁　陈新平　邓　燕　葛顺峰　管西林　郭俊杰
郭世伟　江丽华　姜远茂　李鹏飞　梁　斌　刘敦一
卢殿君　马怡斐　彭显龙　任　涛　王　娟　王孝忠
吴良泉　张白鸽　张江周　张务帅　张跃强

序言

肥料是粮食的“粮食”，是保障国家粮食安全、人类营养健康和生态环境安全的重要的战略物资。肥料产业是关乎“粮食 - 资源 - 能源 - 环境”乃至经济社会绿色可持续发展的巨大产业。

进入新时代，绿色低碳发展成为高质量发展的主旋律。国家在“十二五”至“十四五”期间不断出台政策来优化肥料产业结构，其中 2015 年工业和信息化部下发了《推进化肥行业转型发展的指导意见》，农业部出台《到 2020 年化肥使用量零增长行动方案》，从肥料生产端和消费端同时推动肥料产业升级以及产品结构调整，加之不断优化的肥料施用技术以及不断改进的农化服务技术体系实现了我国化肥消费总量在 2015 年达到峰值后连续 10 年持续下降。

当前，我国提出了 2030 年实现“碳达峰”、2060 年实现“碳中和”的战略目标，在环境保护的高压态势下，新的肥料产品标准不断出台，肥料行业准入条件和环保标准不断提升，肥料产品质量逐渐提高，推动着肥料产业结构向着绿色低碳转型。因此，系统梳理中国肥料工业进步、分析肥料产业结构演变、了解行业技术现状等情况，对推动行业转型升级、提升国际竞争力、保障国家粮食安全、促进农业绿色发展以及提供国家政策制定依据都具有重要意义。基于此，受化学工业出版社的委托，我们组织了国内肥料领域的一线专家学者，编写了这套《中国肥料研究与应用全书》(以下简称《全书》)。

《全书》由十一个分卷组成，在强调历史性、阶段性、创新性的前提下，全面系统介绍了近年来我国肥料研究与应用领域，包括肥料创制、肥料产业、各大类肥料生产与加工、有机肥料制造、肥料生态环境效应、肥料精准科学施用技术等领域所取得的成果，充分反映了当前国内外肥料创新、生产与精准科学施用技术的最新进展。《全书》还通过成功案例分享和经验总结，结合国际前沿研究，细致分析了国家“十四五”

“十五五”肥料领域的研究现状、趋势和对策，针对农业可持续发展和行业绿色低碳转型的需要，对中国肥料发展方向和产品创新做了深入思考，提出了建议。

《全书》以独特的论述体系、编排方法和新颖丰富的内容，进一步开阔相关专业师生和肥料产业领域研发、管理人员的视野，提高科研工作者的系统思维和创新能力，创新绿色、清洁、可持续发展的肥料生产工艺，有助于高效率地发挥现有肥料品种的特长，提高现有肥料的应用效率，对我国新肥料的创制与科学施用具有重要的参考价值。

《全书》已顺利入选“十四五”国家重点出版物出版规划项目，这是对本书系的最大肯定与鼓励。

《全书》的编写得到了全国农业技术推广服务中心、中国氮肥工业协会、中国磷复肥工业协会、中国无机盐工业协会、中国化肥信息中心、中国农业科学院农业资源与农业区划研究所、中国科学院南京土壤研究所、北京市农林科学院、中国农业大学、南京农业大学、四川大学、西南大学、华东理工大学等单位的鼎力支持，这里表示衷心的感谢。

张福锁

2025 年 1 月

前言

随着人们对农产品品质和生态环境保护要求越来越高，肥料科学施用从过去以追求产量目标为主向兼顾产量、品质、资源高效利用和环境保护等多重目标协同的方向迈进，这对科学施肥理论与技术均提出了新的要求。20 世纪 90 年代以来，经过全国植物营养与肥料工作者 30 多年的系统研究和应用实践积累，已经对各作物不同生态区域的施肥技术有了全新的理解，本书既是国内外植物营养和肥料施用技术领域的专家和学者研究成果的汇集，也是作者及其团队长期累积的主要研究成果总结。在《中国肥料研究与应用全书》整体框架下，结合我国农业生产实际，以农田养分资源综合管理理论为指导，本书重点介绍我国肥料科学施用理论和技术的新进展，以及主要作物不同生态区的高产优质绿色施肥的关键技术，供教学科研人员、各级农业技术推广人员和农化服务人员参考。

本书共分九章，第 1 章介绍了施肥技术发展历程；第 2 章阐述了科学施肥基本原理；第 3 章至第 5 章分别从测土配方施肥原理与技术、新型肥料施肥原理与技术、机械化施肥技术和水肥一体化技术等方面详细介绍了相关新型肥料及施用技术的新进展；第 6 章至第 9 章，针对粮食作物、大田经济作物、果树、蔬菜等 13 种类型作物高产绿色施肥原理与技术，系统介绍了各作物生长发育与养分需求规律、作物体系养分来源去向、推荐施肥技术和应用案例。

本书由国内二十余位长期从事肥料应用基础研究和推广应用技术研究的专家学者撰写，编写分工如下：第 1 章和第 3 章由陈新平和吴良泉编写；第 2 章由吴良泉、曹宁和马怡斐编写；第 4 章由张务帅、王孝忠和刘敦一编写；第 5 章由彭显龙、李鹏飞、梁斌编写；第 6 章由卢殿君、张务帅、郭世伟、郭俊杰和吴良泉编写；第 7 章由任涛、王娟和邓燕编写；第 8 章由张跃强、葛顺峰、姜远茂和张江周编写；第 9 章由管西林、王孝忠、江丽华和张白鸽编写。全书由陈新平和吴良泉进行统稿和整理。

由于编者水平所限，书中难免有疏漏之处，敬请读者批评指正。

编者

2024 年 3 月

目录

中国肥料研究与应用全书

Books of Fertilizer Research and Application in China

FERTILIZER

第1章 施肥技术发展历程

1.1 我国现代施肥技术的起步和发展

1.1.1 “地力常新”的古代施肥实践

施肥作为农业增产措施之一，已有数千年的历史。我国古代称肥料为粪，施肥则称为粪田。我国早在西周时期就有以青草肥田的记载，《诗·周颂·良耜》中“荼蓼朽止，黍稷茂止”，描绘了荼、蓼腐烂变成了肥料，大片绿油油的黍、稷长势喜人的情景。战国时期我国劳动人民已十分重视施肥，《荀子·富国》中讲到“多粪肥田”，《韩非子》“积力于田畴，必且粪灌”[1]。《氾胜之书》中记载了按作物不同生育时期施肥，并将施肥环节区分为基肥和追肥。唐朝《四时纂要》记载了基肥和种肥的作用。唐宋以后，肥料施用方面的经验更加丰富，并逐渐形成了施肥理论。南宋《陈旉农书》中“虽土壤异宜，顾治之如何耳，治之得宜皆可成就”，强调施肥的重要性，并提出“地力常新壮”的土壤培肥理论，揭示了肥料的作用与效果，强调培肥的重要性。清朝杨屾提出三宜原则——“时宜”“土宜”和“物宜”，做到天尽其时、地尽其利、物尽其用，以获得最佳的生产效益。在漫长的施肥实践中，我国人民在肥料的积制、施肥技术等方面积累了诸多极其宝贵的经验，在施肥的理论和实践上都具有独特的创造，虽然对肥料营养元素的供应关系还不清楚，但为施肥科学理论体系的形成奠定了基础。

1.1.2 我国现代科学施肥的起步

1901 年我国台湾地区首先从日本进口化肥施于甘蔗上，开创了我国施用化学肥料的新纪元。新中国成立后，化肥工业得到迅猛发展，施肥技术与方法不断改进，化肥的增产效果也得到了充分的发挥。20 世纪 50 年代主要研究氮肥的有效施用方法和技术，提出了不同氮肥品种的适宜土壤条件、主要农作物的需氮规律、适宜的施肥时期和施肥量，尤其是结合当时生产中使用较多的易挥发性碳酸氢铵、氨水等提出的氮肥深施覆土等施肥技术，有效地减少了氨的挥发损失，提高肥效 20% ～ 30%。20 世纪 60 年代主要研究磷肥的有效施用方法和技术，明确了磷肥有效施用条件及土壤缺磷的诊断方法与指标，提出了豆科绿肥“以磷增氮”、磷肥集中施用等一套合理施用磷肥的技术措施，为施磷改良低产田，促进生物固氮等提供了科学依据与应用前景。20 世纪 70 年代主要研究钾肥的有效施用方法与技术，指出了钾肥有效的施用条件，为明确钾肥在增产、提高品质、增强作物抗病和抗逆能力等方面的作用提供了有力试验依据。此外，有关微量元素肥料的肥效与有效施用条件等方面的研究也都先后得到可靠的试验数据。

20 世纪 70 年代，我国开始研究有关施肥与产量关系的数学模型和肥料效应的经济分析及经济最佳施肥量的确定。20 世纪 80 年代，针对 70 年代末施肥中出现的“三重三轻”（即重化肥，轻有机肥；重氮肥，轻磷、钾、微肥；重追肥，轻基肥）现象，以及由此带来的氮肥生产效率（单位面积施氮量而获得的增产量）下降、农作物生理病害日益严重等问题，提出了“测土施肥”“诊断施肥”“氮、磷、钾合理配比”等技术。

20 世纪 80 年代初，在农业部的倡导下，全国范围内开始开展施肥技术研究。1983 年农牧渔业部在广东湛江召集 14 个省、自治区、直辖市肥料工作的专家，将各地采用的平衡施肥方法统一定名为“配方施肥”，并就其科学性、可行性进行了论证[2]，随即 组织在全国范围内开展配方施肥的试验、示范和推广。1986 年在山东沂水县召开全国配方施肥技术经验交流会，将“配方施肥”定义为：综合运用现代农业科技成果，根据作物需肥规律，土壤供肥性能和肥料增产效应，在有机肥料为基础的前提下，提出的氮、磷、钾肥适宜用量和比例及相应的施肥技术[3]。会上，全国各地推出的配方施肥方法有 63 种之多，呈现出了“百家争鸣”的可喜局面。同时开展的全国化肥区划工作，主要依据不同地区化肥施用的状况和肥效特点以及土地利用方向，提出了不同区域的化肥合理使用要求，制定了“配方施肥技术工作要点”，为国家有计划地安排化肥生产、分配和施用提供了科学依据。配方施肥技术的应用对于当时我国粮食产量水平大面积由低产到中产的提高起到了关键的支撑作用。配方施肥是我国施肥技术的一项重大改革，标志着我国从推荐施肥技术开始进入科学计量施肥阶段。

1.1.3 配方施肥技术的发展

配方施肥包含着“配方”和“施肥”两个程序，先配方后施肥，配方是施肥的依据，施肥是配方的执行。配方指根据土壤、作物需肥情况，于产前定肥、定量。在配方前，首先确定目标产量，按产量要求估算作物需要吸收多少氮、磷、钾，再根据土壤养分供肥能力或土壤养分测试值计算土壤供肥量，以确定氮、磷、钾的适宜用量；配方时，如土壤缺少某种微量元素或作物对某种微量元素反应敏感成为限制生产因素时，要有针对性地适量配施微量元素肥料；肥料配方中，还必须包括一定数量的有机肥料，以保持地力，稳定供肥水平。配方完成后是施肥，从而保证肥料配方在生产中的执行，实现目标产量。施肥要求根据配方确定的肥料品种、用量与土壤和作物特性，合理安排基肥和追肥比例、追肥次数、时间、用量和施肥技术，在执行中必须和当地的高产栽培技术结合，充分发挥肥效，以满足作物对养分的需要。在施肥技术上，要按肥料特性及其在土壤中的转化规律，采用最有效的施用方法，如氮肥深施、磷肥集中施、钾肥在前中期施、酌情适量地配施微肥等。

作物的施肥量受作物产量、土壤供肥量、肥料的利用率和经济效益，以及土壤、气候和农业技术等条件的综合影响。因此在确定施肥量时必须综合考虑以上诸因素。我国土壤肥料专家将配方施肥的方法归纳为三类六法：三类为地力分区法、目标产量法和田间试验法，其中目标产量法又分为养分平衡法和地力差减法，田间试验法又分为肥料效应函数法、养分丰缺指标法和氮、磷、钾比例法三种方法。

1.1.3.1 地力分区法

地力分区法是一个比较粗放的配方方法，但已突破传统的定性用肥的规范，进入定量用肥的领域，把用肥技术推进了一步。此方法是按土壤肥力高低分成若干等级，或划出一个肥力均等的种植区域，作为一个配方区，利用土壤测试资料（包括土壤普查分析资料）和已有的田间试验结果，结合群众的实践经验，估算出这一配方区内比较适宜的肥料种类、配施用量、时间和方法。

地力分区可参考土壤普查的分类办法，以土壤养分测定值结合相对产量来划分。土壤养分测定值，一是根据有机质、全氮的相关性，利用全氮测定数据，计算土壤供氮水平；二是利用有效氮、磷、钾测定值，计算土壤供肥力，划出一个肥力均等的种植区域作为配方区，地力分区仍以产量作为分级标准较好。

配方区定产最好以田间试验为依据，如缺乏田间试验资料，可按当地前三年的平均产量作为依据，把土壤条件相同、种植水平一致的土壤作为同一配肥区，再分区定产，并以平均产量为基础，计划增产 10% ～ 15% 作为目标产量，从而以产定肥。

一个配方区的范围比较小，其土壤肥力、环境条件、生产内容、产量水平的差异也比较小。在土壤普查时，这一区域内氮、磷、钾、微量元素及有无土壤障碍因素，一般都已了解清楚。在这一配方区内所进行的田间试验，应用于同一区内的土地上，纠正了过去在这一地区所做试验所得的结果，推广到另一地区去的一刀切做法，基本上能提出切合实际的配方施肥技术方案。所以它的优点是有一定的针对性，提出的肥料品种和框定的施肥量和施肥措施接近当地经验，符合当地实际情况，群众比较熟悉，农民容易理解和接受，推广阻力小；缺点在于有地区局限性，不可相互套用，且依赖于经验较多，准确性较差，只适用于生产水平差异小、基础较差的地区。土壤普查测定的数据时效较短，不能代表经常变化的土壤条件，因此，在推行过程中，应结合做好田间试验，逐步扩大科学测试和理论指导的力度。

1.1.3.2　目标产量法

目标产量法是依据作物产量的构成，土壤和肥料两个方面供给养分的原理计算肥料用量。目标产量即计划产量，是估算肥料需要量的基本依据[4]。因此，配方施肥的第一个环节，首先要把目标产量定下来，而后根据目标产量来核定肥料的用量。这是配方施肥不同于其他施肥技术的区别之一。目标产量并不是按照经验估计，或者把其他地区已达到的绝对高产作为本地区的目标产量，更不能从主观愿望出发定一个高指标，而是根据一定气候和栽培技术条件下土壤肥力水平来确定。目标产量确定后，计算作物需要吸收多少养分而决定肥料施用量。较常采用的有以下两种方法：

（1）养分平衡法　养分平衡法在 20 世纪 60 年代就已引进我国，但由于养分平衡计算公式中的“土壤供肥量”要通过相同条件的田间不施肥区的作物产量推算，对经验有较大的倾向性，而科研工作者无法在短期内做大量的田间试验来获得此参数，致使此方法当时未得到广泛应用。到 70 年代，上海化工研究院从印度文献引入“土壤有效养分校正系数”，又叫雷氏目标产量施肥法，用校正后的土壤养分测定值代替田间试验结果推算土壤供肥量，才使此法得以在我国迅速推广和应用。以土壤养分测定值计算土壤供肥量，肥料需要量可按下式计算：

$$\text{肥料需要量}=\frac{(\text{作物单位产量养分吸收量}\times\text{目标产量})-(\text{土壤养分测定值}\times 0.15\times\text{校正系数})}{\text{肥料中养分含量}\times\text{肥料当季利用率}}$$

式中，作物单位产量养分吸收量 × 目标产量 = 作物吸收养分量；土壤养分测定值 × 0.15× 校正系数 = 土壤施肥量；土壤养分测定值以 mg/kg 表示。

① 肥料利用率的计算法　肥料利用率是把营养元素换成肥料实际用量的主要参数，它对肥料定量的准确性影响很大。然而，影响肥料利用率的因素很多，如作物品种、肥料投入量、土壤肥力、肥料质量、施肥方法、气候等综合因素，它们能使肥料利用率有较大幅度的

变化，但其中起主导作用的是作物对养分的吸收和肥料投入。因此，对不同作物都要测定肥料的利用率。计算肥料利用率仍是通过田间试验，作单施某一营养元素肥料（经济施肥量区）和不施肥空白区，并以小区收获产量分析其中该营养元素的含量，计算出作物需养分总量，再按下式算肥料利用率：

$$某元素肥料利用率=\frac{施肥区作物含该元素总量-空白区作物含该元素总量}{该元素的投入量}\times100\%$$

作肥料利用率的田间试验时，注意肥料的投入量要适当，不要片面追求最高产量，防止投肥过大而导致利用率降低。有条件的亦可用元素示踪法，或肥料效应曲线法求得肥料利用率，以便获得准确的肥料利用率参数。

② 单位产量养分吸收量　指作物每生产单位经济产量吸收的养分量。可按下式计算：

$$单位产量养分吸收量=\frac{作物地上部分有效养分总量}{作物经济产量}\times应用单位$$

地上部分养分总量，可分别测定茎、叶、籽实的重量及其养分含量，再分别计算以后累加获得。由于作物对养分有选择吸收特性，作物组织的化学结构也较稳定，在推广中可以应用现成的研究成果，但在应用时，要注意选择近年而又比较接近当地条件的资料，以减少误差。

③ 校正系数　任何土壤养分测定值只代表土壤养分的相对含量状况，用 0.15 换算系数计算出的量，不能完全反映土壤供肥的绝对数，因此还要通过田间试验。如果测定值和作物产量之间存在相关性时，可用下列公式求得校正系数：

$$校正系数=\frac{空白区产量\times作物单位产量养分吸收量}{土壤养分测定值\times0.15}$$

$$或=\frac{缺素区产量\times该元素单位产量养分吸收量}{该元素土壤测定值\times0.15}$$

养分平衡法的优点是概念清楚，容易掌握；缺点是由于土壤具有缓冲性能，土壤养分处于动态平衡中，因此，测定值是一个相对量，不能直接计算出“土壤供肥量”，通常要通过试验取得“校正系数”加以调整，而校正系数的变异大，难以准确定量。

（2）地力差减法　作物在不施用任何肥料下所得的产量称为空白产量，它所吸收的养分，全部来自土壤，从目标产量中减去空白田块产量等于施肥所得产量，其需肥量可按下式计算：

$$肥料需要量=\frac{作物单位产量养分吸收量\times(目标产量-空白产量)}{肥料中养分含量\times肥料当季利用率}$$

这一方法的优点是不需要进行土壤测试，避免了养分平衡法每季都要测定土壤养分的缺点，计算也比较简便，但空白产量不能预先获得，给推广带来了困难。同时空白产量是构成产量诸因素的综合反映，无法反映土壤中若干营养元素的丰缺状况，只能以作物吸收量来计算需肥量。土壤肥力愈高，作物对土壤的依赖率愈大，即作物从土壤中吸收的养分愈多，由肥料供应养分就愈小，这就可能出现地力衰减而未能及时察觉的现象，必须注意。

1.1.3.3　田间试验法

为了准确地确定施肥量，应当选择有代表性的土壤，在一定的气候和栽培技术等条件下，分别进行田间施肥量试验，施肥量的水平应在5个以上，以概括整个肥料效应范围，找出不同条件下的经济最佳施肥量。田间试验法就是通过简单的对比，或应用正交、回归等试验设计，进行多点田间试验，从中筛选出最优的配比组合，确定各种肥料的施肥量，主要有以下三种方法：

（1）肥料效应函数法　不同的肥料施用量对作物产量的影响称为肥料效应，肥料用量和作物产量之间存在着函数关系。以单因素或双因素多水平试验为基础，根据用不同处理得到的数理统计资料，求得作物产量与施肥量之间的函数关系即肥料效应方程式。根据方程式，不仅可以直观地看出不同元素的增产效应以及不同肥料不同数量配合施用的联合效应，而且还可以计算出最佳施肥量、施肥上限和下限等，以作为配方施肥量的依据。

此法的优点是能客观地反映影响肥效诸因素的综合效应，精确度高，反馈性好。缺点是试验布置在不明土壤状况的条件下进行，基本上属于“黑盒法”，即把土壤看作是一个输出变换器，得出的结果在不同年度、不同地区就不一样。如果把一个试验的结果看作规律，拿去全面推广，那么和试验地条件差异较大的地区就得不到预期的结果。因此肥料效应函数法的地区局限性很大。而且由于土壤肥力的不断变动，已得试验结果的时效也不长。因此采用这一方法时，需要在不同类型的土壤上布置多点试验，并和当地条件挂起钩来，研究它的相关性，通过统计分析找出它的规律，才能应用于不同地区。并且此法需要积累不同年度资料，至少三年，费时较长。

（2）养分丰缺指标法　养分丰缺指标法是经典的测土施肥方法。土壤测出的速效养分，只是一个相对量，必须首先搞清楚和田间试验得出的结果是否有一定的相关性。如果有这种相关性，才能作为配方施肥的参数应用；如果没有这种相关性，那么任何测得值都没有意义，不能说明问题。利用土壤养分测定值和作物吸收养分之间存在的相关性，对不同作物进行田间试验，把土壤测定值以一定的级差分成等级，并根据养分丰缺制成施肥量的检索表。在取得土壤测定值后，就可对照检索表按级确定施肥量。

养分丰缺指标是土壤测定值和产量之间的一种表达形式，在测定土壤某一养分含量的丰缺指标时，先测定土壤速效养分，然后在不同肥力水平的土壤上进行多点田间试验，取得全肥区和缺素区的相对产量，用相对产量表达养分丰缺状况。

在取得一系列土壤的相对产量后，以相对产量为纵坐标，以土壤测定值为横坐标，制成相关曲线图。相对产量从理论上讲不会高于100%，国际上通常以相对产量50%以下为极缺，50%～70%为缺，70%～85%为中，85%～95%为丰。但丰缺指标常因作物而异，不同的作物对某种营养元素的要求不同，其土壤养分供应的丰缺指标也不会相同，因此不能完全按照通用的分级指标，必须按照田间实际情况来分级。在判定丰缺指标时，可通过方差分析，用相对产量、相对应的土壤测定值确定丰缺指标的临界点。大于临界点为丰，可以不施肥；小于临界点为缺，需要施用肥料。但由于制定丰缺指标的田间设计只用一个水平的肥料用量，因此，基本上还是定性的，在丰缺指标确定后，尚需在施用这种肥料有效果的地区（缺区）布置多水平的肥料田间试验，以确定不同土壤测定值条件下的适宜用量。

此法优点是直观性强，定肥简捷方便。缺点是不同土壤理化性质差异大，土测值精确度较差。如果做到准确的定量，还要进一步做好不同用肥水平的田间试验，在不同土壤测定值下提出最适宜的肥料用量。因为土壤理化性质的差异，土壤氮的测定值和产量之间的相关性很差，故一般只适用于磷、钾和微量元素肥料的定肥配方。但微量元素肥料施用时一般用量很少，主要分“应施”和“不施”两个等级。

（3）氮、磷、钾比例法 通常有两种做法。一种是通过田间试验（多因子或单因子）得出氮、磷、钾的最适用量，然后计算出三者之间的比例关系，这样就可确定其中一种养分的用量，然后按各种养分之间的比例关系，来决定其他养分的肥料用量。例如，以氮定磷、定钾，或以磷定氮、定钾等。另一种是按照作物氮、磷、钾营养比例来确定施肥量。

此法优点是较简单方便，减少了工作量，也容易为群众所理解，推广起来自然比较方便。缺点是存在地区和时效的局限性。作物对养分吸收比例和应施肥料养分之间的比例是不同的，在实用上不一定能反映缺素的真实情况，由于土壤各养分的供应强度不同，因此，作为补充养分的肥料需要量只是弥补了土壤的不足。所以推行这一方法时，仍必须先做好田间试验，求出符合本地区的养分比值，方能对不同土壤条件和不同作物相应地作出符合客观要求的肥料氮、磷、钾的比例。

以上方法，各有优缺点，应互相补充，取长补短。所以在形成一个具体配方施肥方案时，可以一种方法为主，参考其他方法，配合运用，吸收各法优点，消除和减少存在的缺点，使产前定肥能更加符合实际的肥料用量。

1.2 从配方施肥技术到养分资源管理

1.2.1 从配方施肥到养分资源管理的形成背景

新中国成立以来，党和国家高度重视科学施肥工作。首先，重点推广了氮肥，加强了施用有机肥料的指导工作。1957 年成立全国化肥试验网，开展了氮肥、磷肥肥效试验研究。1959—1962 年组织开展了第一次全国土壤普查和第二次全国氮、磷、钾三要素肥效试验，在继续推广氮肥的同时，注重推广施用磷肥和生产施用绿肥，为促进粮食生产发挥了重要作用。1979 年开展了全国第二次全国土壤普查，摸清了我国耕地基本情况，1981—1983 年组织开展了第三次大规模的化肥肥效试验，对氮、磷、钾及中微量元素肥料的协同效应进行了系统研究，极大促进了化肥的应用。

然而，随着化肥用量的增加，有机肥的施用比例逐年下降。20 世纪 40 ～ 50 年代，农田养分投入以有机肥为主，1949 年全国有机肥投入纯养分占总肥料投入量的 99%，到 20 世纪 90 年代下降到 50% 左右。20 世纪 90 年代以来，化肥施用总量迅速增加，但由于大部分地区忽视土壤测试和田间肥效试验，盲目施肥现象普遍，施肥效益开始下降，不合理施肥的负面效应日益凸显。随着农业生产对化肥依赖性的不断增强，我国的化肥用量持续高速增长，作物产量却没有相应增加，养分效率持续下降，区域及农户之间养分不平衡施用的现象日益凸显，同时也因过量施用氮磷肥导致了土壤中养分的大量积累，增加了养分向环境中排放的风险，农业面源污染等生态环境问题日益突出，施肥不合理引起的各种不良作用也越来越大[5]。

这一时期施肥存在缺陷逐渐凸显：a. 过多依赖化学肥料，特别是氮肥，经常过量施用，人们总期望通过增加投入获得比实际产量潜力更高的产量；b. 全国各地施肥仍然靠经验，缺乏运用土壤或植株诊断方法；c. 可避免的养分损失仍很高，特别是在肥料与产品价格比较便宜的时候，增加肥料量的成本往往被忽视；d. 不平衡施肥现象不仅降低了作物的抗逆性，而且过高的化肥投入致使严重的环境污染。与此同时，人们日益重视生活质量和环境健康，在施肥技术上要求人们站在“高产＋高效＋优质＋环境友好”的角度认识植物营养和施肥问题。寻求更好地解决养分投入、作物生产和环境风险之间尖锐矛盾的技术途径，已成为当时国民经济的重大问题。

为了适应农业可持续发展的要求，不能再把施肥简单看作是补充作物生长需要养分的措施，其内涵需要扩展为养分资源综合管理，国际上开始强调发挥作物本身对环境胁迫的适应性和抗性，并从观念上发生以下方面转变：a. 施肥目的从单一的满足作物养分需求向养分资源的合理利用发展；b. 养分管理目标从静态的养分平衡向养分流动和循环的动态管理发展；c. 更加注意预防不合理施肥导致的降低作物抗逆性、养分元素污染水源和大气等各种不良后果；d. 施肥经济效益从只注意当年的养分增产效应转变为更加注意肥料养分的残效、未利用养分的去向等长期环境生态效益；e. 施肥生态效益从保持和提高土壤肥力发展为同时重视多余养分或毒害元素对生态环境破坏的风险及其限制；f. 养分利用方式从创造适宜作物成长的养分环境发展为充分利用优良品种对各种环境条件的适应性提高养分资源利用效率；g. 充分利用作物对干旱、寒冷、盐碱、毒害、污染、药害等胁迫条件的适应性和抗性；h. 充分认识一些不能或难以控制的限制因素和生产风险。

1.2.2 养分资源的概念

1992 年，张福锁等提出了植物营养科学的概念和研究方向，把植物营养科学概括为研究植物与环境之间营养物质、能量交换以及植物营养物质运输、能量转化过程及其调控方式的科学，重点应研究植物生长发育过程中新陈代谢所必需营养元素的供应、吸收、转化和利用，目的在于提高产量、改善品质和保护生态环境[6]。随着科学的发展，人们对养分在认识上的飞跃是养分资源概念形成的主要动力。第一，对植物养分的认识已经由营养物质发展到遗传性状、信号物质等高度，指出了不同营养元素土壤和肥料效应的时空变异特点以及挖掘作物高效利用养分基因潜力的重要性；第二，从土壤养分角度认识到了养分空间变异性；第三，从植物土壤相互作用方面对土壤养分生物有效性有了新的认识；第四，从生态环境角度加深了对养分作用双重性的认识；第五，从资源角度认识到养分的资源特点和可循环性，充分认识到养分作为维持植物生长的重要物质，也具有资源的属性。

1995 年，张福锁等明确提出了“养分资源”的概念：植物生产所需要的养分都具有资源的属性，把植物和动物生产中来自土壤、肥料和环境中的养分统称为养分资源[7]。在各种养分来源中，土壤是植物最直接的养分资源库，植物需要的各种矿质养分都能或多或少地从土壤中得到；以各种方式进入土壤的养分，都会成为土壤养分资源库的一部分。肥料是人工补充作物养分的物质，按来源分为有机肥料和无机肥料。有机肥料主要来源于动植物及其残体，无机肥料主要为天然矿物、盐类或大气中通过物理或化学方法获得的能为植物提供养分的物质。另外，环境中的一些养分能通过大气干湿沉降、灌溉水、生物固氮等途径进入植物生产系统，它们也是养分资源的重要组成部分。

1.2.3 养分资源的特征

养分资源既具有自然资源的属性，又具有社会经济资源的属性。土壤养分资源是土地资源的组成部分，它和环境中以其他形式自然存在的养分同属于自然资源；而肥料养分加入了人类劳动的成果，具有社会经济资源的属性[5]。概括来讲养分资源具有以下特征：

（1）养分资源作用的双重性　养分资源对于人类具有正负两方面的作用：一方面，养分不仅是植物的生命元素，而且也是人类、动物和微生物的必需营养物质，具有自然资源的多用性；另一方面，它们又是潜在的环境污染因子，如氮和磷超过环境承载容量时会导致污染，给人类生活带来不利的影响。因此，养分若利用得好是有益的，若利用不好则会带来危害。

（2）养分资源的多样性和变异性　养分资源具有多样性，养分资源是一类资源的总称，包含了氮、磷等多种养分资源；同时，每种养分根据来源区分，可分为土壤养分、化肥养分和有机肥养分等，而且每种养分资源还以多种形态在矿产、化肥、土壤、畜牧等多个单元中存在，如土壤养分资源有水溶态、交换态、难溶态、矿物态和有机态等。因此，养分资源具有多样性。

养分资源同时具有时空变异性，主要表现在养分的生物有效性和存量两方面。养分资源被植物利用时，它的存在形态对作物并不总是有效的，因此，养分资源的生物有效性决定了养分被作物利用的程度和循环强度。养分资源在时间和空间上均表现出较大的变异性，主要反映在养分形态、转化速率和数量等指标的差异上。养分存量的空间变异表现在宏观和微观两个层次，宏观上是区域之间存在很大差别，微观上是地块内单元之间和垂直剖面上存在明显空间变异；时间变异则表现为各种形态之间总在进行着动态的转化，养分资源的存量也随时间的变化而变化。

（3）相对有限性　养分资源数量相对有限，如制造肥料的天然矿物往往是不可再生的。随着人们不断开发利用，资源将不断被消耗，而通过地球化学循环返还的比例却很低，因此有关资源将逐渐表现出稀缺性。在植物生产中，土壤养分资源在不断地被利用，如果得不到有效补充，也会逐渐耗竭，导致土壤养分缺乏。化肥养分虽然能补充土壤养分的消耗，但其生产过程又会引起矿产养分资源的耗竭。由此可见，养分资源的有限性是十分明显的，需要合理利用和保护。

（4）养分资源的流动和循环性　养分作为基本化学元素，很少以元素形态进行流动，主要通过化肥、饲料、食品等物质，不但在农田生态系统内部流动、转化和循环，而且还在区域的单元内和单元间进行转化、流动和循环。养分资源的流动包含 3 种模式（图 1-1）。一种是围绕食物生产与消费沿“矿产资源—化肥生产—种植业—畜牧业—家庭—环境”的纵向流动，其间伴随着与大气、水体环境的养分交换，人类食物需求是纵向流动的主要驱动力。另一种区域间的横向流动，这种流动有些是人为的，有些则是自然作用的结果。如化肥和食品的跨区域消费就属于人类社会经济活动带来的区域流动；而大气 N_2O 的跨国迁移等则属于自然流动。区域间流动的尺度可大可小，小可以是村、乡之间，大可以到国家之间甚至全球尺度。国际性化肥和食品贸易就是一种典型的区域养分流动。还有一种是多个单元间的循环流动，其典型的例子就是养分在生物圈中的生物小循环及生物地球化学大循环，生态系统中各种养分均沿着一些独特的路径进行着循环运动。这些循环将各种养分引入有机体，继而又从有机体释放到环境。养分随着生物繁衍生息，不断循环，构成了大自然不断发展的基础，也构成了生态系统长期生存、繁衍和进化的基础。在农业生态系统中，这种循环受到人类的强烈干预，许多农业措施都能调节或影响养分循环的数量和方向，奠定了养分资源的循环性。养分的 3 种流动模式不是独立存在的，在一个系统内往往是同时存在的。

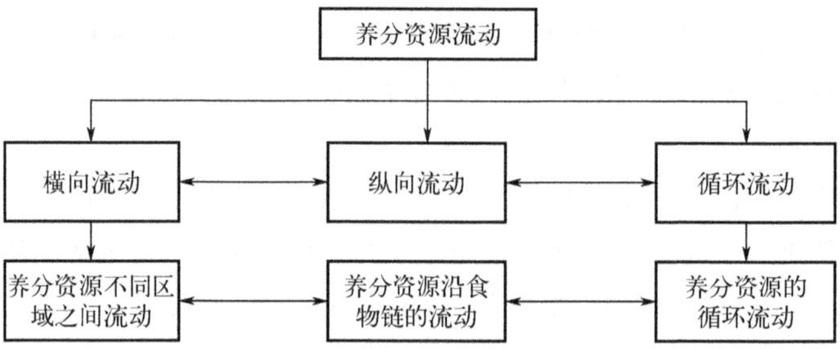

图 1-1　养分资源的流动模式

（5）养分资源流动的开放性　养分之所以能够围绕食物生产与消费沿“矿产资源—化肥生产—种植业—畜牧业—家庭—环境”纵向流动和区域间横向流动，其主要原因是各个单元养分流动的开放性，主要表现为在各个单元内或单元之间存在着大量的养分输入和输出，还有养分在区域间的频繁传递。

（6）社会性　养分资源在各个单元的存量和流量与人类活动（农业、社会、经济等）关系密切。近年来，我国经济快速发展，人民生活水平日益提高，生活方式不断改变，从而加剧了养分流动。养分资源的状况不但受人类活动的影响，而且也强烈地影响着人类生活。

这些特征中，养分伴随物质的流动是区域养分资源的核心特征，其他特征均与养分流动有关。人类活动总在自觉或不自觉地影响着养分流动，养分流动的结果也反馈影响人类生存质量。由此可见，养分在各个单元中的分配和在单元间的流量及其存量决定了整个社会发展的可持续性。

1.2.4　养分资源管理理论与技术体系的形成

1994—2003 年，中国农业大学植物营养团队组织全国同行建立全国养分资源管理协作网，历经“十年探索”，先后在北京、河北、河南、陕西、四川、内蒙古和云南等地，以小麦、玉米、蔬菜等旱地灌溉作物为主，共完成了 200 多个田间小区试验和校验试验。内容涵盖机理研究、优化推荐施肥原理与技术研究、长期定位试验研究和技术成果示范推广，形成了农田养分资源管理的理念，大致可分为两个阶段。

1994—1998年的研究重点集中在旱地作物（小麦和玉米为主）的动态需肥规律、土壤供肥规律以及养分空间有效性和生物有效性及其与根系分布的关系等方面。研究了根系和根际的动态过程，初步提出了氮肥分期动态调控的观点，通过试验研究和局部示范，开始形成养分资源管理的思路。此间根据多点分散田间试验和长期定位试验的结果，对不同的推荐施肥方法包括目标产量法、养分平衡法、测土施肥法、叶片诊断法以及肥料效应函数法进行了系统的综合评价，特别对肥料效应函数的选择进行了深入研究，提出了直线-平台模型是确定旱地作物施肥总量的适宜模型；同时在养分平衡的基础上进行磷、钾恒量监控的推荐施肥技术并提出了相应的技术指标。

1998—2003年的研究重点集中在建立和完善土壤/植株动态测试优化推荐施肥技术体系方面。研究了不同养分资源的特征，并根据不同养分资源的特征提出了相应的推荐施肥方法。此间在对北方旱作条件下土壤供肥、作物需肥、养分投入和环境养分输入全面调查和深入研究分析的基础上，建立了基于作物需肥、土壤供肥和氮素分期动态调控相协调的养分资源管理技术体系，即充分集成国际上推荐施肥研究的最新成果，把土壤测试和植株测试诊断有机结合起来，从而克服了土壤测试推荐施肥和植株诊断推荐施肥相互分离的缺陷。依据“养分空间有效性原理”随根系发育调整土壤氮素监测的深度，克服了国内外现有施肥技术中采用固定土壤深度的氮素监测和土壤供肥量指标进行推荐施肥的不足，在作物生育期的不同时段内实现了土壤氮素供应和作物氮素需求的同步，达到优化氮素管理的目的，进而构建了养分资源管理的理论体系。此间，还研究了施肥对农产品品质和肥料利用率等的影响；探讨了北方旱作条件下作物-土壤体系对氮肥的环境承受力；施肥、灌溉及降雨对土壤无机氮残留、淋洗的影响，提出了综合调控优化施肥方案，编制了小麦、玉米、马铃薯、啤酒大麦以及蔬菜施肥技术规程，建立了土壤/植株动态测试优化推荐施肥技术体系，为我国旱地作物大面积推广养分资源管理理论提供了技术支撑。

2003年初由张福锁主编的《养分资源管理》提出了养分资源管理的理论体系，对于节肥、增效、提高产量、改善品质和保护环境具有重要理论和实践意义。该书把来自化学肥料、有机肥、灌溉水、土壤和环境中其他来源的养分都视为养分资源，把传统的施肥问题提升到养分资源管理的水平，对养分资源进行统筹考虑，以提高养分资源的利用效率，减少养分对环境的污染。开展养分资源管理的研究，充分利用我国地大物博，土壤、气候资源多样的特点，将小型农户小规模集约化经营的养分资源循环规律与优化管理方法、农田层次兼顾作物优质高产和资源高效及环境保护的养分综合管理技术，以及区域和国家养分管理策略等多个层次上的理论和技术进行综合，以取得国际领先的研究成果并形成能反映中国自然和经济状况且有自己特色的技术体系；同时对于挖掘我国养分资源潜力、提高养分资源利用效率、保证粮食产量、改善农产品品质、实现农业可持续发展具有重要的现实意义和广阔的应用前景。

养分资源管理重视养分作用的双重性，把养分投入量限制在生态环境可承受的范围内，避免养分盲目过量投入；以协调养分投入与产出平衡、调节养分循环与利用强度为基本内容；以有机肥和无机肥的合理投入、土壤培肥与土壤保护、生物固氮、植物改良和农艺措施等技术的综合运用为基本手段；以生产单元中养分资源种类、数量以及养分平衡与循环参数等背景资料的测试和估算结果为依据；以地块、农场（户）、区域和全国等不同层次的生产系统为对象，在充分挖掘自然养分资源潜力的基础上，高效利用人为补充的有机和无机养分，制定并实施详细的管理计划。它是一种理论，也是一种综合技术，更是一种理念，合理施肥仍然是其主要手段，但不是唯一的手段。其意义在于，不仅要重视合理施肥，以最少的投入取得最大的效益，而且要充分利用生物学途径提高作物对养分资源的利用效率[5]。

1.2.5 农田养分资源管理

改进传统施肥模式，使之成为以高产、优质、环境友好和资源高效利用为目标、以合理施肥与相关技术集成为手段的农田养分资源综合管理模式并指导施肥实践，是解决当前有关作物施肥问题的根本途径。农田养分资源综合管理就是从农田生态系统的观点出发，综合利用所有自然和化工合成的植物养分资源，通过有机肥与化肥的投入、土壤培肥与土壤保护、生物固氮、植物改良和农艺措施等有关技术的综合运用，协调农业生态系统中养分的投入产出平衡、调节养分循环与利用强度，实现养分资源高效利用，使生产、生态、环境和经济效益协调发展。管理途径已不仅仅停留在以施肥来补充作物所需养分的阶段，还应包括养分宏观管理、养分资源再利用、土壤养分的高效利用等。其理论基础主要是农业生态系统中养分的平衡和循环理论。

养分循环包括土壤养分循环、植物体内养分循环、土壤-植物系统养分循环和农业生态系统养分循环等。在植物-动物生产体系中，土壤养分被直接（植物）或间接（动物）利用并成为获得农产品的物质基础。这些农产品一部分满足农业生态系统内（如农民）的消费，另一部分通过市场交易走出系统。当土壤养分仅靠有机肥不能满足作物生长需要时，就必然从系统外以化肥的形式带入；而当肥料投入超过作物吸收能力和土壤对残留养分的保持能力时，就会经过各种途径走出系统进入到环境中，在有机肥的积累和贮存过程中，如果管理不善，也会有相当一部分养分损失，释放到系统之外。因此，协调各养分库和养分循环中各种养分形态之间的关系就成为养分资源综合管理的重要内容。

农田系统中的养分循环受到一些输入和输出因子的影响。养分的输入主要通过化肥、有机肥、干湿沉降、生物固氮等。养分的输出主要通过作物的收获，残留物的移走，养分的淋溶、挥发及侵蚀等。侵蚀和淋溶引起的养分损失在很大程度上取决于气候条件。比如在气候潮湿的地区，因侵蚀和淋溶而损失的钾的比例很高，而在干旱地区，钾的损失主要由于作物及其残留物的移出。一般，当养分的输入多于输出时，养分平衡表现为正值，表明土壤养分的积累和土壤肥力水平的增加。当养分的输出多于输入时，养分平衡就表现为负值，表明土壤养分在减少、土壤肥力水平在下降。

农田养分资源管理与施肥的区别：

a．基本依据不同。施肥依据的是土壤-植物营养关系；农田养分综合管理依据的是农田生态系统养分循环状况。

b．研究范围不同。施肥只限于田间过程；农田养分资源管理不仅贯穿于作物整个生产过程，而且延伸至人类生活和资源环境领域。施肥只重视肥料养分，而养分管理除了肥料养分外，还强调用好其他养分资源，强调农学和非农学技术和经验、政策等手段的应用。

c．调控目标不同。养分综合管理更强调经济、环境目标，重视养分作用的双重性。

经过多年的研究，农田养分资源管理已形成一套管理技术[8]（图 1-2）。

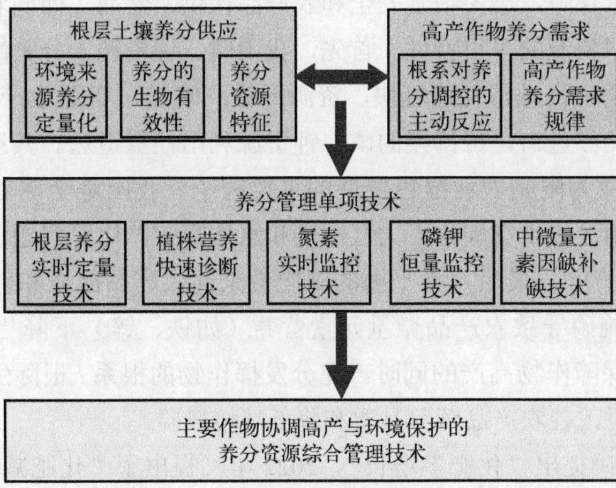

图 1-2　农田养分资源综合管理技术

根层养分调控可充分发挥根系的潜力，提高土壤养分的生物有效性，实现养分供应与需求的时空一致，将根层养分调控在既满足高产作物需求又不造成环境污染的范围内。该技术主要技术途径：a．综合利用土壤、肥料和环境等各类养分资源，避免养分过量，节约化肥，提高资源利用效率，减少了环境风险；b．氮、磷、钾等养分具有不同的资源特征，对不同养分资源必须采取不同的管理策略，改变过去那种对所有养分都采用同一管理模式的做法；c．充分挖掘作物的生物学潜力，最大限度地发挥根系自身适应土壤环境和活化吸收养分的能力；d．避免养分过量积累造成环境负效应，做到供应与作物需求在数量上匹配、时间上同步、空间上一致。

农田养分资源管理技术以根层养分调控为核心，对土壤-作物-环境系统养分过程的实时定量化调控，在合理施用量的基础上，不断提升肥料利用率，使来自土壤、环境和肥料的根层养分供应与高产作物养分需求在数量上匹配、时间上同步、空间上耦合，协调高产与环境保护。中国农田养分管理技术在提高作物产量、提升养分利用率、减少肥料投入和污染等方面取得系列进展，养分优化管理下生产每吨粮食需要的氮肥由习惯施肥下的 6.0 ～ 6.4kg 减少为 4.5 ～ 4.7kg，而生产每吨玉米、水稻和小麦的温室气体排放也分别由习惯施肥下的 422kg、941kg 和 549kg CO_2 当量下降至 328kg、812kg 和 434kg CO_2 当量[9]。

1.3　面向农业绿色发展的肥料科学施用

当前我国农业正在迈向绿色发展的新阶段。我国提出了 2030 年实现“碳达峰”、2060

年实现“碳中和”的战略目标，化肥生产与使用走向绿色低碳势在必行。农业绿色发展要求以资源环境承载力为基准，追求优质、安全、充裕农产品供给和人体营养健康的目标[10]。肥料是作物高产的基本保障，事关粮食安全和农产品保供，然而，面向农业绿色发展的肥料科学施用需要兼顾肥料资源的多重特性。首先，我国磷、钾资源十分紧缺，但磷肥生产和出口均保持世界第一，磷矿资源消耗速度快，资源形势严峻[11]。钾肥生产仍不能够自给自足，有一半左右的钾肥仍然靠进口，可持续的磷、钾资源利用任重道远。其次，以氮、磷为主带来的生态环境影响已成为限制农业绿色发展的重要因子。我国是全球氮肥消费量最高的地区，高强度的氮肥施用导致土壤酸化、大气污染和水体富营养化等问题加剧。磷也是我国水体富营养化的主要因子[12]。最后，不平衡的施肥带来的农产品品质和营养失衡的问题也日益突出，比如，过量施磷导致农产品微量元素营养（如铁、锌）下降[13]。因此，农业绿色发展要求肥料施用在保障作物高产的同时，充分发挥作物的根系 / 根际生物学潜力以提高养分资源利用效率，同时改善农产品营养品质和降低环境风险。

自 2015 年我国明确提出“化肥零增长”，2022 年又提出了“化肥减量化行动”，明确了“十四五”是加快推进农业绿色发展的重要战略机遇期，对化肥减量增效提出更高的要求，到 2025 年，氮、磷、钾和中微量元素等养分结构更加合理，全国农用化肥施用量实现稳中有降。这标志着我国农业生产中的化肥科学施用已经进入到了一个新的阶段。根据农业绿色发展的要求，肥料科学施用应从氮磷养分的总量控制、重视中微量元素补充、有机无机结合及绿色肥料的创制等方面入手，推动肥料科学施用技术的转型。

1.3.1 氮磷养分的总量控制

我国氮肥目前存在过量施用、氮肥产品生产和施用环节碳排放高等问题，严重制约了氮肥的绿色低碳发展。我国是全球氮肥消费量最高的地区，单位面积小麦、水稻、玉米、蔬菜和果树的氮肥用量分别为 210kg/hm^2、210kg/hm^2、220kg/hm^2、388kg/hm^2 和 555kg/hm^2，位居全球前列[14]。高强度的氮肥施用导致土壤酸化、大气污染和水体富营养化等问题加剧。自 2017 年起，我国积极探索农业投入品减量施用的新机制，并于次年提出了建立化肥最高使用限量制度。氮肥定额制是指针对某一特定作物实施的单位面积氮肥折纯量投入上限，该用量既要满足作物高产的需求，同时也要控制养分损失在安全的容量内，不致发生环境污染。2020 年农业农村部种植业管理司在全国尺度上首次发布了水稻主要产区的氮肥施用定额，后又相继发布了小麦、玉米、油菜、苹果、茶叶等六个作物的氮肥定额。在区域尺度上，浙江省农业农村厅、浙江省财政厅在 2019 年发布了《关于试行农业投入化肥定额制的意见》，该意见指出实施化肥定额是通过制定主要作物化肥投入定额标准，综合采取免费测土、科学配方、合理替代、精准施肥等措施，以达到减少农田化肥投入、保障耕地综合产能、优化生态环境质量的目标。2022 年，江苏省市场监督管理局发布《重点流域农田化肥用量定额》江苏省地方标准，主要面向太湖、淮河流域及其他沿江、沿海流域。氮肥定额制度在我国快速发展，在不同作物体系和不同区域上不断完善。统计数据表明，2015—2022 年我国农业的化学氮肥施用总量从 3087 万吨下调至 2444 万吨，而同期粮食和其他农产品生产稳中有增。氮肥总量控制已经在国家行动上迈出了重要的一步，这对提高氮肥的利用率、减少其对环境的负面效应和实现“双碳”目标具有重要意义。

在总量控制基础上，还可以通过有机替代、新型氮肥及高效施肥方式技术的应用进一步提高氮肥的利用效率及实现减肥潜力。一方面，发挥缓控释肥等新型肥料高效化、长效化、多元化的优势特点。这些肥料具有控释性能、定向供应养分的特点，能够适应作物生长需求，减少肥料的浪费和排放，提高了施肥效果和利用效率。同时，也在经济作物中优先推广生物有机肥、水溶肥等环保型肥料，以促进农业生产的绿色化和可持续发展。另一方面，发展机械深施、侧深施肥、水肥一体等高效施肥方式，逐步淘汰浅施、撒施、表施等传统施肥方式，通过无人机、遥感技术等，对农田进行精准监测和诊断，实时获取土壤养分状况、植物生长情况等数据，为精准施肥决策提供科学依据，最大化提高肥料利用率。

对于磷而言，近40年来由于化学磷肥的持续施用，我国农田土壤有效磷快速提升。在粮食作物上我国农田土壤有效磷平均已经达到或超出了作物生产的农学阈值（15～25mg/kg），在蔬菜和果树等经济作物上土壤有效磷已经全面超过农学阈值。大数据分析表明，2015年我国农田每年磷肥投入量高达40～60kg/hm^2 [15]，平均每年磷盈余量为24kg/hm^2，高于全球生态系统安全阈值（每年6.9kg/hm^2）3倍以上[16]。大量的土壤磷素盈余造成土壤有效磷近几十年持续累积，2011年的一项研究发现全国土壤有效磷从20世纪80年代全国第二次土壤普查的7.4mg/kg增加至2006年的24.7mg/kg [17]，2005—2014年期间全国测土配方施肥的大样本数据表明，我国大田作物主产区的农田土壤有效磷平均含量为19.2mg/kg [18]。在经济作物上土壤有效磷的增加幅度更大，Meta分析的结果表明，当前设施菜田和露地菜田土壤中有效磷的含量已经分别高达179mg/kg和100mg/kg；而果园耕层土壤中有效磷的含量也高达63～118mg/kg[19]。

为此，应将磷肥施用策略从培肥地力保增长调整到以农学阈值为目标的维持施磷保增产、升效率、提品质。同时，农业绿色发展需要从工艺和农艺两方面最大限度提高农业废弃物中磷资源的再利用效率。据此，考虑我国粮食和其他农产品需求，基于土壤磷肥力变化预测对我国未来农业磷肥需求进行了预测。结果表明，到2030年和2050年，我国化学磷肥的需求量分别为1084万吨和742万吨。在各项措施持续优化基础上，我国化肥磷的需求在短期（到2030年）可望下降150万吨左右，中长期（到2050年）可稳定回调至年消费量750万吨，较当前用量下调30%以上[19]。

1.3.2　重视中微量元素的补充

中微量元素对于作物产量的提高和品质的改善有着重要的作用。然而，近年来随着作物产量提高，中微量元素缺乏的现象越来越普遍和严重，成为限制作物产量提高、品质改善和人体健康的重要限制因素。我国南方地区镁、钙、硼等元素缺乏较为突出，而在北方地区表现为锌、铁元素缺乏。

我国土壤缺镁（＜120mg/kg）区域多集中在南方地区，并以华南地区（福建、广东、广西及海南）和长江中下游地区南部最为严重，土壤缺镁比例分别达到了84.3%和76.1%。施用镁肥平均提高不同种类作物产量11.8%(5.5%～19.0%）和经济效益11.1%(5.2%～19.0%）并改善相关品质指标，使不同作物氮吸收量平均增加16.3%（7.9%～28.3%），氧化亚氮排放量平均减少 10.4%（5.4% ～ 34.5%），并平均提高 9.9%（5.5% ～ 14.2%）氮肥偏生产力（PFPN）和 15.7%（7.4% ～ 27.3%）氮利用效率[20]。

多年来，施硼显著提高作物产量和品质的研究有大量文献报道，解决了长江流域生产中油菜“花而不实”、棉花“蕾而不花”问题[21]，在油菜、棉花、柑橘等作物上表现出明显的增产效应。例如，土壤有效硼＜ 0.2mg/kg 时为棉花施硼高效区，土施硼砂 7.5kg/hm^2，增产＞ 20%；土壤有效硼 0.2 ～ 0.5mg/kg 为棉花施硼显效区，土施硼砂 3.75kg/hm^2 和蕾期-花铃期喷施 0.2% 硼砂溶液 2 ～ 3 次，增产＞ 10%；土壤有效硼 0.5 ～ 0.8mg/kg 为棉花施硼有效区，蕾期-花铃期喷施 0.2% 硼砂溶液 2 ～ 3 次，增产＞ 5%；土壤有效硼＞ 0.8mg/kg 为棉花施硼可能有效区，蕾期-花铃期喷施 0.2% 硼砂溶液 2 ～ 3 次，仍可增产＞ 5%[21]。湖北省 30 个田间试验发现施硼后油菜平均增产 428kg/hm^2，平均增产率 19.2%，提出施硼有效的土壤有效硼临界值为 0.58mg/kg[22]。

近年来由于作物产量的进一步提高和新品种的推广，锌的缺乏现象越来越普遍和严重。据统计，全世界 50% 的作物种植区土壤都存在缺锌或潜在缺锌[23]。目前我国土壤缺锌现状日趋严重，大约占耕地面积的 40%[24]。研究总结自 20 世纪 70 年代以来锌肥施用对我国主要粮食作物产量的影响，结果表明，锌肥施用方式土壤施用、叶面喷施和种子处理在小麦上的平均增产率分别为 11.3%、10.0% 和 11.1%，在玉米上的平均增产率分别为 13.7%、12.7% 和 12.1%，水稻上的平均增产率分别为 15.0%、9.8% 和 9.7%[25]。

中微量元素营养调控正逐渐成为现代绿色高效施肥必不可少的技术保障。然而，人们对于土壤中微量元素的缺乏状况及分布特征、作物中微量元素的吸收累积机制和不同作物中微量元素肥料的产量反应及高效施用技术仍然缺乏比较系统的研究，因此中微量元素的研究和推广应用工作仍然进展缓慢，面向农业绿色发展的科学施肥亟待加强中微量元素的研究和应用。

1.3.3 有机无机结合

我国有机废弃物资源总量巨大。我国有机肥料基础资源每年约 57 亿吨实物量，其中畜禽粪尿（鲜）约 38 亿吨，人粪尿（鲜）约 8 亿吨，秸秆（风干）约 10 亿吨，绿肥（鲜）约 1 亿吨，饼肥（风干）约 0.2 亿吨，折合 N 约 3000 万吨、P_2O_5 约 1300 万吨和 K_2O 约 3000 万吨，$N+P_2O_5+K_2O_5$ 养分总量约 7300 万吨[26]。因此，如果能合理地进行畜禽粪污循环利用或秸秆还田，将能大幅度减少化肥施用量。

然而，由于我国粗放的畜禽粪尿的管理方式，粪尿养分损失严重。畜牧生产中肠道发酵、畜禽粪尿管理和粪尿农田施用等环节可产生氨挥发，生成甲烷、氧化亚氮和硝酸盐等污染物[27]。单胃动物和集约化养殖系统通过提高农场尺度、动物生产效率和产量，降低了动物氮磷养分排泄量[28]，但导致饲料生产和畜牧生产在空间上分离，降低粪尿循环率，增加了畜禽粪尿直接排放，导致种养系统环境风险提高[29]。不合理的粪尿管理，种养分离和畜禽粪尿循环难使畜牧生产成为空气和水体污染的研究热点，畜牧业成为农业环境污染的主要贡献者。据估计，2010 年我国畜禽粪尿氮素损失高达 78%，磷损失超过 50%[30]，仅有 33% 和 50% 畜禽粪尿氮素和磷循环到农田。除此之外，由于粪肥施用难度大，见效慢，运输困难等原因，养殖户施用粪肥的意愿低，畜禽粪尿还田率低。2019年对全国1500个种植户的调研结果显示，仅55%的种植户施用粪肥，不同作物体系存在较大差异，78%的蔬菜种植户、77%的果树种植户和34%的粮食种植户会施用粪肥[31]。农业农村部对全国23706个典型地块调研结果显示，小麦、玉米和水稻施用有机肥的田块比例分别为35%、21%和12%[32]。畜禽粪尿施用量和次数存在较大差异，养殖场配套农田的粪尿施用量远高于作物养分需求[33-34]。从粪肥替代化肥比例来说，2015年中国化肥施用量为6022万吨，粪肥施用量约为900万吨，粪肥替代化肥比例约为13%。通过Meta分析得出粪肥40%替代化肥能显著提高作物生产氮素利用效率，增加作物产量；粪肥100%替代化肥能显著降低氨挥发，但减少了作物产量。增加粮食作物、水果和蔬菜的粪肥施用面积，同时优化粪肥施用，全国粪肥氮还田率将达到70%，减少全国32%的化肥氮施用量[35]。随着农业绿色发展目标提出和推进，科学的畜禽粪尿循环、秸秆还田和绿肥还田等措施，既能为作物生产提供养分，增加土壤有机碳，改善土壤结构，增加作物产量，实现资源再利用，又是减少化肥施用量的途径之一。

1.3.4　绿色智能肥料的创制

面对国家发展新形势，变革延续40余年的传统化肥产业中工农脱节、高耗高排、市场单一驱动的生产与发展方式，转型为工农融合、全产业链绿色发展模式，从根本上实现我国化肥产业的“绿色革命”。创新面向农业绿色发展需求，与土壤、作物和气候相匹配的新一代绿色智能肥料，已成为肥料化工领域绿色转型与产业变革的重大需求和引领性方向。绿色智能肥料是指根据作物-土壤-环境相匹配的植物营养调控原理，采用大数据智能算法进行有针对性的定向匹配设计，应用先进绿色制造工艺生产的具有作物根际效应激发、养分精准匹配和矿产资源全量利用的一类新型高品质肥料，具有养分高效、低碳环保、低排无废、资源全量利用的绿色特点；施用后具有能高效挖掘作物的生物学潜力、与根系“对话”激发根际效应、响应气候和土壤条件、精准匹配作物需求的智能特点[36]。

绿色智能肥料的创新有赖于对植物营养生物学规律、肥料在土壤中转化和迁移规律的深入理解和创造性应用等知识创新，实现理论突破；也取决于工农融合肥料制造工艺和新材料的发明、发现与应用，实现产品创新。绿色智能肥料包括五大内涵：

（1）生物感知，根肥互馈　作物根系或土壤微生物可以强烈感知养分的供应，作物根系、根际效应与肥料能产生互馈增效作用，并通过根际生命共同体的级联放大效应最大化肥料的功能。

（2）环境应答，精准释放　作物生命活动受环境条件的显著制约。绿色智能肥料可根据环境条件的变化，自主调节养分释放的强度，以便与作物营养需求相匹配。既要注重考虑对土壤障碍因素的调控，更要注重根际微域的智能响应和反应。

（3）动态匹配，供需协同　一方面，绿色智能肥料需要从时间与空间上实现与作物需求的高度匹配。另一方面，肥料施用需要结合机械化精准施用装备，将养分施用在根系分布区域，提高其空间有效性。作物根系也可通过优化养分施用被定向调控，如局部施肥促进根系增生和根际的强烈酸化，提高根系与肥料养分的接触范围，发挥互作增效潜力。

（4）低耗低排，全量利用　绿色智能肥料产品中的绿色主要是从产品全生命周期中资源利用和环境排放两个维度来考量的。全量利用指的是矿产养分资源的利用强度和效率，强调尽量保留原料中各种养分并高效利用；在原料开采和肥料制造过程中要求主要养分损失少，利用率高，其他养分如中微量元素也要通过各种途径加以利用，提高养分资源利用效率。低耗低排是指肥料产品全生命周期中能源消耗和环境排放要低，首先在原料开采和产品制造过程中能耗低，温室气体和各种废弃物排放少；同时在肥料施用后养分利用效率要高，有利于作物对养分的高效利用，土壤残存少，环境负效应低。

（5）精准配伍，工业实现　通过创新绿色生产工艺，实现肥料产品中养分形态的精准配伍和高稳定性。例如，通过优化工业设计，尤其是通过造粒工艺、螯合等技术创新，使中微量元素在肥料颗粒中与水溶性磷肥实现分隔，使磷素与中微量元素共存，从而提高中微量元素缺乏地区肥料的整体利用效率。

绿色智能肥料的产业化实现应走“三步走”创制策略[36]：

a．元素协同，工艺增效。元素协同指的是通过大量元素适宜配比和中微量元素的添加与保活，实现肥料养分供应与土壤、作物和气候的匹配，而在这种养分配比中，为防止养分效应退化的问题，需要进行工艺创新，实现养分增效。

b．精准配伍，材料创新。我国农业已走过了仅凭单一元素化肥、氮磷钾复合肥施用即可实现增产的阶段，进入了要求营养元素协同供应、提质增效、绿色发展的新时代。这对复合肥料创新提出了更高要求。我国土壤和作物分布区域变异大，南方大量酸性土壤地区果树、蔬菜，甚至大田作物均亟须补充钙、镁营养，北方石灰性土壤通常缺乏微量元素铁和锌。肥料成分的复杂化可能会导致肥料在制造、储存过程中不同营养元素之间发生不良的化学反应，创新与研发新材料是解决这些关键问题的重要途径。目前国内外已经取得一定进展，如某些纳米材料和包膜材料能自主感知环境的变化、控制养分的释放，但总体而言，智能型包膜材料创新仍然处于探索中，产品的产业化应用尚待时日。

c．生物互作，级联放大。绿色智能肥料的施用可调控作物根层的养分形态与精准供应，有效耦合根系、根际、生物互作等过程，不仅能定向调控根系扩展空间、强化根际效应提升活化能力，而且可以激发根际生物互作增效、级联放大的功能，实现养分的高效利用。

参考文献

[1] 陈伦寿，李仁岗．农田施肥原理与实践 [M]．北京：农业出版社，1984.

[2] 杨守春．黄淮海平原主要作物优化施肥和土壤培肥技术 [M]．北京：中国农业科技出版社，1991.

[3] 袁德厚，孙泽江．科学施肥指南 [M]．重庆：科学技术文献出版社重庆分社，1989.

[4] 陈延正．配方施肥 [M]．南宁：广西科学技术出版社，1988.

[5] 张福锁，马文奇，江荣风．养分资源综合管理 [M]．北京：中国农业大学出版社，2003.

[6] 张福锁．土壤与植物营养研究新动态 [M]．北京：中国农业大学出版社，1995.

[7] 张福锁，马文奇，陈新平．养分资源综合管理理论与技术概论 [M]．北京：中国农业大学出版社，2006.

[8] Zhang F, Cui Z, Chen X, et al. Integrated nutrient management for food security and environmental quality in China[J]. Advances in Agronomy, 2012, 116: 1-40.

[9] Chen X, Cui Z, Fan M, et al. Producing more grain with lower environmental costs[J]. Nature, 2014, 514(7523): 486-489.

[10] 张福锁，申建波，朱齐超．中国农业绿色发展理论与实践 [M]．北京：中国农业大学出版社，2022.

[11] 吴发富，王建雄，刘江涛，等．磷矿的分布、特征与开发现状 [J]．中国地质，2021, 48(1): 82-101.

[12] Liu X, Sheng H, Jiang S Y, et al. Intensification of phosphorus cycling in China since the 1600s[J]. Proceedings of the National Academy of Sciences of the United States of America, 2016, 113(10): 2609-2614.

[13] Zhang W, Zhang W S, Wang X Z, et al. Quantitative evaluation of the grain zinc in cereal crops caused by phosphorus fertilization. A meta-analysis[J]. Agronomy for Sustainable Development, 2021, 41(1): 6.

[14] 武良．基于总量控制的中国农业氮肥需求及温室气体减排潜力研究 [D]．北京：中国农业大学，2010.

[15] Langhans C, Beusen A H W, Mogollón J M, et al. Phosphorus for sustainable development goal target of doubling smallholder productivity[J]. Nature Sustainability, 2022, 5(1): 57-63.

[16] Zou T, Zhang X, Davidson E A. Global trends of cropland phosphorus use and sustainability challenges[J]. Nature, 2022, 611(7934): 81-87.

[17] Li H, Huang G, Meng Q, et al. Integrated soil and plant phosphorus management for crop and environment in China. A review[J]. Plant and Soil, 2011, 349(1): 157-167.

[18] 全国农业技术推广服务中心．测土配方施肥土壤基础养分数据集（2005—2014）[M]．北京：中国农业出版社，2015.

[19] 张伟，陈轩敬，马林，等．再论中国磷肥需求预测——基于农业绿色发展视角 [J]．土壤学报，2023, 60(5):1389-1397.

[20] 何冬冬．我国土壤交换性镁分布特征及主要作物上镁肥的提质增效作用 [D]．福州：福建农林大学，2024.

[21] 徐芳森，王运华．我国作物硼营养与硼肥施用的研究进展 [J]．植物营养与肥料学报，2017, 23(6): 1556-1564.

[22] 邹娟，鲁剑巍，廖志文，等．湖北省油菜施硼效果及土壤有效硼临界值研究 [J]．中国农业科学，2008, 41(3): 752-759.

[23] Cakmak I. Enrichment of cereal grains with zinc: Agronomic or genetic biofortification?[J] Plant and Soil, 2008, 302(1/2): 1-17.

[24] Yang X E, Chen W R, Feng Y. Improving human micronutrient nutrition through biofortificatin in the soil-plant system: China as a case study[J]. Environmental Geochemistry and Health, 2007, 29(5): 413-428.

[25] 王孝忠，田娣，邹春琴．锌肥不同施用方式及施用量对我国主要粮食作物增产效果的影响 [J]．植物营养与肥料学报，2014, 20(4): 998-1004.

[26] 牛新胜，巨晓棠．我国有机肥料资源及利用 [J]．植物营养与肥料学报，2017, 23(6): 1462-1479.

[27] Hou Y, Velthof G L, Oenema O. Mitigation of ammonia, nitrous oxide and methane emissions from manure management chains: a meta-analysis and integrated assessment[J]. Global change biology, 2015, 21(3): 1293-312.

[28] Ma Y, Zhang L, Bai Z, et al. Nutrient use efficiency and losses of industrial farms and mixed smallholdings: lessons from the north China plain[J]. Frontiers of Agricultural Science and Engineering, 2021, 8(1): 58-71.

[29] Jin S, Zhang B, Wu B, et al. Decoupling livestock and crop production at the household level in China[J]. Nature Sustainability, 2020, 4(1): 48-55.

[30] Bai Z, Ma L, Jin S, et al. Nitrogen, Phosphorus, and Potassium Flows through the Manure Management Chain in China[J]. Environmental science & technology, 2016, 50(24): 13409-13418.

[31] Zhang T, Hou Y, Meng T, et al. Replacing synthetic fertilizer by manure requires adjusted technology and incentives: A farm survey across China[J]. Resources, Conservation and Recycling, 2021, 168: 105301.

[32] 武淑霞，刘宏斌，黄宏坤，等．我国畜禽养殖粪污产生量及其资源化分析 [J]．中国工程科学，2018, 20(5): 103-111.

[33] Tan M, Hou Y, Zhang T, et al. Relationships between livestock density and soil phosphorus contents-County and farm level analyses[J]. Catena, 2023, 222: 106817.

[34] Wang Y, de Boer I J M, Hou Y, et al. Manure as waste and food as feed: Environmental challenges on Chinese dairy farms[J]. Resources, Conservation and Recycling, 2022, 181: 106233.

[35] Zhang X, Fang Q, Zhang T, et al. Benefits and trade-offs of replacing synthetic fertilizers by animal manures in crop production in China: A meta-analysis[J]. Global Change Biology, 2020, 26(2): 888-900.

[36] 张福锁，申建波，危常州，等．绿色智能肥料：从原理创新到产业化实现 [J]．土壤学报，2022, 59(4): 873-887.

中国肥料研究与应用全书

Books of Fertilizer Research and Application in China

FERTILIZER

第2章

科学施肥原理

我国古代施肥经验不少，但对于肥料营养元素的供应关系缺乏清晰的认识。19 世纪以来，随着西方国家对于植物营养研究的不断深入，揭示出有关植物营养与合理施肥方面有内在的规律，提出了养分归还（补偿）学说、最小养分律、报酬递减律和因子综合作用律等。这些学说、定律至今仍然是指导科学施肥的基本原理。20 世纪 90 年代以来，结合我国农业生产实际情况，我国植物营养与肥料科学工作者建立了“以根层养分调控”为核心的农田养分资源管理技术体系，突破了过去施肥以投入产出分析为手段、把土壤-作物系统视为“黑箱”的瓶颈，综合考虑了各种养分资源的利用，实现了肥料用量的精准定量，并根据不同养分特征采取不同的管理策略，实现了作物高产与环境保护相协调，为我国化肥实现零增长提供有力支撑，也匹配了当下面向农业绿色发展的科学施肥基本要求。

2.1 施肥的基本原理

2.1.1 养分归还（补偿）学说

19 世纪德国杰出的化学家李比希（J. V. Liebig）把整个地球上的生命现象，都作为一个运动的循环过程来加以理解。他把农业看作是人类和自然之间物质交换的基础，也就是植物从土壤和大气中吸收同化的营养物质，被人类和动物作为食物而摄取，经过动植物本身和动物排泄物的腐败分解过程，再重新返回到大地或大气中去，因而，从土地取走的东西就应该加以归还。李比希把他的学说归结为：“人类在土地上种植作物并把这些产物拿走，必然会使地力逐渐下降，从而土壤所含的养分就会愈来愈少。因此，要恢复地力就必须归还从土壤中拿走的全部东西，不然就难以指望再获得过去那样高的产量，为了增加产量就应该向土壤施加灰分。”李比希所说的归还是在生物循环的基础上，通过人为地施肥对土壤养分亏损的一种积极的补偿，因此，把李比希的养分归还学说称为养分补偿学说更能确切地反映出它的本质所在，其要点可以归纳如下[1]：

（1）作物的每次收获（包含籽粒和茎秆）必然要从土壤中带走大量的养分。豆科植物虽然可通过根瘤固定空气中的氮素，但只能解决部分氮源问题。

（2）如果不正确地归还养分于土壤，地力必然会逐渐下降。李比希认为：不补充有效养分，由于每年取走养分造成土地的产量下降，按每年来说，虽然不是个多大的问题，但很清楚的是总有一天对该土地所投下的劳动无报酬的界限总是会来临的。

（3）要想恢复地力就必须归还从土壤中取走的全部东西。在当时的欧洲，资本主义制度下的农业生产盛行的是掠夺式的农业经营，加上城乡对立的日益加深，从而破坏了人和土地间的正常物质交换过程，使以粮食为主和畜产品形成消费掉的土壤有效成分不能再全部归还。李比希明察这一点并且认为为了弥补这个缺点就应该施加化肥。所以，李比希的养分补偿学说的中心思想就是归还从土壤中拿走的东西。这建立在生物循环基础之上，对于恢复地力和保证作物增产有一定积极意义。

（4）为了增加产量就应该向土壤增加灰分元素。李比希提出的养分归还（补偿）学说，就其本质而言，它强调的是为了增产必须以施肥的方式补充植物从土壤中取走的养分。这就突破了过去局限于生物循环的范畴，通过施加肥料，扩大了这种物质循环，从而为作物稳产高产和均衡增产开辟了广阔前景。

2.1.2　最小养分律

1843 年李比希在《化学在农业和生理学上的应用》第三版上提出了“最小养分律”，也有译成最低因子律的。最小养分律是李比希在成功制造出一些化肥之后，为了保证有效地施用这些肥料，在试验的基础上提出来的。最小养分律的一般表述是：“植物为了生长发育需要吸收各种养分，但是决定植物产量的却是土壤中那个相对含量最小的有效植物生长因素，产量也在一定限度内随着这个因素的增减而相对地变化。因而，无视这个限制因素的存在，即使继续增加其他营养成分也难以再提高植物的产量。”

也有人用装水木桶或称营养桶进行图解（图 2-1），从而使这个定律更加通俗易懂。贮水木桶是由代表不同养分的长短木板组成的。木桶贮水量的多少（即水平面的高低）表示作物产量水平的高低。它决定于表示最小养分的最短木板的高度，即作物产量受该种最小养分的制约。

图 2-1　最小养分律

最小养分律在多年实践中虽然有些修正补充，但至今仍被人们用来指导农业生产。最小养分律主要有以下几个要点 [1]：

（1）决定作物产量的是土壤中某种对作物需要来说相对含量最少而非绝对含量最少的养分。施肥是为了提供作物以适当的营养物质，以补充土壤养分的欠缺，从而获得高产的一种手段。这样，土壤中相对含量最少的养分就是首先应设法补充的最小养分。影响作物产量的最小养分一般认为是大量营养元素，如氮、磷、钾，但是在某种类型土壤或某种作物上，中微量元素（如钙、镁、硼、锌等）也会成为最小养分。例如，南方酸性土壤上钙、镁、硼可能成为作物的最小养分；北方石灰性土壤上锌、铁等元素也可能成为限制产量形成的最小养分。如果不及时补充该土壤中所缺的最小养分，将会给生产带来很大损失，甚至造成绝收。反之，及时采取有效的农化措施，即可大幅度地提高作物产量。

（2）最小养分不是固定不变的，而是随条件变化而变化的。当土壤中的最小养分得到补充，满足作物的需求之后，作物产量就会迅速提高，原来的最小养分就不再成为最小养分而变成其他养分了。这一点，从我国农业生产发展的历史和施肥的实践中可以得到证明。如图 2-2 所示，例如 20 世纪 50 ～ 60 年代我国农田土壤普遍缺氮，氮就成为当时限制产量提高的最小养分。到了 70 ～ 80 年代，随着生产水平的提高和化学氮肥施用水平的增加，不少地区当土壤供氮水平得到提高，增施氮肥并不能显著提高产量后，磷可能成为限制作物产量提高的、新的最小养分。因此，在施用氮肥的基础上增施磷肥，可以协调氮、磷养分比例，从而获得较好的增产效果。到了 80 ～ 90 年代，随着农业生产的进一步发展和负重指数的相应加大，作物丰产所需要的养分也就越来越多，在长江以南地区单施氮、磷肥料往往不能显著提高作物产量。相反，在此基础上配合使用适量钾肥就能保持作物继续增产，这是由于南方雨水多，养分淋溶作用强，土壤供钾能力差，氮、钾不平衡的矛盾突出，钾就转化为最小养分，限制着作物产量进一步提高。如今，作物产量水平持续提高，氮、磷、钾肥量用量加大，养分供应又会失去平衡，某些中微量元素（如南方酸性土壤区的钙、镁、硼，北方地区的锌、铁）已变成最小养分，生产上要求适当供应，才能进一步提高作物的产量水平。

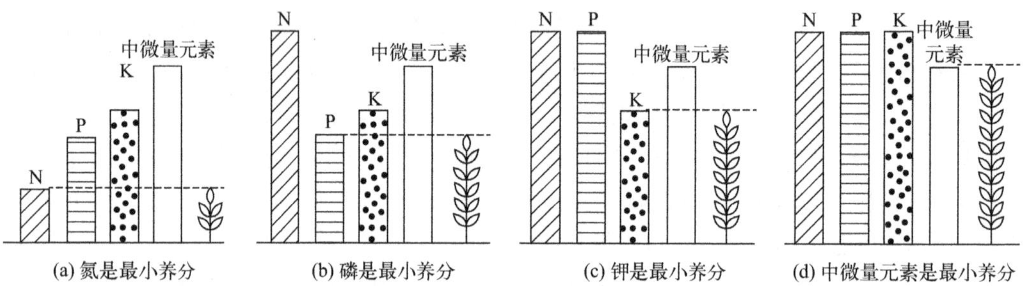

图 2-2　最小养分随条件而变化示意图

（3）继续增加最小养分以外的其他养分，不但难以提高产量，而且还会降低施肥的经济效益。就影响作物生长发育的因素而言，最小养分是限制作物产量提高的关键所在，如果无视最小养分的客观存在，继续增加其他养分，结果由于最小养分未得到补充，影响作物产量的限制因子依然存在，这样势必降低肥料的利用率，影响肥料经济效应的发挥。养分供应不是越多越好，一种肥料，尤其是氮肥，施用超过最适的数量时，产量反而会降低。各种肥料即使有最好的配比，也不是越多越好，超过一定数量，使土壤溶液浓度过高时也会形成盐害，从而降低产量。过去在某些高产田上，由于不实行科学种田，肥多减产的现象屡见不鲜，因此我们必须引以为戒。当然任何因子的最适量并不是固定不变的，在一定范围内，受其他因子的影响而发生变化。

总之，正确对待最小养分律，就可以因地制宜地选择肥料种类，免去失误，同时可以较好地满足作物对养分的需要，较为充实地利用养分，从而收到增产、节肥和提高肥料经济效益的实际效果。所以，最小养分律在指导施肥时具有重要意义。

2.1.3　报酬递减律

报酬递减律早在 18 世纪后期，由欧洲的经济学家杜尔哥（A.R.J. Turgot）和安德森（J. Anderson）同时提出。由于这个经济定律反映了在技术条件不变的情况下投入与产出的关系，所以它作为经济学上的一个基本法则，广泛应用于工业、农业以及畜牧业生产等领域。例如马绍尔在《报酬递减律在农业中的应用》一书中曾经写道：“无论农业技术的发展如何，对土地投入的资金和劳力不断增加，最终导致产量比初期降低。”赫尔和史密斯在肥料教科书上也曾写道：“对于限制因子的第一次投资是最有效的，以后每次的连续投资收效将渐次减少。”海罗芮格尔所做的大麦氮肥施用量与产量关系的试验结果表明，随着氮肥施用量的增加，产量逐渐增加，而追施氮肥所增加的产量，开始是递增，后来是渐减，形成“S”形曲线（图 2-3）。总之，尽管各个学者对报酬递减律的文字表述不尽相同，但其基本论点却是一致的 [2]。

米采利希（E. A. Mitscherlich）等在 20 世纪初期，在前人工作的基础上，深入地探讨了施肥量与产量之间的关系。(1) 在其他技术条件相对稳定的前提下，随着施肥量的渐次增加，作物产量也随之增加，但作物的增产量却随施肥量的增加而呈递减趋势，因而与前人提出的报酬递减律相吻合。(2) 如果一切条件都符合理想的话，作物将会产生出某种最高产量，相反，只要有任何某种主要因素缺乏时，产量便会相应地减少。米采利希根据试验结果提出施肥与产量之间关系的著名公式如下：

$$\frac{dy}{dx}=c\left(A-y\right)$$

或转换成指数式为：

$$y=A\left(1-e^{-cx}\right)$$

式中，x 为肥料用量，kg/hm^2；y 是由一定量肥料 x 所得的产量，kg/hm^2；A 是由足量肥料所获得的最高产量或称极限产量，kg/hm^2；e 为自然对数；c 为常数（或称效应系数）。

所得到的图形呈指数曲线模式（图 2-4）。

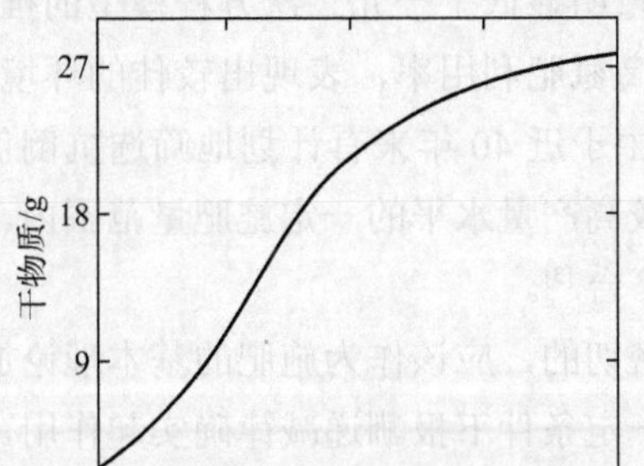

图 2-3　递增的氮素供应对大麦生长的效应

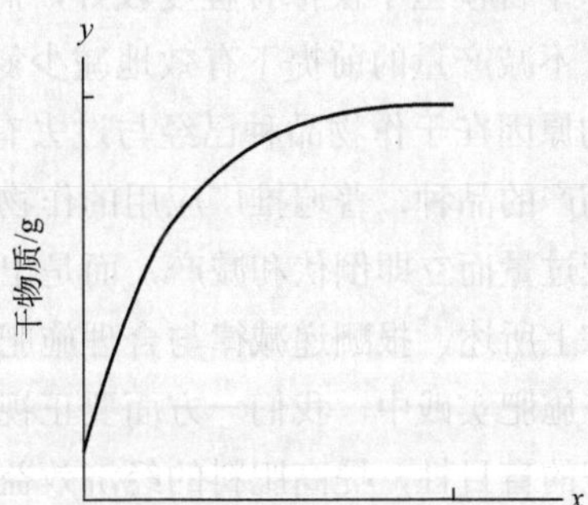

图 2-4　燕麦施磷量与干物质产量的关系

这就是说，增加单位面积上养分的施用量则产量也相应地增加，而养分施用量愈多时，产量增加的数量愈为减少。因此，米采利希公式最重要之处在于：某种养分的效果，以在土壤中该种养分愈为不足时效果愈大，若逐渐增加该养分的施用量，增产效果就将逐渐减少。根据米采利希的试验结果证明，在施肥量和产量之间的关系上报酬递减律是成立的。国内外不同作物的肥料用量试验结果也都看到同样的关系。这就充分说明报酬递减律不仅是经济学上一个基本法则，也是在农业化学方面指导施肥的基本原理之一。米采利希的倡导，使肥料的施用由过去的经验性进入了定量化阶段，使有限量的肥料发挥了最大的增产效益。

对米采利希公式提出的另一种意见是乌尔尼教授指出的当限制因子施用超过最适数量时

就变成毒害因素，不仅不能使作物增加产量，而且还会使产量降低。这是完全正确的，已被国内外许多田间试验所证实。费佛尔（Pfeiffer）教授等提出了反映施肥量与产量之间关系的抛物线图式（图 2-5），其一元二次方程式为：

$$y = a + b_1x + b_2x^2$$

式中，x 为肥料用量，kg/hm^2；y 为产量，kg/hm^2；a 为不施肥产量，kg/hm^2；b_1、b_2 为系数。

a、b_1、b_2 可以根据田间试验数据求出，将在后续肥料增产效应的有关部分论述。

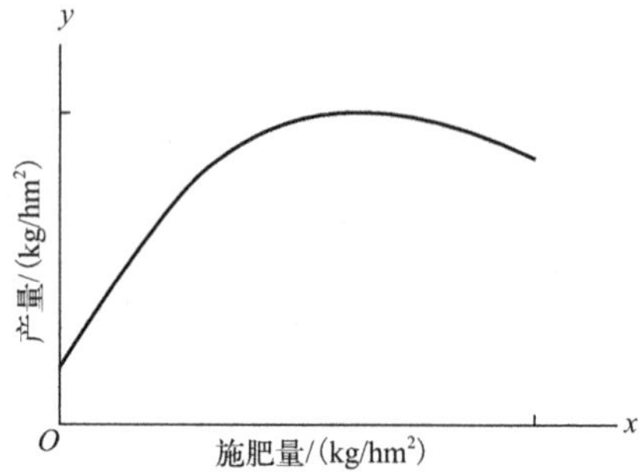

图 2-5　增产效应的抛物线图式

费佛尔等人提出的抛物线图式，揭示了施肥量与产量之间的数量关系。即当施肥量很低时，作物产量几乎呈直线上升，而当施肥量超过最高产量的施肥量时，产量不仅不再增加，反而会下降，这与目前施肥实践中存在的盲目施肥造成的减产情况是一致的。因此，费佛尔等人的工作无疑把科学向前推进了一步。

1990 年以来 Cerreto 和 Blackmer 研究证明，描述玉米对氮肥反应的模型以二次 + 平台模型为优；其他研究工作者的研究证明，马铃薯、蔬菜、小麦和玉米等作物而言，亦以二次 + 平台或线性 + 平台模型拟合作物对氮肥的反应较好。在这些研究中采用线性 + 平台模型或二次 + 平台模型不仅拟合程度较好，而且施肥推荐量明显低于一元二次方程模型的推荐量，可以在不减产量的前提下有效地减少氮肥用量，提高氮肥利用率，表现出较佳的环境效益。主要的原因在于作物品种已经与过去有很大差异，由于近 40 年来有计划地筛选抗倒伏、耐肥和高产的品种，普遍推广应用的作物品种在达到较高产量水平的一定施肥量范围内，并不因氮肥过量而立即倒伏和减产，而是出现一个产量平台 [3]。

综上所述，报酬递减律与合理施肥的关系是很密切的，应该作为施肥的基本理论加以运用。在施肥实践中，我们一方面要正视它，承认在一定条件下报酬递减律确实起作用，能避免施肥的盲目性，提高肥料的经济效益，通过合理施肥达到增产、增收的目的；另一方面我们也不应该消极地对待它，片面地减少化肥用量来降低生产成本，相反，我们应研究新的技术措施，促进生产条件的改进，在逐步提高施肥水平的情况下，力争提高肥料的经济效益，促进农业生产的持续跃进。

2.1.4　因子综合作用律

合理施肥是作物增产的综合因子（如水分、养料、光照、温度、空气、品种、耕作条件等）中重要因子之一。作物高产不仅需要解决影响作物生长和提高产量的某种限制因子，其中自然包括养分因子中的最小养分，也要在外界环境条件足以保证作物正常生长和健壮发育的前提下，充分发挥施肥的最大增产作用，收到较高的经济效益。因此，肥料的增产效应必然受因子综合作用律的影响。因子综合作用律的中心意思是：作物丰产是影响作物生长发育的各种因子，如水分、养分、光照、温度、空气、品种以及耕作条件等综合作用的结果，其中必然有一个起主导作用的限制因子，产量也在一定程度上受该种限制因子的制约。为了充分发挥肥料的增产作用和提高肥料的经济效益，一方面，施肥措施必须与其他农业技术措施密切配合；另一方面，各种肥料养分之间的配合施用，也应该因地制宜地加以综合运用。

（1）水分与施肥效果　水分是作物正常生长发育所必需的生活条件之一。土壤水分状况决定着作物的需肥量和从土壤中吸收养分的能力。一般来说，施肥效果是随土壤含水量的提高而增加的。当土壤含水量不足时，由于水分直接抑制了作物的正常生长和发育，光合作用减弱，干物质生产较少，肥料养分的利用率降低，因而施肥难以发挥应有的增产效果。随着土壤含水状况的改善，作物长势的增强，吸收养分能力的提高，植物体内干物质增多，从而大大地提高了施肥的增产效果。尤其是在大量施肥的情况下，更应该重视土壤含水量的调节，方能有利于发挥肥料的增产潜力。土壤含水量对施肥效果的影响进一步启示我们，在干旱年份，如果没有良好的灌溉条件，盲目地施用化肥，势必造成肥料的浪费，降低肥料的增产作用；相反，在多雨的年份，适当地增施肥料，有利于作物增产，从而提高肥料的经济效益。但是，也要防止发生土壤水分过多或氮肥用量超过限度造成作物贪青晚熟和减产的不良后果。

（2）作物品种与施肥效果　作物品种的耐瘠性和耐肥性是由品种的遗传基因决定的。它与肥料效应有很密切的相互关系。一般耐肥的新品种可与肥料发生交互作用，从而大大提高肥料的增产效果。相反，对于耐瘠性强的高秆小麦来说，过高的施氮量则会引起严重的倒伏而导致产量的降低，每公斤纯氮的增产效果远比耐肥的矮秆品种要低。但是，在低施肥量时，改良的耐肥新品种增施氮肥的肥效要低于未经改良的老品种。这是由于在低氮情况下，抑制了耐肥新品种的生长发育，未能充分发挥其品种优势。因此，在农业生产中，增施肥料固然可以增加产量，但由于作物品种改良工作跟不上，往往影响了肥料效果的进一步发挥。为此，随着化肥施用水平的提高，注意作物优良品种的培育和推广，对于充分发挥良种优势和增进肥料的经济效益具有十分重要的现实意义。

（3）养分之间的相互作用效应　本书2.1.2中已经讲述了作为施肥基本理论之一的最小养分律。这个定律的中心意思是作物产量往往受土壤中一种最小养分制约。如果土壤中同时存在两种养分限制作物生长时，仅补充其中一种养分，对作物生长乃至产量没有什么影响，而同时加入两种养分，将产生极大的影响。

养分的平衡供应与促进作物的生长发育和获得较好的产量有着密切的关系。一般来说，氮肥的最高肥效是在有足够数量的磷和钾的基础上取得的。反之，磷、钾肥的最高肥效只有在施足氮肥的基础上才能表现出来。对于某种作物来说，除了大量元素之间有相互作用效应之外，中微量元素和大量元素之间，或者不同的中微量元素之间也常有明显的相互作用效应。故而，在施肥实践中，利用养分之间的相互作用效应是经济合理施肥的重要原理之一。这一措施具有在不增加施肥量的前提下，提高肥料利用率和获得肥料最大经济效益的显著特点。

因此，今后寻求作物高产以及协调作物高产、优质与环境保护协调的途径，很大程度上将取决于相互作用效应，其中包括养分之间的相互作用以及养分与生产措施（如优良品种、灌溉、防治杂草和防治病害等）之间的相互作用效应。

2.2 养分资源管理核心技术

2.2.1 以根层养分调控为核心的氮素实时监控技术

氮肥施入土壤后，其转化过程十分复杂，损失途径很多，损失量较大，这些过程受土壤和气候等环境因素影响，具有较大不确定性，而氮肥损失后进入大气和水体，造成的环境影响大。因此，无论是从施肥经济效益角度出发，还是从农业可持续发展和环境角度出发，氮素资源管理都是养分资源管理的核心和重点。

2.2.1.1 技术要点

以根层养分调控为核心的氮素实时监控技术是针对土壤氮素的时空变异和作物吸收与根层土壤氮素供应难以同步的现状，从根层土壤养分调控的思路出发，根据高产作物氮素吸收特征，实现来自土壤、环境和肥料的根层氮素供应与作物需求的同步[4]。主要的技术要点有以下四个方面：

（1）根据高产作物不同生育阶段的氮素需求量确定根层土壤氮素供应强度的目标值（范围）；

（2）土壤氮素深度随作物生育进程中根系吸收层次的变化而变化，并受到施肥调控措施的影响；

（3）通过土壤和植株快速测试技术对根层土壤氮素供应强度进行实时动态监测；

（4）通过外部的氮肥投入将根层土壤氮素供应强度始终调控在合理的范围内，以此实现土壤、环境氮素供应和氮肥投入与作物氮素吸收在时间上的同步和空间上的耦合，最大限度地协调作物高产与环境保护的关系。

2.2.1.2 技术原理与方法

以根层养分调控为核心的氮素实时监控技术是以实现土壤-作物系统氮素养分平衡为基础，根据作物在不同生育阶段氮素需求规律，来确定不同阶段所需氮素供应量，包括土壤无机氮和肥料氮，以保证作物的正常生长发育对氮的需求。在不同生育阶段的初期以根层土壤无机氮的快速测试为抓手确定土壤氮素供应量，某一阶段的推荐施肥量等于氮素供应目标值减去根层土壤无机氮。

以华北平原夏玉米轮作体系为例（图 2-6），按目标产量（籽粒干重）为 6t/hm^2 计算，达到该目标产量的地上部吸氮量为 180kg/hm^2 纯氮，其中从播种到三叶期，玉米地上部吸收氮量为 20kg/hm^2，考虑到根系吸收 10kg/hm^2，此阶段氮素供应量（土壤无机氮 + 肥料氮）为 30kg/hm^2，由于该阶段玉米根系主要分布在 0 ～ 30cm 土层，因此土壤氮素供应量仅考虑

0 ～ 30cm 土壤无机氮；从三叶期到十展叶期，玉米地上部吸收氮量为 70kg/hm^2，考虑到根系吸收 20kg/hm^2，此阶段氮素供应量（土壤无机氮 + 肥料氮）为 90kg/hm^2，由于该阶段玉米根系主要分布在 0 ～ 60cm 土层，因此土壤氮素供应量仅考虑 0 ～ 60cm 土壤无机氮；从十展叶期到收获期，玉米地上部吸收氮量为 90kg/hm^2，考虑到根系吸收 20kg/hm^2，此阶段氮素供应量（土壤无机氮 + 肥料氮）为 110kg/hm^2，由于该阶段玉米根系主要分布在 0 ～ 90cm 土层，因此土壤氮素供应量仅考虑 0 ～ 90cm 土壤无机氮。

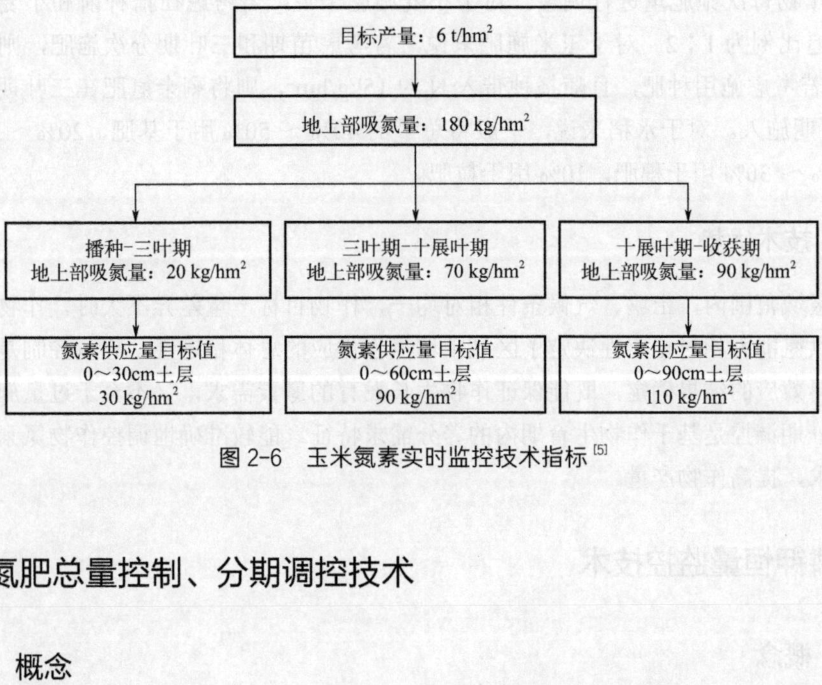

图 2-6　玉米氮素实时监控技术指标 [5]

2.2.2　氮肥总量控制、分期调控技术

2.2.2.1　概念

土壤氮素具有总体稳定性和局部变异的双重特点，根据氮素总体稳定性，可将一定区域范围内作物全生育期氮肥施用总量控制在一个合理的范围内；根据氮素局部变异性，可以在这个合理范围的基础上，根据作物氮素吸收规律，对不同生育时期的氮肥用量进行分配，同时根据气候条件、作物长势和土壤、植株测试结果对氮肥基、追用量进行微调 [6]。

2.2.2.2　技术原理与方法

区域土壤氮素供应的稳定是指在一定土壤条件、气候条件和空间范围内，土壤潜在氮素供应水平从较长时段内看是相对稳定的，这是由土壤有机氮矿化决定的。以单个田块来看，由于前茬作物收获后土壤剖面无机氮残留较高，当季作物节氮潜力非常大，个别田块甚至无需施氮即可达到高产，但随着优化氮肥管理的不断进行，土壤剖面无机氮含量将会逐步减少，土壤有机氮矿化量占土壤供氮量的比例上升。因此，在一定区域内，土壤有机氮矿化才是持续、稳定的氮素供应指标。

（1）总量控制　对于前茬土壤氮素残留较少区域，如东北旱地、南方稻田，可以利用现有的田间试验直接通过肥料效应模型（注意选择合理的模型）求得最佳产量的施氮量，或将多年多点的最佳产量施氮量平均即可获得一定区域内作物平均施氮量。对于前茬土壤氮素残留比较高的北方旱作地区，利用长期的定位试验研究发现，土壤硝态氮含量随着优化氮肥管理的进行不断减少，最终达到动态平衡，即播种前与作物收获后土壤硝态氮含量差异不大。当土壤和环境氮素供应达到动态平衡，在很好地控制作物生育期内氮素损失的基础上，区域的氮素总量控制应与作物吸收带走的氮素相当。例如，黄淮海平原多年多点肥料试验表明，小麦-玉米轮作体系每季作物氮肥用量应控制在 150 ～ 180kg/hm^2。

（2）分期调控　在总量控制的基础上，根据小麦、玉米的氮素吸收规律和当地的农事操作习惯对作物每次施肥量进行调整。对于小麦施肥来说，若考虑在播种前和小麦拔节期施肥，则基追比例为 1∶2。对于玉米施肥来说，若考虑苗期和三叶期分次施肥，则施肥比例为 1∶2；若考虑施用种肥，且随播种带入 N 约 15kg/hm^2，则将剩余氮肥在三叶期和十叶期按 1∶2 分期施入。对于水稻来说，一般将总量的 40% ～ 50% 用于基肥，20% ～ 30% 用于蘖肥，20% ～ 30% 用于穗肥，10% 用于粒肥。

2.2.2.3　技术优势

一定区域范围内，土壤、气候条件相对均一，作物目标产量差异不大时，作物生育期内土壤潜在供氮能力相对稳定性决定了区域土壤氮素供应的总体稳定性。总量控制是基于区域内多点肥料效应的结果确定，既能保证作物生长发育的氮素需求，又不至于过量施氮造成环境污染；分期调控是基于作物生育期内的养分需求特征，能较准确地调控作物氮素营养，满足作物需求，提高作物产量。

2.2.3　磷钾恒量监控技术

2.2.3.1　概念

磷钾恒量监控技术是指通过肥料长期定位试验，找出能将土壤有效磷钾含量持续控制在适宜范围内的施磷钾量，以此作为施肥建议，并在一定的时空范围内保持用量的相对稳定。这里适宜是指能获得持续高产的最低土壤有效磷钾含量，与作物种类或种植制度有关。恒量是指对给定的作物或种植制度，在一定的农业生态区域内的非逆境土壤上，及在产量水平尚未得到显著提高的一个相当长的时期内，施肥量不因土壤肥力水平不同或时间、轮作周期差异而改变。监控是指施肥量不变是相对的，恒量的时空范围需由土壤测试进行监控。

该方法以肥料长期定位试验为基础，将土壤有效磷钾含量持续控制在临界水平范围内，能够在满足作物高产需求和最大经济效益的同时降低磷素累积的环境风险，达到节肥环保的目的。同时该方法可用于肥料的宏观管理、分配[5]。

2.2.3.2　技术原理与方法

陈新平等发展的基于养分平衡和土壤测试的磷钾恒量监控技术，其技术原理见图 2-7。根层土壤养分调控上限为环境风险线，而根层土壤养分调控下限为保障作物持续稳定高产线。在土壤有效磷钾养分处于极高或较高水平时，采取控制策略，不施磷钾肥或施肥量等于作物带走量的50%～70%；在土壤有效磷钾养分处于适宜水平时，采取维持策略，施肥量等于作物带走量；在土壤有效磷钾养分处于较低或极低水平时，采取提高策略，施肥量等于作物带走量的130%～170%或200%。以3～5年为一个周期，并3～5年监测一次土壤肥力，以决定是否调整磷钾肥的用量。

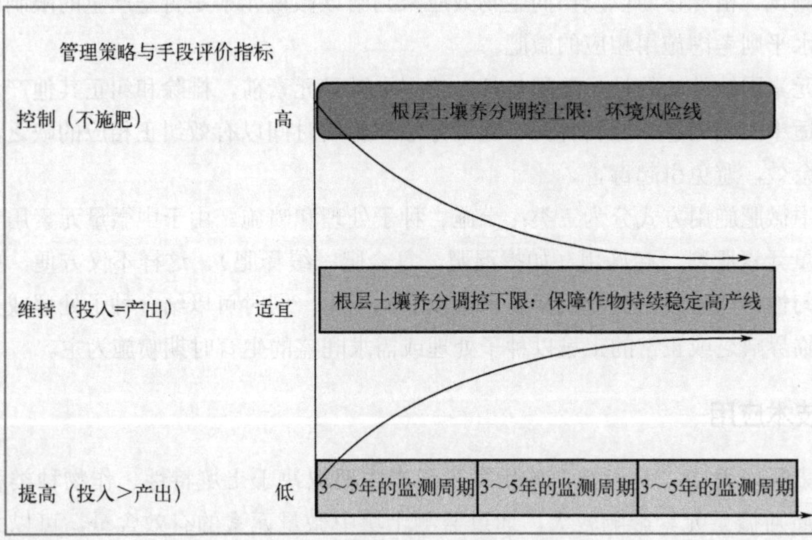

图2-7　磷钾恒量监控技术模式[4]

2.2.3.3　技术优势

磷钾恒量监控技术以长期定位试验为基础，结合养分平衡和土壤测试，着眼于作物持续高产和土壤养分的持续供应能力，而不强调地块或年度施肥量的精确计算，具有较强的应用前景。国内已有的施肥技术中磷钾管理基本采取肥料效应函数法、土壤养分丰缺指标法或由肥料利用率决定的养分平衡法，没有考虑磷肥的累积效应，而国外的精准农业主要强调了对土壤磷钾空间变异的管理。

磷钾恒量监控技术协调了作物高产、肥料高效和土壤培肥三方面的关系，有利于农业的可持续发展，具有较强科学性和简便可行性，有广阔的应用前景。

2.2.4　中微量元素因缺补缺技术

2.2.4.1　概念

中微量元素因缺补缺技术是建立在作物营养平衡和高产、稳产基础上的中微肥施用技术。其基本技术模式为“监测矫正施肥”，即以土壤、植物监测为主要手段，对缺素土壤或作物，通过施用适量肥料进行矫正，使其成为非产量限制因子[7]。

2.2.4.2 技术原理与方法

中微量元素因缺补缺技术遵循李比希最小养分律。同时，作物必需的微量元素呈现典型的剂量依赖关系，过量的中微量元素会毒害作物、降低产量。因此，中微量元素因缺补缺的技术原理重点在调控土壤、作物中微量元素含量处于既不过低，又不过高的合理范围内。然而中微量元素需求量少这一显著特征决定了并非所有土壤都需要施用微量元素，因此必须通过定期土壤测试、植株诊断以及田间生物效应来判断该微量元素是否是产量的限制因素，如果低于临界水平则考虑施用相应的微肥。

中微量元素因缺补缺的技术流程包括：使用中微量元素前，排除和纠正其他产量限制因素；选择合适中微肥用量、肥料种类、施用方法和施用时间以有效纠正相应的缺乏，确定中微肥施用的余效，避免引起毒害。

常用的中微肥施用方式分为三类：土施、种子处理和喷施。由于中微量元素用量少，中微肥常与大量元素肥料一起施用（如掺混肥、复合肥、缓释肥），这样不仅方便，更能确保区域内的均匀性。严重缺乏微量元素的土壤以土施为主，同时可以结合种子处理或关键生育时期喷施；临界缺乏或正常的土壤以种子处理或需求旺盛的生育时期喷施为主。

2.2.4.3 技术应用

微量元素需求量少，是否需要施用微量元素主要取决于土壤特性、作物种类和产量水平。土壤母质对微量元素影响较大，通过监测土壤中微量元素的有效含量，可以大致判断某种微量元素的丰缺状况，选择性地施用某种微肥；高产作物体系中，生育中后期进行植株诊断可以避免土壤因素，准确判断作物植株的微量元素营养状况，配合喷施微肥等措施及时补充缺乏或临界缺乏的微量元素，提高对各种生物、非生物胁迫的抗性，延缓衰老，增长光合期。可见该方法能培肥土壤，反馈实用性强，能平衡作物营养达到稳产、高产的目的。

由于该方法包括了作物种植前的土壤测试、决策和推荐施肥，以及作物生长期内的植株精确诊断，因此该方法能较准确地调控作物微量元素营养，满足作物需求，保证实现作物高产，并改善作物品质。但是由于土壤类型、水分、气候条件的差异，土壤测试存在一定的局限性；而作物类型、品种、年龄、生长速率、温度、是否染病及其他营养状况等也会影响到植株诊断的结果，使植株诊断变得复杂。此外，微量元素测定需要在良好的实验条件下测定，还无法推广到普通农户。最后，作物微量元素营养与人体健康息息相关，微量元素因缺补缺技术应逐步与土壤-作物-人类这一营养链最佳管理实践结合，保证产量的前提下，为人类提供更多的营养。

2.2.5 有机无机结合技术

有机肥料是养分资源的重要组成部分。我国 1988 年就由国务院发布了《国务院关于重视和加强有机肥料工作》的指示，鼓励农民多施有机肥料；1995 年，农业部又在 1988 年指示的基础上发布了“沃土计划”，核心是积极制造有机肥，增施有机肥；从 2004—2024 年，我国连续20年在中央一号文件中聚焦“三农”问题，并多次指出要将有机肥产业作为产业发展的重点之一。坚持有机肥料和化学肥料混合施用，是维持土壤肥力、提高作物产量的重要技术措施，也是实现我国和全球农业绿色发展的必由之路。

2.2.5.1 技术原理与方法

我国有机肥资源很多，最主要的是作物秸秆与畜禽粪尿，同时还有饼粕、绿肥、草木灰、污泥、生活垃圾与污水、熏土、海肥、农产品加工副产物等。有机肥料中养分多呈有机态，含量低、起效慢，通常作为基肥与化肥配合施用以满足作物养分需求，实现农产品的高产优质。有机肥料因其来源不同，养分供给类型和数量也不同，需要根据其肥料性质和作物养分需求进行选择。在粮食体系中，通常按照有机肥提供的有效氮满足作物需氮量40%的原则推荐有机肥料数量，再按照有机肥料中的磷钾有效养分与作物需求之间的差值计算需补充的化学磷钾肥料数量[7]；在蔬菜体系中，建议有机肥提供的有效氮不超过蔬菜需氮量的70%，其余蔬菜所需氮、磷、钾养分由化学肥料补充，这样能够增加蔬菜产量的同时，减少活性氮损失和温室气体排放[8]。另外，由于作物需求的氮磷比通常高于有机肥的氮磷比，以作物需氮量为基准计算有机肥用量时易造成土壤磷素累积，因此，在磷流失风险高的区域，建议以作物需磷量为基准计算有机肥使用量[9]。

最新的精确有机肥施用策略提出将产品和技术与作物生长环境相匹配，提升有机肥施用的增产、固碳和减排综合效益。其关键技术要点有：a. 诊断当地生物环境条件障碍因子，如有机质含量低、盐碱障碍、酸化等；b. 根据障碍因子设计和生产满足当地作物-土壤-气候条件需求的专用产品，如生产碳氮比和碳磷比与当地土壤初始有机质相匹配的堆肥产品；c. 配合碳素和多种养分元素（N、P以及其他必要和有益营养成分）的最佳综合管理技术，如根据作物类型优化有机肥施用比例，将有机肥pH和电导率（EC）与相关土壤特性相匹配[10]。

2.2.5.2 技术优势

（1）提升土壤质量　有机肥料配施可以有效提高土壤有机质，特别是腐殖质含量，促进土壤水稳性团聚体的形成，改善土壤结构，调节土壤水、肥、气、热矛盾，增强土壤缓冲能力。有机肥可为土壤微生物提供能量和营养物质，提高土壤养分周转和供应能力，从而提升土壤质量。

（2）提供全面营养物质　有机肥料含有作物生长发育所必需的多种营养元素，其矿化后除可释放氮、磷、钾等大量元素外，还可为作物提供钙、镁、硫等中量元素以及铁、锰、铜、锌、硼等微量元素营养。同时，有机物料中的酸性物质也可促进土壤中难溶的矿质营养转化，提高其有效性。因此，常施有机肥的作物一般不易出现微量元素缺乏症。

（3）改善农产品品质　有机肥料施入土壤后，矿化过程中产生的葡萄糖、氨基酸、维生素、生长素等物质可以刺激作物生长，增强作物抗病能力，改善作物外观，提高作物品质。如叶菜类蔬菜配施有机肥，会大幅度降低叶片中硝酸盐含量，增加维生素C含量；烟草增施有机肥可以改善烟叶外观品质，协调烟叶中糖碱比，增加中上等烟叶比例。

（4）环境减排　充分开发利用有机物料（如人粪尿、畜禽粪尿、秸秆、绿肥等）资源，一方面可以缓解我国化肥资源紧张，并减少化肥生产和使用过程中的能源消耗和环境污染，另一方面也可以通过增施有机肥增加农田固碳，中和环境碳排放[10]。

参考文献

[1] 陈伦寿，李仁岗. 农田施肥原理与实践 [M]. 北京：农业出版社，1984.

[2] 陈伦寿. 报酬递减律与合理施肥 [J]. 北京农业大学学报，1982, 13(1): 69-76.

[3] 陈新平，周金池，王兴仁，等. 小麦-玉米轮作制中氮肥效应模型的选择——经济和环境效益分析 [J]. 土壤学报，2000(3): 346-354.

[4] 张福锁，陈新平，陈清，等. 中国主要作物施肥指南 [M]. 北京：中国农业大学出版社，2009.

[5] 陈新平，张福锁. 小麦-玉米轮作体系养分资源综合管理理论与实践 [M]. 北京：中国农业大学出版社，2006.

[6] 张福锁，马文奇，江荣风. 养分资源综合管理 [M]. 北京：中国农业大学出版社，2003.

[7] 张福锁，崔振岭，陈新平，等. 最佳养分管理技术列单 [M]. 北京：中国农业大学出版社，2010.

[8] Liu B, Wang X, Ma L, et al. Combined applications of organic and synthetic nitrogen fertilizers for improving crop yield and reducing reactive nitrogen losses from China's vegetable systems: A meta-analysis[J]. Environmental Pollution, 2021, 269: 116143.

[9] 崔振岭，陈新平. 养分资源管理 [M]. 北京：中国农业大学出版社，2024.

[10] Zhao S X, Schmidt S, Gao H, et al. Precision compost strategy aligning composts and application methods with target crops and growth environments can increase global food production[J]. Nature Food, 2022, 3: 741-752.

中国肥料研究与应用全书

Books of Fertilizer Research and Application in China

FERTILIZER

第3章

测土配方施肥原理与技术

目前我国化肥的施用量居世界第一位，但是我国肥料生产与应用存在较多问题，氮肥的当季利用率只有40%左右，低于发达国家10～20个百分点。提高化肥利用率，除了继续研究高效施肥技术之外，必须实现工艺与农艺相结合，将科学施肥的理论和技术物化到产品。区域配肥技术的研究，将会大大推动科技成果的转化，增加农民施肥的合理性，提高区域作物产量和肥料利用效率。

3.1 氮的总量控制、分期调控技术

在如何提高氮肥利用率，保障作物高产并降低环境污染方面国内外已开展了大量研究工作。借鉴国际上的成果与经验，国内也相继建立了各种基于土壤测试的推荐方法和基于植株营养诊断的推荐方法，这些方法在各类试验中均取得了很好的成效。然而，如何在大面积上优化氮肥施用，提高氮肥效率仍需突破。小农户、小田块经营是我国农业生产的主要方式，也是我国农业有别于欧美发达国家的重要特点。调查结果表明，正是小农户经营方式的特征，造成了我国农业生产中施肥存在两大问题：一是很多地区普遍施肥过量，二是在各个地区均存在农户之间、田块之间施肥变异非常大的现象。因此，如何在上述科学研究的基础上，进一步发展有效应对我国农业生产特点的区域性氮肥管理方式是迫切需要解决的问题。

土壤氮素肥力的形成不仅与成土过程有关，还受到栽培和施肥等技术的影响，但一定区域范围内，栽培方式和产量水平相对一致；气候条件相对均一，环境来源养分基本一致；土壤本身供肥能力相对一致。作物生育期内土壤和环境潜在供氮能力相对稳定性决定了区域土壤氮素供应的总体稳定性。年度间气候条件和田间管理等自然因素和人为因素的差异及不可避免的田间采样误差，决定了难以用测土法进行氮肥推荐。因此提出了区域总量控制的方法进行氮肥推荐。区域氮肥总量控制是根据一定土壤条件、气候条件和空间范围内的土壤潜在氮素供应水平总体稳定的特点，将一定区域内作物全生育期氮肥施用总量控制在一个合理的范围内。总量控制是基于区域内多年多点的肥效反应结果确定，既能保证作物产量，又不至于过量施氮造成环境污染[1]。

施氮总量确定后，氮肥的合理运筹是氮肥效应的重要保证。近年来，由于劳动力等各方面原因，有些地方采用全部氮100%作为基肥的“一炮轰”策略，但氮肥的一次性施入对产量造成了显著损失。该方法在20世纪80年代也许是适宜的，传统施肥技术强调重施基肥，基肥用量常占总施肥量的50%以上，但经过20多年的高投入实践，我国农田土壤肥力普遍提高，作物生育早期不投入太多肥料就能满足生长发育的需要，前期施氮过多反而会部分地抑制根系的前期生长，甚至引起烧种烧苗的现象，而且一次施肥过多的话，会增加氮素损失的风险。大量研究发现，低肥力土壤氮肥应以基施为主，高肥力土壤氮肥应以追施为主。

研究发现，现代高产品种的籽粒库容显著增强。与老品种相比，现代绿熟型高产品种开花后吸氮量已经由30%上升到40%，后期需氮量增加客观上要求在生育后期氮要充足供应。许多研究也充分证明了氮肥分期调控的重要性，如基肥施N比例为35.6%时，早稻产量可

达到最高，基追比例为5∶5的氮肥运筹方式可以降低小麦前期氮素积累量和无效分蘖，有效地增加群体生产力，从而提高产量，灌浆期氮素的充足供应是水稻高产群体质量的重要保证，减少基、蘖肥，提高穗肥比例可提高水稻齐穗后的绿叶面积，提高群体光合势，有利于促进干物质积累而提高产量和氮素吸收，氮肥当季利用效率随穗肥比例提高而增加。所以，根据不同作物的营养特征和不同生态区的土壤氮素供应特征，在总量控制基础上分期调控是必要的。

3.1.1　区域氮肥总量的确定及评价方法

3.1.1.1　田块氮肥最佳推荐用量的确定

采用一元二次模型对氮肥用量试验的作物产量与施氮量的关系进行回归，方程为：

$$y = ax^2 + bx + c$$

式中，y 为籽粒产量，kg/hm^2；x 为肥料用量，kg/hm^2；a 为二次回归系数；b 为一次回归系数；c 为截距。根据边际收益等于边际成本，即 $dy \cdot py = dx \cdot px$，计算经济最佳施氮量。

3.1.1.2　区域氮肥总量控制适宜性的评价方法

把研究区域所有单个田块试验的最佳施氮量取平均作为区域氮肥总量控制值，把区域氮肥总量控制值代入每个试验的一元二次方程，可以得出对应的产量数据，即氮肥总量控制下的作物产量，用总量控制的产量与每个试验的最佳施氮量产量作相关性分析，评价区域总量控制的适宜性。

3.1.2　区域氮肥总量控制方法应用案例

选取安徽省80个“3414”一季稻试验，肥料效应方程计算的氮肥最佳施氮量的最大值为338kg/hm^2，最小值为104kg/hm^2，平均为208kg/hm^2，标准差为45kg/hm^2。从频率分布图可以看出，最佳施氮量主要集中在150～240kg/hm^2的范围内（图3-1）。所以，安徽省一季稻的氮肥推荐用量范围为150～240kg/hm^2，平均值为208kg/hm^2。

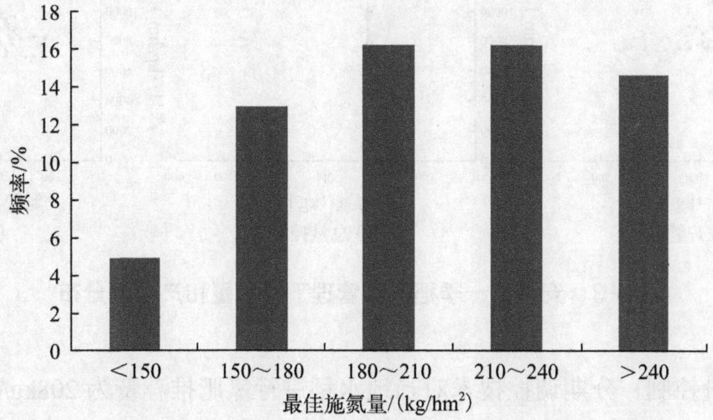

图3-1　安徽省一季稻最佳施氮量频率分布

从图 3-2 中可以看出，用平均的最佳施氮量 208kg/hm² 作为总量控制值对应的一季稻产量与安徽省 80 个一季稻田块最佳施氮量产量间存在线性相关，相关系数为 0.983，达到了极显著水平。从相关性分析可以看出，氮肥总量控制方法适宜于该地区的氮肥推荐。

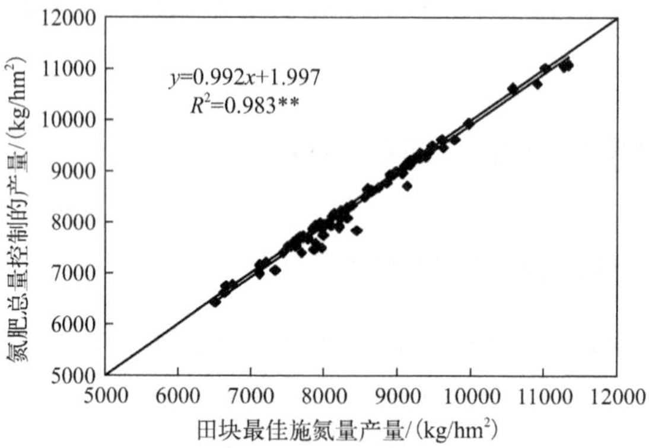

图 3-2 安徽省一季稻区域平均施氮量产量与田块最佳施氮量关系

n=80，** 表示显著水平为极显著

3.1.3 氮肥总量控制的调控效果

对安徽省 2008 年水稻的产量和施肥情况进行了调研，当地农民氮肥的平均施用量为 196kg/hm²，标准差为 96kg/hm²，变异系数为 35%；农民生产中的水稻平均产量为 7795kg/hm²，标准差为 763kg/hm²，变异系数为 10%，从统计结果可以看出［图 3-3（a）］，农民水稻生产实际中，施肥量和产量都存在很大的变异。

按照田块具体情况实地管理，氮肥平均推荐量为 208kg/hm²，标准差为 45kg/hm²，变异系数为 27%；平均产量为 8483kg/hm²，标准差为 1021kg/hm²，变异系数为 12%，从统计结果可以看出［图 3-3（c）］，按照实地精确管理，施肥量略高于农户管理，变异小于农户习惯，平均产量水平高于农民习惯，但变异稍大于农户习惯。

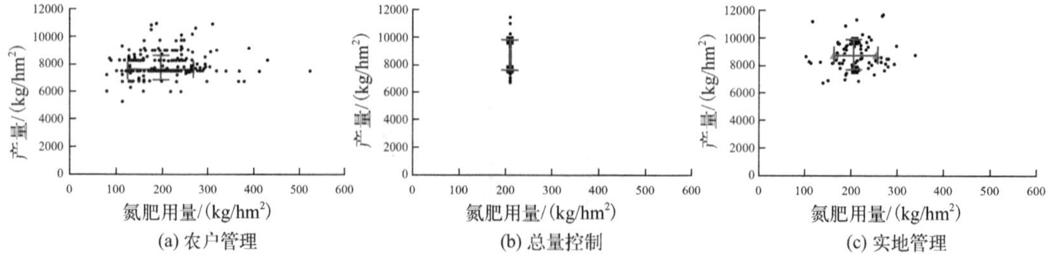

图 3-3 安徽省一季稻不同管理下施氮量和产量的分布

按照区域总量控制、分期调控技术对当地水稻进行氮肥推荐量为 208kg/hm²，当统一使用此施氮量时标准差为 0；总量控制值对应的产量平均值为 8418kg/hm²，标准差为 1022kg/hm²，

变异系数为12%。安徽省的数据表明，按照区域总量控制，可有效解决小农户经营下技术的精确性和可操作性的协调问题［图3-3（b）］。

3.2 磷的恒量监控技术

我国是全世界最大的磷肥生产和消费国。经过连续30多年的磷肥施用，我国土壤有效磷普遍提高，土壤有效磷（Olsen-P）由20世纪80年代的7.4mg/kg提高到2006年的20.7mg/kg，Olsen-P＜10mg/kg的比例由20世纪80年代的79.4%降低到2006年的23.5%，但过量与不足仍同时并存。低磷土壤上施用磷肥具有很好的增产效应，但土壤速效磷超过一定值后，土壤水溶性磷含量的显著增大，可能对环境产生潜在的影响。过去基于土壤测试，肥料效应函数的磷肥推荐方法多注重产量的当季效应，在土壤有效磷含量较低的情况下适用性很好，却不能解决当前土壤有效磷含量不断升高可能造成的资源与环境问题，需要发展新的方法进行磷肥推荐。

我国的磷肥推荐需要解决的问题，一是要建立和更新高产作物的分级和推荐指标，二是解决磷肥长期积累的后效及高量累积对环境可能的风险，因此需要建立高产与环境协调的磷肥推荐方法。协调作物高产与环境的磷肥恒量监控技术理论最早由中国农业大学养分资源管理课题组提出[1]。磷肥恒量监控技术以培肥和维持适宜土壤有效磷为目标，既能保证作物高产又不会发生环境风险，通过肥料试验或其他方法找出能将根层土壤有效磷含量持续控制在既能保证作物高产又能防止环境风险的土壤有效磷临界值，根据目标产量确定各级别的施磷量，以此作为施肥建议，并在一定的时空范围内保持用量的相对稳定。当Olsen-P从非常低的水平逐渐提高时，作物产量开始迅速增加，然后增产率减慢，产量达到一定值后不再随着Olsen-P值的增加而增加。产量达到最大值时对应的Olsen-P值可以考虑作为临界值。低于此值有产量损失的风险，造成农民经济损失，高于临界值没有增加作物产量，进一步施用更多的磷会造成经济损失、资源浪费和环境风险[1]。

3.2.1 基于恒量监控技术的磷肥推荐

3.2.1.1 恒量监控技术土壤有效磷下限临界值的确定

恒量监控技术土壤有效磷下限临界值即保证作物产量安全的土壤有效磷临界值。建立方法同土壤磷肥力分级指标的建立方法，相对产量90%（高肥力等级下限值）对应的有效磷含量值作为恒量监控值的下限。

3.2.1.2 恒量监控技术土壤有效磷上限临界值的确定

恒量监控技术土壤有效磷上限临界值即避免环境风险的土壤有效磷临界值。

对 23 个土壤磷素淋失风险阈值的研究指出北方石灰性土壤磷淋失风险临界值平均为 50mg/kg[2]。土壤水溶性磷与土壤 Olsen-P 呈显著正相关系，随土壤 Olsen-P 含量的增加，土壤水溶性磷含量的增加速度显著增大，土壤 Olsen-P 在 47.5 ～ 60.9mg/kg 形成“突变点”[3]，在好气条件下，供试水稻土磷环境敏感临界值（转折点）在 Olsen-P 50 ～ 75mg/kg，在嫌气条件下，供试水稻土磷环境敏感临界值（转折点）在 Olsen-P 35 ～ 45mg/kg，超过临界值土壤磷素会对环境产生非常明显的负影响[4]。

可综合考虑环境风险的保险系数和地域特点来确定土壤有效磷上限临界值。

推荐磷肥用量的计算：当土壤有效磷含量值低于恒量监控值下限时，磷肥管理的目标是通过增施磷肥提高作物产量和土壤有效磷含量，磷肥用量为作物带走量的 1.5 倍；当土壤有效磷含量介于恒量监控值上下限之间时，磷肥管理的目标是维持现有土壤有效磷水平，磷肥用量等于作物的带走量；当土壤有效磷含量高于恒量监控值的上限值时，施用磷肥的增产潜力不大，且有环境风险的可能，磷肥施用量等于作物带走磷素的 0.5 倍。

3.2.2 磷肥恒量监控技术的应用案例

根据山东省冬小麦试验缺磷处理的相对产量与土壤有效磷含量作散点图（图 3-4），并作对数回归方程：

$$y=11.71\ln(x) + 51.24(R^2 = 0.268^*)$$

式中，x 为土壤有效磷含量，mg/kg；y 为相对产量，%；R^2 为回归系数。

土壤有效磷含量与缺磷处理冬小麦相对产量的相关性达到显著性水平，将相对产量 50%、75%、90% 和 95% 代入对数方程，求出对应的土壤有效磷含量数值分别为 1mg/kg、8mg/kg、27mg/kg 和 42mg/kg，即为土壤有效磷的丰缺指标值。所有试验点冬小麦相对产量的平均值为 82.9%，最小值为 63.6%。也就是说，缺磷处理冬小麦相对产量没有低于 50% 的。冬小麦相对产量为 50% 时对应的土壤有效磷含量（1mg/kg）为模型外推值，没有实际意义。因此，将土壤有效磷的 5 级指标简化为 4 级，即冬小麦相对产量低于 75% 时，土壤有效磷为低等级（8mg/kg）；相对产量在 75% ～ 90% 之间，土壤有效磷为中等级（8 ～ 27mg/kg）；相对产量在 90% 至 95% 之间，土壤有效磷为高等级（27 ～ 42mg/kg）；相对产量大于 95% 时，土壤有效磷为极高等级（＞ 42mg/kg）。考虑到实际操作的方便性，可将土壤有效磷丰缺指标值进一步简化，即土壤有效磷含量小于 10mg/kg 的土壤为低等级磷肥力土壤，介于 10 ～ 30mgkg 的土壤为中等级磷肥力土壤，介于 30 ～ 40mg/kg 的土壤为高等级磷肥力土壤，大于 40mg/kg 的土壤为极高等级磷肥力土壤。

29 个试验对应的最佳施磷量产量平均值为 6254kg/hm^2，参照《中国主要作物施肥指南》，6000kg/hm^2 产量水平每公顷的吸磷（P_2O_5）量为 64kg/hm^2 的标准，按照恒量监控原理，当土壤有效磷低于恒量监控技术土壤有效磷下限临界值，高于恒量监控技术土壤有效磷上限临界值和介于上下临界值之间，山东省冬小麦对应磷量用量分别为 94kg/hm^2、64kg/hm^2 和 32kg/hm^2。当土壤有效磷处于极低水平时，磷肥用量 128kg/hm^2，以达到增产和快速培肥地力的目的。同样原理，7500kg/hm^2 和 9000kg/hm^2 产量水平下对应的磷肥推荐用量见表 3-1。

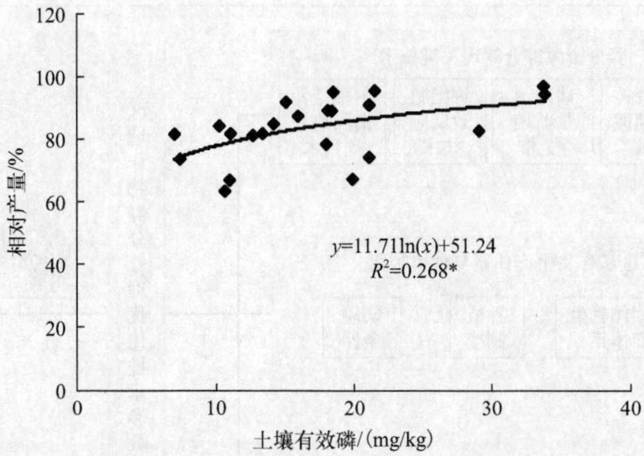

图 3-4　山东省冬小麦缺磷区相对产量与土壤有效磷含量的关系

表3-1　基于恒量监控技术的山东省冬小麦磷肥推荐用量

肥力等级	土壤有效磷 Olsen-P /（mg/kg）	施肥目标	不同目标产量下的磷肥用量 P rate/[kg(P_2O_5)/hm^2]		
			产量 6000kg/hm^2	产量 7500kg/hm^2	产量 9000kg/hm^2
低	10～30	增产和培肥地力	96	120	143
中	30～40	保证产量和维持地力	64	80	95
高	＞40	保证产量和控制环境风险	32	40	48

3.3 “大配方、小调整”的区域配肥技术

中国农业大学养分资源管理团队通过综合植物营养学、土壤学和农学等多学科知识去揭示区域作物生产的基本规律，建立了基于“大配方、小调整”的区域配肥技术。“大配方、小调整”区域配肥技术是在归纳区域作物生产体系与种植制度特点及土壤养分供应特点等共性规律的基础上，根据养分资源综合管理相关技术原理确定区域氮、磷、钾及中微肥的适宜用量、比例以及相应的施肥技术，并结合工艺与市场研发区域配方肥料作为技术载体，同时配套相应的施肥技术和农化服务，实现区域高产、优质、资源高效和环境保护的目的；在区域大配方的基础上，针对部分区域或田块，还可根据产量水平、气候/土壤条件、作物长势、土壤测试和植株营养诊断等调整用量或配施一定的单质肥料，即“小调整”，以实现更为精确的养分管理（图 3-5）。该理论与技术思路的要点是：根据不同养分资源的特征确定不同的管理策略；根据不同作物的特点采用不同的配肥思路；根据区域作物生产条件与土壤供应特点进行分区管理；小调整作为补充以实现田块精确调控 [5]。

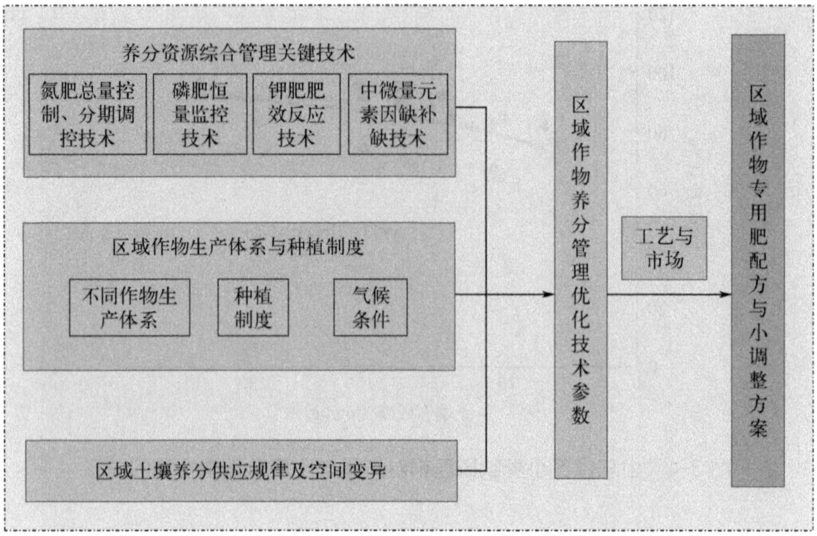

图 3-5 “大配方、小调整”区域配肥技术模式图

3.3.1 根据不同养分资源的特征确定不同的管理策略

氮素资源具有来源的多样性、去向的多向性及其环境危害性、作物产量和品质对其反应的敏感性等特征，因此氮的管理应采取“总量控制、分期调控”的管理策略（表 3-2）。土壤氮素具有总体稳定性和局部变异的双重特点，根据区域土壤氮素供应的总体稳定的特点，即在一定土壤条件、气候条件和空间范围内，土壤潜在氮素供应水平从较长时段内看是相对稳定的，这是由土壤有机氮矿化决定的。因此，可将一定区域内作物全生育期氮肥施用总量控制在一个合理的范围内。对于前茬土壤氮素残留较少的区域，如东北旱区、南方稻田，可以利用现有的田间试验直接通过肥料效应模型求得最佳推荐施氮量，并将多年多点的最佳产量施氮量平均获得一定区域内作物平均施氮量。对于前茬土壤氮素残留比较高的北方旱作地区，区域氮素总量控制应与作物吸收带走的氮素相当。根据局部变异性，可以在这个合理范围的基础上，根据作物氮素吸收规律，对不同生育时期的氮肥用量进行分配，同时根据气候条件、作物长势、土壤测试及植株营养诊断结果对氮肥基、追用量进行微调。

对于磷而言，其不像氮素那样易于随水淋洗或气态损失，而是更容易在土壤中保持和固定（表 3-2）。土壤速效磷的变化主要受养分平衡的影响。根据相关研究表明，在不同的土壤类型上耕层（0 ～ 20cm）每累积 P 100kg/hm^2，Olsen-P 增加 1.44 ～ 5.74mg/kg。因此，磷肥的施用可根据土壤测试和养分平衡计算将土壤速效磷含量持续控制在能够持续获得高产且不造成环境风险的适宜范围内。在土壤有效磷养分处于极高或较高水平时（大于环境风险阈值），采取控制策略，施肥量小于作物带走量；在土壤有效磷养分处于适宜水平时，采取维持策略，施肥量等于作物带走量；在土壤有效磷养分处于较低或极低水平时，采取提高策略，施肥量大于作物带走量。以 3 ～ 5 年为一个周期，并 3 ～ 5 年监测一次土壤肥力，以决定是否调整磷钾肥的用量。该方法协调了作物高产、肥料高效和土壤培肥三方面关系，具有较强科学性，同时又具有简便可行性，便于在生产实践中应用。

对于钾而言，其管理策略和磷相似。然而，由于我国钾素资源严重不足，当前大约有50% 依靠进口，因此应优先考虑将矿物钾肥优先施到增产效应明显的区域和作物上。矿物钾肥推荐应采取“钾肥肥效反应”的技术模式，以田间试验为基础，通过施肥量与作物产量反应的数据关系计算最佳经济施肥量，这既能保证作物产量，同时有效地将肥料用量控制在合理的范围内，达到节肥、稳产的目的，并强调通过秸秆还田或施用有机肥的方式以保持和提高土壤地力，因为作物吸收的钾大部分贮存在秸秆中，如小麦、玉米吸收的钾素有 80% 以上贮存在秸秆中。

对于中微量元素而言，缺则造成作物减产，丰则贮于根层并依赖作物的生物学潜力发挥而被活化利用，而过量的中微量元素会导致作物毒害降低产量（表 3-2）。由于其需求量少，是否需要施用中微量元素主要取决于土壤特性、作物种类和产量水平。因此，中微量元素的管理应采取“因缺补缺、矫正施肥”的技术模式，以土壤、植株监测为主要手段，对于缺素土壤或作物，通过施用适量肥料进行矫正，使其成为非产量限制因子。

表3-2　不同养分资源的特征差异与管理策略

养分	资源特性	管理策略
氮	来源多样性 去向的多向性 环境危害性 作物产量、品质对氮素反应的敏感性	总量控制、分期调控
磷和钾	肥料资源有限 土壤养分库总量大但有效性低 不易损失且有长期后效 作物产量、品质对磷、钾素反应的敏感性相对较差	恒量监控
中微量元素	中微量元素不足则会导致减产甚至绝产，过量则会导致作物毒害降低产量	因缺补缺、矫正施肥

3.3.2　根据不同作物的特点采用不同的区域配肥思路

大田作物一般为深根系作物，对土壤养分和环境养分供应的依赖性极大。水稻、小麦和玉米地力贡献率分别达到 60.2%、66.5% 和 60.1%。因此，大田作物推荐施肥应同时考虑作物养分需求和土壤、环境养分的供应（表 3-3）。

表3-3　不同作物的特性与养分调控策略

项目	大田作物	蔬菜	果树
养分需求特征	平缓、氮素前轻后重	需要高强度养分供应	贮藏营养、不同时期对养分需求不同
作物生物学特征	根系逐渐向深层发育	浅根系、高水分需求	深根系、多年生

续表

项目	大田作物	蔬菜	果树
环境养分供应	一般较低	较高	一般较低
有机肥养分供应	一般较低	非常高	非常高
土壤养分供应	较高	相对较低	相对较低
养分调控策略	同步高产作物养分需求与土壤、环境、肥料氮素供应	在土壤培肥的基础上，按照作物养分需求供应肥料	根据不同时期养分需求特征和作用配施一定比例的氮磷钾肥

与大田作物相比，大多数蔬菜养分需求强度大，根系较浅、养分吸收能力较差，相应地对水肥的依赖程度高。因此，对于蔬菜，应在土壤培肥的基础上，依据养分吸收规律进行区域配肥。由于蔬菜种类繁多，为了便于操作，可以根据蔬菜养分吸收特点进行蔬菜分类管理。例如，将蔬菜分为果菜类和叶菜类进行区域配肥。

大多数果树为多年生作物，在不同树势不同营养阶段对养分需求有较大区别。由于大多数果树具有贮藏营养的特点，其生长状况和产量不仅受当年施肥和土壤养分供应状况的影响，同时也受上季施肥和土壤养分状况的影响，所以，土壤测试结果与当年的果树生长状况的相关性不如大田作物好。因此，果树应根据不同树势和不同营养阶段对养分的需求特点进行区域配肥。

3.3.3 根据区域作物生产条件与土壤供应特点进行养分分区管理

在一个区域内，对于同一作物可根据气候条件、栽培条件（作物生产体系与种植制度）、地形和土壤条件等因素分为几个养分管理类型区，然后对于同一类型区，可以采取相对一致的养分资源综合管理策略。对于不同区域尺度的养分管理区的划分所考虑的因素有所差异。在较小的尺度上（如县域或大规模农场），气候条件及栽培条件相对均一，养分管理分区应重点考虑的土壤养分的供应规律及空间变异；而到大农业生态区域尺度，气候及栽培条件成为影响的养分管理区域的划分的决定性因素，土壤养分的供应为次要影响因素。

3.3.3.1 县域或大田块尺度的区域配肥技术思路

县域尺度配肥可根据统计学的方法对土壤养分变异特性进行评价，进行土壤养分分区及区域配肥。例如，基于全国测土配方施肥项目开展的大量的“3414”田间肥效试验和土壤养分测试数据，开展了县域尺度上的“大配方、小调整”区域配肥技术研究。根据田间肥效试验通过肥料效应模型求得最佳产量的施氮量，将多年多点的最佳产量施氮量平均获得区域内作物平均施氮量作为区域氮肥推荐用量，并根据作物的养分需求规律确定基肥氮用量；基于地理信息系统（GIS）平台，根据土壤测试结果制定区域性的土壤磷和钾养分图，并以磷、钾恒量监控技术为基础建立磷和钾肥推荐用量图；最后通过基肥氮、磷和钾用量图层叠加形成区域配肥图。县域尺度配肥适合农业技术人员和中小型肥料企业进行肥料配方的设计，以复合肥或掺混肥为载体，有利于破解县域尺度测土配方施肥技术推广难题。

大田块尺度配肥主要针对有条件的大型农场和种植大户，主要依据土壤肥力因素，基于地理信息系统（GIS）进行土壤分区及区域配肥，以掺混肥或复合肥为载体，解决田块尺度上养分合理利用的问题，实现精准施肥。

3.3.3.2　大农业生态区的区域配肥技术思路

大农业生态区域的配肥主要依据气候、栽培、地形等因素（土壤条件作为参考因素）进行区域划分，在分区的基础上进行区域配肥[5]。例如，根据气候、栽培和地形等因素对中国玉米主产区进行施肥分区，在分区的基础上，基于测土配方施肥技术成果分析不同区域内土壤养分供应特征、作物养分需求和作物肥效反应，以氮肥总量控制、磷肥恒量监控、钾肥肥效反应的技术原理计算氮磷钾肥的优化用量，并根据“大配方、小调整”技术思路确定了中国玉米不同区域的肥料配方及施肥建议[5]。大农业生态区配肥适合大中型肥料企业，并以复合肥为载体，养分配方稳定、均匀，有利于进行大规模生产和大范围应用，有利于从国家尺度上或省级尺度上宏观控制区域内养分的投入和产出的平衡，调控区域间肥料养分分配不合理。

3.3.4 “小调整”作为补充实现田块精确调控

通过区域大配方可以有效解决区域间不合理施肥的问题，然而在实际生产中，气候和土壤条件（肥力）和产量水平等都存在一定变异，因此，应在区域大配方的基础上进一步微调，即在条件允许的情况下仍可在区域大配方的基础上通过“小调整”将肥料用量控制到最佳，以实现养分供需的时空一致，达到最大的经济效益和环境效益。“小调整”一般基于以下原则：

（1）基于产量水平调整总用量、钾肥的追肥用量和一次性施肥下缓控释氮素的比例　首先，作物养分需求规律是科学施肥的重要理论依据，随着作物产量的增加，养分需求量将会同步增加。例如，大样本数据研究表明，产量和地上部氮吸收呈显著的正相关关系，春玉米和夏玉米生产每吨籽粒的需氮（N）量分别为17.4kg和17.5kg。相关研究也表明，磷素和钾素的需求规律也呈现相应的趋势。因此，随着产量的变化相应调整养分的用量；其次，对于高产粮食作物需要增加生育中后期的钾肥供应，以提高作物对抗各种生物与非生物胁迫（如病虫害和倒伏等）的能力和促进光合产物转移。大样本的数据研究表明，随着产量的增加，水稻钾需求也逐渐增加，＜7.5t/hm^2、7.5～9t/hm^2、9～10.5t/hm^{2}和＞10.5t/hm^{2}四个产量水平下对应的生产1t籽粒产量需钾（K）量分别为18.7kg、19.4kg、20.5kg和21.7kg，这主要是随着产量水平增加秸秆和籽粒钾浓度上升所导致。此外，在一次性施肥下，应通过添加适宜比例的缓/控释氮素以保障高产作物生长后期的肥料供应。相关研究表明，高产作物养分需求的显著特征是开花后氮素需求量增加，例如，研究者发现玉米花后氮素吸收比例由低产的16%上升到高产的45%。在未添加缓/控释氮素的情况下，一次性施肥可能导致后期养分供应不足造成减产。因此，对于高产玉米，在一次性施肥方案下应添加适当比例的缓控释氮素以保障花后的氮素营养供应。

（2）基于气候条件、土壤质地、作物长势、土壤测试和植株营养诊断调整氮肥追肥用量　氮素具有来源的多样性、去向的多向性及其环境危害性、作物产量和品质对其反应的敏感性等特征，因此，氮素管理应作为养分管理的核心，进行实时实地精确地调控。例如，根据土壤测试和植株营养诊断调整追肥的用量。在旱地土壤上，可以通过测定作物生育期土壤硝态氮确定追肥氮用量，该方法能简单快速地在田间应用，已经被证明是一项行之有效的技术并得到广泛应用；在水田上，可以通过叶片 SPAD 值（叶绿素相对含量）和叶色卡植株快速测试氮素诊断的方法，诊断植株氮素营养状况并推荐氮素追肥用量；另外，还可以通过植株硝酸盐诊断、作物冠层传感器及数码相机图像的作物氮营养诊断等方法确定追肥中氮素用量；此外，针对不同质地土壤调整追肥的次数，如砂质土的保肥性和供肥性能较差，应适当增加追肥的次数；如果没有相应的土壤测试条件或营养诊断工具，还可以根据作物长势或叶色状况调整追肥用量，突发降雨或土壤肥力较差等原因导致作物长势较差的田块可适当增加追肥的用量和次数，反之，长势过旺的田块可适当减少用量。

（3）基于土壤测试调整磷钾肥用量　可根据土壤测试结果，在土壤磷素和钾素较缺乏的情况下可在基肥中配施或在种肥中补充适当的磷肥或钾肥。一些报道表明，在种肥中配施少量的磷肥作为启动肥，尤其是在作物生长前期温度较低的情况下，能达到很好的效果。

（4）基于土壤测试和作物营养诊断等补充中微量元素等　可根据土壤分析结果，对于微量元素缺乏的土壤采取土施、种子处理和关键生育时期喷施，或通过生育中后期进行植株诊断，准确判断植株的微量元素营养状况，配合喷施微肥等措施及时补充缺乏的微量元素。

3.3.5 “大配方、小调整”区域配肥技术的应用

20 世纪 90 年代开始，中国农业大学率先与德国巴斯夫公司合作首先研发了高氮型（21-8-11）和高钾型（12-12-17）两种专用型复合肥，分别应用到蔬菜和果树上，比传统的通用型复合肥（15-15-15）具有明显的增产、优质和增收的特点，打破了 15-15-15 一统天下的局面，由此带动了国内作物专用肥的发展。2004 年，与中化化肥合作，通过大面积土壤肥力调查，基于氮肥总量控制、分期调控，磷钾恒量监控，中微量元素因缺补缺技术设计了黄河中下游小麦专用肥 [$16\text{-}20\text{-}8\text{-}0.5_{(ZnO)}$]。通过配方的调整，改变了农民原来氮肥基肥投入过量的现状，田间试验结果表明专用肥处理比农民习惯处理增产 10% ～ 20%，每公顷增加农民收入 900 ～ 1050 元。2005 年，我国政府启动实施了测土配方施肥补贴项目，到 2013 年中央财政累计投入资金 71 亿元，项目基本覆盖了所有的农业县（2498 个），累积了大量的田间肥效试验和测土测试等科学数据。从 2009 年开始，中国农业大学联合教学科研单位与地方政府及肥料企业合作，基于测土配方施肥的田间试验数据和测土数据开展不同尺度上的“大配方、小调整”区域配肥技术研究。例如，2009—2010 年，与推广部门和肥料企业合作，在全国的 5 个特定生态区域验证了该技术的可行性。在重庆江津对一个村的农户进行调查，结果表明，农民习惯（n=83）的平均产量为 6.6t/hm^2，氮肥的平均用量为 138kg/hm^2（变幅 0 ～ 428kg/hm^2，变异系数为 58.9%），磷肥（P_2O_5）的平均用量为 28kg/hm^2（P_2O_5 变幅 0 ～ 135kg/hm^2，变异系数为 109%），氮肥的基追比例（基肥：分蘖肥：拔节肥：穗粒肥）为 82%：17%：1%：0；施用区域大配方肥料的农户（n=39）的平均产量为 8.1t/hm^2（比农民习惯增产 22.6%），氮肥（N）的平均用量为 160kg/hm^2（N 变幅 119 ～ 204kg/hm^2，变异系数为 11.5%），磷肥 P_2O_5 的平均用量为 86kg/hm^2（P_2O_5 变幅 45 ～ 90kg/hm^2，变异系数为 11.1%，该用量设计符合该区域磷普遍低的现状），氮肥的基追比例（基肥：分蘖肥：拔节

肥∶穗粒肥）为 51%∶29%∶10%∶10%。可见，通过“大配方、小调整”区域配肥技术的应用，减少农民施肥的不合理变异和避免农民过于注重前期施肥的习惯，显著提高了作物产量和效率。

此外，与全国 27 家科研、教学单位，3 家大型肥料企业及相应的政府推广部门联合建立配方肥研发与应用协作网。该协作网通过多学科、多部门的实质性合作和综合创新，依托国家测土配方施肥项目，共同开展了全国主要作物区域大配方的研究工作并在全国建立了 43 个试验示范基地。例如，中国农业大学和安徽、湖南两省土肥站、众多教学科研单位及肥料企业合作开展了两省主要作物区域肥料配方的研究及示范推广工作。在安徽省一季稻的 14 个田间示范试验表明，“大配方、小调整”与农民习惯施肥相比，产量增加 6% ～ 12%，氮肥偏生产力提高 22% ～ 24%，增加收入 1622 ～ 2563 元 /hm^2。通过“大配方、小调整”区域配肥技术的应用显著提高了作物产量、效率和经济效益，主要原因为根据作物养分需求规律、土壤供应能力和肥效反应确定了区域养分优化用量，通过控制区域养分用量，减少农民施肥的不合理变异；通过配方肥的施用优化氮肥的基追分配，匹配作物养分需求规律，避免农民过于注重前期施肥。

参考文献

[1] 孙义祥. 测土配方施肥中区域配肥关键技术的研究 [D]. 北京：中国农业大学，2010.

[2] 赵小蓉，钟晓英，李贵桐，等. 我国 23 个土壤磷素淋失风险评估Ⅱ. 淋失临界值与土壤理化性质和磷吸附特性的关系 [J]. 生态学报，2006(9): 3011-3017.

[3] 章明奎，周翠，方利平. 水稻土磷环境敏感临界值的研究 [J]. 农业环境科学学报，2006, 25(1): 170-174.

[4] 张作新. 磷肥和有机肥对不同磷水平土壤磷素渗漏的影响研究 [D]. 保定：河北农业大学，2008.

[5] 陈新平，吴良泉，张福锁. 中国三大粮食作物区域大配方与施肥建议 [M]. 北京：中国农业出版社，2016.

中国肥料研究与应用全书

Books of Fertilizer Research and Application in China

FERTILIZER

第 4 章

新型肥料施肥原理与技术

4.1 缓/控释肥料施肥原理与技术

缓/控释肥料既可实现一次性施肥，又可大幅度提高肥料利用率，省工省时，环保高效。近年来，该类肥料的研发和应用已成为世界各国新型肥料的重要方向与热点。另外，随着控制化肥用量的环境立法受到世界各国重视，全球化肥用量出现负增长，但是缓/控释肥料与稳定性肥料的市场需求量却以每年高于5%的速度增长，其中包膜缓/控释肥料的增长率超过10%。世界各国都在投巨资研发缓/控释肥料，抢占新型肥料的制高点。美国是世界上最早研究缓/控释肥料并实现产业化的国家，日本最早研制出具有精确控释功能的树脂包膜肥料，加拿大在缓/控释肥产业化方面发展迅速，以色列则在缓/控释肥料连续化生产装置与工艺方面处于世界领先水平，而欧洲各国侧重于化学合成类缓释肥料和抑制剂的研究，相继研发出脲醛类和抑制剂类稳定性肥料。然而，上述国外相关产品成本居高不下，且主要用于高尔夫球场草坪、园林、苗圃等高端经济作物。因此，研发和生产新一代质优价廉、绿色环保的缓/控释肥料与稳定性肥料，已成为国际肥料工业发展的趋势和新型肥料研发领域中的重要方向之一。

缓/控释肥料具有按预先设定的养分释放模式（释放率和释放期）与作物吸收规律相同步的特点，可使肥料养分释放与作物全生育期养分需求在时间上（适时和适量）和配比上（用量和比例）达到双平衡，使作物对养分的吸收与肥料养分释放的容量、时间和供肥强度相同步。因此，缓/控释肥可显著提高肥料利用率，为解决化肥利用率低、肥料损失严重造成的面源污染和资源浪费等问题提供了有效技术途径。因此，发展缓/控释肥料高效施肥技术对化肥减施增效和国家粮食安全与农业绿色发展具有重大的战略意义。

4.1.1 缓/控释肥料的概念

缓/控释肥料的概念分为广义概念与狭义概念。广义上，缓/控释肥料是指以各种调控机制使其养分最初释放延缓，延长植物对其有效养分吸收利用的有效期，实现养分按照设定的释放率和释放期缓慢或控制释放的肥料。狭义上，缓释肥料与控释肥料的概念有所不同。缓释肥料又称长效肥料，国家标准《缓释肥料》（GB/T 23348—2009）中对其定义：通过养分的化学复合或物理作用，使其对作物的有效态养分随着时间而缓慢释放的化学肥料。控释肥料在化工行业标准《控释肥料》（HG/T 4215—2011）中的定义：能按照设定的释放率（%）和释放期（d）来控制养分释放的肥料。控释肥料可被称为缓释肥料的高级形式，理想中的控释肥料是在不同时期的养分释放量与作物在不同生长阶段的养分需求量完美匹配的新型肥料。

4.1.2 缓/控释肥料的分类

包膜型缓/控释肥料是近年来发展最为迅速的一类缓/控释肥料。其根据包膜材料的不同可分为无机包膜肥料和有机包膜肥料两大类。常见的无机包膜材料有硫黄、磷酸盐、硅藻土、滑石粉和钙镁磷肥等。此类包膜材料来源广泛，生产成本低，环境友好且部分具备改善土壤结构和补充中微量营养元素的功能，其缺点是弹性差、较脆，难以形成连续膜，包膜材料总体用量较大，故其缓 / 控释性能不理想，且会降低养分含量。硫包膜尿素是无机包膜肥料中的标志性产品，也是包膜肥料中开发时间最早、工艺最成熟和产销量最大的品种。早在20 世纪 60 年代由美国田纳西河流域管理局国家肥料发展中心研制成功，类似产品还有硫包膜氯化钾、硫包膜磷酸二铵等。硫包膜尿素既可实现氮素缓释，又能提供作物生长所需的中量营养元素硫。硫包膜质地硬且脆，硫包膜肥料在使用过程中易破损或因土壤重力导致破碎释放而失去缓 / 控释效果，因此常采用石蜡作为密封剂，或采用聚合物材料进行二次包膜以提高其养分缓 / 控释性能。硫包膜尿素价格低廉、工艺成熟，适于在大田中推广应用，也是美国、欧洲、日本等国家和地区化肥市场中重要的品种，但长期使用可能导致土壤酸化。另一类代表性无机包膜缓 / 控释肥料为钙镁磷肥包裹型肥料。我国科学家先后研制出以钙镁磷肥、部分酸化磷矿、金属磷酸铵钾盐为包裹层，以氮肥等为核心的肥包肥型缓释肥料，在控制氮素释放的同时，包裹层含有的钙、镁、硅等元素也起到促进作物生长和补充中微量营养元素等作用。无机包裹型肥料的本质是以肥料包裹肥料，包裹层质量占肥料总质量的20% ～ 80%。该肥包肥型缓 / 控释肥料的研发属国际首创。

常见的有机包膜肥料可分为天然高分子包膜肥料和合成高分子包膜肥料两大类。天然高分子包膜肥料所用的包膜材料主要包括木质素、淀粉、壳聚糖、腐植酸、纤维素、天然橡胶、植物油脂、海藻酸钠等。天然高分子材料具有来源广泛、成本低廉、易于降解、环境友好等优点，但受自身结构的限制，若直接用于肥料包膜则其缓 / 控释性能较差，因此常需经过物理、化学改性后使用。对取自造纸厂废液的木质素进行改性处理，得到的低黏度、高固含量的固液混合物与氯化钾复混制成木质素钾肥，在提高钾肥利用率的同时高效消纳了工业废弃物，将该木质素钾肥用高岭土等黏土包膜还可制备新型的缓 / 控释钾肥。以壳聚糖、淀粉、聚乙烯醇为原料，通过共混、交联制备出可降解壳聚糖包膜材料，其性能优于纯壳聚糖膜，用该膜制备的包膜肥料具有良好的缓释效果。以植物油脂为包膜材料制备包膜尿素，可显著提高氮肥利用率，黑麦草施用后氮肥表观利用率高达 70% ～ 80%。以黄原胶、壳聚糖及硝酸钾为原料，通过直接压缩法制成片剂，可在土壤中存留 42 天以上，可用作控释肥料的包膜材料。

合成高分子包膜肥料常用的包膜材料包括聚烯烃类、树脂类等，如聚乙烯、聚酰胺、聚氨酯、聚乙烯醇、醇酸树脂、脲醛树脂等，此类材料的优点是易于成膜，受外界土壤环境影响较小，隔水能力强，缓 / 控释效果较好。其缺点在于生产成本较高，且大多难以降解，包膜材料易残留于土壤中而造成污染。因此，开发缓 / 控释性能好、环境友好、可降解的包膜材料仍为未来缓 / 控释肥包膜研究的前沿热点。目前国内外科学家基于不同原料及技术路线研发了多种新型可降解型包膜控释肥。例如，以水溶性聚合物聚丙烯酸乳液为主要成分的包膜材料，用其包裹可溶性氮磷钾复合肥，可有效控制复合肥的养分释放，且当包膜乳液中交联剂的用量（质量分数，下同）由 1% 增加至 2% 后，包膜表面结构明显改善，肥料疏水、控释性能显著增强。用聚乙烯醇、甘油、磷石膏、角质粉等制成包膜材料，其中含有磷、氮、钙、钾、硫等多种营养元素，制得的包膜肥料显示出良好的力学性能且对植物根系的发育有显著促进作用。以聚乳酸为包膜材料包膜氮磷钾复合肥，成膜良好，24h 养分释放率为

3.4%，28d 累积养分释放率为 45.1%，符合行业标准的要求。同时，包膜材料聚乳酸是可完全生物降解的环境友好型材料，可在微生物作用下缓慢分解为 CO_2 和 H_2O。

4.1.3 缓 / 控释肥料的研究进展

缓 / 控释肥是一种通过养分的化学复合和物理作用，使有效养分随时间的推移而缓慢释放的肥料，在平衡施肥、提高作物产量等方面发挥着巨大作用。美国是最早研究缓 / 控释肥的国家，并于 1924 年研制出脲醛肥料，获得第一个缓释肥料专利。国外缓 / 控释肥料类型主要有 4 种：树脂包膜控释肥料、硫包膜控释肥料、合成型微溶态脲醛类缓释肥料和添加生化抑制剂的稳定性肥料 [1]。20 世纪 60 年代末，中国科学院南京土壤研究所研制出中国最早的缓释肥料——碳酸氢铵粒肥。随后，中国的缓 / 控释肥行业进入飞速发展阶段，相继研发出复混肥、包膜控释肥、种子包衣肥、保水缓 / 控释肥等多种缓 / 控释肥料。与普通施肥相比，缓 / 控释肥一次施用基本满足作物整个生育期的需求，可减少化肥施用量和施肥次数，提高肥料利用率，减轻环境污染。同时，还能改善作物品质，增强植株抗逆性。此外，缓 / 控释肥还能调节土壤养分，改善土壤理化性状。但由于缓 / 控释肥的价格是普通肥料的 3 ～ 8 倍，国际上缓 / 控释肥主要使用在经济价值较高的植物上，如花卉、水果、高尔夫草坪等。中国是第一个将缓 / 控释肥应用到大田生产中的国家。据中国发布的首部缓 / 控释肥产业白皮书显示，在 2006—2015 年间，中国缓 / 控释肥产量的年均复合增长率约 25%，累计推广面积高达 $3.5\times10^7 hm^2$，实现节支增收 1100 亿元，有力地支撑了中国“三农”事业的发展。目前，中国已经发展成为世界上最大的缓 / 控释肥生产和消费国家。

自 20 世纪 60 年代以来，全球缓 / 控释肥经过技术迭代发展到了热固性树脂包膜技术，养分释放可控性、产品经济性均得到极大提升，形成了一批标杆企业。如加拿大加阳公司（现 Nutrien）单套装置年产能达 13.5 万吨，包膜率低至 2.9%，养分初期溶出率低于 3%，膜降解率达到 15%，年产量约 45 万吨。我国自 20 世纪 70 年代以来陆续建成了酚醛树脂、有机高分子聚合物、热塑性树脂、热固性树脂等包膜装置 30 余套。其中绝大部分是热塑型包膜工艺，因溶剂回收制约无法连续化生产，单套装置年产能不超过 7000 吨，包膜率高达 5% 以上，成本超过 500 元 /t，养分初期溶出率高达 20% 以上。目前，国内茂施农业科技有限公司突破了年产 10 万吨的连续化生产技术，其聚氨酯包膜尿素中国市场占有率已超过 50%，包膜率仅为 2.3% ～ 2.4%，初期溶出率低于 2.8%，生产成本低于 500 元 /t。面向农业绿色发展需求，需扩大生产规模、优化工艺装备、降低成本、提升产品质量，创制适用复杂场景的产品，显著提高膜材降解率，为绿色发展提供产品支撑。

4.1.4 包膜缓 / 控释肥料施肥原理

包膜控释氮肥可以控制氮素在作物的生育期有序释放，有效保证土壤氮素供应，并且实时供给作物以满足其生长需求，从而提高氮肥利用效率，实现作物高产和养分高效。以往研究中，控释肥主要在花卉、蔬菜和水果中应用较广。随着控释材料成本技术的创新，在保证控释效果的同时大幅度降低了包膜材料的使用比例，成本的降低以及土地规模化经营，使得控释肥在大田作物上的施用成为可能。美国、日本等发达国家已经在玉米和水稻等大田作物进行了多年的试验与应用，我国也在玉米主产区进行了多年大田试验。国内外大量研究均表明控释肥在玉米上的一次性施用和分次施用相比，在保证产量的同时减少了养分的淋洗和温室气体排放。

当前，从氮肥形态角度进行农学与环境效应优化潜力的研究已十分普遍。而氮肥形态中包膜控释肥由于生产技术的改进，控释肥产品的价格下降，在玉米上的应用面积正逐年扩大，在其他大田作物上的应用也将越来越普遍。包膜控释肥作为一种缓释性肥料，具有养分缓慢释放等特点，减少了一次性大量施肥造成的氮素损失与残留，提高了肥料利用率，保证了稳产增产[1-2]。迄今为止，已经在许多单一试验中评估了控释肥对玉米生产的影响，其中一些试验表明控释肥提高了玉米生产力和氮肥利用率（NUE）[3-4]。例如，^{15}N 标记的研究报道 CRU 的玉米产量和 NUE 高于常规尿素[5]。通过 Meta-analysis 进行控释肥的农学效应研究，结果表明控释肥对玉米生产的增产和提高氮肥利用率的作用已十分明确[6]。但其应用效果仍然受土壤质地和氮肥用量等管理措施的影响，一般来说，在粗质地上的增产增效效果较好，在充足养分供应条件下可匹配玉米生长花前花后需求，从而提高氮肥利用率和产量[7]。

同时，由于受到不同生态区土壤质地，气候特点以及种植模式的影响，控释肥的应用效果也有很大的变异，并且在玉米种植中，由于前期生长的土壤温度和水分偏低，控释肥的氮素释放可能受到限制，由此造成的玉米前期发育不良，会影响最终的籽粒产量。因此，考虑到上述因素，利用不同比例的尿素和控释肥掺混作为基肥一次性使用，在降低了成本投入的同时，保证了玉米前期所需的速效养分，又可以保证后期的持续氮肥供应，具有很好的利用前景。实际生产应用中，我们可以根据不同区域的土壤，温度和湿度的特性，合理分配控释肥氮肥和普通氮肥的配比，实现玉米的产量以及经济和环境效应的最大化。

此外，根据缓 / 控释肥的释放控制方式分为以下 4 种类型：扩散型、侵蚀（化学反应）型、膨胀型和渗透型。总体上，缓 / 控释肥的养分释放主要通过扩散机制，当作物吸收养分时，肥料膜内外侧形成浓度差，促进肥料养分的释放。温度是缓 / 控释肥养分释放的另一重要影响因素。植物生长随温度的升高而加快，肥料释放速度也随温度的升高而加快。由于生产工艺的不同，不同缓 / 控释肥在养分比例和理化性状方面存在差异，致使其在使用过程中对作物产生不同影响。

4.1.5　包膜缓 / 控释肥料施用技术

4.1.5.1　缓/控释肥施用技术原则

科学施用缓 / 控释肥应考虑以下因素。a．根据作物类型选择适宜肥料种类。控释肥根据控释时期和养分含量分多个种类，前者主要对应作物生育期的长短，后者主要对应作物需肥量的大小，应根据作物类型选择适宜肥料种类。例如，玉米应选择高氮控释肥，水稻和棉花应选择高氮、中磷、中钾控释肥；小麦应选择高氮、高磷控释肥。b．根据土壤条件和作物品种及目标产量选择适宜施肥量。c．围绕省时、节本和高效的原则实施综合配套栽培技术规程。例如，对于玉米、棉花等行距较大的作物，应将专用控释肥按施用量一次性开沟基施于种子侧下方，注意种肥隔离，避免烧苗；对于水稻、作物等根系密集且分布均匀的作物，可在插秧或播种前将专用包膜控释肥一次性均匀撒施于地表，耕翻后种植，生育期内不再追肥。

4.1.5.2 缓/控释肥一次性基施技术

缓/控释肥在作物上最初的应用多采用一次性基施的施肥方式。与普通尿素相比，基施缓/控释氮肥，有利于氮素后移，在生育后期延缓土壤硝态氮、铵态氮的下降，维持更高的土壤无机氮水平，降低土壤氮素依存率，在满足作物氮素生长需求的同时提高氮肥利用率，单位面积穗数、穗粒数及千粒重均有不同程度的提高，进而提高产量。有研究指出，缓释尿素基施尽管土壤中保持的硝态氮含量水平并不高，但由于能有效减少土壤氮素的剖面迁移和淋失，肥料中的养分能被作物及时并充分吸收而减少了在土壤中淋失浪费的机会，提高作物氮肥农学效率和氮肥偏生产力。不同养分释放类型的包膜尿素对作物生育前后期土壤养分的供应存在显著差异，硫包膜尿素能有效供应作物生育前期耕层土壤硝态氮需求，而树脂包膜尿素更有利于维持作物生育后期耕层土壤铵态氮水平。树脂包膜尿素在作物穗数、穗粒数、粒重和氮肥利用率等方面的提升效果均优于硫包膜尿素，主要原因是树脂包膜尿素在田间条件下养分释放呈“S”形曲线，释放速率较慢，更有利于防止硝态氮淋失和氨挥发损失，增强对肥料氮的吸收利用，从而促进作物氮吸收量，有效提高肥料氮素利用率。研究认为在用量相同的情况下，施用缓/控释氮可比速效氮增产10%～20%，氮肥利用率可提高10%～30%; 在目标产量相同的情况下，施用缓/控释氮用量可减少10%～40%。但也有研究指出，基施缓/控释肥虽然基本能够获得与2次施用尿素相等的产量，但并未实现产量和氮肥利用率的显著提升，限制缓/控释肥利用率的原因是基施单一缓/控释肥，其养分释放速率很难与作物的需肥规律相匹配，难以完全满足作物全生育期的氮素需求。在实际生产应用中，缓/控释肥一次基施难以保证达到常规尿素高产栽培的产量水平，虽然实现了省时省工的目的，但由于肥料成本较高，经济效益低下，限制了缓/控释肥的大面积推广。

4.1.5.3 速缓配施技术

为克服缓/控释肥高成本以及作物生育前期养分供应不足等问题，许多学者开展了缓/控释肥与尿素掺混基施的应用效果研究。有研究认为，缓/控释肥与尿素恰当的掺混比例既可有效提供作物生育前期的养分需求，又能通过控释氮肥延长在作物关键时期的氮素供应，相比单施尿素和缓释氮肥，缓释氮肥与尿素掺混在株高、叶面积指数、地上部干物质积累量等方面均表现出促进效应。缓/控释肥与尿素配施的优势主要在于调控作物的分蘖生长，促进冬前有效分蘖的发生，增加成熟期穗数。也有研究指出，缓/控释肥与尿素掺混导致拔节后期分蘖过多，控释氮和土壤氮无法保证充足的氮素供应，分蘖成穗率显著低于尿素追施处理，但由于前期分蘖基数较大，成熟期穗数仍处于较高水平，但千粒重有所下降。关于缓/控释肥与尿素的掺混比例，前人做了大量的研究，研究结果有所不同，主要是不同的生态条件、土壤基础条件、施氮量和缓/控释肥类型等诸多因素导致的。此外，在选择缓/控释肥与尿素的掺混比例时，肥料成本和经济效益也是需要重点考虑的因素。一般而言，缓/控释氮占总氮的比例在40%～60%之间，能够在满足作物生长的同时协调肥料成本与经济效益之间的矛盾。

4.1.5.4 不同类型缓/控释肥配施技术

缓/控释肥的养分释放曲线多为抛物线形、“倒L”形或“S”形，不同类型的缓/控释肥养分释放高峰可能出现释放周期的前期或中后期，但都遵循单峰释放的规律。而一些作物在生育期内有2个氮素需求高峰，从养分同步的角度，单一缓/控释肥难以完全满足作物2个氮素需求高峰的养分需求，一定程度上会造成作物前期或后期养分供应不足。为实现缓/控释肥养分供应和作物氮素需求的同步，有学者提出了长效与短效缓/控释肥配施、不同养分释放特征缓/控释肥配施以及包膜尿素与脲酶或硝化抑制剂配施等不同缓/控释肥配施的思路。将不同类型缓/控释肥合理配施，弥补了单一肥料品种在实际应用过程中养分供应不均衡的问题，更容易满足作物整个生育期对养分的需求，和单施尿素相比，有效协调穗数、穗粒数和千粒重，可显著提高产量。不同类型缓/控释肥配施在协调作物不同生育期氮素供应上表现出优势，但肥料高成本的矛盾仍然是需要解决的问题。

4.1.6 包膜缓/控释肥料研究趋势与展望

目前，缓/控释肥的研究与应用已受到各国的普遍重视，美国、日本、德国、英国等发展较快。我国缓/控释肥研发和施用技术水平总体上来说仍落后于发达国家，施肥方法还欠科学，追施、撒施、冲施现象严重，肥效不能充分发挥，大面积推广应用也不够，尚无法达到全面提高肥料利用率、改善农业生态环境的目的。建议缓/控释肥应加强以下几个方面的研究：筛选适宜不同作物生长的最佳缓/控释肥品种及其配方；探讨土壤理化性质对缓/控释肥养分释放的影响，为不同土壤种植区推荐缓/控释肥品种及其用量提供参考；明确缓/控释肥的养分去向，客观评价缓/控释肥的经济效益和环境效益；集成缓/控释肥和其他肥料以及栽培、植保、灌溉等农艺措施的技术；开发专用缓/控释肥。总之，缓/控释肥是21世纪肥料发展的重要方向，对维护我国粮食安全、促进农业可持续发展具有重要意义。推动缓/控释肥产业化，需要国家在政策上的推进，更需要农业科学家和肥料企业的共同努力。

研发具备良好控释效果的包膜材料，对于降低功能肥料成本、节约资源具有重要意义；发展具备优良控释能力，能够适时、适量地释放作物所需特定营养元素的“智慧功能肥料”是缓/控释肥料在功能农业领域的发展趋势，未来可实现对于多种微量元素的控释，在节约资源、减轻污染的同时，大幅提高功能农产品的品质。缓/控释功能肥料未来的研究重点如下：a. 加强对不同种类、不同形态的元素释放规律研究，建立相关的养分释放数学模型，做到元素的释放与作物的吸收规律相匹配，实现作物对于营养元素的“随需随取”；b. 加强对各元素之间协同、拮抗作用等方面的研究，并以此作为理论基础发展多功能肥料；c. 优化包膜工艺，发展智能化、自动化生产工艺以提高包膜的精密程度与完整性。

缓/控释肥的发展对维护中国粮食安全、推动化肥施用零增长、保证农业绿色可持续发展等方面均具有重要作用。在中国劳动力短缺情况下，一次性施肥技术为实现中国粮食可持续生产提供了一个有效途径。目前，缓/控释肥的研究主要集中在氮肥控释肥上，需要开发及应用多种核心元素肥料，使缓 / 控释肥料的品种更为多元化。为推动中国缓 / 控释肥的研究进程，企业和科学工作者应着眼于新技术、新概念和新理论的应用，联合开展更多有针对性的研究。为了实现肥料产业节能减排、环境友好、养分高效的目标，需要研制出更多高效、环保、低成本的新型肥料，助力农业绿色发展。

4.2 稳定性肥料施肥原理与技术

4.2.1 稳定性肥料的概念

稳定性肥料是指经过一定工艺加入脲酶抑制剂和（或）硝化抑制剂，施入土壤后通过脲酶抑制剂抑制尿素的水解，和（或）通过硝化抑制剂抑制铵态氮的硝化，使肥效期得到延长的一类含氮肥料（包括含氮的二元或三元肥料和单质氮肥）。这类肥料能够调节土壤微生物活性，减慢尿素水解过程，延迟铵态氮向硝态氮的转化，从而达到尿素缓慢释放的作用，它的核心就是稳定性肥料的添加剂，也就是抑制剂。目前这种肥料在农业生产应用的主要有稳定性尿素、稳定性复合氮肥、稳定性复合肥和稳定性掺混肥。

4.2.2 稳定性肥料的发展历程

稳定性肥料自 20 世纪 50 年代开始研发至今，已经在部分国家成为通用型产品，许多国家还相继出台了相关法规措施以强制推行施用。2019 年 6 月 25 日，欧盟肥料新法规发布，将含抑制剂肥料产品单独分为一类，并制定了肥料标准；德国从 2020 年 2 月 1 日开始禁用常规尿素，规定必须添加硝化或脲酶抑制剂或深施施用；英国政府也在考虑禁止使用固体尿素肥料或限制固体尿素肥料的使用来减少 NH_3 的排放。国际肥料工业协会（IFA）预计 2026 年全球稳定性肥料总量将达到 2700 万吨。

然而，我国稳定性肥料起步较晚。中国沈阳应用生态研究所从 20 世纪 80 年代初开始进行抑制剂在提高氮肥利用上的产业化应用工作，至 2000 年前以单一硝化抑制剂双氰胺（DCD）或脲酶抑制剂对苯二酚（氢醌，HQ）为主。2000 年以后，中国科学院沈阳应用生态研究所科研人员利用协同增效原理构建的含有硝化抑制和脲酶抑制双功能的复合型抑制剂 NAM 系列产品，2008 年研发的长效缓释复合肥获得国家科学技术进步奖二等奖。2011 年，我国第一个《稳定性肥料》（HG/T 4135—2010）行业标准发布，该标准规范了相关定义术语，统一了检验方法，使稳定性肥料产业的发展步入了一个新的阶段。2013 年，国家将稳定性肥料纳入生产许可证管理时，将稳定性肥料分成了以下 3 类：稳定性肥料Ⅰ型，只在肥料中添加脲酶抑制剂的肥料；稳定性肥料Ⅱ型，只在肥料中添加硝化抑制剂的肥料；稳定性肥料Ⅲ型，同时添加两种抑制剂的肥料。2017 年 12 月，《稳定性肥料》（GB/T 35113—2017）国家标准通过国家质量监督检验总局、国家标准化管理委员会批准，正式公布（国家标准公告

2017 年第 32 号），并于 2018 年 7 月 1 日正式实施。国家标准的颁布实施，对于我国新型肥料的创新发展，推动肥料行业供给侧结构性改革，保证产品品质，促进化肥零增长行动、农业提质增效和农民增收具有十分重要的意义。

4.2.3 硝化抑制剂

4.2.3.1 硝化抑制剂的概念

硝化抑制剂通过抑制硝化细菌活性从而抑制土壤中铵态氮向硝态氮的转化，主要分为从植物中提取的生物硝化抑制剂和工业合成的人工化合物。人工化合物又包括无机化合物和有机化合物，目前关于有机化合物的研究较多，主要包括含硫化合物、氰胺类化合物、乙炔及乙炔基取代物和杂环氮化合物等四大类，具有代表性的包括 DCD（双氰胺）、NP［2-氯-6-（三氯甲基）吡啶］、DMPP（3,4-二甲基吡唑磷酸盐）等。这些产品抑制硝化过程的途径包括影响亚硝化细菌的呼吸作用和色素氧化酶活性等生物途径，以及影响氨氧化酶的金属离子、改变土壤微域环境等化学途径。

硝化抑制剂的作用机理也被广泛研究（图 4-1）。其抑制途径主要有：a. 通过直接影响亚硝化细菌呼吸作用过程中的电子转移和干扰细胞色素氧化酶的功能，使亚硝化细菌无法进行呼吸，从而抑制其生长繁殖，如 DCD；b. 通过螯合 AMO 活性位点的金属离子，从而降低 AMO 有效性，如 DMPP；c. 作为 AMO 底物参与催化，使催化氧化反应的蛋白质失活，从而对土壤硝化过程表现出抑制作用，且新的 AMO 需要微生物重新合成，如乙炔、氯仿等；d. 影响土壤氮的矿化和固持过程，从而对土壤硝化过程表现出抑制作用，如单萜等萜（烯）类化合物。

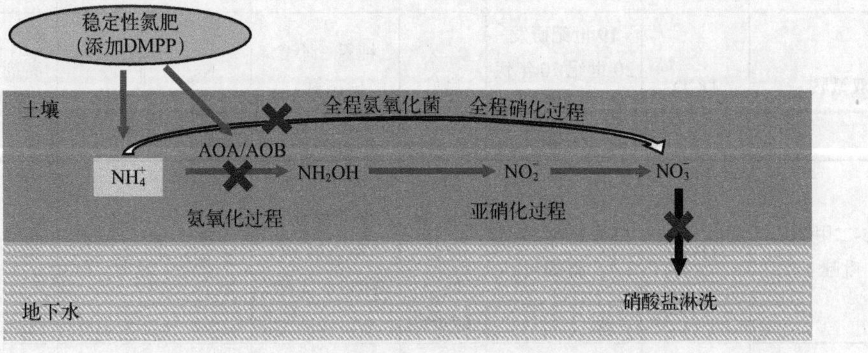

图 4-1　稳定性氮肥阻控硝酸盐淋洗的微生物学原理

4.2.3.2 国内外硝化抑制剂的发展历程

硝化抑制剂的研究开始于 20 世纪 50 年代中期，美国率先开展了人工合成硝化抑制剂的研究。1962 年，美国学者 Goring 首次报道了 2-氯-6-三氯甲基吡啶（NP）具有硝化抑制特性，1974 年，2-氯-6-三氯甲基吡啶被开发成一种硝化抑制产品 *N*-server（DOW Chemical），随后被大面积推广使用。但2-氯-6-三氯甲基吡啶在应用过程中存在毒性较大、不水溶等难题，所以诞生了具有硝化抑制特性的DCD，不仅解决了水溶性问题，其稳定性也较高，在20世纪80年代被推广应用。此后，日本对硝化抑制剂也进行了深入的研究，提出了硫脲（TU）、2-氨基-4-氯-9-甲基吡啶（AM）、2-巯基苯并噻唑（MBT）、4-氨基-1,2,4-三唑盐酸盐（ATC）和2-磺胺噻唑（ST）等应用品种。针对DCD在使用中存在易淋洗、添加量较大、添加成本较高等问题，德国BASF公司在20世纪90年代研制出了新的硝化抑制剂产品DMPP，在尿素或铵态氮肥中添加DMPP有较好的硝化抑制效果，被广泛应用于农业生产中。

我国硝化抑制剂研究与使用始于20世纪70年代，中国科学院沈阳生态所周礼恺团队开展了对硝化抑制剂在土壤酶、硝化、反硝化等方面的研究，90年代初开发出了含有DCD的长效尿素和长效碳铵产品。90年代中期以后，硝化抑制剂开始与脲酶抑制剂组合使用，其中HQ（1,4-对苯二酚，氢醌）+DCD组合价格低廉、效果较好，使用较为广泛。21世纪以来，国内对DMPP及其衍生物的研究普遍较多，其中，DMPZP（3,5-二甲基吡唑磷酸盐）和CMP（1-甲基吡唑-1-羧酰胺）等吡唑类硝化抑制剂价格低廉、性能高效，有较好的硝化抑制效果。目前，硝化抑制剂的产品仍在不断创新，产品特点更趋于高效稳定、环境友好。

不同时期部分国家硝化抑制剂产品对比见表4-1。

表4-1　不同时期部分国家使用的硝化抑制剂产品发展对比[8]

类型	简称	研制/使用的时间、国家	稳定性	添加量	结构式	评价及优缺点
2-氯-6-(三氯甲基)吡啶	Nitrapyrin NP *N*-Serve	20世纪 60～70年代 美国	光解、热解、刺激性气味	纯氮（不含硝态氮） 0.25%～0.5%	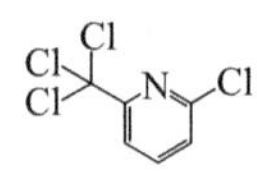	高蒸汽压；气味大；腐蚀性；易爆；不水溶；毒理学健康问题
双氰胺	DCD	19世纪研发 20世纪70年代使用 美国	良好	纯氮（不含硝态氮） 2.3%～4.5%	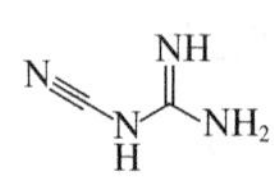	高剂量添加；易淋洗；价格高
3,5-二甲基吡唑	DMP	20世纪80年代 德国	熔点低、稳定性低于DMPP	纯氮（不含硝态氮） 0.8%～1.6%	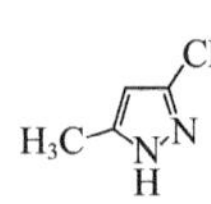	高效、低毒；不稳定
3,4-二甲基吡唑磷酸盐	DMPP	20世纪90年代 德国	良好	纯氮（不含硝态氮） 0.8%～1.6%	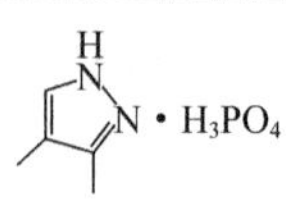	高效、低毒；稳定；价格较高
（3,4-二甲基吡唑-1-基）-琥珀酸与2-（4,5-二甲基吡唑-1-基）-琥珀酸的同分异构体混合物	DMPSA	即将上市 俄罗斯	良好	纯氮（不含硝态氮） 0.8%～1.6%	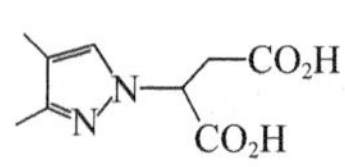	高效、低毒；稳定；价格较高

4.2.3.3 主要硝化抑制剂产品

（1）双氰胺（DCD） 白色结晶型粉末，熔点 207 ～ 209℃，不可燃，低毒，相对密度 1.400（25/4℃），易溶于液氨，在热水中溶解度较大。DCD 施用后，能控制土壤中微生物活性，降低土壤中亚硝化细菌群落大小，达到硝化抑制作用，而对细胞色素氧化酶和微生物呼吸作用没有显著影响。DCD 在旱田、土壤 pH 值偏高等土壤类型中硝化抑制效果非常显著。DCD 含氮量比较高（66.7%），本身就可以在施入土壤后慢慢降解为可供作物利用的氮肥，DCD 在土壤中的最终降解产物为二氧化碳，氨气和水，产物在自然界本身存在且不会对环境造成污染，所以 DCD 可以作为一种缓释肥使用。一定浓度的 DCD 在一定温度下的抑制率可以达到 80% 以上，硝化抑制效果甚至可以持续到 6 个月后。DCD 易溶于水，因此也可以溶解到水中后配合液态肥料或者一些农家肥（如牲畜粪便）施用来发挥硝化抑制作用，同时它的挥发性小，可以与氮肥混合施用。DCD 作为一种商品化的硝化抑制剂，价格便宜，不易挥发，应用范围特别广。但是 DCD 也存在一些不足，其流动性大，易于与 NH_4^+ 分离而失效，在遇强降雨产生径流或者透水性高的土壤中，DCD 比较容易随水流失而造成损失。如果施用 DCD 方式不当或用量过大后，会对农作物产生毒害，所以施用 DCD 时一定注意根据不同土壤或者天气条件，选择恰当的施用方法和用量，此外 DCD 可能会残留在农产品中，影响食品的安全。

（2）3,4-二甲基吡唑磷酸盐（DMPP） DMPP 是一种灰白色粉晶状固体物质，分子式为 $C_5H_8N \cdot H_3PO_4$，分子量 194.2，熔点 165℃，溶于水（132g/L，25℃），pH 值为 2.5 ～ 3.0。其本身也是一种高硝化抑制效率的硝化抑制剂产品，并广泛用于除草、杀虫、杀菌、杀螨等植物保护剂。DMPP 的吡唑环是一个较好的活性基团，作为吡唑类衍生物具有较高的生物活性，而且由于其本身的高效、低毒等特点，在农业生产领域地位十分重要，并成为农业和环境保护研究的热点。DMPP 性质稳定，它的迁移性低，不易与土壤中的 NH_4^+ 分离。DMPP 通过影响土壤氮的矿化和固持过程而对土壤硝化过程表现出抑制作用；并且通过螯合氨氧化过程中相关酶的 Cu 组分，有效抑制硝化反应，抑制 N_2O 的排放，减少硝酸盐淋洗损失。另外，DMPP 用量少、效率高，并且无毒性，不易淋失。DMPP 还能显著提高植物对氮的利用效率，有效提高干物质积累量。DMPP 在氮肥中的添加量为纯氮含量（除硝态氮）的 0.8% ～ 1.6%，并且 DMPP 的作用效果取决于气候条件，场地特征和作物种类等，受温度影响较为严重。此外，DMPP 能明显提高土壤中铵态氮的含量，并且在植物体中残留量小，不会产生危害作物的激素效应，可以与氮肥、农家肥同时使用，对人无刺激性。

（3）2-氯-6-（三氯甲基）吡啶（Nitrapyrin，NP） 白色晶状固体，分子式为 $C_6H_3Cl_4N$、分子量 230.9，熔点 62 ～ 63℃，在水中的溶解度较小，易溶于丙酮、甲苯等有机溶剂，易挥发和光解，室温饱和溶液约为 40mg/L，在 20℃时每千克液氨中可以溶解 Nitrapyrin 400g，在农业生产上有水乳剂和乳油剂 2 种剂型。Nitrapyrin 施用效果受到土壤水分、降雨量、温度等多种因素的影响，它在不同土壤中的硝化抑制效果差异很大，同时由于 Nitrapyrin 是有机含氯化合物，如果施用量太大，会对土壤、环境和农作物产生负面影响。NP 在氮肥中的添加量为纯氮含量（除硝态氮）的 0.25% ～ 0.5%，添加成本适中。但由于 Nitrapyrin 溶解性很差，不适用于水肥一体化滴灌体系。同时，Nitrapyrin 易光解，不适合表施，可采用深施以减少损失。Nitrapyrin 容易被土壤吸附，在土壤胶体和有机质的吸附下易水解成 6-氯吡啶羧酸和氯化氢，造成挥发损失。另外，Nitrapyrin 还具有一定的腐蚀性和爆炸性，在施用和储存上多有不便；过量施用 Nitrapyrin 还可能会抑制植物的生长，导致植物干物质积累的下降。它在美国农业生产中通过管道配合液氨施用，已经取得了良好的应用效果，每年有超过百万公顷的农田尤其是玉米田应用 Nitrapyrin 表现出很好的增产效果。

（4）DMPSA　DMPSA 是近年来开发的新型基于 DMP 抑制剂 2-（*N*-3,4-二甲基-1H-吡唑-1-酰基）琥珀酸同分异构体（DMPSA，3,4-二甲基吡唑琥珀酸），DMPSA 具有 DMP 抑制作用和琥珀酸（一种有机酸）的释放行为。与琥珀酸组合，其必须被微生物降解以释放活性化合物，目的是使 DMP 在土壤中有效性更平稳和持久，同时 DMPSA 的非极性允许其与任何矿物肥料（例如尿素）组合，从而增加 DMPSA 的适用范围。

4.2.4　脲酶抑制剂

4.2.4.1　脲酶抑制剂的概念

脲酶抑制剂是指能够抑制尿素水解的一类物质的总称。尿素施入土壤后，在土壤脲酶作用下被迅速水解成氨，容易引起氨挥发及积累大量 NH_4^+-N。NH_4^+-N 经硝化作用转化成 NO_3^--N，加剧 NO_3^--N 淋失或氮氧化物（NO_x）排放，不仅降低植物对含 N 化合物的利用率，还会加剧土壤污染和水体富营养化等一系列环境问题。脲酶抑制剂通过抑制脲酶活性，延缓酰胺态氮水解，减缓土壤铵态氮生成，延长酰胺态氮氮肥效并降低氨挥发，有利于提高植物对氮素的吸收利用。

目前已有上百种脲酶抑制剂研发成功，根据脲酶抑制剂的作用机理可将脲酶抑制剂分为三类。第一类是与脲酶巯基基团反应的化合物，如氢醌（HQ），对苯醌等；第二类是与脲酶活性位点中的镍原子形成络合物的金属螯合物，如乙酰羟肟酸、乙酰氧肟酸；第三类是和脲酶活性位点相结合，且不易被脲酶水解的竞争性抑制剂，如 NBPT。但目前只有 NBPT 和 HQ 在农业领域中得到了广泛应用并取得良好成效。

4.2.4.2　国内外脲酶抑制剂的发展历程

20 世纪 30 年代，Rotini 提出土壤脲酶存在；40 年代，Conrad 发现某些物质可以抑制土壤脲酶活性并延缓尿素水解。从 60 年代开始，学者们对脲酶抑制剂开始了大量的筛选工作，当时的研究发现，含硼化合物、原子量大于 50 的重金属、含氟化合物、多元酚、多元醌和抗代谢物等对脲酶活性均有抑制作用，但许多的抑制剂由于受到各种条件的限制，离实际应用相差甚远。70 年代 Bromner 等从 130 多种化合物中筛选出效果较好的脲酶抑制剂为苯醌和氢醌类化合物，其中氢醌因其较高的性价比在国际上得到了大量的研究和应用。进入 80 年代，国际上已开发了近 70 多种有实用意义的脲酶抑制剂，主要包括醌类、多羟酚类、磷酰胺类、重金属类、五氯硝基苯等。从抑制效果看，有机化合物中的二元酚和醌类，如氢醌（HQ）、邻苯二酚和 *P*-苯醌的效果最好；无机化合物中，金属抑制剂的 Ag 盐和 Hg 盐效果最好；磷酰胺类化合物，效果最好的是 *N*-丁基硫代磷酰三胺（NBPT）和苯基磷酰二胺

（PPD）。1996 年，美国 IMC-Agrotain 推出了 Agrotain“禾谷泰”产品，该产品是一种固体和硝铵尿素液体肥料的添加剂，其活性成分是 NBPT，溶剂是 *N*-甲基吡咯烷酮及无毒的惰性缓冲溶液。Agrotain 产品主要与尿素或其他含尿素肥料一起施用，可表施、追施、侧施、喷施，降解后主要是氮、磷、硫等营养成分。其缺点是不能雨前施用，若降雨量超过 20mm，脲酶抑制剂的作用将显著降低。目前，Agrotain 主要集中在美国使用，施用作物主要是玉米。在日本和西欧一些国家，可直接施用的含抑制剂肥料品种已经非常丰富，其中包括尿素、硝铵尿素、硫酸铵、液氨、含尿素氮复合肥料等几十个品种，应用面积也在逐年增加。

脲酶抑制剂在我国的研究起步较晚，20 世纪 70 年代中期，中国科学院沈阳应用生态研究所首先进行了系统研究，以周礼恺、张志明为代表的土壤酶学工作者率先开展了氢醌对尿素水解、氨挥发、硝化和反硝化及作物产量影响等方面的工作，做了大量系统的室内试验和田间试验。80 年代后期，我国对脲酶抑制剂的研究转向磷酸胺类化合物，主要是 NBPT 和 PPD。20 世纪 90 年代中后期以及进入 21 世纪以来，脲酶抑制剂的研究种类仍多集中于 HQ、NBPT 和 PPD，也开始运用氮标记同位素示踪技术来研究施用脲酶抑制剂后肥料氮的去向及土壤氮转化，更深入地揭示了脲酶抑制剂的抑制效果。其间也有学者开展了硫脲对脲酶活性、尿素氮转化及玉米产量影响的研究。近几年，德国 BASF 公司在脲酶抑制剂 NBPT 的基础上，研发出一种新型脲酶抑制剂 LIMUS，在我国华北平原对小麦和玉米均有较好的田间效果。

绝大多数脲酶抑制剂因低效、作用时间短、效果不稳定或有毒等原因而不能广泛使用，在目前的农业生产中，磷酰胺型抑制剂 NBPT 的应用最为广泛，因为 NBPT 具有优越的低浓度效应，在尿素中添加低量浓度的 NBPT 即能展示出明显的延缓尿素水解的作用。目前，在世界肥料市场上已经申请了专利并用于农业生产的脲酶抑制剂有很多，多数集中在德国、印度和美国，但是只有 NBPT 和 HQ 两种脲酶抑制剂已经得到实际的应用和作为商品在市场流通。不同时期部分国家脲酶抑制剂产品对比见表 4-2。

表4-2　不同时期部分国家使用的脲酶抑制剂产品发展对比[8]

类型	简称	研制 / 使用的时间、国家	稳定性	添加量	结构式	评价 / 优缺点
对苯二酚（氢醌）	HQ	20 世纪 70 年代 美国	稳定，但与强氧化剂、强碱、氧、铁盐不相容，光解	酰胺态氮 0.9%～2%	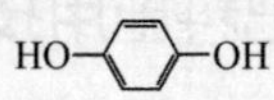	毒性，致畸性
N-丁基硫代磷酰三胺	NBPT	20 世纪 90 年代 使用 美国	水解、热解、酸解	酰胺态氮 0.09%～0.2%	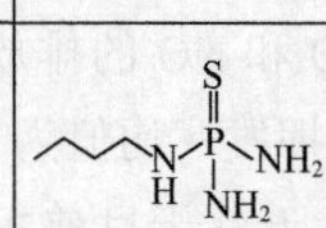	稳定性问题，与其他抑制剂、复合肥兼容问题
正丙基硫代磷酸三胺	NPPT	20 世纪 90 年代 德国	水解、热解、酸解	一般不单独添加，与 NBPT 配合添加	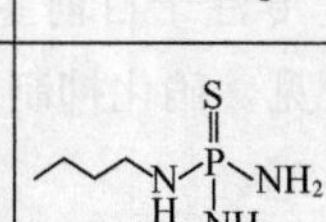	稳定性问题，与其他抑制剂、复合肥兼容问题

4.2.4.3 主要脲酶抑制剂产品

（1）氢醌 有关试验证明氢醌对脲酶的抑制作用是有时间限制的，随着时间的延长，其抑制作用逐渐减弱，具有一定的保氮作用。氢醌和尿素配合磷钾肥施用对农作物有明显的积极效应，且氢醌可以和肥料一次性基施，减少了生产环节，降低了施肥成本，适于大面积作物地区广泛施用。在商品脲酶缓释剂中，使用还原剂氢醌的较多。但是氢醌有毒，人食用 5g 即可致死，作为脲酶抑制剂进入农田生态环境后是否会产生不良后果，对农产品的生态学质量是否有影响目前还不能确定，因此，从生态保护的角度看，不宜大量长期使用。

（2）*N*-丁基硫代磷酰三胺 1985 年，以 *N*-正丁基硫代磷酰二氯为原料，以乙醚作为溶剂，在 −30 ～ −35℃的条件下反应，首次制得 *N*-丁基硫代磷酰三胺（NBPT）并进行了报道，该方法所得产物收率为 49.3%。1996 年，NBPT 被美国 IMC-Agrotain 公司开发成一种脲酶抑制产品“Agrotain”并投入使用。之后，NBPT 的合成工艺也经过了一系列的改进。目前 NBPT 是公认的最有效、应用最广、前景最好且最经济实惠的脲酶抑制剂。NBPT 的添加量较低，在氮肥中仅需酰胺态氮含量的 0.09% ～ 0.2% 即可发挥作用。

NBPT 结构基团的氨基通过和尿素竞争，与脲酶活性部位的巯基结合，在正丁基、硫基辅助结合作用下，从而抑制脲酶对尿素的分解作用。NBPT 能有效抑制土壤氨挥发，提高作物产量和氮肥利用效率，有利于改善作物品质。研究表明，施用 NBPT 可以使土壤氨挥发量减少 79%，使稻田氨挥发损失总量降低 53%。NBPT 还可通过抑制细菌、放线菌发酵产酶，从而调控微生物对脲酶活性的作用。

但是 NBPT 的最佳用量和使用方法因环境条件不同而不同，需要根据土壤 pH 值、气温、脲酶活性、施肥方式和植物类型的不同而调整。研究表明，使用 NBPT 会使叶尖短暂变黄，这可能是由于植物叶片组织中脲酶活性降低、尿素含量升高。但此过程是可逆的，随着植物生长脲酶含量可以恢复正常。另外，NBPT 会通过水、酸和高温的作用而分解，如何提高 NBPT 的有效性是当前亟待解决的问题。

（3）LIMUS 德国 BASF 公司在脲酶抑制剂 NBPT 的基础上，研发出一种新型脲酶抑制剂（LIMUS），目前有关于这种新型脲酶抑制剂效果的文献报道较少。

4.2.5 稳定性肥料施用技术与效果

通过对全球不同地区施用硝化抑制剂的试验进行了 Meta 分析 [9]，发现硝化抑制剂的施用可显著降低 N_2O 和 NO 的排放（均值分别为 44% 和 24%），减少硝酸盐淋溶损失（均值为 48%），增加氨挥发（均值为 20%），总体上可显著增加经济效益。而将所研究的硝化抑制剂进一步细分，专注于目前主流硝化抑制剂 DCD 和 DMPP 的 Meta 分析 [4]，也取得了相似的结果。由此可见，硝化抑制剂的施用可以有效减少温室气体的排放，减少氮损失，并提高经济效益（表 4-3）。

表4-3　稳定性氮肥对不同作物产量和肥料效率的影响[10]

类型	施用对象	N_2O /（kg(N)/hm²）	NH_3 /（kg(N)/hm²）	NO_3^- /（kg(N)/hm²）	减排总量 /（kg(N)/hm²）	减排率 /%
控释肥 PCF	所有作物体系	1.2	26.6	37.7	65.6	64.3
	草地	6.2	41.3	76.2	123.7	69.3
	旱地	0.5	8.3	16.1	24.8	35.2
	水田	0.3	22.7	9.4	32.4	84.1
硝化抑制剂 NI	所有作物体系	1.9	−7.1	27.3	22.1	21.7
	草地	4.9	−8.8	55.5	51.6	28.9
	旱地	0.9	−8.4	13.5	6	8.5
	水田	0.1	0.9	6.4	7.4	19.3
脲酶抑制剂 UI	所有作物体系	0.6	24.1	0	24.7	24.2
	草地	−0.3	31	0	30.6	17.2
	旱地	0.6	19.3	0	19.9	28.3
	水田	0	15.6	0	15.6	40.5
双抑制剂 DI	所有作物体系	1.7	20.1	22.5	44.3	43.4
	草地	4.2	17.4	62	83.6	46.9
	旱地	0.8	21.4	−22.2	0	0
	水田	0.2	19.5	4.6	24.3	63.2

4.2.5.1　脲酶抑制剂

（1）脲酶抑制剂对氨挥发的影响　NH_3 挥发是指氨由土壤表面挥发进入大气过程，是氮素损失的重要途径。脲酶活性较高的土壤中尿素的水解速率也较快，而应用脲酶抑制剂可以有效地降低尿素中的酰胺态氮向铵态氮的转化速度，减少氨挥发损失。尤其在土壤含氮量低、土壤孔隙度较高、植物对氮素需求量较高、对 NH_3 挥发损失有利的条件下。

在农田生态系统中尿素或者有机肥与 NBPT 联合施用可以降低氨挥发损失、氧化亚氮的排放和硝态氮的淋溶。Ahmed 等[11] 通过研究尿素和硝酸铵添加 NBPT 对加拿大草原在春秋不同季节对 NH_3 挥发影响表明，相较于单施尿素，NBPT 在秋季时降低 NH_3 挥发的 65%，在春季时为 40%，且 NBPT 对 NH_3 挥发的减少量在秋季显著大于在春季。Lam 等[12] 在澳大利亚南部集约化牧场研究尿素配施脲酶抑制剂 NBPT 在秋季和春季时对 NH_3 挥发的影响，结果表明，单施尿素的 NH_3 挥发量分别为 5.8kg（N）/hm² 和 5.6kg（N）/hm²，相当于每个季节施尿素量的 11% ～ 12%，而添加 NBPT 使 NH_3 的累计挥发量降低了 45% ～ 55%。Liu 等[13] 在 2013—2015 年在美国田纳西州对免耕玉米地进行了尿素添加 NBPT 田间试验，结果表明，聚合物涂层的尿素、尿素 +NBPT 浓度分别为 20%、26.7% 和 30%；4 种处理下在施氮的 20 天内总的 NH_3 挥发损失分别减少了 59.1% ～ 83.3%、29.1% ～ 78.8%、35.4% ～ 81.9% 和 77.3% ～ 87.4%。

（2）脲酶抑制剂对温室气体排放的影响　脲酶抑制剂可显著减少氨挥发，但对于温室气体的影响存在争议。Fan 等 [14] 研究 NBPT 对 N_2O 排放的影响并进行了 Meta 分析，发现 NBPT 在碱性土壤中显著降低了 N_2O 的排放，而在酸性土壤中无显著性影响。万伟帆等 [15] 在内蒙古阴山北麓滴灌马铃薯田中研究适量氮肥 + 脲酶抑制剂对 N_2O 排放影响表明，氮肥 + 脲酶抑制剂降低了 N_2O 累计排放量的 16.7%。Harty 等 [16] 研究爱尔兰岛上 6 个温带草地的 N_2O 的排放表明，与尿素相比，在气候温和、潮湿和土壤有机质含量较高的地区，含硝酸盐的肥料如硝酸铵钙的 N_2O 排放量往往会更高。用 NBPT 和 DCD 改良的尿素 N_2O 累计排放量与本底水平无显著性差异。李君等 [17] 研究表明，NBPT 显著降低了新疆石灰性土壤 N_2O 排放系数。然而，在水稻-小麦系统土壤中脲酶抑制剂的添加增加了甲烷的排放，对全球变暖潜势具有增加的趋势。

（3）脲酶抑制剂对作物产量的影响　脲酶抑制剂在草地、旱地、水田上都能够显著增加产量和效率，其中以水田上潜力最大，增产增效分别为 9% 和 29%，这主要和水田上氨挥发损失较高有关，而脲酶抑制剂可以显著地减少这部分损失，从而有效地增加作物氮素吸收。草地和旱地体系增产潜力较小在 3% ～ 5% 之间，增效 14% ～ 18%。脲酶抑制剂在所有作物体系上对产量和效率的正效应也说明了其可以显著地减少氮素的净损失，尽管其对 NO_3^- 淋洗的效果尚不明确（图 4-2）。

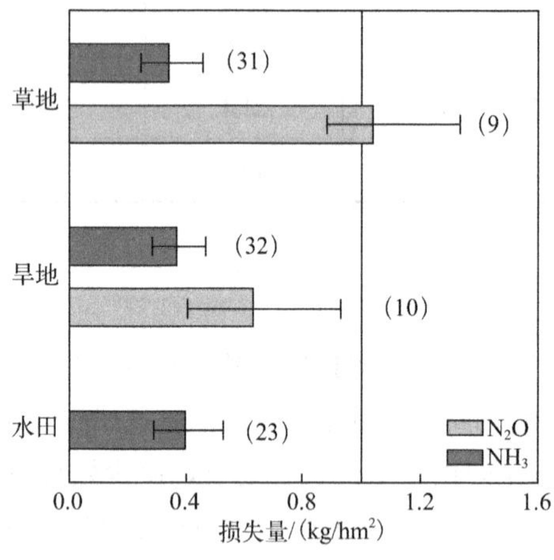

图 4-2　脲酶抑制剂在作物体系上对氮素损失的影响 [11]

4.2.5.2　硝化抑制剂

（1）硝化抑制剂对作物产量和品质的影响　硝化抑制剂能够提高作物的产量。在尿素施氮量较低（23kg/hm²，以 N 计）条件下，添加 DMPP 可增加 32% 的牧草干重 [18]。Li 等 [19] 在水稻、油菜轮作区发现，DMPP 与尿素协同施用后均显著增加水稻和油菜籽的产量，产量增幅分别为 5.3% 和 6.9%。Zhao 等 [20] 在华北平原小麦-玉米轮作体系 2013—2014 年间的研究结果显示，与仅施尿素处理相比，添加 DCD 尿素处理的小麦和玉米产量分别为 6.7t/hm²、

8.9t/hm^2，年平均增幅为9.1%。不同地域菜田土壤试验结果表明，在湖南强淋溶土、陕西塿土、山东潮土、黑龙江黑土中添加DCD的尿素处理蔬菜产量分别增加3.1%、6.6%、17.5%和17.6%[21]。硝化抑制剂施用在增加作物产量的同时，也会提高作物品质。与习惯施肥相比，施用含DCD的水溶肥可增加黄瓜中26%的可溶性糖含量，减少温室黄瓜硝酸盐含量达21.6%[22]。DCD与氮肥协同配施也可增加日光温室番茄近20%的产量，并显著降低番茄果实中的硝酸盐含量[23]。

（2）硝化抑制剂对N_2O排放的影响 随着氮肥使用量的增加，土壤中N_2O和NO的排放也在增加，将氮肥和硝化抑制剂混合使用，能有效减少土壤中N_2O和NO排放。DMPP和化学氮肥配施能够显著降低土壤中的N_2O和NO排放，但是对于CO_2和CH_4的影响不大。但在不同土壤中DMPP的有效性可能存在很大差异。例如，DMPP在草原和蔬菜土壤中减少N_2O排放的效果从37%到75%不等。此外，硝化抑制剂DCD可以用来减缓土壤中NH_4^+-N转换成NO_3^--N的氧化，减缓NH_3的挥发、N_2与N_2O的气态N的损失。例如，Qiao等[24]综合田间应用硝化抑制剂的试验结果发现，硝化抑制剂的施用平均减少N_2O排放达44%。Fan等[25]在陕西和山东两地菜田土壤中研究发现，添加硝化抑制剂DCD后N_2O排放量分别降低了61%和46%。在草地土壤中施用DMPP能显著减少23%～33%的N_2O累积排放量[26]。由此表明硝化抑制剂DCD和NP抑制了铵的硝化作用，导致N_2O排放总量降低。

（3）硝化抑制剂对硝酸盐淋洗的影响 硝化抑制剂能够在一定时间内抑制或干扰氨氧化微生物的活性，延缓铵态氮在土壤中转化为亚硝态氮的进程，是降低硝酸盐淋洗损失的有效途径。有研究表明[27]，在水稻-油菜轮作系统中施用DMPP能够增加土壤铵态氮含量19.1%～24.3%，同时降低淋洗液硝态氮含量44.9%～56.6%。Cui等[28]在辣椒-苋菜-萝卜轮作中施用硝化抑制剂DCD，结果表明，DCD能够降低硝酸盐淋洗36.2%～58.5%。只有少量研究通过室内模拟灌溉或者降雨条件对硝化抑制剂进行淋洗效果的验证。如，Yu等[29]使用多层土柱装置研究硝化抑制剂对土壤氮转化和淋洗的影响，结果表明，至培养结束时DMPP能够显著抑制土壤氨氧化作用，增加土壤铵态氮含量，减少淋洗液中亚硝态氮和硝态氮含量。

（4）影响硝化抑制剂作用效果的因素 硝化抑制剂的施用效果除了受自身性状和土壤微生物的影响外，还受土壤质地、有机质含量、水分、温度和pH值等因素的限制。

① 土壤质地 不同土壤质地中的微生物差异巨大，其中的氧气含量也有所不同，对土壤中的硝化作用和反硝化作用有很大影响。硝化抑制剂在不同质地土壤中的抑制效果差异很大，主要是因为硝化细菌在土壤团聚体的表面以土壤团聚体菌落的方式存在。

② 土壤有机质 有机质对硝化抑制剂施用效果的影响有四个方面：一是有机质对硝化抑制剂的吸附能减少硝化抑制剂的挥发损失，有利于延长硝化抑制剂在土壤的存留时间；二是有机质对硝化抑制剂的吸附与有机质的组成成分和抑制剂自身的极性有关，造成两种抑制剂在同一土壤上的抑制作用差异；三是不同土壤中的硝化细菌群落对硝化抑制剂的敏感度不同有关；四是有机质含量高的土壤中的微生物活性通常较强，能促进微生物对抑制剂的降解。

③ 土壤温度 菌的活性受到温度的影响，硝化细菌和铵化细菌的最适土壤温度是25～30℃，氮的硝化作用和反硝化作用是在硝化、反硝化细菌的作用下进行的，土壤的温度太低和太高都会抑制硝化细菌、反硝化细菌的活性，影响着硝化作用和反硝化作用。硝化

抑制剂的降解受温度的影响较大，较高温度下硝化抑制剂的降解速度会加快、挥发损失增加。

④ 土壤 pH 值　土壤的酸碱度对土壤的微生物变化有着重要的影响，对土壤养分的固定、释放和淋失以及土壤的理化性质都有影响。研究发现，在酸性条件下反硝化作用受到抑制。土壤 pH 值是判断土壤硝化作用能力的一个重要指标。进行反硝化反应的反硝化细菌 pH 值最适范围是 6 ～ 8，也有人认为 pH 值的最适宜范围是 7 ～ 8。pH 值对硝化抑制剂实际施用效果的影响较为复杂，酸性条件下适宜真菌活动，当 pH 值较高时，土壤中的反硝化细菌活性更强，有利于对硝化的抑制作用，但由于此时土壤中其他微生物的活性也比较高，微生物会降解更多的硝化抑制剂，使硝化抑制剂的损失更多、施用效果受到很大影响。

⑤ 土壤氧含量和水分　微生物的活性受土壤中氧气含量影响，硝化细菌是好氧微生物，而反硝化作用是在嫌气条件下进行的微生物学过程。土壤含水量又直接影响土壤含氧量，直接或间接地影响着土壤中的微生物活性，进而对硝化作用和反硝化作用产生影响。土壤水分是自然界水分循环的一个组成部分，它是很多微生物过程所必需的，具有传输和稀释作用，土壤水分含量对硝化抑制剂的作用效果的影响除了受制抑制剂自身特性外，还表现在被水降解、随水移动、淋溶损失等。

除了以上几种外，硝化抑制剂的硝化抑制效果还受农田管理措施、施用方法和时间以及氮肥品种等因素的影响。

4.2.6 稳定性肥料的应用前景

当前，我国的稳定性肥料产业仍在不断创新与发展，但目前国内稳定性肥料市场还存在一些问题，比如抑制剂的作用效果受到土壤类型、有机质含量、温度、水分、土壤生物活性等环境因素影响，持效期不稳定，田间效果差异较大；单施某种抑制剂的效果不理想，但同时添加不同种类的抑制剂容易失活；某些抑制剂毒性较高，可能对作物与土壤微生物造成伤害，造成生态环境污染；目前抑制剂种类很多，但能够应用于稳定性肥料生产的较少；以及稳定性肥料价格偏高等问题。为实现稳定性肥料的健康发展，应进一步开展创新研究，强化产品研发能力，创新市场模式。未来，稳定性肥料将向着以下几个方向发展：

（1）进一步推进抑制剂的研发创新　实现不同种类氮肥、复合肥专用抑制剂的开发。今后，新型脲酶抑制剂与硝化抑制剂的筛选与合成将向着环境友好、稳定高效的方向发展。

（2）改良抑制剂添加工艺　创新改善脲酶 / 硝化抑制剂向不同氮肥、复合肥中添加的生产工艺，并配合开发硝化抑制剂与脲酶抑制剂的添加保护技术，提高抑制剂向肥料中添加的稳定性与持效时间。

（3）研发适合特定区域的稳定性肥料　根据不同地区的环境特点及不同作物的需肥规律，研发具有针对性的专用稳定性肥料。

（4）开发功能多元化的稳定性肥料　进一步开发不同脲酶 / 硝化抑制剂的协同使用技术，以及中微量元素、氨基酸、腐植酸、海藻酸等功能物质与抑制剂配合添加技术。

4.3 脲醛类肥料施肥原理与技术

脲醛类肥料是通过尿素和醛类在一定条件下反应制得的溶解度较低的脲醛聚合物，主要包括脲甲醛肥料、异丁叉二脲、丁烯叉二脲（尿乙醛）、草酰胺等[30]。其中最具代表性的产品是脲甲醛肥料和异丁叉二脲，脲甲醛肥料也是国际上最早实际应用的缓释肥料品种。

脲醛类肥料施入土壤后，靠土壤微生物分解释放氮素。其肥效长短取决于分子链的长短，分子链越长的缩合物，其氮素的肥效期越长。脲醛产品可以作为复合（混）肥料的原料，与速效氮肥和磷肥、钾肥配合，加工成为不同配比的含脲醛肥料的缓释复合（混）肥料，为作物提供均衡的养分供应[31]。当前我国市场上更多脲醛类肥料就是这一类型产品[32]。

4.3.1 脲甲醛肥料

脲甲醛肥料是以尿素和甲醛为原料，在一定的工艺条件下反应生成的一系列尿素-甲醛缩合物所组成的混合物。脲甲醛缓释肥料的生成过程一般包括加成反应和聚合反应 2 个阶段[33]：

加成反应，又称羟甲基化反应，是在中性近弱碱性条件下，尿素（U）与甲醛（F）发生加成反应，生成一羟甲基脲和二羟甲基脲。反应式为：

$U+F=U\cdot CH_2OH$（一羟甲基脲）；

$U\cdot CH_2OH+F=U(CH_2OH)_2$（二羟甲基脲）。

聚合反应，又称亚甲基化反应、缩合反应，是在酸性条件下，羟甲基脲经过相对甲醛大量过剩的尿素发生聚合反应生成亚甲基二脲和二亚甲基三脲，亚甲基二脲和二亚甲基三脲继续与羟甲基脲反应，生成聚合度更高的聚亚甲基脲。进一步生成不同缩合度的聚亚甲基脲混合物，即脲甲醛肥料。主要反应式为：

（1）$U+U\cdot CH_2OH=H_2NCONHCH_2NHCONH_2$（UFU/MDU，亚甲基二脲）$+H_2O$；

（2）$2U+U(CH_2OH)_2=UFUFU$（DMTU，二亚甲基三脲）$+2H_2O$；

（3）$U\cdot CH_2OH+DMTU=UFUFUFU$（TMTU，三亚甲基四脲）$+H_2O$；

（4）$U\cdot CH_2OH+TMTU=UFUFUFUFU$（TMPU，四亚甲基五脲）$+H_2O$。

原料的配比（尿素和甲醛的摩尔比）、反应的 pH、温度、反应时间等工艺条件是决定生成不同链长聚合物分布的重要因素。较高的配比生成较短链的聚合物分布，反之，较低的配比生成较长链的聚合物分布。当尿素与甲醛的摩尔比＞2 时，生成全水溶性产品，低聚合度的如亚甲基二脲和二亚甲基三脲等比例较高，肥料释氮速度较快；当尿素与甲醛的摩尔比为 1～2 时，得到大部分不溶于水的脲甲醛肥料；当尿素与甲醛的摩尔比＜1 时，生成不溶于水的高分子量树脂产物，肥效过低，甚至无肥效[31-34]。

脲甲醛肥料是最早应用于生产实践的缓释肥料，同时也是当前施用量最大的缓释肥料之一。1924 年德国 BASF 公司获得了脲甲醛缩合肥料的第一个专利，1947 年美国完成了较为完整的实验室工艺流程，并开始生产脲甲醛类肥料。美国、欧洲和日本等发达国家对脲甲醛肥料的研究较早，生产工艺较为成熟，基本上都实现了工业化生产。因此，近些年来国外的研究侧重点已从合成工艺转向脲甲醛肥料应用和缓释机理方面。在这些较早参与研究的国家和地区中，美国是使用脲甲醛肥料最多也是最广泛的国家。日本和欧洲对脲甲醛的使用量次之[35]。20 世纪 70 年代，我国才开始对脲甲醛缓释肥料进行研究。早期国内少数企业生产少量的脲醛产品用于高尔夫球场草坪或出口，尤其是高尔夫球场的果岭专用肥，因其要求较小的粒度，主要是以脲醛缓释肥料为主。

脲醛肥料作为缓释氮肥，是以有机聚合物的形态存在的。它对作物的营养机理不同于其他无机氮肥，其生物有效性取决于在土壤微生物的作用下逐步分解并矿化为无机氮为作物吸收。脲醛肥料施入土壤后，可以为土壤微生物提供碳源（能量）和氮源（营养），持续平稳地向土壤释放氮营养。脲甲醛碳氮摩尔比接近 1∶1，可为微生物活动提供理想的营养和能量来源，并增强微生物活性，增加微生物数量，促进有机质腐殖化。脲甲醛肥料施入土壤后，在水解与微生物侵袭的双重作用下缓慢分解，控制氮素释放速度，被植物充分吸收，从而有效提高化学肥料利用率。游离态尿素短期内在微生物分解下可直接转化为作物吸收的无机氮，快速释放出养分，形成脲醛肥料中的速效成分，释放期 10 ～ 40d；亚甲基二脲经过微生物一段时间的分解后转化为作物可直接吸收的无机氮，形成脲醛肥料中的中效成分，释放期 40 ～ 80d；二亚甲基三脲必须经过微生物的长期、多次分解才能转化为作物可吸收的无机氮，形成脲醛肥料中的长效成分，释放期 80 ～ 120d[36]。

脲甲醛肥料的应用市场，一部分是以高尔夫球场草坪为代表的非农业市场，另一部分是应用于大田作物的农业用肥市场。对于以高尔夫球场草坪为代表的非农业市场，国内外已有数十年的使用经验，是成熟的市场，产品多以含一定比例脲醛氮的复合（混）肥料的形态出现，针对球场不同的用肥区域，对产品粒度有较为严格的要求。这一市场多为专业用户，对产品的配比、中微量元素含量有明确的要求，多数为定制产品，产品针对性强，中间流通环节少，但市场容量很小。虽然使用部分脲甲醛代替水溶性氮肥可以延长效期，但大面积用于粮食作物施用成本仍高。应寻求用最少量脲甲醛改性尿素生产适合大田作物用的“添加脲甲醛的缓释肥料”。研究表明，在尿素表面生成占总质量 5% 的脲甲醛，就有可能将尿素改性为适合大田作物使用的缓释肥料[37]。

4.3.2 异丁叉二脲

异丁叉二脲（IBDU），分子式为 $C_6H_{14}N_4O_2$，分子结构式为 $(CH_3)_2CHCH(NHCONH_2)_2$，分子量为 174.0，含氮量为 32.18%，白色颗粒物。异丁叉二脲是以尿素和异丁醛为原料，在催化条件作用下经缩合反应所得到的产物[38]。该反应过程中，首先异丁醛上的羰基被氢质子活化，之后由尿素提供弱亲核试剂—NH_2，与异丁醛上的醛基发生亲核加成，形成四面体中间体，同时醛基失去质子（或质子转移至 O 上），最后脱水缩合形成亚胺（—N═CH—）产物；亚胺产物再和一分子尿素反应，生成异丁叉二脲。原料的配比（尿素和异丁醛的摩尔比）、反应的 pH 值、温度、反应时间等工艺条件会影响异丁叉二脲产品的收率。当原料的配比不同时，会有副产物生成，如异丁醛过量时，会生成异丁叉一脲、二异丁叉三脲、二异丁叉二脲等副产品，从而影响产品的质量。尿素过量则无副反应，所得产品纯度高，过量未反应的尿素留在母液中，可以循环使用[39]。

早在20世纪50年代，国外学者就发现异丁叉二脲具有缓慢释放氮素的性能，因而被广泛用于园艺、草坪中。世界每年消耗含异丁叉二脲的缓释肥160～200kt，美国是世界上最大的异丁叉二脲缓释肥料生产国和消费国，并拥有其多项技术专利。国外主要有日本三菱化学公司、美国塞拉尼斯公司、德国赫斯特公司等生产。我国对异丁叉二脲的研究始于20世纪60年代。我国目前关于异丁叉二脲的报道并不多见。郑州大学探究了加入分散剂（氧化镁）对合成异丁叉二脲的影响，发现氧化镁的加入量占尿素质量的0.5%，尿素与异丁醛的物质的量比为3.5∶1，反应时间为60min，尿素与水的质量比为1∶4时，得到的产品易于转移抽滤，干燥后产品颗粒度更加均匀，缓释有效氮含量更高[40]。华东理工大学对湿法生产工艺进行了研究，考察了反应液的pH值、加料方式、反应温度等对收率的影响，得到了适宜的工艺参数：pH值为3～5，反应温度45～55℃，缓慢滴加异丁醛，产品的纯度大于93%[41]。

异丁叉二脲中氮的释放主要是由化学水解而产生的，其对水分较为敏感，因此可以用控制水分含量的高低来控制氮的释放速度。温度对异丁叉二脲的水解作用影响很小，使它在低温下比靠温度控制生物作用或扩散作用释放氮素的肥料有用。因此异丁叉二脲与其他肥料的掺混肥或与其他原料生产的复合肥可用于赛场草坪和冬季作物的冬肥。在低温下的性能和借水分控制的性能是异丁叉二脲杰出的特点。

因异丁叉二脲在土壤中的分解是化学水解，其分解速率基本不受土壤微生物的影响，而是主要取决于肥料颗粒的大小，因此在不同气候、不同类型土壤中氮素的缓释性能稳定[42]。异丁叉二脲被公认为是最环保的化学缓释肥料，在草坪种植护理、苗圃花卉种植、园林绿化及植树造林等方面已形成一套公认的施肥及管理方法。用于水稻、小麦、蔬菜时，可选用0.7～2.5mm粒径，再掺入20%～50%的速效氮肥；用于牧草和观赏植物时，不必掺混速效氮肥；对于荒山及沙漠植树造林，可直接将产品制成块片状，置于树苗根部，肥效可达3年之久。

4.3.3 丁烯叉二脲

丁烯叉二脲（CDU）又称脲乙醛，是一种常用的脲醛类缓控释肥，是尿素与乙醛的环状缩合物。纯粹的丁烯叉二脲是一种白色粉体，也有为黄色颗粒，分子式$C_6H_{12}O_2N_4$，理论氮含量32.5%，实际含氮为31%～32%，尿素态氮小于3%。不易吸湿，长期贮存不结块，在水中的溶解度很小，但在酸性溶液中，随着温度的升高，溶解度迅速增加。有良好的热稳定性，在150℃长时间加热不会分解。因此，脲乙醛可与过磷酸钙、硫酸钾或氯化钾、磷酸铵、尿素以及其他肥料一起加热，进行混合造粒。丁烯叉二脲肥料合成步骤为：首先乙醛缩合为丁烯醛，随后丁烯醛与尿素缩合，生成环状化合物亚丁烯基二脲[43]。

丁烯叉二脲最早于1924年由德国BASF公司合成并申请专利，1969年德国科学家J. Jung等提出可以将其用作缓释氮肥产品，并完成了丁烯叉二脲肥料的合成。我国丁烯叉二脲作为缓释肥料的应用研究始于20世纪70年代，但直到如今，尽管丁烯叉二脲作为缓释氮肥在美国、西欧、日本已经具有较大规模的生产与应用，在我国的产销量仍然较低。由于丁烯叉二脲主要由尿素、乙醛或丁烯叉醛等通过缩合反应合成，其粗产品中不可避免地含有未能反应完全的游离尿素及醛类[44]。

丁烯叉二脲在土壤中的溶解与温度及酸度密切相关。随着土壤温度的升高和土壤酸性的增加，其溶解度增大。20℃时在水中的溶解度为0.06g/100g，而在3%硫酸溶液中溶解度为4.3g/100g。因此，丁烯叉二脲在酸性土壤上的供肥速率大于在碱性土壤上的供肥速率。丁烯叉二脲适用于酸性土壤，施入土壤后，分解为尿素和β-羟基丁醛，尿素经水解或直接被植物吸收利用，而β-羟基丁醛则分解为二氧化碳和水，无毒素残留。

丁烯叉二脲可作基肥一次施用。当土壤温度为20℃左右时，丁烯叉二脲施入土壤70d后有比较稳定的有效氮释放率，因此，施于牧草或观赏草坪肥比较好。如果用于速生型作物，则应配合速效氮肥施用[45]。

4.3.4 草酰胺

草酰胺是一种良好的脲醛类缓释肥料，分子式$(CONH_2)_2$，分子量88.0658，含氮31.8%。外观呈无色结晶或粉末，无毒无味；相对密度1.667g/cm^3；熔点419℃，微溶于水，在水中的溶解度仅0.016%，不溶于乙醇和乙醚，加热可分解为氨和二氧化碳；在热水中生成乙二酸胺$(COONH_4)_2$[46]。草酰胺不吸湿，易于保存。主要用作缓效氮肥，亦用作硝化纤维制品的稳定剂等。随着合成气制乙二醇技术的发展，由一氧化碳偶联合成草酸二甲酯的技术已成熟，解决了草酸二甲酯氨解生产草酰胺的原料问题，成本也大幅下降[47]。

20世纪50年代末，日本研究人员报道了草酰胺是一种缓慢释放氮的理想化合物。70年代，日本农业技术研究所就以氢氰酸合成的草酰胺进行水稻和麦类施肥试验，对作物的收获量、作物的茎数、穗数变化和有效茎数百分率以及收获物的含氮量等做了综合测定并比较结果，对草酰胺氮肥的优点作了肯定性的评价。1974年，Hoechst公司大田试验证明草酰胺是一种优良缓效氮肥，在作物整个生育期中能稳定提供作物需要的养分。我国草酰胺缓释肥的研究起步较晚，真正实现工业化规模化生产的还很少[48]。

草酰胺施入土壤后，先以分子态（酰胺态氮）存在于土壤中，经过土壤中脲酶以及微生物的作用，水解成碳酸铵或碳酸氢铵，即转化为铵态氮后进入作物体内；再经过光合作用，并与有机酸结合生成氨基酸，最终形成其他含氮有机物促进作物生长[49]。草酰胺的溶解速度是颗粒大小和硬度的函数，与颗粒大小关系更大。

草酰胺在潮湿的土壤中受微生物作用和自身的水解作用能逐步缓慢释放出植物生长所必需的铵态氮，日本和苏联的施肥试验结果证实，草酰胺的氮的利用率高达65%～80%，是尿素的2倍；草酰胺在水中的溶解度很小，仅0.016%，施肥后不容易被水流带走损失，从而有效减少氮肥流失造成的水源和环境污染；粉末状草酰胺中酰胺态氮在土壤中转化为可被作物吸收利用的铵态氮仅需14d，而将其加工成颗粒状（尤其是大颗粒）肥料施用于土壤中，酰胺态氮转化为铵态氮所需时间可延长至70d以上，肥效期可达90～180d，一次性作为基肥施用可满足大多数作物全生育期的氮素养分需求，节省施肥劳动力；草酰胺作为基肥施用，既可用于农业作物生产，也特别适合林业，牧业，瓜果，花卉和特种种植业；草酰胺吸湿性弱，不会出现速效氮肥的吸湿结块现象，易于贮存，有利于肥料的后续施用[50]。

4.3.5 展望

与普通氮肥相比，脲醛缓释肥料具有肥效长久稳定、利用率高以及对环境污染少等优点[51-52]，但是目前在中国推广应用仍然较少。脲醛缓释肥料之所以未能大面积推广开来，主要是存在以下几个问题：一是脲醛缓释肥料生产成本较高，同时生产研发工艺缺乏创新性，技术含量较低；二是脲醛缓释肥相配套的施肥技术不成熟、不完善，如在实验室和田间的养分释放机理与影响因素的数学模型等相关研究还不够深入，在实际应用中的肥效检测与效益评价缺少系统全面的科学方法；三是同普通肥料相比，脲醛缓释肥料与作物、区域的相互依存度更高，所以其研制过程就必须跟应用结合得更紧，如脲醛的氮素释放期过长，不能满足作物生长前期的需求[53]。

传统观念认为以脲醛为代表的缓释肥是高档肥料，只能应用于花卉、草坪等，在一定程度上影响了其推广。大田作物生长期短，对肥料养分的释放要求与草坪、花卉等有很大差异，因此肥料的缓释材料、生产工艺、设备要求与目前的缓释肥料生产有很大不同。在中国具有生产脲醛缓释肥的充分条件后，脲醛缓释肥将降低成本，面向大田作物。在未来，脲醛肥料在大田作物上的应用研究会成为重点，建立标准化技术操作规程，为缓释肥料的高效应用、提高施肥效益提供全面的技术指导将引领此领域进入良性发展阶段。

未来，脲甲醛可以部分代替尿素或其他水溶性氮肥作为复合肥料的氮源。开发适合中国土壤、作物、气候等具体条件，含有氮、磷、钾等多种养分的脲醛缓释复合肥料产品，对于促进我国肥料产业升级具有积极意义。

参考文献

[1] Trenkel, M E. Slow- and controlled-release and stabilized fertilizers: an option for enhancing nutrient use efficiency in agriculture[M]. Paris: International Fertilizer Industry Association, 2010.

[2] Azeem B, KuShaari K, Man Z B, et al. Review on materials & methods to produce controlled release coated urea fertilizer[J]. J Control Release, 2014, 181: 11-21.

[3] Geng J, Chen J, Sun Y, et al. Controlled release urea improved nitrogen use efficiency and yield of wheat and corn[J]. Agron J, 2016, 108: 1666-1673.

[4] Xia L, Lam S K, Chen D, et al. Can knowledge-based N management produce more staple grain with lower greenhouse gas emission and reactive nitrogen pollution? A meta-analysis[J]. Global Change Biol, 2016, 23: 1917-1925.

[5] Chalk P M, Craswell E T, Polidoro J C, et al. Fate and efficiency of ^{15}N-labelled slow- and controlled-release fertilizers[J]. Nutr Cycl Agroecosys, 2015, 102: 167-178.

[6] Akiyama H, Yan X, Yagi K, et al. Evaluation of effectiveness of enhanced-efficiency fertilizers as mitigation options for N_2O and NO emissions from agricultural soils: meta-analysis[J]. Global Change Biol, 2010, 16: 1837-1846.

[7] Zhang W, Liang Z, He X, et al. The effects of controlled release urea on maize productivity and reactive nitrogen losses: A meta-analysis[J]. Environ Pollut, 2019, 246: 559-565.

[8] 李思平，刘蕊，刘佳欢，等. 稳定性肥料产业发展创新及展望 [J]. 现代化工，2022, 42(11): 1-9.

[9] Watson C J, Akhonzada N A, Hamilton J T G, et al. Rate and mode of application of the urease inhibitor N-(n-butyl) thiophosphoric triamide on ammonia volatilization from surface applied urea[J]. Soil Use Manage, 2008, 24(3): 24-253.

[10] 李婷玉. 增效氮肥综合效应及影响因素研究 [D]. 北京：中国农业大学，2018.

[11] Ahmed A, Saeed A, Ali O M, et al. Exploring amantadine derivatives as urease inhibitors: molecular docking and structure-activity relationship (SAR) studies[J]. Molecules, 2021, 26(23): 7150.

[12] Lam S K, Suter H, Bai M, et al. Decreasing ammonia loss from an Australian pasture with the use of enhanced efficiency fertilizers[J]. Agriculture, Ecosystems and Environment, 2019, 283: 784165.

[13] Liu S, Wang X, Yin X, et al. Ammonia volatilization loss and corn nitrogen nutrition and productivity with efficiency enhanced UAN and urea under no-tillage[J]. Scientific Reports, 2019, 9(1): 276-286.

[14] Fan X, Yin C, Yan G, et al. The contrasting effects of N -(n -butyl) thiophosphoric triamide (NBPT) on N_2O emissions in arable soils differing in pH are underlain by complex microbial mechanisms[J]. Science of the Total Environment, 2018, 642: 155-167.

[15] 万伟帆，李斐，红梅，等. 氮肥用量和脲酶抑制剂对滴灌马铃薯田氧化亚氮排放和氨挥发的影响 [J]. 植物营养与肥料学报，

2018, 24(3): 693-702.
[16] Harty M A, Forrestal P J, Waston C J, et al. Reducing nitrous oxide emissions by changing N fertiliser use from calcium ammonium nitrate (CAN) to urea based formulations[J]. Science of The Total Environment, 2016, 563-564: 576-586.
[17] 李君，刘涛，褚贵新．脲酶抑制剂对石灰性土壤尿素转化及 N_2O 排放的影响 [J]．农业环境科学学报，2014, 33(9): 1866-1872.
[18] Rowlings D W, Scheer C, Liu S, et al. Annual nitrogen dynamics and urea fertilizer recoveries from a dairy pasture using 15N: Effect of nitrification inhibitor DMPP and reduced application rates[J]. Agriculture, Ecosystems & Environment, 2016, 216: 216-225.
[19] Li H, Chen Y, Liang X, et al. Mineral-nitrogen leaching and ammonia volatilization from a rice-rapeseed system as affected by 3, 4-dimethylpyrazole phosphate[J]. Journal of Environmental Quality, 2009, 38(5): 2131-2137.
[20] Zhao Z C, Wu D, Bol R, et al. Nitrification inhibitor's effect on mitigating N_2O emissions was weakened by urease inhibitor in calcareous soils[J]. Atmospheric Environment, 2017, 166: 142-150.
[21] Lam S K, Suter H, Davies R, et al. Direct and indirect greenhouse gas emissions from two intensive vegetable farms applied with a nitrification inhibitor[J]. Soil Biology and Biochemistry, 2018, 116: 48-51.
[22] 赵欧亚，张春锋，孙世友，等．含硝化抑制剂型水溶肥对温室黄瓜产量和品质的影响 [J]．华北农学报，2017, 32(S1): 233-238.
[23] 尹兴，张丽娟，李博文，等．氮肥与双氰胺配施对温室番茄生产及活性氮排放的影响 [J]．中国农业科学，2018, 51(9): 1725-1734.
[24] Qiao C L, Liu L L, Hu S J, et al. How inhibiting nitrification affects ni-trogen cycle and reduces environmental impacts of anthropogenic ni-trogen input[J]. Global Change Biology, 2015, 21: 1249-1257.
[25] Fan C, Li B, Xiong Z Q, et al. Nitrification inhibitors mitigated reactive gas-eous nitrogen intensity in intensive vegetable soils from China[J]. Science of the Total Environment, 2018, 612: 480-489.
[26] Weiske A, Benckiser G, Herbert T, et al. Influence of the nitrification inhibitor 3, 4-dimethylpyrazole phosphate（DMPP）in comparison to dicyandiamide（DCD）on nitrous oxide emissions, carbon dioxide fluxes and methane oxidation during 3 years of repeated application in field experiments[J]. Biology and Fertility of Soils, 2001, 34(2): 109-117.
[27] Li H, Liang X, Chen Y, et al. Effect of nitrification inhibitor DMPP on nitrogen leaching, nitrifying organisms, and enzyme activities in a rice-oilseed rape cropping system[J]. Journal of Environmental Sciences, 2008(20): 149-155.
[28] Cui M, Sun X, Hu C, et al. Effective mitigation of nitrate leaching and nitrous oxide emissions in intensive vegetable production systems using a nitrification inhibitor, dicyandiamide[J]. Journal of Soil Sediment, 2011(11): 722-730.
[29] Yu Q, Chen Y, Ye X, et al. Influence of the DMPP (3,4-dimethyl pyrazole phosphate) on nitrogen transformation and leaching in multi-layer soil columns[J]. Chemosphere, 2007(69): 825-831.
[30] 曲均峰．脲醛肥料研究现状 [J]. 化肥工业，2013, 40(5): 24-27.
[31] 胡建民，苗俊艳，许秀成．脲甲醛缓释肥料的研究进展与聚脲甲醛缓释肥料新工艺介绍 [J]．磷肥与复肥，2021, 36(11): 18-20.
[32] 陈宏坤，陈剑秋，高义武，等．脲醛缓释复混肥的生产工艺 [J]．化肥工业，2011, 38(2): 17-19.
[33] Guo Y L, Zhang M, Liu Z G, et al. Modeling and optimizing the synthesis of urea-formaldehyde fertilizers and analyses of factors affecting these processes[J]. Scientific Reports, 2018, 8(1): 4504.
[34] 高志博，王晓宇．缓释肥料脲甲醛的研究进展 [J]．高师理科学刊，2016, 36(4): 38-41.
[35] Winsor G W, Long M I E. Development of urea-formaldehyde compounds as nitrogenous fertilizers[J]. Journal of the Science of Food and Agriculture, 1958, 9(4): 185-194.
[36] 张景振．脲甲醛肥料研制及效果研究 [D]．北京：中国农业科学院，2013.
[37] 许秀成，李菂萍，王好斌．脲甲醛肥料在我国发展的可行性 [J]．磷肥与复肥，2009, 24(6): 5-7.
[38] 王太文．异丁叉二脲的制造及用途 [J]．中氮肥，1989(2): 132-136.
[39] 潘鹤林，田恒水．异丁叉二脲生产过程研究开发 [J]．兽药与饲料添加剂，1998(3): 19-21.
[40] 张文辉，潘贝贝，谷守玉，等．添加氧化镁合成异丁叉二脲的工艺探究 [J]．磷肥与复肥，2015, 30(3): 8-10.
[41] 尿素下游精细化工系列产品生产技术．上海市，华东理工大学，2012.
[42] 刘兵．缓控释肥料的研究进展 [J]．安徽农业科学，2007, 35(8): 2341-2342.
[43] 陈昂．缓释氮肥丁烯叉二脲的制取 [J]．化肥工业，1984(3): 49-50.
[44] 储德韧，刘刚，张民，等．一种有机溶剂重结晶提纯丁烯叉二脲的方法及装置：CN105061329B[P]. 2017-08-01.
[45] 陈奎元，等．中国大百科全书 [M]．3 版网络版．北京：中国大百科全书出版社，2023.
[46] 段付岗．草酰胺缓释氮肥的特性分析及建议 [J]．磷肥与复肥，2021, 36(5): 18-20.
[47] 李玉龙，谢洪燕，苏海涛，等．草酰胺生产工艺技术研究进展 [J]．山东化工，2022, 51(20): 80-82.
[48] 胡玉容，王科，李扬，等．新型缓释氮肥草酰胺 [J]．化工技术与开发，2012, 41(10): 31-33.
[49] 马洪波，吴建燕，李传哲，等．草酰胺在土壤中氮肥释放特征及对甘薯生长的影响 [J]．中国农学通报，2019, 35(21): 38-42.
[50] 郦志文．草酰胺缓释肥对大田作物生长的影响 [D]．南京：南京农业大学，2015.
[51] Wang X W, Kuai J L, Yu J H, et al. Effects of controlled/slow-released nitrogen fertilizers on physiological characteristics and quality of melon under substrate cultivation[J]. J Plant Nutr Fert, 2016, 22(3): 847-854.
[52] Alexander A, Helm H U. Ureaform as a slow release fertilizer: a review[J]. Zeitschrift für Pflanzenernährung und Bodenkunde, 1990, 153(4): 249-255.
[53] 张高科．脲醛缓释肥料：氮肥产业转型升级又一新动力 [J]．中国农资，2017(35): 3.

中国肥料研究与应用全书

Books of Fertilizer Research and Application in China

FERTILIZER

第5章

机械化施肥技术和水肥一体化技术

5.1 机械化施肥技术

机械化施肥技术是指通过施肥机械将固态或液态肥料施入土壤特定位置，供给作物吸收利用的技术。与传统施肥方式相比，机械化施肥能够有效控制肥料施用量和施肥位置，减少劳动力投入，降低生产成本。目前，我国正加快推动农业机械化建设，大力发展智慧农业，机械化施肥将成为未来农作物种植过程中的必要环节[1]。

5.1.1 机械化施肥技术的发展

由于人工施肥作业的劳动量比较大及施肥环境比较恶劣等种种因素，在20世纪早期欧美等发达国家就已经在施肥机械方面进行了研究，时至今日欧美等发达国家既有播种机械带有的施肥装置，还有大量用于整地前撒播、中耕施肥及改良土壤等专用的施肥机械。畜拉式堆肥撒布机在国外实现农业机械化的早期就已经研制出来[2]。20世纪30年代左右，国外在施肥机械的研究和制造领域已经有了可观的规模，70年代时欧美等发达国家基本实现了施肥的全程机械化作业，在化肥的储存、装卸、运输及田间撒施作业等机具的研发和储备方面已经形成较大规模[3]。

世界各国都很注意有机肥料的生产和使用，因为有机肥既能够给作物生长提供充足的养分，又能够对土壤微生物的营养结构进行调节、对土壤物理化学性能进行改善且可以有效地提高土壤肥力，而且有机肥比化肥更便宜。有机肥的制备一般是通过把家禽、家畜等排泄产生的粪、尿等混合物用固液分离机将液体与固体分离，然后在分离出来的固状物中掺入土和粉碎过的植物秸秆进行发酵，发酵完成晾干后撒入土地或者进一步加工把发酵晾干的有机肥制成颗粒状肥料再用施肥机撒施。日本巴依克米株式会社研制了一种小型制肥机，可以把收割后的秸秆、树枝及杂草等切碎，然后在切碎的碎屑中加入稻壳，再进一步破碎和高压混合，这种方法可以制成无臭味的有机肥。法国KUHN公司研制了一种ProPush2044尾部背推式撒肥机，该撒肥机的抛撒器有立式和卧式两种不同形式，两种抛撒形式各有优点：立式抛撒器的抛撒幅度比较宽；而卧式抛撒器的抛撒宽度则相对集中，且卧式抛撒器的功耗较小，卸料速度也比较小[4]。法国KUHN公司还生产了一种ProTwin8150侧式撒肥机，是大型的侧式抛肥机械。该机采用了双搅龙输送的方式，抛肥器采用锤片式，当有机肥等肥料运动到卸料口时，锤片将会把有机肥撕裂、粉碎，从下往上将物料有规律地抛撒出去。该机的适用范围比较广，可以抛撒沟肥、堆肥、泥浆、厩肥、垫床物料及沙粪肥等，有非常好的抛撒效果[5]。

在20世纪90年代后期，我国开始关注精准农业并且进行了技术和科技的引进。近年来，我国对精准农业越来越重视和支持，在引进、消化、吸收国外先进的技术和科技的同时，也在不断探索适合中国的精准农业的技术体系，在科研人员的不断努力下，精准农业的概念已经被社会接受，并且已经开始了实践应用[4]。我国农业生产的最显著的特点是精耕细作，复种指数高，机械化标准化程度低。在农业机械化起步迟、起点低的背景下，我国施肥机械化技术的发展同样远远落后于其他技术的应用。从化肥的剂型，施用方式到施肥机械的研究开发，以及施肥技术规程等各个层面，都有相当大的差距[6]。

一是肥料生产的工艺水平低，不能适应机械化精量化作业的需要。施肥机械化的发展，一个重要的前提是肥料的作业性状。通常，化肥可分为液体和固体肥两大类。固体肥颗粒化是当今化肥的发展趋势之一。颗粒肥料具有物理性能好、长期存放不结块、流动性好的特点，为机械化施用甚至飞机播肥提供了先决条件。随着肥料造粒技术不断发展，大颗粒肥、包衣颗粒肥等缓释高效肥料也快速发展。欧美等发达国家的施肥机械化正是得益于先进的化肥生产工艺。此外，在厩肥、农作物秸秆等有机肥料的沤制与处理方面，发达国家早已形成了成熟配套的机械化生产工艺及装备，为后续的有机肥的机械化撒施奠定了基础。长期以来，我国固态化肥产品大多为粉状，易吸湿板结，撒布性差，即使采用进口的施肥机械，也难以实现稳定的施肥作业，同时作业损失严重，而有机肥的加工施用则更加简单粗放。

二是施肥机械化技术研究滞后，不能满足现实生产的需要。目前生产中常见的施肥机械，大多数沿用传统的作业机械，其中不少是在运输机械、播种机械或中耕管理机械上小改小造，缺少科学系统的设计研究，作业的技术及性能指标落后，施肥作业的效果不能适应不同作物、不同生长阶段的农艺要求。另一方面，随着现代农业的快速发展，各地对作物生产中的施肥环节的机械化已经产生了现实的需求。此外，施肥作业的技术规程和作业标准不健全，也制约了我国化肥的科学利用水平。

5.1.2　机械化施肥技术特点

机械化施肥技术具有如下特点：精准控制、成本效益、提高肥料利用率、实现精准施肥和持续创新。通过机械设备完成施肥过程能够精确控制肥料用量和施放位置，降低施肥成本，提高肥料利用效率，实现针对作物需求的精准施肥，同时不断引入新技术，不断改进施肥效果，为现代农业生产注入了更多科技力量，推动农业生产方式向着更智能、高效、可持续的方向发展。

5.1.3　施肥机械装备现状

施肥机械是指用以在地表、土壤或作物的一定部位施放各种肥料的农业机械。据中国农业年鉴统计[7]，2020 年，我国整地施肥播种机保有量 25.83 万台，机械深施化肥面积 $3.58\times10^7hm^2$，灌溉施肥机械化面积 $1.18\times10^6hm^2$。

从施肥机械角度来看，根据肥料的种类和特性不同，施肥机可分为固态化肥施肥机和液态化肥施肥机；根据肥料施用方法的不同，大体可分为基肥撒施机械、种肥施播机械、追肥施布机械等三类，且应用都较为普遍。我国机械化施肥还不发达，在种肥施用方面一些作物上应用较普遍，而追肥机械化除一些大型的国营农场应用较多外，农村应用还很少。较为先进的变量施肥机械也已经取得了大量研究成果。

（1）基肥撒施机械　主要有 3 种：第一种是厩肥撒布机，作业时，撒肥轮将厩肥撕碎成小块，并均匀地抛撒在田面上，在随后的耕地作业中，厩肥随土垡翻转混和埋入土层；第二种是化肥撒布机，主要用于施撒粉状或颗粒状化肥，结构形式有离心式和扇形振动式等；第三种是厩液或液氨洒施机，作业时，厩液或液氨通过输肥管注入由开沟器疏松的土壤中，随后被回落的土壤覆盖，以防止液肥挥发而损失肥效[6]。

（2）种肥施播机械　通常是在播种机上加装排肥器与施肥开沟器等施肥装置，在播种的同时施用种肥，常见的种肥施用方法主要有：种肥混施法，将化肥与种子排入同一输种管中，施于同一开沟器所开的沟底；化肥正深施法，利用组合式开沟器将化肥施在种子的正下方；化肥侧深施法，在播种机上加装单独的输肥管与施肥开沟器进行侧位深施。在施用吸湿性强、易结块的化肥时采用振动式排肥器或搅刀拨轮式排肥装置。在施用流动性较好的化肥时，采用转盘式或搅龙式排肥器，并装备锄铲式或双圆盘式施肥开沟器，以便从排肥器排出的化肥能经输肥管施入种子下面的土层[6]。

（3）追肥施布机械　通常是在通用中耕机上装设排肥器与施肥开沟器，在作物生育期间，将固态化肥施于作物根系的侧深部位；也可采用喷灌设备、植保机械或农用飞机上的喷洒部件将液肥、化肥溶液喷施于作物叶面上，进行根外追肥[6]。

（4）智能化施肥机械[8]　施肥机械的智能化主要表现在施肥量的控制与调节过程中，目的是对施肥用量进行科学合理的安排，从而降低成本、保护环境。在操作过程中，根据不同的品种、土壤肥力、含水量等参数，将当前推行的测土施肥方法进行智能化应用。在施肥机械智能化过程中，一些科研机构与生产单位对播种肥料进行了专业的研究，从某一方面进行研发与机械配合，提高施肥装置的实用性。如变量施肥机械是在传统的农业施肥机械基础上，结合先进的控制技术和数据分析技术，因地制宜地进行精确施肥，这种按需施肥的方式适应精确农业的理念，已成为施肥机械发展的重要方向之一[9]。

5.1.4　机械化施肥技术对肥料的要求

机械化施肥可以显著提升施肥效率，使高效施肥技术成为可能，然而，机械也不是万能的，如果不匹配适合的肥料产品、合理的施肥技术，机械化施肥的效果也会大打折扣[10]。机械施肥还要考虑肥料颗粒的硬度、溶解度等多种指标，土壤施用时肥料颗粒的硬度和吸湿性很重要，如果肥料粉化严重、容易吸潮都会堵塞下肥管，从而出现施肥不均匀等问题。在肥料产品方面，需要建立完善的适合机械化施肥的肥料生产参数，如肥料剂型、硬度、吸湿度、粒径及整齐度等。市场上很多掺混肥料中，不同养分颗粒的比重、粒径、硬度存在差异，这就大大降低了机械化施肥作业的效果，导致施肥后的土壤养分分布不均。如水稻侧深施肥技术选择满足机械施肥强度要求、表面光滑的圆粒型、颗粒强度＞30N，手捏不碎、吸湿少、不黏、不结块、不漂浮，吸湿率小于5%的缓控释肥。肥料平均主导粒径（SGN）应在280～340之间，均匀度指数（UI）至少超过40，不同物料掺混时，UI值差别不超过15%[11]。

5.1.5　典型作物体系机械化施肥技术应用案例

以北方水稻机插秧侧深施肥及诊断追肥技术为例[12]。

（1）技术基本情况　针对寒地水稻生产上肥料表施、多次施肥人工成本高、施肥技术复杂难以掌握，以及施肥量高和施肥盲目性大等问题，优选了适合寒地稻田土壤供氮和水稻需氮规律的环保型控释氮肥，通过速效氮肥和控释氮肥的科学配施可以一次施肥满足水稻高产所需；根据土壤养分状况构建了适合不同区域肥料配方（区域大配方），并配套了简单易行的营养诊断指标，通过对关键生育时期水稻营养状况进行诊断，决定是否追肥（因地块小调整）。上述关键技术与高产栽培、高效植保和秸秆还田等技术融合，建立寒地稻田机插秧侧深施肥及诊断追肥技术模式。解决了水稻生产上多次追肥损失大、成本高，不同品种间诊断指标难以统一，以及精准施肥技术复杂不利于推广等长期悬而未决的难题，实现了寒地水稻生产农机农艺融合、简化高效、节肥增产统一。

（2）技术要点

① 侧深施肥技术　按照水稻目标产量和100kg籽粒吸氮量确定氮肥施用总量，并优化速效氮和控释氮肥的配比，其中控释氮肥比例不低于30%，控释肥料在稻田中释放期70～80天；根据土壤养分状况监控施用磷钾肥，磷钾肥全部作基肥和氮肥掺混后用机插侧深施肥机1次施用（可选用带有侧深施肥装置的施肥插秧一体机或者在已有插秧机上加挂侧深施肥装置），肥料施在秧苗侧约5cm，深约5cm的位置（图5-1）。要求肥料为圆粒形，粒径为2～5mm（参照不同肥料相关标准），含水率2%左右（参照不同肥料相关标准）。理化性质稳定，硬度20N以上，手捏不碎、不吸湿、不易结块，以防肥料通道堵塞。

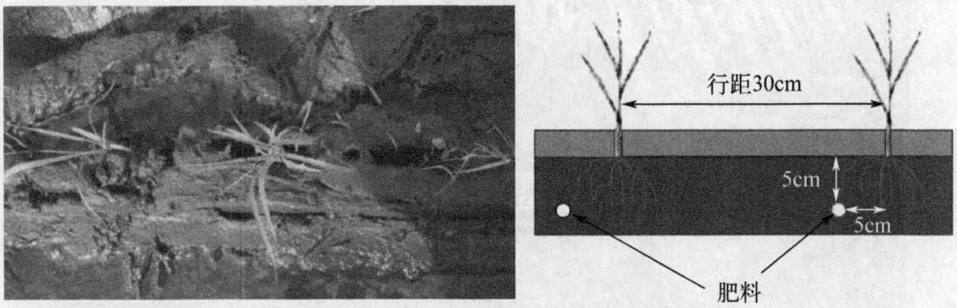

图5-1　机插侧深施肥位置

控释肥料应符合HG/T 4215的规定，掺混肥料应符合GB/T 21633的规定。肥量一般要比常规施肥减少10%～30%。

② 诊断追肥技术　在水稻插秧和二次封闭后1周，判断水稻是否有除草剂药害，如果有药害会影响水稻养分吸收和分蘖，根据药害情况决定是否追肥，并采取有效的补救措施，并结合喷施叶面肥和施用氮肥等方式以避免产量损失。如果水稻插秧后遇连续5天以上15℃低温，影响水稻返青和根系养分吸收，根据实际情况每亩（1亩≈667m^2）补充5～7kg的硫酸铵。

基蘖肥同施田块在水稻拔节期（拨开主茎水稻小穗0.5～1.0cm）根据水稻氮素营养状况诊断确定化肥用量，比较水稻第1展开叶和第3展开叶颜色或者SPAD值，当第1展开叶颜色深于第3展开叶颜色，叶色比值大于1，且水稻群体颜色褪淡，可以追施尿素60kg/hm^2、二铵20kg/hm^{2}和氯化钾25kg/hm^2。当第1展开叶颜色浅于第3展开叶颜色，且叶片相对挺立则尿素减少到30kg/hm^2，其他施肥量不变。当第1展开叶颜色明显浅于第3展开叶颜色，且叶片相对披垂，则进行晒田，1 周后施用尿素 30kg/hm^2、二铵 20kg/hm^2 和氯化钾 25kg/hm^2。

基蘖穗肥同施田块在剑叶露尖时根据水稻植株氮素营养状况诊断是否施用化肥，比较水稻第 1 展开叶和第 3 展开叶颜色，当第 1 展开叶颜色深于第 3 展开叶颜色，叶色比值大于 1，且水稻群体颜色褪淡，可以追施尿素 30kg/hm^2、二铵 20kg/hm^2 和氯化钾 25kg/hm^2，追肥以水带氮。其他情况则不用进行追肥。

（3）示范推广情况　核心技术“寒地稻田简化高效侧深施肥新技术”自 2014 年以来已经在黑龙江农垦建三江分局大面积应用，2015 年被大兴农场和勤得利农场列为主推技术，每年应用面积均超过 10 万亩；2016 年开始配套肥料产品被列入北大荒生资集团采购目录，在农垦系统广泛应用；2020 年被列为建三江管理局主推技术。2021—2023 年均被列为黑龙江省农业主推技术。2014—2023 年，在东北农业大学建三江大兴农场试验基地（图 5-2），采用该技术大面积实收亩产均在 600kg 以上，10 年平均亩产达到 650kg。目前该技术正在黑龙江省水稻主产区推广应用。

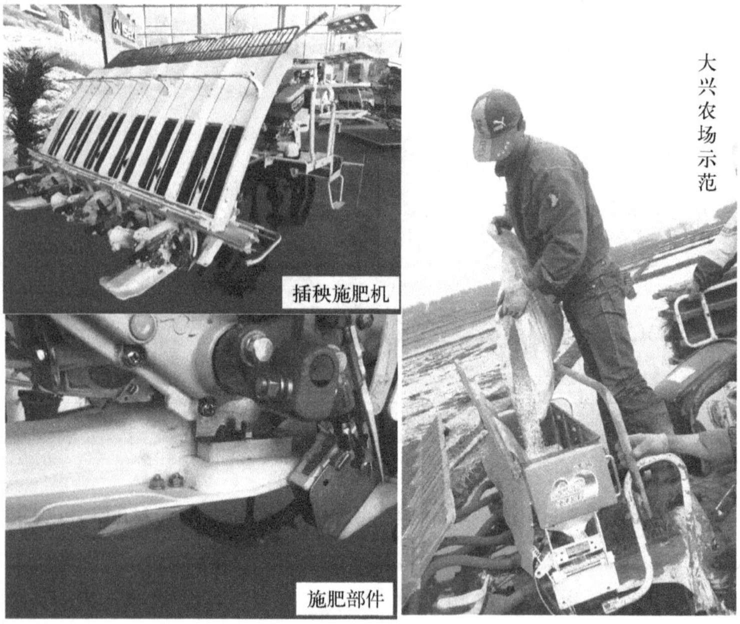

图 5-2　插秧施肥机在大兴农场示范图

（4）提质增效情况　和常规技术相比，应用该技术可减少 1 ～ 2 次追肥，保证水稻生育期的养分供应，水稻穗大且灌浆快（图 5-3），增产水稻 10% 左右，节约化肥 10% 以上，提高肥料利用率 20% 以上，亩增收节支 100 元以上。同时机插侧深施肥技术能够增加氮素在土壤中的保存时间，显著降低田面水中铵态氮含量，减少氨挥发损失 60% 以上，还能显著降低氮素反硝化损失，大大降低盲目施肥造成的环境污染。通过氮肥减施、均衡供肥，以及科学灌溉降低稻米蛋白质含量，改善稻米品质。

图 5-3　技术应用效果

5.2　水肥一体化技术

水肥一体化技术是借助压力灌溉系统，在灌溉的同时将溶解的肥料溶液同时输送到作物根部的一种灌溉施肥技术 [13]。该技术可根据作物需求规律，有效地控制施肥、灌水数量与时间，提高灌溉水和肥料的利用率，有利于维持土壤与生态环境健康，易于实现智能化控制与标准化水肥管理，节水、省肥、省工优势突出 [13-14]。根据灌水器类型的不同，水肥一体化可分为滴灌施肥和微喷灌施肥等模式。

5.2.1　水肥一体化技术的发展

水肥一体化起源于无土栽培，18 世纪末，英国的 John Woodward 将植物种植在土壤提取液中，这是最早的水肥一体化栽培模式 [15]。第二次世界大战后，塑料工业的进步极大地推动了滴灌、微喷灌等水肥一体化技术的发展。20 世纪 50 年代后期，以色列成功研制出长流道管式滴头，在滴灌技术的发展中迈出了重要的一步 [16]。20 世纪 70 年代以来水肥一体化技术的研发与应用得到重视。进入 21 世纪，与水肥一体化相配套的水溶肥研制和生产取得长足的进步，一些发达国家已经形成了完善的设备生产、肥料配置、推广服务体系。

自 1974 年引进滴灌技术以来，我国水肥一体化技术经历了三个发展阶段。第一阶段，1980 年以前，主要为技术引进与学习。第二阶段，在引进、学习基础上，开始开发和生产国产产品，1980 年我国第一代成套滴灌设备研制生产成功，并开始试点推广该设备。第三阶段开始于 20 世纪 90 年代末并持续至今。1996—1998 年，新疆成功开发了适合于大面积农田应用的低成本滴灌带与配套技术，在棉花种植中取得显著效果。2002 年农业部开始组织实施旱作节水农业项目，建立水肥一体化技术核心示范区，集中开展试验示范和技术集成。2012 年，国务院印发《国家农业节水纲要（2012—2020）》，强调积极发展水肥一体化。2007 年，农业部下发《关于推进农田节水工作的意见》，2010 年发布《全国农田节水示范活动工作方案》，将水肥一体化列为主推技术，强化技术集成和示范展示。2013 年，农业部还印发了《水肥一体化技术指导意见》，提出到 2015 年，水肥一体化技术推广总面积达到 533 万公顷以上。实现节水50%以上，节肥30%，粮食作物增产20%，经济作物节本增收600元以上的目标。

至2019年，全国水肥一体化面积（喷灌+微灌面积）达1.7亿亩（图5-4），水肥一体化技术已经由过去局部试验示范发展为大面积推广应用，辐射范围由华北地区扩大到西北干旱区、东北寒温带和华南亚热带地区，覆盖了设施栽培、无土栽培、果树栽培，以及蔬菜、花卉、苗木、大田经济作物等多种栽培模式和作物，节水、省肥、增产效果显著[17]。在经济发达地区，灌溉施肥技术水平日益提高，涌现了一批设备配置精良并实现了专家系统智能自动控制的大型示范工程。

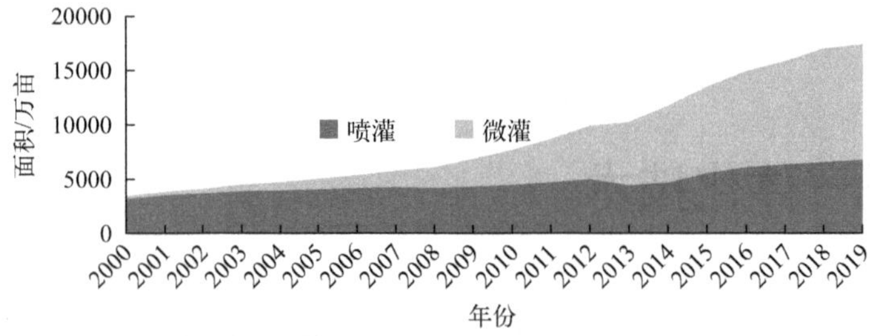

图5-4　我国水肥一体化应用面积变化[18]

5.2.2　水肥一体化技术特点

水肥一体化技术具有如下特点：a．小流量、长时间、高频率灌溉施肥；b．水和肥料溶液通过灌水器供应到作物根区土壤，为典型的局部灌溉；c．除灌水器附近可能出现局部的饱和区外，其他区域土壤水分运动均为非饱和运动，地表湿润范围小，蒸发率低，有效防止水土流失和深层渗透；d．对土壤的通气性、土壤温度影响小；e．受地形影响小，施肥施用均匀；f．可控性好，容易准确地制定水肥管理制度，有利于实现智能化与标准化管理；g．对肥料的选择有较高的要求，不合理的肥料选型容易导致灌水器堵塞；h．长期应用微灌施肥，易造成湿润区边缘盐分积累，且施肥通常只湿润部分土壤，根系生长可能局限在湿润区域，可能造成限根效应。

5.2.3　水肥一体化装备与选型

水肥一体化工程由6大子系统组成，分别为水源-动力系统、输水管道系统、过滤系统、施肥系统、灌水器系统和保护/测量系统[19]。

水肥一体化技术适宜于有井、水库、蓄水池等固定水源，且水质符合农田灌溉水质标准GB 5084—2021要求，并已建设或有条件建设微灌设施的区域应用。水肥一体化系统要求水流具有压力，因此需要用加压装置，一般需配置恒压供水装备。

输配水管道占工程投资比例大。在管道选型时一方面压力等级符合相应位置工程设计压力要求，另一方面，管径与设计流量所需管径匹配。我国常用的微灌系统管道有聚乙烯管（PE），聚氯乙烯管（PVC）两种。

灌水器出口孔径小，极易被污物和杂质堵塞，因此，过滤系统对水肥一体化工程来说是不可或缺的。常见的过滤器有筛网过滤器、叠片过滤器、砂石过滤器和离心过滤器。离心过滤器又叫旋流式水沙分离器，一般作为过滤系统的第一级处理设备，最适宜去除水中的泥沙和石屑。砂石过滤器由细砾石和经筛选的砂砾分层铺设过滤罐体中而构成，主要用于过滤有机漂浮物。筛网与叠片过滤器主要用于过滤灌溉水中粉粒、沙和水垢等污物。筛网过滤器结构简单、价格便宜，叠片过滤器过流量大、维护方便、寿命长，适用于有机物含量高的水质条件。在实际应用中可参考表5-1对过滤的选型与组合进行选择。

表5-1　过滤器选型

<table>
<tr><th colspan="3">水质情况</th><th>过滤器选型及组合</th></tr>
<tr><td rowspan="6">无机物</td><td>含量</td><td>＜10mg/L</td><td rowspan="2">筛网（叠片）过滤器或砂石过滤器＋筛网（叠片）过滤器</td></tr>
<tr><td>粒径</td><td>＜80μm</td></tr>
<tr><td>含量</td><td>10～100mg/L</td><td rowspan="2">旋流水沙分离器＋筛网（叠片）过滤器或旋流水沙分离器＋砂石过滤器＋筛网（叠片）过滤器</td></tr>
<tr><td>粒径</td><td>80～500μm</td></tr>
<tr><td>含量</td><td>＞100mg/L</td><td rowspan="2">沉淀池＋筛网（叠片）过滤器或沉淀池＋砂石过滤器＋筛网（叠片）过滤器</td></tr>
<tr><td>粒径</td><td>＞500μm</td></tr>
<tr><td rowspan="2">有机物</td><td colspan="2">＜10mg/L</td><td>砂石过滤器＋筛网（叠片）过滤器</td></tr>
<tr><td colspan="2">＞10mg/L</td><td>拦污栅＋砂石过滤器＋筛网（叠片）过滤器</td></tr>
</table>

施肥系统的作用是根据作物生长阶段进行适量的追肥。水肥一体化系统中常用的施肥装置有压差式施肥罐、文丘里施肥器、注肥泵等。压差式施肥罐不需外加动力设备，成本低，使用方便，但施肥过程中肥料浓度变化大。文丘里施肥器具有成本低，使用方便，施肥浓度稳定，无需外加动力等特点，但压力损失较大，单个轮灌区面积适中，一般以1～5亩为宜。水肥一体化系统中常用的注肥泵包括水驱动注肥泵和电动驱动注肥泵两种。水驱动注肥泵的优点是肥液浓度稳定不变，施肥质量好，效率高，缺点是造价较高。电动驱动注肥泵主要应用一些较大规模微灌工程，特别适用于设施农业中需精确施肥的灌溉系统。

灌水器是微灌系统的出流部件，其作用是均匀而稳定地向作物根区土壤配水。灌水器要求出水量小，出水均匀，抗堵塞性能好。根据所使用灌水器类型常将水肥一体化系统分为滴灌（灌水器使用滴头、滴灌带）、微喷灌（灌水器使用微喷头）等。按水力学消能方式来分，滴头可以分为孔口消能滴头、长流道管式滴头、涡流消能滴头、压力补偿式滴头等。在丘陵山地等单个轮灌区存在高度差异时，应选择压力补偿式滴灌头。条播作物，要求带状湿润土壤，宜采用滴头或滴管带，对于果树及高大的林木，其株、行距大，需要绕树湿润土壤，可采用微喷头进行灌溉。土壤质地对滴灌入渗的影响很大，对于砂土，宜选用较大流量的滴头，以增大水分的横向扩散范围，对于黏性土壤宜选用流量小的滴头，以免造成地面径流[20]。

保护/测量系统包括流量与压力监测与调节装置、减压阀、安全阀、空气阀、进排气阀、逆止阀、泄水阀安全装置。

5.2.4 水溶性肥料

5.2.4.1 概念

水溶性肥料泛指全部成分可溶于水的复合肥，可以全部是氮磷钾化肥或中微量元素肥料，也可以是含水溶性有机小分子的肥料。水溶性肥料是水肥一体化技术不可或缺的肥料类型，全球水溶性肥料总消费量约为800万吨[21]。

5.2.4.2 特点

（1）水不溶物含量低　水不溶物含量是水溶性肥料区别于普通传统复混肥料和单质肥料的关键性指标，行业标准NY/T 1107—2020规定水溶性肥料产品的水不溶物含量＜1%或10g/L。

（2）速溶性和高浓度　固体水溶性肥料的溶解速率影响施肥效率。为提高施肥效率，防止灌水器发生堵塞，要求水溶性肥料溶解迅速。水溶性肥料的速溶性与产品原料和生产工艺有关。水溶性肥料的高浓度特点主要是为了在短时间的灌溉施肥过程中提供足够的养分。

（3）复合化程度高，养分形态多样　除单质水溶性肥料外，多数水溶性肥料为高浓度复混肥料产品，其复合化主要表现为大量元素与中、微量元素复合，养分元素与腐植酸、氨基酸、海藻提取物、甲壳素等生物刺激素类物质复合[22]。养分形态影响水溶性和施用效果。近年来，水溶性较好的聚磷酸盐越来越多地用于水溶性肥料生产，有效避免与钙、镁等元素发生反应形成沉淀；硝态氮、铵态氮的配比对肥效影响较大；在钾来源选择时，应根据原料成本、溶解性、作物需求等方面，合理选择硝酸钾、氯化钾、硫酸钾和其他钾化合物。

（4）功能多样化，针对性强　水肥一体化系统为作物根区环境和根系生长提供了靶向调控的条件。水溶性肥料中添加植物源、动物源或矿物源功能性活性物质，可通过改良土壤微生态环境，提高作物抵抗逆境和吸收养分的能力等途径提高施肥效能[23]。

（5）产品生产与施用技术一体化特征明显　与常规复合肥相比，水溶性肥料在产品配方设计、生产工艺、原料选择、市场、营销策略与农化服务等方面均有差异（表5-2）。

表5-2　常规复合肥与水溶性肥料的特点对比

类别	常规复合肥	水溶性肥料
生产工艺	团粒法、料浆法、掺混法、流体法、熔融法、浓液造粒法、挤压法	物理混配法、化学合成法
原料选择	一般为农业级	工业级或食品级原料，杂质少
配方	平衡型配方占比高	配方多样，针对性强
施肥方式	作基肥或追肥；条施、穴施、撒施等	主要用作追肥；冲施、滴灌、喷灌等灌溉施肥
施用作物	以大田作物为主，经济作物为辅	经济作物为主
农化服务	技术指导缺少或粗放	产品针对性强，要求企业提高技术服务水平

5.2.4.3 水溶性肥料高效利用的理论基础

水溶性肥料主要通过产品开发和施用技术两个方面促进养分高效利用。在产品开发方面主要包括配方合理、养分形态配伍和功能拓展，在施用技术方面主要通过根层调控、水肥耦合、供需匹配等方式实现养分的高效利用。

（1）水肥耦合保障养分实时供给　水分对养分的运移、吸收至关重要。养分溶于水才能被作物吸收利用，土壤中养分主要通过扩散与质流被运移到根表，上述两个运移过程均需要有水的参与。扩散是指养分离子在溶液中由高浓度向低浓度运移的过程，质流是指由于水势能差引起的养分随水分流动而运移到植物根系表面的过程。以水溶性肥料为基础的水肥一体化技术可针对不同作物水分和养分需求规律，结合土壤养分含量与墒情监测，制定全生育期的灌溉和施肥制度，通过“少量多次”灌溉施肥，达到水肥协调和供需匹配的目的。

（2）根区施肥提高养分的空间有效性　作物对养分的吸收利用取决于养分形态、数量及空间位置。合理施肥的原则包括合适的养分来源与配比、施肥量、施肥时间、施肥位置等[24]。通过选择或研发配方水溶肥产品可实现合理的养分配比。除可精准调控施肥量与施肥时间之外，水肥一体化技术容易实现近根施肥，提高养分的空间有效性。

（3）合理配方避免最小养分的限制　当前水溶性肥料多通过物料掺混方式生产，不需造粒，配方调整灵活性大。一般，水溶性肥料的配方选择符合以下原则：第一、提供能适应特定作物营养要求的养分形态、比例、含量和特殊的养分需求；第二、充分考虑施用地区的有机肥水平、土壤养分水平和施肥时期的要求；第三、选定的配方应与同时推荐的施肥技术（施肥量、施肥时期和施肥条件等）相适应；第四、考虑该作物生长环境条件下可能存在的中微量元素缺乏问题。

（4）养分的形态配伍提高产品有效性　水溶性肥料在开发应用中除需要合理的配方之外，选择合适的养分离子及形态也至关重要。一方面养分离子吸收存在协同与拮抗作用。离子间的协同作用是指一种离子的存在促进另一种离子的吸收，反之一种离子存在或过多抑制另外离子的吸收的现象为拮抗作用。在一些高钾配方的水溶性肥料产品中需要考虑与Ca^{2+}、Mg^{2+}等阳离子之间可能产生的拮抗作用，诱导钙镁等养分的缺乏。另一方面，同种元素，不同形态对环境、作物生长影响不同，以铵态氮为氮源供应比以硝态氮为氮源供应的植物根际土壤的pH低，因此供应不同形态氮素的水溶性肥料会影响磷素和微量元素（如铁、锰和锌）的有效性。采用螯合态微量元素肥料可以减少其在石灰性土壤中的固定，而水溶性肥料中常用的螯合剂如有机酸将会被吸附在铁铝氧化物或者碳酸盐上的磷酸盐解吸下来为作物所利用，从而提高磷素的利用率。

（5）功能拓展改善根系养分吸收性能　功能型水溶性肥料是无机营养元素和生物活性物质或其他有益物质混配而成的，具有促进根系发育、优化根系结构，改善土壤物理、化学和生物性能，提高作物抗盐、抗旱、抗寒等抗逆性等作用。功能物质通过增加作物吸收与活化土壤养分等途径提高养分有效性。比如氨基酸、根际益生菌（PGPRs）等功能性物质可以通过促进根系生长和生长激素分泌、改善土壤氮磷循环，提高氮磷养分利用效率[25]。

5.2.4.4 水溶性肥料产业发展

我国水溶性肥料的历史可以追溯到20世纪60年代。2009年之前，我国水溶性肥料发展经历了以叶面喷施为主向微灌施用为主的转变，以单质肥料向多元素、功能化肥料的转变，以国外进口产品为主向国产自主创新产品的转变。2009年农业部颁布了水溶性肥料登记标准，规范了水溶性肥料的产品标准，奠定了水溶性肥料发展方向。从2012年开始，随着水肥一体化技术快速推进，我国水溶性肥料产业进入快速发展时期，同时产品质量与效果得到很大提升。截至2017年，我国水溶性肥料企业登记数量超过3000家，水溶性肥料产品超过10000个。近几年，国内企业在水溶性肥料的原料供应和产品生产方面的竞争优势逐渐显现，国产品牌水溶性肥料在市场的占有率也逐年提高[22]。我国水溶性肥料登记产品中以大量元素水溶性肥料、含氨基酸水溶性肥料、含腐植酸水溶性肥料和微量元素水溶性肥料为主，占总登记数的90%以上，中量元素水溶性肥料登记数仅占总数的4.7%，有机水溶性肥料仅占1.5%。市场中的产品以粉剂和水剂为主，仅有1%为颗粒状肥料。

水溶性肥料生产过程主要分为物理混配和化学合成两种。目前我国水溶性肥料生产中多以物理混配工艺为主。该工艺简单，在保障原料的纯度和原料之间相互兼容的情况下，水溶性肥料产品中杂质或水不溶物少，养分含量稳定。化学合成的难点在于两相、三相甚至更多相的溶液在低温冷却结晶过程中容易发生共结晶现象，形成复杂的复盐，导致产品氮、磷、钾养分含量波动，影响产品配方。化学合成型水溶性肥料形状稳定，在运输和施用过程中不容易发生养分的物料分层与因溶解速率不同导致的养分分离。

目前我国功能型水溶性肥料的开发与生产仅限于生产基础较好的腐植酸、氨基酸和海藻酸类功能型水溶性肥料，对于其他改土、抗逆、促生和有机营养型的功能性物质开发较少。在功能型水溶性肥料产品的生产工艺方面，我国目前尚停留在矿质元素与杀虫剂、杀菌剂、助剂（如防冻剂、防结块剂、乳化剂等），或功能性物质简单掺混或溶解混合，对助剂筛选与作用机理，合理混配及生产工艺技术的集成等方面的研究相对滞后。筛选和开发具有抗逆、促生、改土的功能性物质，并揭示其作用机理，通过优化与创新功能性物质与水溶性肥料的混配工艺，保证产品稳定、可用于滴灌系统，并进行产业化生产和规模化应用对于维持土壤健康、促进作物高产，实现减肥增效意义重大[26]。

5.2.4.5 水溶性肥料产业发展趋势

（1）原料化　我国大量元素水溶性肥料多采用物理混配制备而成。随规模化种植与养分管理相关知识的普及，种植大户侧重采购性价比高的水溶性肥料原料，按照特定比例混配施用。因此未来市场中供应氮素为主的尿素、UAN、硝酸铵钙和供应磷、钾为主的磷酸二氢钾、硝酸钾以及硝基肥料产品或将成为市场热点。

（2）液体化　液体肥料根据剂型可分为清液型和悬浮型。相比固体水溶性肥料，液体水溶性肥料在生产过程中不需要蒸发、干燥和造粒，具有耗能少，生产成本低的优点，在应用过程中具有无需溶解，分散均匀，施用效率高等优点。随着水肥一体化技术的发展，液体肥料的应用比例越来越高，是未来水溶性肥料发展的趋势之一。但液体肥料生产及储存过程中容易出现结晶、沉淀、分层、胀气等问题，亟待解决。

（3）功能化 针对土壤盐渍化、土壤酸化、土传病害严重、反季节生产导致植物抗性降低等问题，功能型水溶性肥料是今后市场发展的热点。一些功能性物质如腐植酸、海藻酸、甲壳素等在提质增产等方面得到市场的认可。

参考文献

[1] 高璐阳，贾伟，马志明，等．基于科学施肥视角的土壤质量提升与粮食安全 [J]．肥料与健康，2023, 50(4): 1-6.
[2] 施继红．农家肥撒施机工作部件的试验研究 [D]．长春：吉林农业大学，2002.
[3] 施卫省，訾琨．国内外农机化施肥新技术 [J]．南方农机，2004(3): 43-44.
[4] 付宇超，袁文胜，张文毅，等．我国施肥机械化技术现状及问题分析 [J]．农机化研究，2017, 39(1): 251-255, 263.
[5] 周斌．库恩侧式抛撒机 [J]．农业机械，2010(30): 106.
[6] 龚艳，丁素明，傅锡敏．我国施肥机械化发展现状及对策分析 [J]．农业开发与装备，2009(9): 6-9.
[7] 中华农业年鉴编辑委员会．中国农业年鉴 [M]．北京：中国农业出版社，2020.
[8] 耿院霞．我国智能化农业机械应用探析 [J]．现代农业科技，2020(11): 188.
[9] 李建新．我国农业施肥机械及相关技术介绍 [J]．农机使用与维修，2018(9): 86.
[10] 米国华，霍跃文，曾爱军，等．作物养分管理的农机农艺结合技术研究进展 [J]．中国农业科学，2022, 55(21): 4211-4224.
[11] 陈宏坤，高璐阳，房福力，等．一种水稻侧深施肥方法：CN202311168276.6[P]．2023-12-05.
[12] 黑龙江省农业农村厅．关于发布推介 2024 年黑龙江省农业主推技术的通知 [EB/OL]．（2024-01-25）. http://nynct.hlj.gov.cn/nynct/c115423/202402/c00_31707083.shtml.
[13] 高祥照，杜森，钟永红，等．水肥一体化发展现状与展望 [J]．中国农业信息，2015(4): 14-19, 63.
[14] Delbaz R, Ebrahimian H, Abbasi F, et al. A global meta-analysis on surface and drip fertigation for annual crops under different fertilization levels[J]. Agricultural Water Management, 2023, 289: 108504.
[15] Raviv M, Lieth J H, Bar-Tal A. Soilless culture: Theory and practice[M]. Massachusetts: Academic Press, 2019.
[16] Megersa G, Abdulahi J. Irrigation system in Israel: A review[J]. International Journal of water resources and environmental engineering, 2015, 7(3): 29-37.
[17] Yang P, Wu L, Cheng M, et al. Review on drip irrigation: impact on crop yield, quality, and water productivity in China[J]. Water, 2023, 15: 1733.
[18] 中华人民共和国水利部．中国水利统计年鉴 [M]．北京：中国水利水电出版社，2020.
[19] 李俊良，梁斌．设施蔬菜微灌施肥工程与技术 [M]．北京：中国农业出版社，2016.
[20] 李明思，康绍忠，孙海燕．点源滴灌滴头流量与湿润体关系研究 [J]．农业工程学报，2006, 22(4): 34-35.
[21] 丁文成，何萍，周卫．我国新型肥料产业发展战略研究 [J]．植物营养与肥料学报，2023, 29(2): 201-219.
[22] 陈清，张强，常瑞雪，等．我国水溶性肥料产业发展趋势与挑战 [J]．植物营养与肥料学报，2017, 23(6): 1642-1650.
[23] 王连祥，程亮，曲杰，等 . 功能性液体水溶肥料研究 [J]．磷肥与复肥，2020, 35(4): 15-17.
[24] 张福锁，王激清，张卫峰，等．中国主要粮食作物肥料利用率现状与提高途径 [J]．土壤学报，2008(5): 915-924.
[25] Kumar H D, Aloke P. Role of biostimulant formulations in crop production: An overview[J]. International Journal of Agricultural Sciences and Vaterinary Medicine, 2020, 8: 38-46.
[26] Rouphael Y, Colla G. Biostimulants in agriculture[J]. Frontiers in Plant Science, 2020, 11: 511937.

中国肥料研究与应用全书

Books of Fertilizer Research and Application in China

FERTILIZER

第6章

粮食作物高产绿色施肥原理与技术

6.1 小麦高产高效绿色施肥原理与技术

小麦栽培在我国历史悠久，源远流长。小麦是我国主要粮食作物之一，种植面积仅次于水稻与玉米，产量约占我国粮食总产量的1/4，是我国约一半人口的口粮，在实现粮食持续稳定增产、保障国家粮食安全中发挥了至关重要的作用。新中国成立以来，我国小麦生产取得了显著进展。据国家统计局统计，我国小麦单产从1950年的0.66t/hm^{2}增加到2022年的5.86t/hm^2，以每年1.9%速率增加。国内学者基于对小麦生长发育规律和养分需求动态特征的研究与认识，研发了根层氮素实时监控技术，从区域和全国尺度上系统地建立了小麦不同生态区域的氮磷钾肥优化用量及区域“大配方、小调整”方案，并在主产区创新了高产、高效、绿色的施肥管理模式，大幅提升我国小麦生产竞争力。

6.1.1 小麦生长发育规律与养分需求特征

6.1.1.1 小麦生长发育规律

小麦从出苗到成熟所经历的时间叫全生育期，主要包括以下关键生育时期（图6-1）：

① 出苗期　小麦的第一真叶露出地表2～3cm时为出苗，田间有50%以上麦苗达到出苗标准时的日期。

② 三叶期　田间50%以上的麦苗，主茎节三片绿叶伸出2cm左右的日期。

③ 分蘖期　田间有50%以上的麦苗，第一分蘖露出叶鞘2cm左右。第三个一级分蘖出现为分蘖盛期。

④ 越冬期　北方冬麦区冬前平均气温稳定降至1℃以下，麦苗基本停止生长。

⑤ 返青期　北方冬麦区翌年春季气温回升时，麦苗叶片由青紫色转为鲜绿色，部分心叶露头。

⑥ 起身期　翌年春季麦苗由匍匐状开始挺立，主茎第一叶叶鞘拉长并和年前最后叶叶耳距相差1.5cm左右，主茎年后第二叶接近定长，内部穗分化达二棱期、基部第一节开始伸长，但尚未伸出地面。

⑦ 拔节期　全田50%以上植株茎部第一节露出地面1.5～2cm。

⑧ 孕穗期　全田50%分蘖旗叶叶片全部抽出叶鞘，旗叶叶鞘包着的幼穗明显膨大。

⑨ 抽穗期　全田50%以上麦穗（不包括芒）由叶鞘中露出的1/2。

⑩ 扬花期　全田50%以上麦穗中上部小花的内外颖张开、花药散粉。

⑪ 乳熟期　籽粒开始沉积淀粉、胚乳呈炼乳状，约在开花后10天，籽粒含水量在45%左右。

⑫ 蜡熟期　籽粒颜色变黄，胚乳呈蜡状，易被指甲划裂。

⑬ 完熟期　籽粒具有本品种的体积和色泽，内部坚硬，手搓不碎的日期。

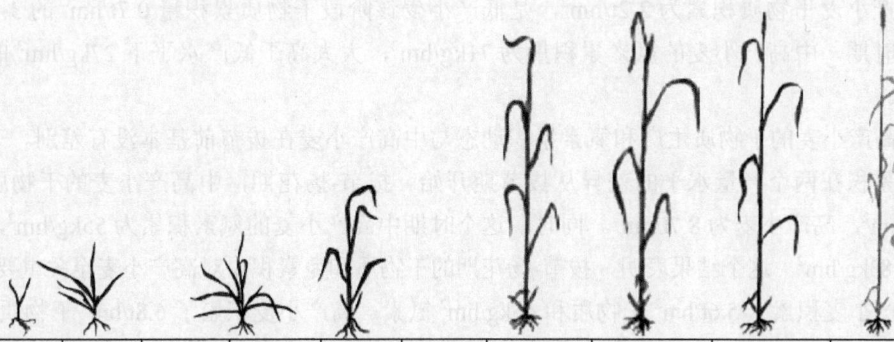

分期	出苗期	分蘖期	返青期	起身期	拔节期		孕穗期	抽穗期	扬花期	完熟期
Feekes	Feekes 1	Feekes 2		Feekes 4	Feekes 6	Feekes 9	Feekes 10.0	Feekes 10.3	Feekes 10.5.2	Feekes 11.4
Zadoks	GS 10	GS 21		GS 30	GS 31	GS 39	GS 45	GS 55	GS 65	GS 92
判断标准	第一片真叶伸出胚芽鞘	第一个一级分蘖出现	春季麦苗转为鲜绿色，部分心叶露头	麦苗由匍匐状开始挺立，叶鞘开始增长增厚	茎基部第一个节可见	小麦旗叶完全展开，叶舌可见	旗叶叶鞘包着的幼穗明显膨大，但穗未抽出	麦穗由叶鞘中露出的1/2	麦穗中上部小花的内外颖张开、花药散粉	籽粒具有本品种的体积和色泽，内部坚硬，手搓不碎

图 6-1　小麦各生育时期

6.1.1.2　不同产量水平小麦干物质累积与群体发育规律

（1）不同产量水平下的小麦干物质累积规律　在整个小麦生长季，低产小麦的干物质和氮素累积量一直低于中高产和高产小麦（图 6-2），这种差异从生育初期就存在。播种到返青，

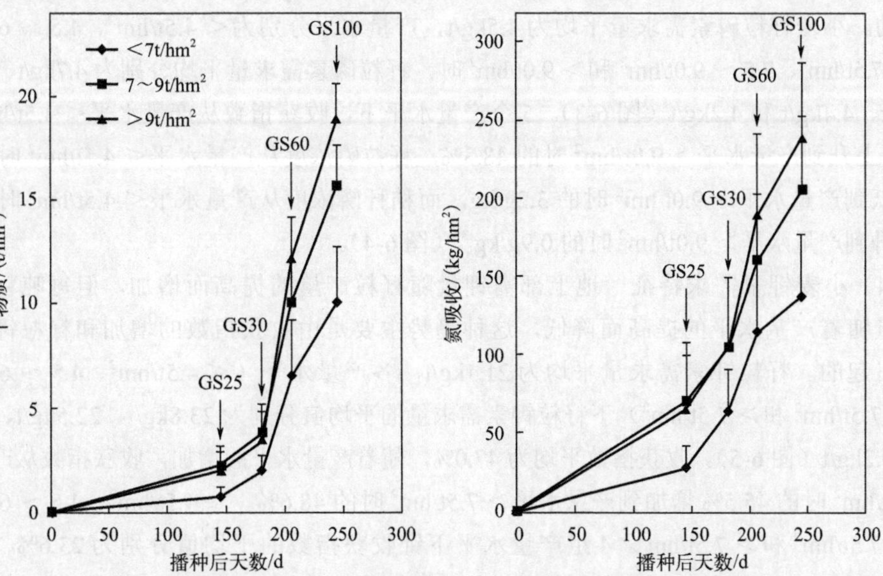

图 6-2　不同产量水平小麦干物质（a）和氮素累积（b）动态

GS25、GS30、GS60 和 GS100 分别代表返青、拔节、扬花和收获期

中高产小麦干物质积累为2.2t/hm^2，是低产小麦该阶段干物质累积量0.7t/hm^{2}的3.1倍。在这个时期，中高产小麦的氮素累积量为71kg/hm^2，大大高于低产水平下27kg/hm^{2}的氮素累积量。

高产小麦的干物质生产和氮素累积动态与中高产小麦在拔节前基本没有差别。干物质和氮素累积在两个产量水平的差异从拔节期开始。拔节-扬花期，中高产小麦的干物质积累为6.3t/hm^2，高产小麦为8.7t/hm^2。同时，这个时期中高产小麦的氮素积累为55kg/hm^2，高产小麦为83kg/hm^2。这个结果表明，拔节-扬花期的干物质和氮素积累对高产小麦至关重要。花后，中高产小麦积累了5.6t/hm^{2}干物质和45kg/hm^{2}氮素，高产小麦积累了6.8t/hm^{2}干物质和50kg/hm^{2}氮素[1]。

（2）不同产量水平下小麦氮素需求特征　在不同产量水平下的小麦氮素需求受到收获指数、籽粒氮浓度和秸秆氮浓度的影响。对于收获指数（HI）而言，其平均值随着产量增加而增加，在各产量水平下平均的HI分别为0.39、0.44、0.46、0.46、0.47和0.48，而各产量水平下的平均氮收获指数均在0.77左右。对于氮浓度，随着产量水平的提高，籽粒氮浓度在下降，各产量水平的平均籽粒氮浓度分别为2.41%、2.25%、2.21%、2.13%、2.00%和2.06%，而平均的秸秆氮浓度，当产量水平＜4.5t/hm^{2}时为0.47%，当产量水平＞4.5t/hm^{2}时均在0.53%左右。对于单位籽粒的氮素需求，其平均值随着产量水平的提高而降低，各产量水平的平均值分别为27.1kg、25.0kg、24.5kg、23.8kg、22.7kg和22.5kg[2]。

随着产量的提高，冬小麦单位籽粒氮素需求下降，这种趋势主要是由收获指数的增加和籽粒氮浓度的下降造成的。这意味高产条件下，冬小麦的氮素需求并不随产量的提高而等比例增加，为高产体系氮素实时监控技术体系的建立提供了理论基础。

（3）小麦磷素需求特征　地上部需磷量随籽粒产量的提高而增加，但每吨籽粒磷素需求量随着产量水平的提高而降低，这种趋势主要是由收获指数的增加和籽粒磷浓度的降低引起的。小麦籽粒磷素需求量平均为4.5kg/t，产量水平分别为＜4.5t/hm^2、4.5～6.0t/hm^2、6.0～7.5t/hm^2、7.5～9.0t/hm^{2}和＞9.0t/hm^{2}时，籽粒磷素需求量平均分别为4.7kg/t、4.5kg/t、4.5kg/t、4.4kg/t和4.2kg/t（图6-3）。5个产量水平下，收获指数从产量水平＜4.5t/hm^{2}时的45.7%上升到产量水平＞9.0t/hm^{2}时的48.3%，籽粒磷浓度从产量水平＜4.5t/hm^{2}时的3.8g/kg降低到产量水平＞9.0t/hm^{2}时的3.2g/kg，而秸秆磷浓度从产量水平＜4.5t/hm^{2}时的0.8g/kg上升到产量水平＞9.0t/hm^{2}时的0.9g/kg[3]（图6-4）。

（4）小麦钾素需求特征　地上部需钾量随籽粒产量的提高而增加，但每吨籽粒钾素需求量随着产量水平的提高而降低，这种趋势主要是由收获指数的增加和籽粒钾浓度的降低引起的。籽粒钾素需求量平均为21.1kg/t，各产量水平（＜4.5t/hm^2、4.5～6.0t/hm^2、6.0～7.5t/hm^{2}和＞7.5t/hm^2）下籽粒钾素需求量的平均值分别为23.8kg/t、22.5kg/t、21.6kg/t和20.2kg/t（图6-5）。收获指数平均为47.0%，随着产量水平的增加，收获指数从产量水平＜4.5t/hm^{2}时的45.5%增加到产量水平＞7.5t/hm^{2}时的48.6%。＜4.5t/hm^2、4.5～6.0t/hm^2、6.0～7.5t/hm^{2}和＞7.5t/hm^2。4组产量水平下钾收获指数的平均值分别为23.6%、23.0%、19.8%和20.2%；籽粒钾浓度的平均值分别为4.7g/kg、4.5g/kg、4.3g/kg和4.0g/kg，籽粒钾浓度随着产量水平的提高而降低。然而，秸秆钾浓度随着产量水平的提高而升高，4组产量水平下的秸秆钾浓度平均值分别为14.1g/kg、15.4g/kg、15.8g/kg和16.2g/kg。

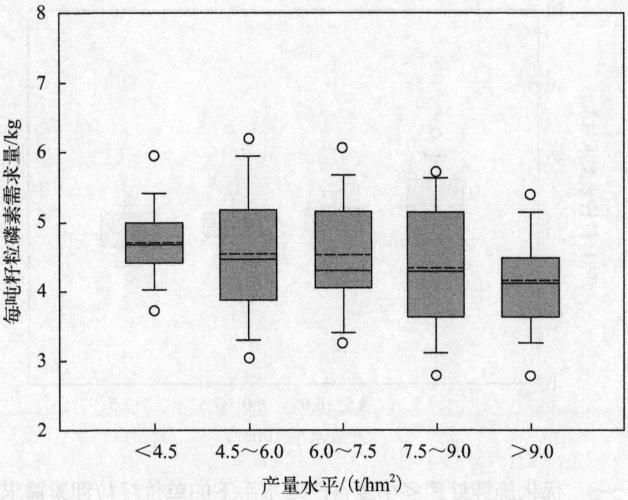

图 6-3　优化施磷处理冬小麦各产量水平下的单位籽粒磷素需求量

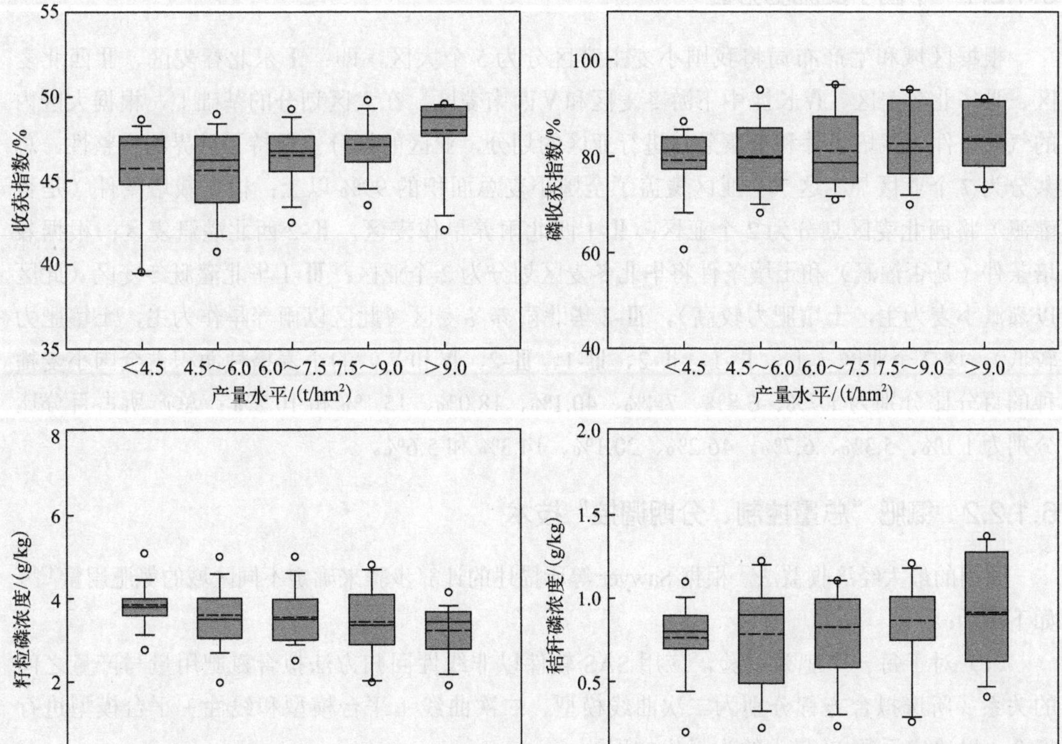

图 6-4　优化施磷处理冬小麦各产量水平下的籽粒磷浓度、秸秆磷浓度、收获指数和磷收获指数

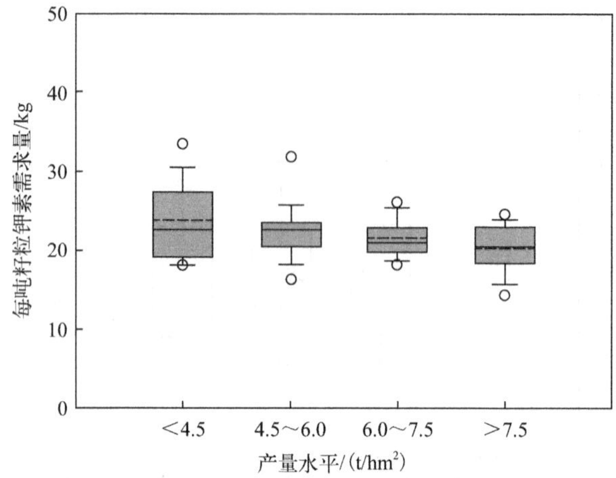

图 6-5　优化施钾处理冬小麦各产量水平下的单位籽粒钾素需求量

6.1.2　小麦高产高效绿色施肥技术

6.1.2.1　中国小麦施肥分区

根据区域和生产布局将我国小麦主产区分为 5 个大区，即：Ⅰ东北春麦区、Ⅱ西北麦区、Ⅲ华北冬麦区、Ⅳ长江中下游冬麦区和Ⅴ西南麦区。在大区划分的基础上，根据大区内的气候条件、栽培条件和土壤条件进行亚区的划分，亚区的划分上保持了县界的完整性，总共分为 7 个亚区[4]，这 7 个亚区覆盖了全国小麦总面积的 99% 以上：根据栽培条件（是否灌溉）将西北麦区划分为 2 个亚区：Ⅱ-1 西北雨养旱作麦区，Ⅱ-2 西北灌溉麦区；根据栽培条件（是否灌溉）和土壤条件将华北冬麦区划分为 2 个亚区：Ⅲ-1 华北灌溉冬麦区（此区以灌溉小麦为主，土壤肥力较高），Ⅲ-2 华北雨养冬麦区（此区以雨养旱作为主，土壤肥力较低）。这 7 个亚区（Ⅰ、Ⅱ-1，Ⅱ-2、Ⅲ-1、Ⅲ-2、Ⅳ和Ⅴ）的小麦播种面积占全国小麦播种的百分比分别为 1.7%、6.8%、7.4%、40.1%、18.0%、15.1% 和 10.2%；总产所占百分比分别为 1.1%、5.3%、6.7%、46.2%、20.1%、14.3% 和 5.6%。

6.1.2.2　氮肥“总量控制、分期调控”技术

采用的最大经济收益法，根据 Sawyer 等所描述的计算步骤来确定不同区域的氮肥用量[24]，如下所示：

（1）对于每一个肥效试验，应用 SAS 软件以非线性回归方法拟合氮肥用量与产量之间的关系（所选拟合方程分别为二次曲线模型、二次曲线 + 平台模型和线性 + 平台模型进行拟合，以决定系数 R^2 最大的为最优方程）。

（2）应用每一个肥效试验拟合所得的最优方程来计算不同施氮量下（以 1kg/hm² 增量，变幅为 0 ～ 240kg/hm²）的增产量（施氮下的产量 − 不施氮的产量）、毛收入（增产量 × 籽粒单价）、氮肥成本（施氮量 × 氮肥单价）和净收益（毛收入 − 氮肥成本）。其中氮（N）肥价格为 4.87 元 /kg，小麦价格为 2.18 元 /kg，氮肥价格 / 小麦价格为 2.23。

（3）对所有试验点不同氮量下的净收益进行平均并建立区域氮肥用量与净收益之间的函数关系，则最大净收益下的氮肥用量为氮肥推荐用量。

7个施肥区的氮肥推荐用量变幅为106～184kg（N）/hm^2，加权平均为169kg（N）/hm^2。区域间的推荐用量存在较大差异。华北冬麦区（Ⅲ）最高（180～184kg（N）/hm^2）、西北麦区（Ⅱ）和长江中下游麦区（Ⅳ）次之（分别为162～170kg（N）/hm^2和165kg（N）/hm^2），西南麦区（Ⅴ）略低（为138kg（N）/hm^2），东北春麦区（Ⅰ）最低为106kg（N）/hm^2左右[4]。

6.1.2.3　磷肥恒量监控技术

不同区域的土壤速效磷（Olsen-P）在15.6～22.7mg/kg之间，处于较低水平。相应地，缺磷区相对产量在83.2%～86.6%之间，具有明显的增产效应。不同区域的目标产量存在一定的差异。华北冬麦区（Ⅲ）的目标产量较高（6.8～7.5t/hm^2），西北灌溉冬麦区（Ⅱ）和长江中下游冬麦区（Ⅳ）次之（6.0t/hm^2），其他区域较低（5.3t/hm^2）。

根据恒量监控的原则，对于缺磷区相对产量＜85%（或土壤Olsen-P＜20mg/kg）的区域，如Ⅰ东北春麦区、Ⅱ-1西北雨养旱作麦区、Ⅱ-2西北灌溉麦区、Ⅲ-2华北雨养冬麦区和Ⅳ长江中下游冬麦区，应采取较快提高土壤肥力的策略，磷肥用量为作物带走量的1.3倍；对于缺磷区相对产量介于85%～90%（或土壤Olsen-P介于20～25mg/kg）的区域，如Ⅲ-1华北灌溉冬麦区和Ⅴ西南麦区，应采取适当提高肥力的策略，磷肥用量为作物带走量的1.15倍（由于Ⅱ-1华北灌溉冬麦区为冬小麦-夏玉米轮作体系，磷肥推荐上将冬小麦-夏玉米视为一个整体，将更多的磷应用到冬小麦季上，因此，冬小麦季磷肥用量为作物带走量的1.3倍，夏玉米季磷肥的用量为作物带走量）。相应地，7个小麦施肥亚区的磷肥推荐用量的变幅为55～88kg（P_2O_5）/hm^2，加权平均为77kg/hm^2。华北冬麦区（Ⅲ）的磷肥推荐用量最高（80～88kg（P_2O_5）/hm^2），长江中下游冬麦区（Ⅳ）和西北麦区（Ⅱ）次之（60～70kg（P_2O_5）/hm^2），东北春麦区（Ⅰ）和西南麦区（Ⅴ）较低（55～60kg（P_2O_5）/hm^2）（表6-1）[4]。

表6-1　不同区域磷肥推荐用量

区域	速效磷 /（mg/kg）	相对产量 /%	目标产量 /（t/hm^2）	施肥策略	磷肥（P_2O_5）推荐用量 /（kg/hm^2）
Ⅰ	16.7±6.6	83.4	5.3	等于作物带走量×1.3	60
Ⅱ-1	19.8±18.5	84.1	5.3	等于作物带走量×1.3	60
Ⅱ-2	15.8±9.3	82.8	6.0	等于作物带走量×1.3	68
Ⅲ-1	22.8±14.4	86.5	7.5	等于作物带走量×1.3	88
Ⅲ-2	18.8±12.1	85.2	6.8	等于作物带走量×1.3	80
Ⅳ	15.6±9.8	84.5	6.0	等于作物带走量×1.3	70
Ⅴ	21.7±13.0	83.6	5.3	等于作物带走量×1.15	55

注：Ⅲ-1华北灌溉冬麦区为冬小麦-夏玉米轮作体系，磷肥推荐上将冬小麦-夏玉米视为一个整体，将更多的磷应用到冬小麦季上，因此，冬小麦季磷肥用量为作物带走量的1.3倍，夏玉米季磷肥的用量为作物带走量。

6.1.2.4　钾肥推荐施用技术

“线性＋平台”模型能够很好地拟合不同区域小麦的增产效应对钾肥用量的反应。总体而言，我国小麦施用钾肥的增产幅度为7%～11%。根据“线性＋平台”模型计算而得7个小麦施肥亚区的最佳钾肥用量，其变化范围在36～59kg/hm^{2}之间，加权平均为50kg/hm^2。华北冬麦区（Ⅲ）的钾肥最佳用量最高（Ⅲ-1华北灌溉冬麦区和Ⅲ-2华北雨养冬麦区分别为51kg/hm^{2}和59kg/hm^2）；长江中下游冬麦区（Ⅳ）的次之（53kg/hm^2）；其他区域较低（Ⅰ东北春麦区，Ⅱ-1西北雨养旱作麦区，Ⅱ-2西北灌溉麦区和Ⅴ西南麦区的钾肥最佳用量分别为36kg/hm^2，33kg/hm^2，36kg/hm^{2}和38kg/hm^2）。

6.1.2.5 “大配方，小调整”的区域配肥技术

以“氮肥总量控制”“磷肥恒量监控技术”“钾肥肥效反应”为推荐施肥基本原则，提出不同区域氮、磷、钾的适宜用量，在此基础上开展大配方设计。基于重点开发基肥型配方的配肥思路，即将全生育期所需要的全部磷钾肥和一部分氮肥作为基肥，其余的氮肥作为追肥。根据基肥中氮、磷、钾的配比提出适宜浓度的配方，并配套相应的施肥建议[4]。

（1）基追结合的施肥方案　氮肥基追比例的确定：Ⅰ东北春麦区和Ⅲ-1华北灌溉冬麦区的基追比例为1∶2；Ⅱ-2西北灌溉麦区的基追比例为4∶6；Ⅲ-2华北雨养冬麦区、Ⅳ长江中下游冬麦区和Ⅴ西南麦区的基追比例为5∶5；

（2）一次性施肥方案　在干旱雨养的区域（Ⅱ-1西北雨养旱作麦区和Ⅲ-2华北雨养冬麦区）设计一次性施肥的配方。

（3）总养分浓度的设计　所有区域都设计了高浓度配方［以总养分浓度（$N+P_2O_5+K_2O$）45%为例］；针对Ⅳ长江中下游冬麦区和Ⅴ西南麦区同时设计中低浓度配方［以总养分浓度（$N+P_2O_5+K_2O$）30%为例］。

（4）根据产量水平调整用量　以目标产量为中心，分成4个产量等级：中高产水平、高产水平、超高产水平、中低产水平，每个产量等级的变幅为100～150kg；随着产量水平的提高/降低相应的增加/减少用量。

针对全国小麦的7个施肥亚区总共设计了10个肥料配方，其中包括基追结合施肥方式下的配方8个：Ⅰ东北春麦区的配方为12-20-13，Ⅱ-2西北灌溉麦区的配方为17-18-10，Ⅲ-1华北灌溉冬麦区的配方为15-20-12，Ⅲ-2华北雨养冬麦区的配方为18-15-12，Ⅳ长江中下游冬麦区的低浓度配方为12-10-8、高浓度配方为18-15-12，Ⅴ西南麦区的低浓度配方为12-10-7、高浓度配方为19-15-11。这些配方适宜作为基肥施用，在关键生育时期追施氮肥，并根据产量水平进行相应调整肥料用量。另外，根据气候特点和栽培管理条件（是否雨养），本书针对2个亚区设计了一次性施肥配方2个：Ⅱ-1西北雨养旱作麦区的配方为28-12-5，Ⅲ-2华北雨养冬麦区的配方为25-12-8，这些配方适宜作为基肥一次性施用。

6.1.3 冬小麦科学施肥指导意见

6.1.3.1 华北平原及关中平原灌溉冬麦区

包括山东和天津全部，河北中南部，北京中南部，河南中北部，陕西关中平原，山西南部。

（1）施肥原则　针对该区域冬小麦氮肥施用量较高、养分比例不平衡，基肥用量偏高、

一次性施肥面积增加、后期氮肥供应不足，硫锌硼等中微量元素缺乏现象时有发生，土壤耕层浅、保水保肥能力差等问题，提出以下施肥原则[5]：

① 依据测土配方施肥结果，参照《全国小麦产区氮肥定额用量（试行）》，适当调减氮肥用量，合理施用磷钾肥，推广应用配方肥；

② 氮肥分次施用，根据土壤肥力和小麦品种、品质特性要求确定基追比例，强中筋小麦适当增加氮肥用量和中后期追施比例；

③ 实施秸秆还田，增施有机肥，有机无机配合，提高土壤保水保肥能力；

④ 重视硫、锌、硼、锰等中微量元素施用；

⑤ 对出现酸化、盐渍化、板结等问题的土壤要通过增施有机肥、减施化肥和深耕措施进行改良；

⑥科学施肥与绿色增产增效栽培技术相结合。

（2）施肥建议

①基追结合施肥方案　20-15-10（N-P_2O_5-K_2O）或相近配方。施肥建议：产量水平 400kg/ 亩以下，配方肥推荐用量 25 ～ 30kg/ 亩，起身期到拔节期结合灌水追施尿素 10 ～ 12kg/ 亩；产量水平 400 ～ 500kg/ 亩，配方肥推荐用量 30 ～ 35kg/ 亩，起身期到拔节期结合灌水追施尿素 12 ～ 15kg/ 亩；产量水平 500 ～ 600kg/ 亩，配方肥推荐用量 35 ～ 40kg/ 亩，起身期到拔节期结合灌水追施尿素 15 ～ 20kg/ 亩；产量水平 600kg/ 亩以上，配方肥推荐用量 40 ～ 45kg/ 亩，起身期到拔节期结合灌水追施尿素 20kg/ 亩。

② 一次性施肥方案　25-12-8（N-P_2O_5-K_2O）或相近配方，配方肥作基肥一次性施用，宜选用长效缓释新型肥料。施肥建议：产量水平 400kg/ 亩以下，配方肥推荐用量 45 ～ 50kg/ 亩；产量水平 400 ～ 500kg/ 亩，配方肥推荐用量 50 ～ 55kg/ 亩；产量水平 500 ～ 600kg/ 亩，配方肥推荐用量 55 ～ 60kg/ 亩；产量水平 600kg/ 亩以上，配方肥推荐用量 60 ～ 65kg/ 亩。

（3）其他要求　在缺锌或缺锰地区可以基施硫酸锌或硫酸锰 1 ～ 2kg/ 亩，缺硼地区可酌情基施硼砂 0.5 ～ 1kg/ 亩。提倡结合“一喷三防”，在小麦灌浆期喷施微量元素水溶肥，或每亩用磷酸二氢钾 150 ～ 200g 和尿素 0.5 ～ 1kg 兑水 50kg 进行叶面喷施。若基肥施用一定数量有机肥，可酌情减少化肥用量 10% 左右。

6.1.3.2　华北雨养冬麦区

包括江苏及安徽两省的淮河以北地区，河南东南部。

（1）施肥原则　针对该区域土壤以砂姜黑土为主，土壤肥力不高，有效磷相对偏低，锌、硼等中微量元素缺乏，土壤耕层浅、保水保肥能力差等问题，提出以下施肥原则：

① 依据测土配方施肥结果，参照《全国小麦产区氮肥定额用量（试行）》，适当降低氮肥用量，增加磷肥用量，推广应用配方肥；

② 实施秸秆还田，增施有机肥，促进有机无机配合及碳氮协调，提高土壤保水保肥能力；

③ 重视锌、硼、锰等微量元素的施用；

④ 对出现酸化、盐渍化、板结等问题的土壤要通过增施有机肥、减施化肥和深耕措施进行改良；

⑤ 科学施肥与绿色增产增效栽培技术相结合。

（2）施肥建议

①基追结合施肥方案　25-15 5（N-P_2O_5-K_2O）或相近配方。施肥建议：产量水平 350kg/ 亩以下，配方肥推荐用量 20 ～ 25kg/ 亩，起身期到拔节期结合降水追施尿素 7 ～ 8kg/ 亩；产量水平 350 ～ 450kg/ 亩，配方肥推荐用量 25 ～ 30kg/ 亩，起身期到拔节期结合降水追施尿素 8 ～ 10kg/ 亩；产量水平 450 ～ 500kg/ 亩，配方肥推荐用量 30 ～ 35kg/ 亩，起身期到拔节期结合降水追施尿素 10 ～ 12kg/ 亩；产量水平 500kg/ 亩以上，配方肥推荐用量 35 ～ 40kg/ 亩，起身期到拔节期结合降水追施尿素 12 ～ 14kg/ 亩。

② 一次性施肥方案　25-12-8（N-P_2O_5-K_2O）或相近配方，配方肥作基肥一次性施用，宜选用长效缓释新型肥料。施肥建议：产量水平 350kg/ 亩以下，配方肥推荐用量 40 ～ 45kg/ 亩；产量水平 350 ～ 450kg/ 亩，配方肥推荐用量 45 ～ 50kg/ 亩；产量水平 450 ～ 550kg/ 亩，配方肥推荐用量 50 ～ 55kg/ 亩；产量水平 550kg/ 亩以上，配方肥推荐用量 55 ～ 60kg/ 亩。

（3）其他要求　在缺锌或缺锰地区可以基施硫酸锌或硫酸锰 1 ～ 2kg/ 亩，缺硼地区可酌情基施硼砂 0.5 ～ 1kg/ 亩。提倡结合“一喷三防”，在小麦灌浆期喷施微量元素水溶肥，或每亩用磷酸二氢钾 150 ～ 200g 和尿素 0.5 ～ 1kg 兑水 50kg 进行叶面喷施。若基肥施用一定量有机肥，可酌情减少化肥用量 10% 左右。

6.1.3.3　长江中下游冬麦区

包括湖北、湖南、江西、浙江和上海五省（市），河南南部，安徽和江苏两省的淮河以南地区。

（1）施肥原则　针对该区域冬小麦有机肥用量少，氮肥偏多且前期施用比例大，硫、锌等中微量元素缺乏等问题，提出以下施肥原则：

① 增施有机肥，实施秸秆还田，有机无机相结合；

② 参照《全国小麦产区氮肥定额用量（试行）》，适当减少氮肥用量，调整基追比例，减少前期氮肥用量；

③ 有效磷丰富的土壤，适当降低磷肥用量；

④ 根据土壤肥力、小麦品种、品质需求调整氮肥用量和基追比例，强中筋小麦适当增加氮肥用量和后期追肥；

⑤ 科学施肥与绿色增产增效栽培技术相结合。

（2）施肥建议

①中浓度配方肥　12-10-8（N-P_2O_5-K_2O）或相近配方。施肥建议：产量水平 300kg/ 亩以下，配方肥推荐用量 40 ～ 45kg/ 亩，起身期到拔节期结合灌水追施尿素 6 ～ 9kg/ 亩；产量水平 300 ～ 400kg/ 亩，配方肥推荐用量 45 ～ 50kg/ 亩，起身期到拔节期结合灌水追施尿素 9 ～ 12kg/ 亩；产量水平 400 ～ 500kg/ 亩，配方肥推荐用量 55 ～ 60kg/ 亩，起身期到拔节期结合灌水追施尿素 12 ～ 15kg/ 亩；产量水平 500kg/ 亩以上，配方肥推荐用量 60 ～ 65kg/ 亩，起身期到拔节期结合灌水追施尿素 15 ～ 18kg/ 亩。

② 高浓度配方肥　18-15-12（N-P_2O_5-K_2O）或相近配方。施肥建议：产量水平 300kg/ 亩以下，配方肥推荐用量 25 ～ 30kg/ 亩，起身期到拔节期结合灌水追施尿素 6 ～ 9kg/ 亩；产量水平 300 ～ 400kg/ 亩，配方肥推荐用量 30 ～ 35kg/ 亩，起身期到拔节期结合灌水追

施尿素 9 ～ 12kg/ 亩；产量水平 400 ～ 500kg/ 亩，配方肥推荐用量 35 ～ 40kg/ 亩，起身期到拔节期结合灌水追施尿素 12 ～ 15kg/ 亩；产量水平 500kg/ 亩以上，配方肥推荐用量 40 ～ 45kg/ 亩，起身期到拔节期结合灌水追施尿素 15 ～ 18kg/ 亩。

（3）其他要求　在缺硫地区可基施硫黄 2kg/ 亩左右，若使用其他含硫肥料，可酌减硫黄用量。在缺锌或缺锰的地区，根据情况基施硫酸锌或硫酸锰 1 ～ 2kg/ 亩。提倡结合“一喷三防”，在小麦灌浆期喷施微量元素水溶肥，或每亩用磷酸二氢钾 150 ～ 200g 和尿素 0.5 ～ 1kg 兑水 50kg 进行叶面喷施。

6.1.3.4　西北雨养旱作冬麦区

包括山西中部，陕西中北部，河南西部，甘肃东部。

（1）施肥原则　针对该区域土壤有机质含量低、保水保肥能力差，生长季节降水少、春季追肥难，有机肥施用不足等问题，提出以下施肥原则：

① 依据土壤肥力和墒情状况确定基肥用量，参照《全国小麦产区氮肥定额用量（试行)》，坚持“适氮、稳磷、补微”；

② 增施有机肥，提倡有机无机配合和秸秆适量还田，实行绿肥种植和小麦轮作；

③ 以配方肥一次性基施为主，适宜情况下可基追结合；

④ 注意锰、锌等微量元素肥料的配合施用；

⑤ 科学施肥应与蓄水保墒技术相结合。

（2）施肥建议　25-15-5（$N-P_2O_5-K_2O$）或相近配方，配方肥作基肥一次性施用，宜选用长效缓释新型肥料。施肥建议：产量水平 300kg/ 亩以下，配方肥推荐用量 35 ～ 40kg/ 亩；产量水平 300 ～ 400kg/ 亩，配方肥推荐用量 40 ～ 45kg/ 亩；产量水平 400 ～ 500kg/ 亩，配方肥推荐用量 45 ～ 50kg/ 亩；产量水平 500kg/ 亩以上，配方肥推荐用量 50 ～ 55kg/ 亩。

（3）其他要求　推荐施用农家肥 2 ～ 3m^3/ 亩。如遇冬季和早春降水充足，小麦返青或拔节后宜结合春季降水追施尿素 3 ～ 5kg/ 亩。禁用高含氯肥料，防止对麦苗的毒害。在缺锌或缺锰的地区，根据情况基施硫酸锌或硫酸锰 1 ～ 2kg/ 亩。提倡结合“一喷三防”，在小麦灌浆期喷施微量元素水溶肥，或每亩用磷酸二氢钾 150 ～ 200g 和尿素 0.5 ～ 1kg 兑水 50kg 进行叶面喷施。

6.1.4　小麦高产高效绿色施肥应用案例

基于对播期、播量、氮肥用量与时期的综合调控，设计了基于根层氮素实时管理的＞ 9t/hm^2 冬小麦土壤-作物综合管理体系，并进行了田间验证。两年的田间试验中，综合管理体系的产量两年分别为 9.45t/hm^2 与 9.12t/hm^2，均实现了高产群体＞ 9t/hm^2 的产量目标，且分别超过农民传统管理 38% 与 51%。更为重要的是，综合管理体系的氮肥用量比农民传统管理的降低 27%。因此，综合管理体系的氮肥偏生产力比农民传统管理分别增加 87% 与 107%（表 6-2)。

土壤-作物综合体系管理的穗数平均为 834 穗 /m^2 与 915 穗 /m^2，分别比农民传统管理高 33% 与 44%。穗数的增加主要由于冬前群体的改善与高的茎蘖成穗率。冬前，综合管理体系的冬前茎蘖比农民传统管理两年分别高 93% 与 91%，茎蘖成穗率同样显著高于农民传统管理（表 6-2）[6]。

表6-2 不同管理模式下播期、播量、施肥量、群体动态发育、产量及产量构成

年份	管理模式	播期	播量 /m^{-2}	施氮量 /（kg/hm^2）	产量 /（t/hm^2）	氮肥偏生产力 /（kg/kg）	冬前群体 /m^{-2}	最大群体 /m^{-2}	穗数 /m^{-2}	穗粒数 /（粒 / 穗）	千粒重 /g
2012 年	综合管理体系	10-05	350	220	9.45±0.17	42.95±0.79	1369±39	1801±42	834±54	27.53±0.33	41.64±0.87
	农民传统管理	10-18	550	300	6.87±0.31	22.91±1.02	708±149	1803±28	625±23	27.43±0.43	39.75±1.10
2013 年	综合管理体系	10-05	350	220	9.12±0.28	41.45±1.26	1293±96	1636±94	915±38	35.61±0.29	35.20±1.10
	传统管理	10-20	550	300	6.68±0.25	20.07±0.85	674±76	1428±68	612±30	33.52±0.30	37.57±0.35

6.2　玉米高产绿色施肥原理与技术

玉米是我国第一大粮食作物，种植面积和总产均位居全国首位，对于保障我国粮食安全具有不可替代的作用。玉米是重要的粮食、饲料和能源作物，事关人民基本生活与营养健康。然而，当前玉米产区的施肥问题仍比较突出，通过大样本农户调查数据表明玉米主产区的平均氮肥（N）用量（包括有机肥）为257kg/hm^2，氮肥偏生产力仅仅为26kg/kg，而优化条件下可达到57kg/kg。显然，明确玉米高产绿色施肥原理与技术对保障我国粮食安全和保护环境具有重要的意义。

6.2.1　玉米生长发育规律与养分需求特征

6.2.1.1　玉米生长发育规律

玉米从播种到新的种子成熟经过若干个生育阶段，才能完成其生命周期。玉米从播种至成熟的天数，称为生育期。生育期长短与品种、播种期和温度等有关。一般早熟品种、播种晚的和温度高的情况下，生育期短，反之则长。在玉米一生中，由于自身量变和质变的结果及环境变化的影响，不论外部形态特征还是内部生理特性，均发生不同的阶段性变化，这些阶段性变化，称为生育时期（图6-6），各生育时期及鉴别标准如下：

（1）出苗期　播种后第一真叶展开的日期；

（2）拔节期　植株基部开始伸长，节间长度达1cm的日期。此时，叶龄指数30左右，解剖观察，雄穗生长锥开始伸长；

（3）小喇叭口期　雌穗进入伸长期，雄穗进入小花分化期，叶龄指数46左右；

（4）大喇叭口期　植株可见叶与展开叶之间的差数达5，并且上部叶片呈现大喇叭口形的日期。此时，叶龄指数60左右，解剖观察，雌穗进入小花分化期、雄穗进入四分体期；

（5）抽雄期　植株雄穗尖露出顶叶3～5cm的日期；

（6）开花期　植株雄穗开始散粉；

（7）吐丝期　植株雌穗的花丝露出苞叶的日期；

（8）籽粒建成期　植株果穗中部籽粒体积基本建成，胚乳呈清浆状；

（9）乳熟期　植株果穗中部籽粒干重迅速增加并基本建成，胚乳呈乳状后至糊状；

（10）蜡熟期　植株果穗中部籽粒干重接近最大值，胚乳呈蜡状，用指甲可以划破；

（11）完熟期　植株籽粒干硬，籽粒基部出现黑色层，乳线消失，并呈现出品种固有的颜色和光泽；

（12）收获期　记载具体的收获日期。一般大田或试验田，以全田60%以上植株进入该生育时期为标志。

国际	V3	V6	V12	VT	R3	R6
国内		拔节期	大喇叭口期	抽雄期	乳熟期	完熟期
判断标准	第三叶完全展开	第六叶完全展开，雄穗生长锥开始伸长	第十二叶完全展开，雌穗进入小花分化期	雄穗尖露出顶叶3～5cm	玉米籽粒变黄色，胚乳呈乳状后至糊状	植株子粒干硬，籽粒基部出现黑色层，乳线消失

图 6-6　玉米各生育时期

6.2.1.2　玉米养分需求特征

（1）玉米氮素需求特征　我国在近年一些研究发现高产玉米花后干物质和氮素累积对产量的提高起到了至关重要的作用。对于 15t/hm^2 产量水平的高产田数据总结表明，高产玉米的花后干物质累积约占到总体生物量的 60%，高于普通产量水平田块的 35% ～ 40%，并且其中开花后期的干物质和养分累积是形成产量的重要过程。孟庆锋等研究表明，玉米产量从中产（7 ～ 8t/hm^2）提高到高产（＞ 12t/hm^2）时，花后干物质累积由 47% 提高到 60%，花后氮素吸收比例由 12% 提高到 32%。这表明高产条件下更应当注重花后的调控措施，最终获得较高产量 [7]。

作物的氮素吸收受气候条件、土壤类型、作物品种、肥料管理以及产量水平的影响。对于不同年代的玉米品种而言，其氮素吸收也有显著的差异。其中老品种（1949—1990 年）氮素吸收的总量为 152kg/hm^2，而新品种（1991—2011 年）的氮素需求总量为 170kg/hm^2，呈现“线性 + 平台”关系。新老品种的差异主要在于熟型的差异，一般可分为黄熟型、绿熟型和中间型。三种类型玉米品种的田间表型差异明显（图 6-7），养分吸收与转移规律差异较大，主要在于玉米籽粒成熟时氮素等营养元素从营养器官向生殖器官的转移速率差异，中间型兼具黄熟型与绿熟型品种优势，氮素吸收和转移效率均较高，玉米生产易达到高产与高效。

侯鹏 [8] 和岳善超 [9] 对不同年代（1930—1990 年）的品种分析得知，随着品种的更替，籽粒和秸秆氮浓度均呈现一个下降的趋势，而新品种向籽粒中的氮素转移率也有增加趋势。研究表明，玉米产量随着植株吸氮量的增加呈现一个先升高再稳定的趋势。对我国春玉米的研究发现，在不同产量水平下，单位玉米籽粒氮素需求量随产量水平的提高呈下降趋势，在相对高产的水平下（＞ 11t/hm^2），玉米整个生育期的吸氮量在 175 ～ 190kg/hm^2。

以前的研究中，玉米产量水平大都低于 15t/hm^2，缺乏对更高产条件下的干物质和氮素的累积规律的认识，这就限制了我们利用养分管理的理论知识来对更加高产的体系进行设计和验证，进而持续稳定地实现高产。对我国超过 15t/hm^2 的高产玉米试验点总结发现，我国高产田的平均施氮量在427.5kg/hm²，远高于玉米的实际需氮量（292kg/hm²）。因此，我们需要进一步理解高产玉米的干物质累积和氮素需求规律来设计合理的氮肥施用方案优化氮肥管理。

图6-7 不同熟型玉米收获期田间表型差异
左边为黄熟型、中间为绿熟型、右边为中间型

（2）玉米磷素需求特征 磷是作物生长的必需元素，理解不同产量水平下玉米磷素需求对于开展区域推荐施肥意义重大。玉米磷素需求量受到区域环境、基因型差异和施肥技术等的影响。将优化施磷下的全部数据（*n*=673）分成4个产量水平：< 8t/hm²、8 ～ 10t/hm²、10 ～ 12t/hm²和> 12t/hm²（图6-8）。这四个产量水平下的单位产量需磷量分别为3.41kg、

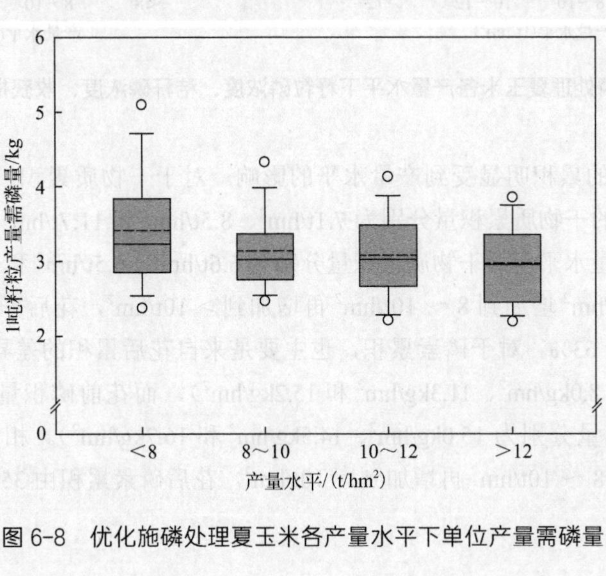

图6-8 优化施磷处理夏玉米各产量水平下单位产量需磷量

3.15kg、3.09kg 和 2.94kg，表现为随着产量水平的增加单位产量需磷量呈下降趋势，主要原因是收获指数的增加与籽粒磷浓度的下降。对于籽粒磷浓度，其平均值随着产量水平的增加而减少，各产量水平下的平均籽粒磷浓度分别为 2.73g/kg、2.59g/kg、2.53g/kg 和 2.42g/kg。而秸秆磷浓度则基本稳定在 1.15g/kg 左右，4 个产量水平下分别为 1.14g/kg、1.15g/kg、1.15g/kg 和 1.14g/kg。对于收获指数，其平均值随着产量水平的增加而增加，各产量水平下的平均值分别为 0.47、0.51、0.52、0.53。磷肥的收获指数则基本稳定在 0.69 左右（图 6-9）。

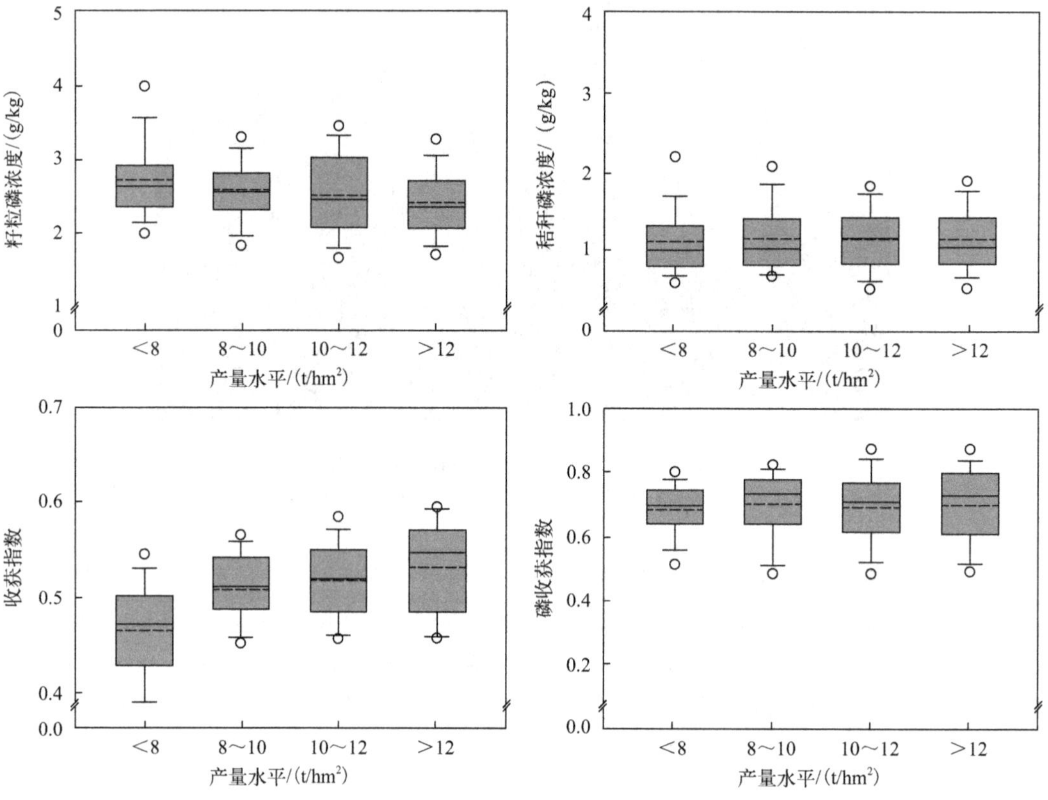

图 6-9　优化施磷处理夏玉米各产量水平下籽粒磷浓度、秸秆磷浓度、收获指数和磷收获指数

干物质和磷素的累积明显受到产量水平的影响。对于干物质累积，最大的差别是在花后（各产量水平下的干物质累积量分别为 7.1t/hm^2、8.5t/hm^2 和 11.7t/hm^2），而花前干物累积量差异较小（各产量水平下的干物质累积量分别为 6.6t/hm^2、6.5t/hm^2 和 7.0t/hm^2）。相应地，当产量水平由< 8t/hm^2 增加到 8 ～ 10t/hm^2 再增加到> 10t/hm^2，花后干物质累积由 52% 增加到 57% 再增加到 63%。对于磷素累积，也主要是来自花后累积的差异（各产量水平下的磷素累积量分别为 8.0kg/hm^2、11.3kg/hm^2 和 15.2kg/hm^2），而花前磷积量差异较小（各产量水平下的磷素累积量分别为 15.0kg/hm^2、14.5kg/hm^2 和 16.7kg/hm^2）。相应地，当产量水平由< 8t/hm^2 增加到 8 ～ 10t/hm^2 再增加到> 10t/hm^2，花后磷素累积由 35% 增加到 44% 再增加到 48%。

（3）玉米钾素需求特征　理解作物钾需求与产量间的关系对于制定合理钾肥施用策略和制定相关的农业政策具有重要意义。研究表明夏玉米和春玉米的单位产量需钾（K）量有较大的区别：生产 1t 玉米籽粒的平均钾素（K）需求量分别为 17.4kg 和 15.7kg。玉米钾素需求量受到了区域环境、基因型差异和钾肥管理技术等的影响。之前的对玉米钾素需求的研究往往基于多点试验或者长期定位试验站，很少尝试在更大的尺度上针对特定生态区域研究玉米钾素的需求，尤其是在高产条件下。

为阐述地上部需钾量与产量间的关系，将优化施钾下的全部数据分成 4 个产量水平。＜ 8t/hm^2、8 ～ 10t/hm^2、10 ～ 12t/hm^2 和＞ 12t/hm^2 产量水平下的单位产量需钾量分别为 15.0kg、14.8kg、14.8kg 和 15.7kg。对于籽粒钾浓度，其平均值随着产量水平的增加基本稳定维持在 3.20g/kg。而 4 个产量水平下秸秆钾浓度分别为 14.0g/kg、14.9g/kg、15.4g/kg 和 18.1g/kg，这使单位产量需钾量随着产量增加而增加。对于收获指数，其平均值随着产量水平的增加而增加，由＜ 8t/hm^2 产量水平下的 0.48 增加到＞ 12t/hm^2 产量水平下的 0.54，这使单位产量需钾量随着产量增加而降低，与秸秆钾的影响相反。因此，当产量水平从＜ 8t/hm^2（15.0kg）增加到 8 ～ 10t/hm^2（14.8kg）和 10 ～ 12t/hm^2（14.8kg）时，单位产量需钾量没有明显变化，而在＞ 12t/hm^2 产量水平下有一定的增加（15.7kg）。

6.2.2 玉米高产绿色施肥技术

6.2.2.1 中国玉米施肥分区

根据我国玉米的区域分布特点，在参考了前人研究的基础上，对大区的划分和分界进行适当调整，根据区域特点和生产布局（主要基于 GIS 的我国县域农业统计数据库）将我国玉米主产区分为 4 个大区，即：Ⅰ东北春玉米区、Ⅱ华北夏玉米区、Ⅲ西北春玉米区和Ⅳ西南玉米区，这 4 个大区覆盖了全国玉米总面积的 96% 以上 [10]。在大区划分的基础上，基于 GIS 的我国县域农业统计数据库，在参考相关文献资料基础上，综合分析了大区内的气候条件、栽培条件、地形和土壤条件进行亚区的划分，亚区的划分上保持了县界的完整性，总共分为 12 个亚区：Ⅰ-1 东北冷凉春玉米区、Ⅰ-2 东北半湿润春玉米区、Ⅰ-3 东北半干旱春玉米区、Ⅰ-4 东北温暖湿润春玉米区；Ⅱ-1 华北中北部夏玉米区、Ⅱ-2 华北南部夏玉米区；Ⅲ-1 西北雨养旱作春玉米区、Ⅲ-2 北部灌溉春玉米区、Ⅲ-3 西北绿洲灌溉春玉米区；Ⅳ-1 四川盆地玉米区、Ⅳ-2 西南山地丘陵玉米区、Ⅳ-3 西南高原玉米区。

6.2.2.2 玉米根层氮素实时监控技术

氮肥是把双刃剑，既对产量的增加发挥着至关重要的作用，又易损失到环境中造成环境风险，尤其是在过度施用的情况下。针对华北平原氮肥应用过多的情况，为实现作物高产与资源高效利用，中国农业大学养分资源管理团队经过长期研究建立了基于土壤无机氮测试的根层氮素实时监控技术，以确定作物的优化施氮量。该技术是根据作物的氮素需求动态规律，将作物生长季分为 2 ～ 3 个阶段，根据作物目标产量和每个阶段的氮素需求确定每个生长阶段的氮素目标值，同时在每次施肥前测定对应作物根层深度的土壤无机氮，即当前根层土壤可以提供的氮量，其与该阶段氮素目标值的差值即为该阶段的优化施氮量。

华北平原多点的田间试验均验证了基于玉米根层氮素实时监控技术的优化氮管理优越性，研究表明，与农民传统氮管理相比（玉米施氮量为263kg/hm^2），优化氮管理的施氮量分别为130kg/hm^2和158kg/hm^2，在不降低产量的同时节约了60%和40%的氮肥；将活性氮损失在玉米上由151kg/hm^2降低为86kg/hm^2；同时将氮肥利用率提高了一倍以上。然而上述的优化处理的产量水平处于中产水平，玉米产量为8.5t/hm^2，距离华北平原玉米的产量潜力13.3t/hm^2仍具有很高的产量差，缩小产量差可以通过调整水肥管理，调整密度和播期从而改善因密度和播期不合理造成的光温资源利用率较低的情况。

6.2.2.3 氮肥“总量控制、分期调控”技术

应用氮肥总量控制的方法，计算了区域经济最优施氮量，并以各区域玉米种植面积为权数，计算了全国玉米氮肥总量控制量。结果表明，我国玉米氮肥总量控制量为174kg/hm^2，各亚区中最低值为150kg/hm^2（东北冷凉春玉米区和东北半湿润春玉米区），最高值为219kg/hm^2（西北绿洲灌溉春玉米区）。氮肥总量控制量下的玉米产量为8.56t/hm^2，各亚区中最低值为7.46t/hm^2（四川盆地玉米区），最高值为10.38t/hm^2（北方灌溉春玉米区）。氮肥总量控制量下的玉米生产温室气体排放强度为334kg（CO_2-eq）/t，其中氮肥生产及运输、氮肥应用、其他源温室气体排放强度分别为171kg（CO_2-eq）/t、108kg（CO_2-eq）/t、56kg（CO_2-eq）/t。各亚区中温室气体排放强度最低值为272kg（CO_2-eq）/t（东北半湿润春玉米区），最高值为387kg（CO_2-eq）/t（西南山地丘陵玉米区）。

区域氮肥总量控制技术如果能够在中国玉米带上广泛应用，玉米氮肥消费量可以减少20.3%(143万吨)，增加玉米产量13.1%(3190万吨)，降低玉米温室气体排放量16.9%(1860万吨CO_2-eq)。此外，该技术因不需要大范围的土壤或植株氮测试，因此容易被农民接受和采纳，也为当地农业技术人员指导农业生产提供依据。

6.2.2.4 磷钾恒量监控技术

根据恒量监控原则，对于缺磷区相对产量＜85%（或土壤Olsen-P＜20mg/kg）的区域（包括Ⅰ-3东北半干旱春玉米区、Ⅲ-2北方灌溉春玉米区、Ⅲ-3西北绿洲灌溉春玉米区和Ⅳ-1四川盆地玉米区），采取较快提高土壤肥力的策略，这些区域的磷肥用量为作物带走量的1.3倍；对于缺磷区相对产量介于85%～90%（或土壤Olsen-P介于20～25mg/kg）的区域（包括Ⅱ-2华北南部夏玉米区、Ⅲ-1西北雨养旱作春玉米区、Ⅳ-2西南山地丘陵玉米区和Ⅳ-3西南高原玉米区），采取适当提高肥力的策略，磷肥用量为作物带走量的1.15倍（考虑到Ⅱ-1华北中北部夏玉米区为冬小麦-夏玉米轮作体系，且该区域的土壤磷水平处于较高水平，磷肥推荐上应将更多的磷肥应用到冬小麦季上，因此，夏玉米季磷肥的用量为作物带走量）；对于缺磷区相对产量＞90%（或土壤Olsen-P＞25mg/kg）的区域（包括Ⅰ-1东北冷凉春玉米区、Ⅰ-2东北半湿润春玉米区和Ⅰ-4东北温暖湿润春玉米区），采取维持当前土壤肥力的策略，磷肥用量为作物带走量；相应地，12个施肥亚区的磷肥推荐用量的范围为46～123kg/

hm^2，加权平均为75kg/hm^2。西北春玉米区（Ⅲ）的磷肥推荐用量最高（93～123kg/hm^2），东北春玉米区（Ⅰ，75～97kg/hm^2）和西南玉米区（Ⅳ，71～80kg/hm^2）次之，华北夏玉米区最低（Ⅱ，46～74kg/hm^2）。

一般大田作物磷钾肥料全部作基肥施用。总体而言，我国玉米施用钾肥的增产幅度为7%～14%。根据“线性+平台”模型计算得到不同区域的最佳钾肥用量，其变化范围在30～64kg/hm^2之间，加权平均为54kg/hm^2。东北冷凉春玉米区（Ⅰ-1）、东北半湿润春玉米区（Ⅰ-2）、东北半干旱春玉米区（Ⅰ-3）和东北温暖湿润春玉米区（Ⅰ-4）的钾肥最佳用量分别为54kg/hm^2、60kg/hm^2、53kg/hm^2和57kg/hm^2；华北中北部夏玉米区（Ⅱ-1）和华北南部夏玉米区（Ⅱ-2）的钾肥最佳用量分别为63kg/hm^2和64kg/hm^2；西北雨养旱作春玉米区（Ⅲ-1）、北方灌溉春玉米区（Ⅲ-2）和西北绿洲灌溉春玉米区（Ⅲ-3）的钾肥最佳用量分别为45kg/hm^2、56kg/hm^2和30kg/hm^2；四川盆地玉米区（Ⅳ-1）、西南山地丘陵玉米区（Ⅳ-2）和西南高原玉米区（Ⅳ-3）的钾肥最佳用量分别为60kg/hm^2、48kg/hm^2和50kg/hm^2。

6.2.2.5 “大配方，小调整”的区域配肥技术

以我国玉米作为研究对象，根据“大配方、小调整”的技术思路确定我国玉米不同生态区域的肥料配方及施肥建议，以期为引导区域施肥技术和复合肥产品优化提供科学依据。

（1）区域“大配方”设计　以“氮肥总量控制”“磷肥恒量监控技术”“钾肥肥效反应”为推荐施肥基本原则，提出不同区域氮、磷、钾的适宜用量，在此基础上开展“大配方”设计。

① 氮肥基追比例的确定　在Ⅰ东北春玉米区、Ⅲ西北春玉米区和Ⅱ-1华北中北部夏玉米区的基追比例为4∶6；西南玉米区和Ⅱ-2华北南部夏玉米区的基追比例为5∶5；

② 一次性施肥方案　在保肥性较好的区域（Ⅰ-2东北半湿润春玉米区）、雨养旱作的区域（Ⅲ-1西北雨养旱作春玉米区）、生育期较短的夏玉米种植区（Ⅱ-1华北中北部夏玉米区、Ⅱ-2华北南部夏玉米区）设计一次施肥的配方；

③ 总养分浓度的设计　以总养分浓度（$N+P_2O_5+K_2O$）45%为例（除东北半湿润春玉米区的一次性施肥配方按52%外，考虑了当前用肥习惯）。

（2）“小调整”方案

① 根据产量水平调整配方肥用量　以试验条件下可实现的产量（即同一区域不同试验点优化施肥处理产量的平均）作为区域目标产量；并以目标产量为中心，分成4个产量等级：中高产水平、高产水平、超高产水平、中低产水平。每个产量等级的变幅为1.5～2.3t/hm^2（表6-3）；随着产量水平的提高或降低相应的增加或减少其肥料用量。

② 缓控释氮素的添加需求　针对一次性施肥方案，在高产条件下，东北春玉米区（＞10.5t/hm^2），要求添加30%以上释放期为50～60天的缓/控释氮素；西北春玉米区（＞10.5t/hm^2）和华北夏玉米区（＞9.8t/hm^2），建议添加30%～40%释放期为50～60天的缓/控释氮素；西北春玉米区（9～10.5t/hm^2）和华北夏玉米区（8.3～9.8t/hm^2），可以添加30%～40%释放期为50～60天的缓/控释氮素。

表6-3　中国玉米不同区域肥料配方与施肥建议

区域	推荐配方 ($N-P_2O_5-K_2O$)	产量水平 / (t/hm^2)	基肥（配方肥）用量 / (kg/hm^2)	追肥（尿素）用量 / (kg/hm^2)
Ⅰ-1	14-18-13①	7.5 ～ 9.0	347 ～ 417	166 ～ 199
		9.0 ～ 10.5	417 ～ 486	199 ～ 232
		＞ 10.5	486 ～ 556	232 ～ 266
		＜ 7.5	278 ～ 347	133 ～ 166
Ⅰ-2	15-18-12①	8.3 ～ 10.5	362 ～ 461	189 ～ 241
		10.5 ～ 12.0	461 ～ 527	241 ～ 275
		＞ 12.0	527 ～ 593	275 ～ 310
		＜ 8.3	296 ～ 362	155 ～ 189
	29-13-10②	8.3 ～ 10.5	488 ～ 621	0
		10.5 ～ 12.0	621 ～ 709③	0
		＞ 12.0	709 ～ 798③	0
		＜ 8.3	399 ～ 488	0
Ⅰ-3	13-20-12①	6.8 ～ 9.0	368 ～ 490	154 ～ 205
		9.0 ～ 10.5	490 ～ 572	205 ～ 239
		＞ 10.5	572 ～ 653	239 ～ 273
		＜ 6.8	286 ～ 368	120 ～ 154
Ⅰ-4	17-17-12①	7.5 ～ 9.0	366 ～ 439	205 ～ 246
		9.0 ～ 10.5	439 ～ 513	246 ～ 287
		＞ 10.5	513 ～ 586	287 ～ 328
		＜ 7.5	293 ～ 366	164 ～ 205
Ⅱ-1	18-12-15①	6.8 ～ 8.3	307 ～ 375	200 ～ 245
		8.3 ～ 9.8	375 ～ 443	245 ～ 289
		＞ 9.8	443 ～ 511	289 ～ 333
		＜ 6.8	239 ～ 307	156 ～ 200
	28-7-9②	6.8 ～ 8.3	526 ～ 643	0
		8.3 ～ 9.8	643 ～ 760⑤	0
		＞ 9.8	760 ～ 877④	0
		＜ 6.8	409 ～ 526	0
Ⅱ-2	18-15-12①	6.0 ～ 7.5	400 ～ 500	170 ～ 213
		7.5 ～ 9.0	500 ～ 600	213 ～ 256

续表

区域	推荐配方 ($N-P_2O_5-K_2O$)	产量水平 / (t/hm^2)	基肥（配方肥）用量 / (kg/hm^2)	追肥（尿素）用量 / (kg/hm^2)
Ⅱ-2	18-15-12①	＞9.0	600～700	256～298
		＜6.0	300～400	128～170
	26-10-8②	6.0～7.5	578～723	0
		7.5～9.0	723～868	0
		＞9.0	868～1012④	0
		＜6.0	434～578	0
Ⅲ-1	15-20-10①	6.8～9.0	338～450	183～245
		9.0～10.5	450～525	245～285
		＞10.5	525～600	285～326
		＜6.8	263～338	143～183
	26-13-6②	6.8～9.0	519～692	0
		9.0～10.5	692～808⑤	0
		＞10.5	808～923④	0
		＜6.8	404～519	0
Ⅲ-2	13-22-10①	7.5～9.8	395～514	189～246
		9.8～12.0	514～632	246～303
		＞12.0	632～711	303～341
		＜7.5	316～395	151～189
Ⅲ-3	17-23-6①	8.3～10.5	410～522	221～281
		10.5～12.0	522～596	281～321
		＞12.0	596～671	321～361
		＜8.3	335～410	181～221
Ⅳ-1	17-16-12①	6.0～7.5	415～519	160～200
		7.5～9.0	519～623	200～240
		＞9.0	623～726	240～279
		＜6.0	311～415	120～160
Ⅳ-2	20-15-10①	6.0～7.5	363～453	155～194
		7.5～9.0	453～544	194～233
		＞9.0	544～635	233～272
		＜6.0	272～363	117～155
Ⅳ-3	19-15-11①	6.0～8.3	364～500	147～202

续表

区域	推荐配方 ($N-P_2O_5-K_2O$)	产量水平 /（t/hm^2）	基肥（配方肥）用量 /（kg/hm^2））	追肥（尿素）用量 /（kg/hm^2）
Ⅳ -3	19-15-11①	8.3 ～ 10.5	500 ～ 636	202 ～ 257
		＞ 10.5	636 ～ 727	257 ～ 294
		＜ 6.0	273 ～ 364	110 ～ 147

①指基追结合施肥方式下的配方，基肥施用配方肥，大喇叭口期追施尿素（Ⅰ-1 东北冷凉春玉米区于七叶期追施尿素）；②指一次性施肥方式下的配方，基肥或苗期追肥一次性施用配方肥；③配方肥中要求有 30% 释放期为 50 ～ 60 天的缓 / 控释氮素；④配方肥中建议有 30% ～ 40% 释放期为 50 ～ 60 天的缓 / 控释氮素；⑤配方肥中可以有 30% ～ 40% 释放期为 50 ～ 60 天的缓 / 控释氮素。

6.2.3 玉米高产绿色施肥应用案例

6.2.3.1 玉米控释配方肥免追高效施肥技术

针对我国玉米生产中肥料投入量高、养分配比不合理、缺乏主产区专用肥料、机械化施肥水平不高等问题，依据我国 4 大玉米主产区（东北、黄淮海、西北、西南及南方）的土壤类型与养分特征、高产玉米的养分需求规律、水分管理和栽培技术等，采用高质量、低成本的控释肥料设计了我国玉米 4 大主产区的控释配方肥系列产品 11 种。采用机械化种肥同播的方式，一次施肥免追肥为玉米提供全生育期所需养分，减少施肥次数与肥料用量，达到玉米高产稳产、减肥增效和节本增收。玉米控释配方肥免追高效施肥技术的应用，不仅很好地解决了因施肥不合理导致的资源环境问题，同时减少生产管理环节、节省劳动力，并协同提高玉米生产的农学、经济与环境效益，为提升我国玉米生产竞争力提供了切实可行的技术。

（1）主产区专用控释肥料氮、磷、钾配比设计　玉米专用控释肥料氮、磷、钾养分配比的设计依据本团队 2013 年提供的玉米大配方与施肥建议。依据我国 4 大玉米主产区的土壤类型与养分特征、高产玉米的养分需求规律、水分管理和栽培技术等，以“大配方、小调整”为技术思路研究制定。

（2）控释尿素释放期与添加比例的确定　控释尿素的养分释放期，以控释尿素在 25℃静水中浸提开始至达到 80% 的累积养分释放率所需的天数（d）来表示。根据各主产区土壤类型与养分特征、玉米生育期长短、水分管理和产量水平，一般选用释放期 2 个月的控释尿素，西南和南方的高降雨区域要同时选用 2 个月和 3 个月的控释尿素配合使用。

以产量水平和水分管理为控释尿素添加比例的确定依据。目标产量大于 1000kg/ 亩，控释尿素占总氮肥的比例为 50%；目标产量 600 ～ 1000kg/ 亩，控释尿素占总氮肥的比例为 30%；生育期降雨（灌溉）量大于 400mm，控释尿素占总氮肥的比例为 50%；生育期降雨（灌溉）量低于 400mm，控释尿素占总氮肥的比例为 30%。满足目标产量大于 1000kg/ 亩或生育期降雨（灌溉）量大于 400mm 中的一项即需选用 50% 的控释尿素占总氮肥的添加比例。

（3）专用控释配方肥料用量　以玉米 4 大主产区的目标产量水平和百公斤籽粒需氮量作为确定玉米控释配方肥料用量的主要依据。基于氮磷钾配比、控释尿素释放期与添加比例、配方肥料用量形成主产区玉米系列控释专用肥料配方，并结合区域玉米生产特征，提出具体的施肥建议（表 6-4）。

表6-4　主产区玉米系列控释专用肥料配方与施肥建议

<table>
<tr><th rowspan="2">主产区</th><th colspan="3">系列产品特征</th><th rowspan="2">适用区域及土壤特征</th><th colspan="2">施肥建议</th></tr>
<tr><th>推荐配方
($N-P_2O_5-K_2O$)</th><th>控释氮：总氮
/%</th><th>释放期
/d</th><th>产量水平
/（kg/ 亩）</th><th>施肥量
/（kg/ 亩）</th></tr>
<tr><td rowspan="8">东北产区</td><td rowspan="4">29-13-10</td><td rowspan="4">30 ～ 50①</td><td rowspan="4">60</td><td rowspan="4">东北半湿润春玉米区；
黑土，黑钙土等</td><td>550 ～ 700</td><td>33 ～ 41</td></tr>
<tr><td>700 ～ 800</td><td>41 ～ 47</td></tr>
<tr><td>＞ 800</td><td>47 ～ 53</td></tr>
<tr><td>＜ 550</td><td>27 ～ 33</td></tr>
<tr><td rowspan="2">27-12-8</td><td rowspan="2">30</td><td rowspan="2">60</td><td rowspan="2">东北温暖湿润春玉米区；
黑土，黑钙土，褐土等</td><td>500 ～ 600</td><td>35 ～ 43</td></tr>
<tr><td>600 ～ 700</td><td>43 ～ 49</td></tr>
<tr><td rowspan="2">26-16-9</td><td rowspan="2">30</td><td rowspan="2">60</td><td rowspan="2">东北冷凉春玉米区；
黑土，黑钙土等</td><td>＞ 700</td><td>49 ～ 55</td></tr>
<tr><td>＜ 500</td><td>29 ～ 35</td></tr>
<tr><td rowspan="8">西北产区</td><td rowspan="2">28-15-8</td><td rowspan="2">30 ～ 50</td><td rowspan="2">60</td><td rowspan="4">北方灌溉春玉米区；
黄绵土，褐土，棕壤等</td><td>500 ～ 650</td><td>38 ～ 49</td></tr>
<tr><td>650 ～ 800</td><td>49 ～ 57</td></tr>
<tr><td rowspan="2">28-14-10</td><td rowspan="2">30 ～ 50</td><td rowspan="2">60</td><td>＞ 800</td><td>57 ～ 65</td></tr>
<tr><td>＜ 500</td><td>30 ～ 38</td></tr>
<tr><td rowspan="4">26-13-6</td><td rowspan="4">30</td><td rowspan="4">60</td><td rowspan="4">西北雨养旱作春玉米区；
塿土，黄绵土等</td><td>450 ～ 600</td><td>35 ～ 46</td></tr>
<tr><td>600 ～ 700</td><td>46 ～ 54</td></tr>
<tr><td>＞ 700</td><td>54 ～ 62</td></tr>
<tr><td>＜ 450</td><td>27 ～ 35</td></tr>
<tr><td rowspan="8">黄淮海产区</td><td rowspan="2">28-6-10</td><td rowspan="2">30 ～ 50</td><td rowspan="2">60</td><td rowspan="4">华北中北部夏玉米区；
棕壤，褐土，潮土等</td><td>450 ～ 550</td><td>35 ～ 43</td></tr>
<tr><td>550 ～ 650</td><td>43 ～ 51</td></tr>
<tr><td rowspan="2">28-7-9</td><td rowspan="2">30</td><td rowspan="2">60</td><td>＞ 650</td><td>51 ～ 58</td></tr>
<tr><td>＜ 450</td><td>27 ～ 35</td></tr>
<tr><td rowspan="2">26-10-13</td><td rowspan="2">30 ～ 50</td><td rowspan="2">60</td><td rowspan="4">华北南部夏玉米区；
潮土，砂浆黑土等</td><td>450 ～ 600</td><td>35 ～ 46</td></tr>
<tr><td>600 ～ 700</td><td>46 ～ 54</td></tr>
<tr><td rowspan="2">26-10-8</td><td rowspan="2">30</td><td rowspan="2">60</td><td>＞ 700</td><td>54 ～ 62</td></tr>
<tr><td>＜ 450</td><td>27 ～ 35</td></tr>
<tr><td rowspan="4">西南及南方
产区</td><td rowspan="4">26-12-13</td><td rowspan="4">30 ～ 50</td><td rowspan="4">60 或
60、90
各 1/2②</td><td rowspan="4">西南及南方玉米区；
紫色土，红壤，黄壤等</td><td>400 ～ 500</td><td>35 ～ 45</td></tr>
<tr><td>500 ～ 600</td><td>45 ～ 55</td></tr>
<tr><td>＞ 600</td><td>55 ～ 60</td></tr>
<tr><td>＜ 400</td><td>30 ～ 35</td></tr>
</table>

①长生育期、砂质土壤、高产等可适当提高控释氮占比；②生育期内降雨量＞ 400mm 时可选用释放期 90 天与 60 天的控释尿素配合。

（4）适宜区域与技术应用效果　适宜在东北春玉米区、西北春玉米区、黄淮海夏玉米区、西南及南方玉米区等玉米主产区推广。在全国 4 大玉米主产区的 24 个试验站连续开展 4 年田间联网示范试验和 10 个百亩示范方连续 4 年示范应用（图 6-10）。多年多点试验示范表明，应用该技术可实现平均亩产 779kg，较常规技术增产 6.7%；平均每亩总养分投入 24.5kg，实现节肥 21.9%；平均每亩施肥成本 179 元，节省施肥成本 47 元。同时，在主产区百亩示范方大面积应用中，该技术较常规技术显著减少了施肥导致的氧化亚氮排放 25.7%、氨挥发 29.3% 和硝酸盐淋洗 22.6%。该技术可在节省肥料投入的同时减少管理环节和工作时长，降低环境风险，显著提高农民收入，提高生态经济收益。

图 6-10　控释配方肥免追高效施肥技术产品、配套农机与田间应用效果

6.2.3.2　土壤-作物系统综合管理

为保障我国粮食安全，进一步实现高产高效，在根层氮素实时监控技术的基础上，对作物体系进行优化设计，基于长期的光温条件，以产量生理学为基础改进品种、播期、密度等管理措施，从而优化地上部群体结构与功能实现对光温资源的最大利用，最终建立高产高效作物生产体系，即土壤-作物系统综合管理体系[11]，其理论模型见图 6-11。

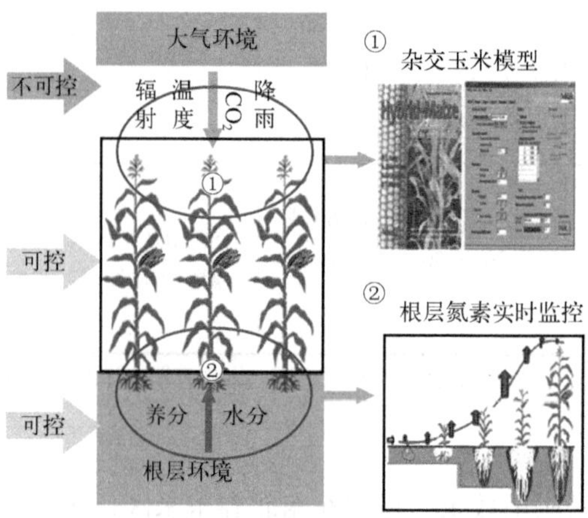

图 6-11　土壤-作物系统综合管理理论模型

由根层氮素实时监控技术配合杂交玉米模型设计春玉米高产体系的土壤-作物系统综合管理在全国大面积的试验实现高产高效。结果表明，土壤-作物系统综合管理将农民平均产量由 6.8t/hm^2 提高到 13.0t/hm^2，将氮肥偏生产力从 26kg/kg 提高到 57kg/kg（表 6-5）。土壤-作物系统综合管理进一步将试验水平与农户田间水平扩大到全国不同生态区范围的玉米、水稻和小麦生产中，均实现节约氮肥 4% ～ 18%，增产 10.8% ～ 35%，提高氮肥利用率 32% ～ 46%，同时降低了 23% ～ 35% 的活性氮损失和 19% ～ 29% 的温室气体排放，取得了良好的大面积实施效果。然而，长期优化氮管理的可持续性值得进一步探究，是否能长期持续保持高产高效，是否能提升土壤肥力仍是当前研究的重要方向。

表6-5　玉米籽粒产量、产量潜力、氮平衡和氮肥偏生产力

指标	土壤-作物系统综合管理	高产	农户传统
玉米产量 /（t/hm^2）	13.0±1.6	15.2±2.6	6.8±1.6
产量潜力 /（t/hm^2）	15.1±1.9	16.8±2.0	—
化肥和有机肥氮投入 /（kg/hm^2）	237±70	747±179	257±121
收获氮移除 /（kg/hm^2）	250±31	292±50	132±31
氮盈余 /（kg/hm^2）	−12±56	457±155	127±42
氮肥偏生产力 /（kg/kg）	57±13	21±5	26±20

6.3　水稻高产优质绿色施肥原理与技术

水稻是世界三大主要粮食作物之一，全球约有半数人口以稻米为主要粮食。联合国粮农组织统计，2020 年中国水稻收获面积为 3.01×10^{7}hm^2，稻谷总产量为 2.12×10^{8}t，总产量居世界第一位。我国水稻种植面积约占粮食作物总面积的 1/4，而水稻种植面积的 90% 以上分布在秦岭-淮河以南的成都平原、长江中下游平原、珠江流域的河谷平原和三角洲地带 [12]。

关于水稻施肥技术的研究时至今日仍是热点问题。1898 年，罗振玉先生在《农学报》中所述，淮安水稻“长年每亩三石余，丰而粪足则五石”，即水稻亩产常为 100 ～ 150kg，在施用粪肥且收成好的情况下可以达到 250 多公斤 [13]。2021 年中国稻谷产量更是为 21284.24 万吨，位居世界第一位 [14]，其中自然离不开施肥技术的进步。

水稻施肥技术上，自汉代便有基肥、追肥的概念，分别称之为“垫底”与“接力”，即分生育时期进行施肥 [15]。明清时期的《沈氏农书》提出水稻施肥的要点为“凡种田总不出‘粪多力勤’四字，而垫底尤为要紧”，指出多施肥与深耕施用基肥的重要性；同时文中也提出了多种肥料，包括猪羊牛粪、坑灰、河泥和绿肥等，并提出“人粪力旺，牛粪力长，不可偏废”“磨路、猪灰，最宜田壅”“盖田上生活，百凡容易，只有接力一壅，须相其时候，察其颜色，为农家最要紧机关”等观点，指出了不同肥料的速效性与缓效性之差以及看苗追肥的重要性，此为古代水稻施

肥技术的代表[16]。此阶段，施肥基本都是施用的有机肥料。近代，随着洋务运动的进行，19世纪末对欧美农学家所著书籍进行了编译出版，西洋肥料学的知识逐渐传入中国；到了20世纪初，逐渐开始有化肥进口，化肥在中国兴起；而自抗日战争后到20世纪70年代，受战争、生产力等因素影响，中国主要施用的仍为有机肥料；在此之后，化肥施用逐渐普及，对应的水稻施肥技术也随之不断发展，中国测土配方施肥工作也源于这一时期[2]。

时至今日，针对水稻生产中的不同特点，涌现出了一批水稻施肥技术，如针对关键生育时期的氮肥优化管理技术，实现肥料互补的有机无机配施技术，充分利用肥料长效性的一次性施肥技术，提高利用效率的水稻侧深施肥技术，应对倒伏的水稻抗倒伏施肥技术，针对水稻需求的专项叶面肥喷施技术等[17-21]。当前水稻施肥技术的发展主要以资源节约、环境友好为基本原则，结合水稻生长特性与土壤理化状况，以期从多方面实现水稻增产高效。

6.3.1 水稻生长发育规律与养分需求特征

6.3.1.1 水稻生长发育规律

水稻生育期可分为营养生长期和生殖生长期（表6-6）[22]。从播种到幼穗分化的生长阶段为营养生长阶段，该阶段包括幼苗期和分蘖期，主要建成根、叶和分蘖等营养器官。幼苗期是水稻从播种到长出第三片叶的阶段，分蘖期是第四片叶伸出到拔节的阶段。水稻的营养生长期表现为根系增长、叶片增多、分蘖增加，为生殖生长积累必需的营养物质。茎秆和叶片作为营养器官，其干物质量呈先升后降，而地上部总干物质量在整个生育期均上升，增长速率表现为缓慢—快速—缓慢[23]。

水稻生殖生长阶段分为长穗期、抽穗扬花期和灌浆结实期。在长穗期，营养生长如茎节间伸长、上位叶生长和根系发生仍在进行，长穗期是营养生长和生殖生长并进期。孕穗期后叶片的营养物质向茎和穗转移，同时下部叶片衰老凋亡，故而水稻的最大叶干重出现在孕穗期。80%的水稻植株抽穗时即为齐穗期，最大茎干重出现在齐穗期，齐穗期后茎的营养成分向籽粒转移，茎的干物质量逐渐降低。穗是水稻最主要的营养物质储藏场所，其干重则从齐穗期开始，呈直线增加趋势（图6-12）[23]。水稻穗的柱头伸出，花粉飞散，称扬花期。灌浆结实期稻谷的成熟过程分为乳熟期、蜡熟期和完熟期。

表6-6 水稻生长发育过程与生育期

<table>
<tr><th>幼苗期</th><th>秧田分蘖期</th><th colspan="2">分蘖期</th><th colspan="3">长穗期</th><th colspan="5">抽穗扬花期和灌浆结实期</th></tr>
<tr><th>秧田期</th><th>返青期</th><th>有效分蘖期</th><th>无效分蘖期</th><th>分化期</th><th>形成期</th><th>完成期</th><th>齐穗期</th><th>扬花期</th><th>乳熟期</th><th>蜡熟期</th><th>完熟期</th></tr>
<tr><td colspan="4">营养生长期</td><td colspan="3">营养生长与生殖生长并进期</td><td colspan="5">生殖生长期</td></tr>
<tr><td colspan="2">—</td><td colspan="2">穗数决定阶段</td><td colspan="3">穗数巩固阶段</td><td colspan="5">—</td></tr>
<tr><td colspan="2">—</td><td colspan="2">粒数奠定阶段</td><td colspan="3">粒数巩固阶段</td><td colspan="5">—</td></tr>
<tr><td colspan="2">—</td><td colspan="2">—</td><td colspan="3">粒重奠定阶段</td><td colspan="5">粒重巩固阶段</td></tr>
</table>

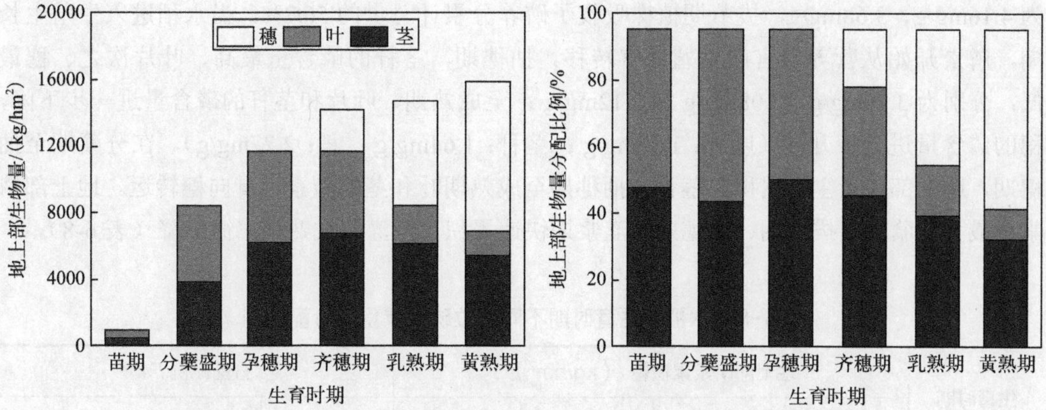

图 6-12　水稻各生育时期不同器官的干物重及分配比例

6.3.1.2　水稻养分需求特征

（1）水稻大量元素吸收规律　水稻植株的氮含量变幅为 1% ～ 4%，磷含量变幅为 0.2% ～ 0.4%，钾含量变幅为 1% ～ 4%。随水稻生育期推进，水稻植株的氮、磷和钾含量逐渐下降。水稻是典型的喜铵作物，以铵态氮作为单一氮源，水稻也能正常生长。水稻根系拥有高效的 GS-GOGAT 循环途径，能将铵转化为有机态氮，也能外排叶片中的铵。此外，水稻拥有较强的抗氧化能力，能缓解由铵毒造成的氧化损伤。

① 氮素　水稻对氮素的需求量较大，水稻正常生长需吸收氮的量为 200kg/hm^2 左右，分蘖期叶片和茎秆的氮含量分别为 24.2mg/g 和 10.8mg/g，植株吸收了氮养分累计总量的 45.0%。水稻进入生殖生长期，氮素开始从营养器官向生殖器官转移，氮含量叶片中最高、穗次之、茎秆最少，分别为 21.2mg/g、11.0mg/g 和 7.16mg/g，抽穗期植株吸收了氮养分累计总量的 86.5%。至水稻成熟期，叶片和茎秆的氮含量进一步下降，穗的氮含量无明显变化（叶片：10.3mg/g；茎秆：6.0mg/g；穗：10.2mg/g）。随生育期进行，地上部氮素累积量不断增加，成熟期达到最大。在分蘖期至抽穗期，地上部氮素主要累积在茎秆和叶片，抽穗期至成熟期叶和茎的氮素大量向穗转运（表 6-7）。

表6-7　水稻各生育时期不同部位氮积累量及分配比例

生育时期	地上部氮素累积量 / (kg/hm^2)				分配比例 /%		
	叶	茎	穗	总量	叶	茎	穗
分蘖期	58.6	28.5	—	87.1	67.3	32.7	—
拔节期	83.2	43.0	—	126.2	65.9	34.1	—
抽穗期	95.8	52.7	18.8	167.3	57.3	31.5	11.2
成熟期	39.7	42.1	111.6	193.4	20.5	21.8	57.7

②磷素　水稻正常生长需吸收磷的量为 50kg/hm^2 左右，分蘖期吸收了植株磷养分累计总量的 43.0%。在营养生长期，茎秆的磷含量高于叶片，如拔节期茎秆和叶片的磷含量分别

为 4.16mg/g、3.68mg/g，拔节期植株吸收了磷养分累计总量的 56.2%。当水稻进入生殖生长期，磷素开始从营养器官向生殖器官转移。抽穗期，茎秆的磷含量最高、叶片次之、穗最低，分别为 3.79mg/g、2.08mg/g 和 2.12mg/g；至成熟期，叶片和茎秆的磷含量进一步下降，穗的磷含量进一步升高（叶片：1.37mg/g；茎秆：1.64mg/g；穗：2.27mg/g）。在分蘖期至抽穗期，地上部磷素主要累积在茎秆，抽穗期至成熟期叶和茎的磷素大量向穗转运。地上部磷素在最大分蘖期至拔节期、抽穗期至灌浆期快速累积，至灌浆成熟期略微下降（表 6-8）。

表6-8　水稻各生育时期不同部位磷积累量及分配比例

生育时期	地上部磷素累积量 / (kg/hm^2)				分配比例 /%		
	叶	茎	穗	总量	叶	茎	穗
分蘖期	10.0	10.6	—	20.6	48.6	51.4	—
拔节期	12.6	14.3	—	26.9	46.8	53.2	—
抽穗期	14.0	30.6	3.3	47.9	29.2	63.9	6.9
成熟期	5.3	12.5	24.6	42.4	12.6	29.5	58.0

③ 钾素　水稻对钾素的需求量较大，水稻正常生长需吸收钾的量为 $230kg/hm^2$ 左右，分蘖期植株吸收了钾养分累计总量的 49.5%。在拔节期，水稻茎秆的钾含量高于叶片，前者为 32.34mg/g，后者为 17.58mg/g。进入生殖生长期，钾素开始从营养器官向生殖器官转移，但茎秆的钾含量仍最高，如成熟期茎秆、叶片和穗的钾含量分别为 19.87mg/g、10.45mg/g 和 3.77mg/g，抽穗期植株吸收了钾养分累计总量的 96.3%。地上部钾素在分蘖期至拔节期、抽穗期-灌浆期快速累积，至灌浆期-成熟期略微下降。在整个生育期，地上部钾素主要累积在茎秆，成熟期叶片的累积比例降低，而穗部的增加（表 6-9）。

表6-9　水稻各生育时期不同部位钾积累量及分配比例

生育时期	地上部钾素累积量 / (kg/hm^2)				分配比例 /%		
	叶	茎	穗	总量	叶	茎	穗
分蘖期	39.3	76.0	—	115.3	34.1	65.9	—
拔节期	60.6	110.5	—	171.1	35.4	64.6	—
抽穗期	65.9	146.8	11.6	224.3	29.4	65.5	5.2
成熟期	40.3	151.6	41.0	232.9	17.3	65.1	17.6

（2）水稻中微量及有益元素吸收规律　水稻吸收镁的数量较钾、钙少，但多于铁、锰、硼、锌等微量元素，水稻植株的镁含量约占干物重的 0.5%。水稻是典型的喜锌作物，水稻植株的锌含量一般在 25 ～ 150mg/kg [24]。植株体内的锌含量从上到下逐渐递减，顶端叶片锌含量最高，从顶端第一片叶到底部，叶片的锌含量逐渐降低 [25]。水稻是典型的喜硅作物，水稻植株的硅（SiO_2）含量占干物重的 10% ～ 15%[26]。硅的累积量随生育期的推移以指数

形式增加[27]。水稻拔节前硅集中分布在叶鞘，孕穗后穗部所占比率较大[28]。

① 镁素 水稻正常生长需吸收镁的量为30kg/hm^{2}左右，分蘖期植株吸收了镁养分累计总量的37.3%。在拔节期，水稻叶片的镁含量略高于茎秆，前者为3.14mg/g，后者为1.92mg/g，拔节期植株吸收了镁养分累计总量的63.7%。进入生殖生长期，镁开始从营养器官向生殖器官转移，但叶片的镁含量仍最高。例如，成熟期叶片、茎秆和穗的镁含量分别为2.50mg/g、1.89mg/g和0.73mg/g。地上部镁素在分蘖期-拔节孕穗期快速累积，开花期累积减慢，灌浆和成熟期不再增加。地上部镁素在分蘖期-拔节期主要累积在叶片，抽穗期叶片镁素开始向茎和穗转运（表6-10）。

表6-10 水稻各生育时期不同部位镁积累量及分配比例

生育时期	地上部镁素累积量 / (kg/hm^2)				分配比例 /%		
	叶	茎	穗	总量	叶	茎	穗
分蘖期	7.0	4.6	—	11.6	60.4	39.6	—
拔节期	12.0	7.8	—	19.8	60.6	39.4	—
抽穗期	13.5	15.2	2.1	30.8	43.9	49.3	6.8
成熟期	9.6	13.6	7.9	31.1	30.9	43.6	25.5

② 锌素 水稻正常生长需吸收锌的量为500g/hm^{2}左右。在分蘖期，水稻茎秆的锌含量高于叶片，前者为34.3mg/kg，后者为24.9mg/kg，分蘖期植株吸收了锌养分累计总量的15.4%。进入生殖生长期，锌开始从营养器官向生殖器官转移，但茎秆的锌含量仍最高[29]。例如，成熟期叶片、茎秆和穗的锌含量分别为28.3mg/kg、31.2mg/kg和21.2mg/kg。地上部锌素在分蘖期-抽穗期快速累积，抽穗期累积减慢，灌浆-成熟期不再增加。地上部锌在分蘖期-拔节期主要累积在茎秆，抽穗期叶片和茎中锌素开始向穗转运（表6-11）。

表6-11 水稻各生育时期不同部位锌积累量及分配比例

生育时期	地上部锌素累积量 / (g/hm^2)				分配比例 /%		
	叶	茎	穗	总量	叶	茎	穗
分蘖期	29.8	41.0	—	70.8	42.1	57.9	—
拔节期	—	—	—	—	—	—	—
抽穗期	93.3	254.0	65.9	413.2	22.6	61.5	15.9
成熟期	78.7	177.1	204.7	460.5	17.1	38.5	44.5

③ 硅素 水稻正常生长需吸收硅的量为600kg/hm^{2}左右。在拔节期，水稻茎秆的硅含量高于叶片，前者为71.2g/kg，后者为56.8g/kg，拔节期植株吸收了硅养分累计总量的22.2%。进入生殖生长期，叶片硅含量升高，茎秆硅含量降低[28]，抽穗期植株吸收了硅养分累计总量的48.3%。例如，成熟期叶片、茎秆和穗的硅含量分别为88.9g/kg、62.7g/kg和26.3g/kg。

地上部硅素在分蘖期-抽穗期快速累积。地上部硅素在分蘖期至拔节期主要累积在茎鞘，抽穗期叶片和茎鞘的硅开始向穗转运（表 6-12）。

表6-12 水稻各生育时期不同部位硅（SiO_2）积累量及分配比例

生育时期	地上部硅素累积量 /（kg/hm²）				分配比例 /%		
	叶	茎	穗	总量	叶	茎	穗
分蘖期	8.9	20.4	—	29.3	30.4	69.6	—
拔节期	65.3	81.0	—	146.3	44.6	55.4	—
抽穗期	120.3	148.5	49.9	318.7	37.7	46.6	15.7
成熟期	190.0	264.6	204.6	659.2	28.8	40.1	31.1

6.3.2 水稻养分来源和去向

6.3.2.1 水稻集约化农田氮素来源和去向

水稻生产的氮素主要来源于施肥和土壤养分供应。1988—2017 的 30 年间，全国稻区平均施氮量为 215kg/hm^2，各稻区氮肥施用量存在差异，东北、西南、长江中游（早稻）、华南（双季）和长三角稻区水稻平均施氮量（N）分别为 159kg/hm^2、173kg/hm^2、179kg/hm^2、284kg/hm^2 和 279kg/hm^2（图 6-13）[30]。东北、西南、长江中游（早稻）、华南（双季）和长三角稻区平均氮素携出量为 124kg/hm^2、168kg/hm^2、159kg/hm^2、215kg/hm^2 和 170kg/hm^2。太湖地区试验结果表明，土壤对水稻的供氮量为 76 ～ 108kg/hm^2。通过统计施入氮素总量及水稻收获携带的氮素总量，计算当年的土壤表观氮盈余，东北、西南、长江中游（早稻）、华南（双季）和长三角稻区稻田氮盈余量年均分别为 35kg/hm^2、5kg/hm^2、20kg/hm^2、69kg/hm^2 和 109kg/hm^2。

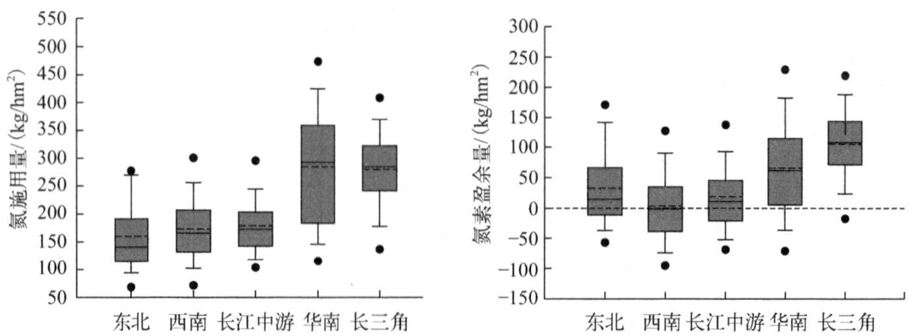

图 6-13 不同区域稻田氮肥施用量和土壤氮素盈余量

稻田氮素的去向包括水稻收获携出的氮素和多种环境氮损失。氮损失包括氨挥发、硝化-反硝化、地表径流和淋溶等[31]。在利于氨挥发的条件，稻田通过氨挥发损失的氮占施氮量的 9% ～ 42%，是氮损失的主要途径。稻田土壤进行的硝化-反硝化作用，其中间产物可被水溶解，形成的 N_2O 和 N_2 自土壤逸出，是土壤氮损失的基本途径之一[32]。硝态氮是氮淋溶的基本形态，双季稻氮淋溶总量约 30kg/hm²[33]。

6.3.2.2 水稻集约化农田磷素来源和去向

水稻生产的磷主要来源于土壤养分供应及施肥。土壤供应的磷占水稻植株吸磷量的 75% ～ 90%，不同类型土壤的供磷能力存在差异[34]。东北、长三角、长江中游、华南和西南稻区土壤有效磷浓度分别为 21.8mg/kg、20.1mg/kg、17.2mg/kg、33.7mg/kg 和 12.5mg/kg。1988—2017 的 30 年间，各稻区施磷量差异较小，东北、长三角、长江中游、华南和西南稻区每年水稻的施磷量（P_2O_5）平均分别为 86kg/hm²、80kg/hm²、71kg/hm²、89kg/hm² 和 70kg/hm²；各稻区水稻收获年平均携带的磷总量为 46kg/hm²、59kg/hm²、36kg/hm²、38kg/hm² 和 43kg/hm²；各稻区的年均磷盈余量为 40kg/hm²、21kg/hm²、35kg/hm²、51kg/hm² 和 27kg/hm²，其中华南稻区磷盈余量最高，长三角稻区的磷盈余量最低，全国总体呈南北高、中间低[35]。

大部分施入土壤的磷转化为难溶态磷、作物难以利用，致使磷肥当季利用率大多仅为 10% ～ 25%[36]。淹水可降低土壤对磷的固定能力，提高磷素的溶解性，有利于磷吸收。稻田磷的去向包括水稻收获携带的养分和多种环境损失。稻田磷素损失主要是径流和无效化损失。稻田磷损失多发生于 1 ～ 5cm 土壤，包括解吸、溶解、扩散等一系列物理化学变化，无水层发生淋溶的可能性小[37]。

6.3.2.3 水稻集约化农田钾素来源和去向

水稻生产的钾素主要来源于土壤养分供应及施肥。稻田土壤每季水稻的平均供钾量为 81 ～ 126kg/hm²。全国水稻土平均速效钾含量为 96mg/kg，东北、长三角、长江中游、华南和西南区域水稻土的速效钾含量分别为 149mg/kg、91mg/kg、73mg/kg、78mg/kg 和 90mg/kg。1988—2017 的 30 年间，东北、长三角、长江中游、华南和西南区域每季水稻的钾肥（K_2O）投入平均为 61kg/hm²、72kg/hm²、77kg/hm²、128kg/hm² 和 59kg/hm²（表 6-13）。各稻区水稻收获年平均携带的钾素总量为 157kg/hm²、240kg/hm²、230kg/hm²、125kg/hm² 和 195kg/hm²[38]。

表6-13 不同区域稻田每季水稻钾肥（K_2O）用量

区域	样本数	最小值 /（kg/hm²）	最大值 /（kg/hm²）	平均值 /（kg/hm²）	标准差 /（kg/hm²）	变异系数 /%
东北	31	1.50	90.00	61.17	30.06	49.15
长三角	355	45.00	269.30	72.09	15.79	21.91
长江中游	327	3.75	435.00	77.06	67.06	87.03
华南	258	12.00	465.00	128.20	86.57	67.55
西南	119	5.00	243.90	59.10	41.42	70.08

稻田钾的去向包括水稻收获携带的养分和多种环境损失。钾素在稻田系统中不形成有机态，几乎不进入大气，随水迁移流动比磷强、比氮弱[39]。钾易从土壤淋失，稻田钾的损失

以淋失为主，一般南方水田约 10kg/hm^2、北方水田约 5kg/hm^2 [40]。旱地土壤一般无淋失，由于钾离子易被土壤吸附或固定而减少损失，且固定的钾对后茬仍有效，故旱地土壤钾素的损失不计。

6.3.3 水稻推荐施肥技术

6.3.3.1 中国水稻施肥分区

基于 GIS（地理信息系统）的我国县域农业统计数据库，在搜集整理相关前人研究基础上，充分考虑影响作物生产的关键因素，确定了我国水稻的施肥分区。根据区域和生产布局将我国水稻主产区分为 5 个大区，即东北单季稻区、长江流域单双季稻区、江南华南单双季稻区、西南高原山地单季稻区和其他稻区 [41]。根据大区内的气候、栽培和土壤条件进一步细分为 9 个亚区，这 9 个亚区覆盖了全国水稻总面积的 98% 以上。根据气候条件差异将东北单季稻区分为 2 个亚区：东北寒地单季稻区和东北吉辽蒙单季稻区；根据种植制度、地形条件和栽培管理条件差异将长江流域单双季稻区分为 3 个亚区：长江上游单季稻区（此区主要稻作制度为单季稻，主要地形为丘陵和山地）、长江中游单双季稻区（此区稻作制度以单季稻和双季稻并存，主要地形为平原和丘陵）、长江下游单季稻区（此区主要稻作制度为单季稻，主要地形为平原，且管理水平较高，水稻产量高）；根据气候条件、地形条件和土壤条件差异将江南华南单双季稻区分为 2 个亚区：江南丘陵山地单双季稻区（此区为中亚热带气候，主要地形为丘陵和山地，主要土壤类型为红壤和黄壤）和华南平原丘陵双季稻区（此区为热带和南亚热带气候，主要地形为平原和丘陵，主要土壤类型为赤红壤和砖红壤）。这 9 个亚区的水稻播种面积占全国水稻播种面积的百分比分别为 9.9%、4.5%、9.0%、27.4%、11.6%、17.8%、8.6%、8.2% 和 1.5%；总产所占百分比分别为 10.0%、5.3%、10.3%、27.4%、14.1%、16.2%、7.0%、7.4% 和 1.9%。其他稻区主要包括新疆维吾尔自治区有灌溉条件的冲积平原和河谷平原、宁夏回族自治区引黄灌区和渤海湾沿岸，该区域的播种面积和总产占我国水稻的比重很小，且零星分布，覆盖范围较广，情况较复杂。

6.3.3.2 氮肥“总量控制、分期调控”技术

该技术要点 [41]：根据目标产量，借助肥料效应函数确定水稻生育期氮素需求总量，目标产量通常用产量潜力的 75% ～ 80% 来计算，也可以把当地最佳的管理措施下获得的最高产量作为目标产量。通过土壤速测技术对根层土壤养分供应能力进行实时测定。根据水稻生长规律和养分吸收规律，按生育时期分 3 ～ 4 次施用氮肥，施肥关键时期分别在移栽前（基肥）、分蘖期（蘖肥）、幼穗分化期（穗肥）和抽穗期（粒肥）。借助叶绿素仪或叶色卡监测水稻叶片氮营养状况。

根据 MRTN 法（maximum return to N，区域最大收益施氮量）计算得到不同区域氮肥的推荐用量。不同施肥区及不同稻作的氮肥推荐用量（以纯 N 计）变幅为 116 ～ 256kg/hm^2，加权平均为 172kg/hm^2。区域间的推荐用量存在较大差异，长江下游单季稻区最高（256kg/hm^2），东北寒地单季稻区最低为 116kg/hm^2，其他区域介于 156 ～ 172kg/hm^2 之间。

6.3.3.3 磷钾恒量监控技术

该技术要点[41]：根据前茬作物产量和秸秆还田量，估算前茬作物养分归还量。基于养分平衡，恒量养分输入（有机肥、化肥和残茬等）和输出（目标产量下的谷物和秸秆）之间的关系，确定磷、钾肥的合理施用量。土壤磷、钾养分的供应量在 3 ～ 5 年内的变化通常较小，因此只要根层磷、钾维持在适宜水平上，水稻就可发挥其生物学潜力，高效利用养分。

不同施肥区及稻作上土壤速效磷加权平均为 19.8mg/kg（变幅 13.2 ～ 29.5mg/kg），相对产量在 86.7% ～ 93.2% 之间，总体上已经处于较高水平，然而长江流域的土壤速效磷在 13.2 ～ 17.1mg/kg 之间，仍处于较低水平（表 6-14）。不同区域的目标产量存在一定的差异。东北单季稻区（Ⅰ）、长江流域单双季稻区（Ⅱ）及江南丘陵山地单双季稻区（Ⅲ-1）的单季稻产量水平较高（8.3 ～ 9.0t/hm^2），长江中游单双季稻区（Ⅱ-2）和江南华南单双季稻区（Ⅲ）的早晚稻及西南高原丘陵单季稻区（Ⅳ）的产量较低（6.8 ～ 7.5t/hm^2）。根据恒量监控的原则，对于缺磷区相对产量＜ 90%(或土壤速效磷＜ 20mg/kg）的区域，如Ⅱ-1 和Ⅱ-2 区，采取适当提高土壤肥力的策略，这些区域的磷肥用量为作物带走量的 1.15 倍（Ⅱ-2 长江中游单双季稻区的早稻-晚稻轮作体系，磷肥推荐上应视为一个整体，将更多的磷应用到早稻上，因此，早稻季磷肥用量为作物带走量的 1.3 倍，晚稻季磷肥的用量为作物带走量）；对于缺磷区相对产量＞ 90%（或土壤速效磷 P ＞ 20mg/kg）的区域，如Ⅰ、Ⅲ和Ⅳ区，采取维持的策略，磷肥用量为作物带走量。相应地，不同区域磷肥推荐用量（以 P_2O_5 计）的范围为 59 ～ 83kg/hm^2，加权平均为 71kg/hm^2。长江流域单双季稻区（Ⅱ）的磷肥推荐用量最高（65 ～ 84kg/hm^2），东北单季稻区（Ⅰ）次之（64 ～ 70kg/hm^2），其他区域较低（59 ～ 72kg/hm^2）。

表6-14　不同区域磷肥推荐用量

区域	稻作	速效磷 /（mg/kg）	相对产量 /%	目标产量 /（t/hm^2）	施肥策略	磷肥推荐用量 /（kg/hm^2）
Ⅰ-1	单季稻	27.7±18.8	91.1	8.3	等于作物带走量	64
Ⅰ-2	单季稻	21.1±14.2	89.5	9.0	等于作物带走量	70
Ⅱ-1	单季稻	13.3±12.2	88.5	8.3	等于作物带走量 ×1.15	81
Ⅱ-2	早稻	14.7±11.8	87.9	6.8	等于作物带走量 ×1.3①	77
	中稻	14.4±8.9	86.7	8.3	等于作物带走量 ×1.15	83
	晚稻	13.2±8.2	89.3	7.5	等于作物带走量①	65
Ⅱ-3	单季稻	17.1±11.6	91.2	9.0	等于作物带走量	84
Ⅲ-1	早稻	21.3±16.8	91.1	6.8	等于作物带走量	59
	中稻	22.1±18.3	91.2	8.3	等于作物带走量	72
	晚稻	25.3±19.4	92.1	6.8	等于作物带走量	59
Ⅲ-2	早稻	29.5±20.7	93.2	6.8	等于作物带走量	59
	晚稻	28.8±22.9	92.8	6.8	等于作物带走量	59
Ⅳ	单季稻	21.6±17.1	90.7	7.5	等于作物带走量	64

①Ⅱ-2 长江中游单双季稻区的早稻-晚稻轮作体系，磷肥推荐上应视为一个整体，将更多的磷应用到早稻上，因此，早稻季磷肥用量为作物带走量的 1.3 倍，晚稻季磷肥的用量为作物带走量。

根据“线性 + 平台”模型计算而得不同区域及稻作上的最佳钾肥用量（以 K_2O 计），其变化范围在 45 ～ 80kg/hm^2 之间，加权平均为 62kg/hm^2。华南平原丘陵双季稻区（Ⅲ-2）的钾肥最佳用量最高；长江流域单双季稻区（Ⅱ）、江南丘陵山地单双季稻区（Ⅲ-1）和西南高原山地单季稻区（Ⅳ）次之；东北单季稻区域（Ⅰ）较低。

6.3.3.4 中微量元素“因缺矫正”技术

该技术要点[42]：中微量元素因缺补缺技术遵循李比希最小养分律。主要通过定期土壤测试、植株诊断以及田间生物效应来判断该中微量元素是否是产量的限制因素，如果低于临界水平则考虑施用相应的微肥，比如锌的临界浓度为 0.5mg/kg（表 6-15）。

施用中微量元素肥料注意事项：使用微量元素前，要排除其他产量限制因素；微肥用量、种类、方法和时间要适宜；明确微肥施用的余效，避免引起毒害。

表6-15 土壤微量元素丰缺指标及其对应用肥量（因缺补缺）

元素	提取方法	临界指标 /（mg/kg）	基施用量 /（kg/hm^2）	施用方法
Mg	NH_4Cl-NH_4OAc	100	$MgSO_4 \cdot 7H_2O$：250 ～ 300	基肥、叶面肥
Zn	DTPA	0.5	$ZnSO_4$：15 ～ 30	基肥、种肥、叶面肥
Si	1mol/L 醋酸钠缓冲液	100	偏硅酸钠：150 ～ 200	一般为基肥
Ca	NH_4Cl-NH_4OAc	800	CaO：5 ～ 10	基肥、叶面肥
B	沸水	0.5	硼砂：8 ～ 12	基肥、种肥、叶面肥

6.3.3.5 有机肥推荐技术

有机肥料具有明显的改土和提供养分的作用，因此提倡施用有机肥是保证水稻高产的关键步骤。国际上对于单位面积农田或草地粪肥类有机肥的施用有严格的数量限制。推广有机肥-无机肥配合施用原则是有机肥定量施用的前提。有机肥定量施用技术采用有机肥无机肥配合施用的原则是根据有机肥和无机肥养分供应特点确定。有机肥料虽然具有养分全，肥稳性好，后效长等优点，但养分浓度低肥效慢，单独施用不能满足农作物迅速生长和当季作物高产的需要；化肥虽具养分浓度高、肥效快的优点但养分种类单一，肥稳性差，易流失，难以满足作物持续需肥的特点，长期施用或使用不当，会造成土壤养分失衡，降低土壤微生物活性。而有机肥和无机肥配合施用，可以取长补短，既能减少化肥中养分的固定，又能促进有机养分的分解释放，从而提高肥料利用率和增产效益。如化学氮肥能调节有机肥碳氮比，促进有机肥矿化；化学磷肥与有机肥配施，能增加磷的溶解度，提高土壤中磷酸钙的活度，促进作物对磷的吸收[32]。

该技术的要点就是根据有机肥料种类和土壤类型，以及有机肥的矿化和养分供应参数，结合水稻当季养分需求量，按照有机肥提供的有效氮满足作物需求氮素的 40% 的原则推荐有机肥料数量，再按照有机肥料中的 P、K 有效养分比例计算供给磷钾养分的数量。有机肥料养分含量少、肥效迟缓、当年肥料中氮的利用率低（20% ～ 30%），单纯供应有机肥料而不施化肥，有机肥养分释放不能满足作物需要，可能会引起减产。因此在水稻生长旺盛，需要养分最多的时期，有机肥料往往不能及时供给养分，需要用追施化学肥料的办法来解决。

6.3.3.6　“大配方，小调整”的区域配肥技术

（1）“大配方”设计 [41]　“大配方”的设计方法见玉米章节。

① 基追结合的施肥方案　氮肥基追比例的确定：Ⅰ东北单季稻区和Ⅱ-3 长江下游单季稻区的基肥、分蘖肥和穗粒肥比例为 4∶4∶2；其他稻区基肥、分蘖肥和穗粒肥比例 5∶3∶2；

② 总养分浓度的设计　针对不同区域均设计了高浓度配方［以总养分浓度（$N+P_2O_5+K_2O$）45% 为例］；针对长江流域单双季稻区同时设计了中浓度配方［以总养分浓度（$N+P_2O_5+K_2O$）30% 为例］，旨在提供水稻生长需要的钙、镁、硫和硅等中微量元素。

（2）小调整方案 [41]

① 根据产量水平调整用量　方法见玉米章节。

② 钾肥的调整　在较高产量水平下（＞ 9.0t/hm^2）穗粒肥可以结合 15 ～ 45kg/hm^2 氯化钾作追肥。

针对全国水稻 8 个施肥亚区及不同稻作方式总共设计了 12 个肥料配方，其中包括高浓度配方 8 个：东北寒地单季稻区（Ⅰ-1）、长江中游单双季稻区（Ⅱ-2）晚稻和江南丘陵山地单双季稻区（Ⅲ-1）的早晚稻的配方（以 $N-P_2O_5-K_2O$ 计）为 19-13-13；东北吉辽蒙单季稻区（Ⅰ-2）的配方为 15-16-14；长江上游单季稻区（Ⅱ-1）和长江中游单双季稻区（Ⅱ-2）中稻的配方为 16-16-13；长江中游单双季稻区（Ⅱ-2）早稻配方为 18-15-10；长江下游单季稻区（Ⅱ-3）为 19-15-11；江南丘陵山地单双季稻区（Ⅲ-1）的中稻配方为 17-14-14；华南平原丘陵双季稻区（Ⅲ-2）的早晚稻配方为 18-12-16；西南高原山地单季稻区（Ⅳ）的配方为 17-13-15。低浓度配方 4 个：长江上游单季稻区（Ⅱ-1）为 11-11-8；长江中游单双季稻区（Ⅱ-2）的早稻和长江下游单季稻区（Ⅱ-3）的配方为 12-10-7；长江中游单双季稻区（Ⅱ-2）的中、晚稻配方分别为 11-11-9 和 12-9-9。这些配方适宜作基肥施用，在关键生育时期追施氮肥，并根据产量水平相应调整肥料用量（表 6-16）。针对高产水稻（＞ 9.0t/hm^2）穗粒肥还可以结合 15 ～ 45kg/hm^2 氯化钾作追肥。

表6-16　中国水稻不同区域肥料配方与施肥建议

区域	稻作	推荐配方 $N-P_2O_5-K_2O$	产量水平 /（t/hm^2）	基肥用量 /（kg/hm^2）	分蘖肥用量 /（kg/hm^2）	穗粒肥用量 /（kg/hm^2）	
				配方肥	尿素	尿素	氯化钾
Ⅰ-1	单季稻	19-13-13①	6.8 ～ 8.3	277 ～ 339	82 ～ 100	41 ～ 50	0
			8.3 ～ 10.5	399 ～ 431	100 ～ 127	50 ～ 64	15 ～ 45
			＞ 10.5	431 ～ 493	127 ～ 145	64 ～ 73	15 ～ 45
			＜ 6.8	216 ～ 277	64 ～ 82	32 ～ 41	0
Ⅰ-2	单季稻	15-16-14①	7.5 ～ 9.0	354 ～ 425	114 ～ 137	57 ～ 68	0
			9.0 ～ 10.5	425 ～ 496	137 ～ 159	68 ～ 80	15 ～ 45
			＞ 10.5	496 ～ 567	159 ～ 182	80 ～ 91	15 ～ 45
			＜ 7.5	283 ～ 354	91 ～ 114	46 ～ 57	0

续表

区域	稻作	推荐配方 $N-P_2O_5-K_2O$	产量水平 /（t/hm^2）	基肥用量 /（kg/hm^2）	分蘖肥用量 /（kg/hm^2）	穗粒肥用量 /（kg/hm^2）	
				配方肥	尿素	尿素	氯化钾
Ⅱ-1	单季稻	11-11-8②	6.8～8.3	600～733	83～101	55～67	0
			8.3～9.8	733～866	101～119	67～79	0
			＞9.8	866～1000	119～138	79～92	15～45
			＜6.8	467～600	64～83	43～55	0
		16-16-13①	6.8～8.3	412～504	83～101	55～67	0
			8.3～9.8	504～596	101～119	67～79	0
			＞9.8	596～687	119～138	79～92	15～45
			＜6.8	321～412	64～83	43～55	0
Ⅱ-2	早稻	12-10-7②	5.3～6.8	583～750	76～98	51～65	0
			6.8～8.3	750～917	98～120	65～80	0
			＞8.3	917～1083	120～141	80～94	0
			＜5.3	417～583	54～76	36～51	0
		18-15-10①	5.3～6.8	389～500	76～98	51～65	0
			6.8～8.3	500～611	98～120	65～80	0
			＞8.3	611～722	120～141	80～94	0
			＜5.3	278～389	54～76	36～51	0
	中稻	11-11-9②	6.8～8.3	614～750	97～118	64～79	0
			8.3～9.8	750～887	118～139	79～93	0
			＞9.8	887～1023	139～161	93～107	15～45
			＜6.8	478～614	75～97	50～64	0
		16-16-13①	6.8～8.3	422～516	97～118	64～79	0
			8.3～9.8	516～610	118～139	79～93	0
			＞9.8	610～703	139～161	93～107	15～45
			＜6.8	328～422	75～97	50～64	0
	晚稻	12-9-9②	6～7.5	604～756	86～107	57～72	0
			7.5～9.0	756～907	107～129	72～86	0
			＞9.0	907～1058	129～150	86～100	15～45
			＜6.0	453～604	64～86	43～57	0

续表

区域	稻作	推荐配方 $N-P_2O_5-K_2O$	产量水平 / (t/hm^2)	基肥用量 / (kg/hm^2)	分蘖肥用量 / (kg/hm^2)	穗粒肥用量 / (kg/hm^2)	
				配方肥	尿素	尿素	氯化钾
Ⅱ-2	晚稻	19-13-13①	6～7.5	418～523	77～96	51～64	0
			7.5～9.0	523～628	96～115	64～77	0
			＞9.0	628～732	115～134	77～90	15～45
			＜6.0	314～418	58～77	38～51	0
Ⅱ-3	单季稻	12-10-7②	7.5～9.0	692～830	188～225	94～113	0
			9.0～10.5	830～968	225～263	113～131	15～45
			＞10.5	968～1107	263～300	131～150	15～45
			＜7.5	553～692	150～188	75～94	0
		19-15-11①	7.5～9.0	461～553	181～217	90～109	0
			9.0～10.5	553～646	217～253	109～127	15～45
			＞10.5	646～738	253～290	127～145	15～45
			＜7.5	369～461	145～181	72～90	0
Ⅲ-1	早稻	19-13-13①	5.3～6.8	359～462	78～101	52～67	0
			6.8～8.3	462～564	101～123	67～82	0
			＞8.3	564～667	123～146	82～97	0
			＜5.3	256～359	56～78	37～52	0
	中稻	17-14-14①	6.8～8.3	419～513	92～112	61～75	0
			8.3～9.8	513～606	112～132	75～88	0
			＞9.8	606～699	132～153	88～102	15～45
			＜6.8	326～419	71～92	48～61	0
	晚稻	19-13-13①	5.3～6.8	359～462	78～101	52～67	0
			6.8～8.3	462～564	101～123	67～82	0
			＞8.3	564～667	123～146	82～97	0
			＜5.3	256～359	56～78	37～52	0
Ⅲ-2	早稻	18-12-16①	5.3～6.8	389～500	76～98	51～65	0
			6.8～8.3	500～611	98～120	65～80	0
			＞8.3	611～722	120～141	80～94	0
			5.3	278～389	54～76	36～51	0

续表

区域	稻作	推荐配方 N-P_2O_5-K_2O	产量水平 /(t/hm²)	基肥用量 /(kg/hm²)	分蘖肥用量 /(kg/hm²)	穗粒肥用量 /(kg/hm²)	
				配方肥	尿素	尿素	氯化钾
Ⅲ-2	晚稻	18-12-16①	5.3 ～ 6.8	389 ～ 500	76 ～ 98	51 ～ 65	0
			6.8 ～ 8.3	500 ～ 611	98 ～ 120	65 ～ 80	0
			＞ 8.3	611 ～ 722	120 ～ 141	80 ～ 94	0
			＜ 5.3	278 ～ 389	54 ～ 76	36 ～ 51	0
Ⅳ	单季稻	17-13-15①	6.0 ～ 7.5	394 ～ 492	85 ～ 106	57 ～ 71	0
			7.5 ～ 9.0	492 ～ 591	106 ～ 127	71 ～ 85	0
			＞ 9.0	591 ～ 689	127 ～ 148	85 ～ 99	0
			＜ 6.0	295 ～ 394	64 ～ 85	42 ～ 57	0

①指高浓度配方；②指低浓度配方。

6.3.4 水稻施肥指导意见

6.3.4.1 东北寒地单季稻区施肥建议

包括黑龙江省全部及内蒙古自治区呼伦贝尔市的部分地区[44]。

（1）施肥原则

① 根据测土配方施肥的结果适当减少氮磷肥用量，优化钾肥用量。

② 减少基蘖肥氮量和比例，增加穗肥比例，使拔节期穗肥氮比例达到 30% 左右。

③ 早施返青肥促分蘖早发，插秧后 3 天内施用返青肥。

④ 根据土壤中微量元素养分状况适当地补充中微量元素。

⑤ 偏酸性地块应施用钙镁磷肥，偏碱性地块基肥选用 pH 值较低的复合肥或复混肥，少用或不用尿素作追肥，可采用硫酸铵作追肥。

⑥ 基肥施用后旱旋耕，实现全层施肥；采用节水灌溉技术，施肥前晒田 3 天左右，施肥以水带氮；有条件地区可采用侧深施肥插秧一体化。

（2）施肥建议

① 推荐 13-19-13（N-P_2O_5-K_2O）或相近配方。

② 产量水平 450 ～ 550kg/ 亩，配方肥推荐用量 18 ～ 23kg/ 亩，分蘖肥和穗粒肥分别追施尿素 5 ～ 7kg/ 亩和 3kg/ 亩。

③ 产量水平 550kg/ 亩以上，配方肥推荐用量 23 ～ 29kg/ 亩，分蘖肥和穗粒肥分别追施尿素 7 ～ 8kg/ 亩、3 ～ 4kg/ 亩，穗粒肥追施氯化钾 1 ～ 3kg/ 亩。

④ 产量水平 450kg/ 亩以下，配方肥推荐用量 14 ～ 18kg/ 亩，分蘖肥和穗粒肥分别追施尿素 4 ～ 5kg/ 亩、2 ～ 3kg/ 亩。

6.3.4.2　东北吉辽蒙单季稻区施肥建议

包括吉林、辽宁两省全部以及内蒙古自治区的赤峰、通辽和兴安盟的部分县。

① 机插秧一次侧深施肥推荐 22-14-12（N-P_2O_5-K_2O）或相近配方。非侧深施肥推荐 15-16-14（N-P_2O_5-K_2O）或相近配方。

② 按照产量水平施肥　产量水平 500kg/ 亩以下，机插秧一次侧深施肥条件下，施用配方肥 28 ～ 32kg/ 亩；非侧深施肥条件下，施用配方肥 19 ～ 24kg/ 亩，分蘖肥追施尿素 6 ～ 8kg/ 亩。产量水平 500 ～ 600kg/ 亩，补充硅肥 10 ～ 15kg/ 亩，机插秧一次侧深施肥条件下，施用配方肥 30 ～ 35kg/ 亩；非侧深施肥条件下，施配方肥 24 ～ 28kg/ 亩、硫酸锌 1 ～ 2kg/ 亩，分蘖肥追施尿素 8 ～ 9kg/ 亩。产量水平 600kg/ 亩以上，补充硅肥 15 ～ 20kg/ 亩，机插秧一次侧深施肥条件下，施用配方肥 35 ～ 40kg/ 亩；非侧深施肥条件下，施配方肥 28 ～ 33kg/ 亩、硫酸锌 1 ～ 2kg/ 亩，分蘖肥追施尿素 9 ～ 11kg/ 亩。

6.3.4.3　长江上游单季稻区施肥建议

包括四川省东部，重庆市全部，陕西省南部，贵州省北部的部分县，湖北省西部。

① 产量水平 450kg/ 亩以下，氮肥（N）用量 6 ～ 8kg/ 亩；产量水平 450 ～ 550kg/ 亩，氮肥（N）用量 8 ～ 10kg/ 亩；产量水平 550 ～ 650kg/ 亩，氮肥（N）用量 10 ～ 12kg/ 亩；产量水平 650kg/ 亩以上，氮肥（N）用量 12 ～ 14kg/ 亩，磷肥（P_2O_5）4 ～ 6kg/ 亩，钾肥（K_2O）5 ～ 8kg/ 亩（秸秆还田的中上等肥力田块钾肥用量 4 ～ 7kg/ 亩）。

② 氮肥基肥占 50% ～ 60%，蘖肥占 20% ～ 30%，穗肥占 20% ～ 30%；有机肥与磷肥全部基施；钾肥基肥占 50% ～ 60%，穗肥占 40% ～ 50%。

③ 机插秧侧深施肥的氮肥投入量可比常规施肥减少 10% ～ 30%，减肥数量根据当地土壤肥力、施肥水平等实际情况确定。其中，一次性施肥要选用含有一定比例缓 / 控释养分的专用肥料。“一基一追”要做好基肥与追肥运筹。

④ 在缺锌和缺硼地区，适量施用锌肥和硼肥；在土壤酸性较强田块每亩基施含硅碱性肥料或生石灰 30 ～ 50kg。

6.3.4.4　长江中游单双季稻区施肥建议

包括湖北省中东部，湖南省东北部，江西省北部，安徽省全部。

（1）双季早稻施肥建议

① 产量水平 350kg/ 亩以下，氮肥（N）用量 6 ～ 7kg/ 亩；产量水平 350 ～ 450kg/ 亩，氮肥（N）用量 7 ～ 9kg/ 亩；产量水平 450 ～ 550kg/ 亩，氮肥（N）用量 9 ～ 11kg/ 亩；产量水平 550kg/ 亩以上，氮肥（N）用量 11 ～ 14kg/ 亩，磷肥（P_2O_5）4 ～ 7kg/ 亩，钾肥（K_2O）4 ～ 8kg/ 亩。

② 氮肥基肥占 50% ～ 60%，蘖肥占 20% ～ 25%，穗肥占 20% ～ 25%；磷肥全部作基肥；钾肥基肥占 50% ～ 60%，穗肥占 40% ～ 50%；在缺锌地区，适量施用锌肥（硫酸锌）1kg/ 亩；适当基施含硅肥料；有机肥全部基施。

③ 采用机插秧侧深施肥的田块，氮肥用量可减少 10% ～ 20%，施用缓释配方肥的田块氮肥用量可减少 10%。

④ 施用有机肥或种植绿肥翻压的田块，基肥用量可适当减少；常年秸秆还田的地块，钾肥用量可减少 30% 左右。

（2）双季晚稻施肥建议

① 产量水平 400kg/ 亩以下，氮肥（N）用量 8 ～ 10kg/ 亩；产量水平 400 ～ 500kg/ 亩，氮肥（N）10 ～ 12kg/ 亩；产量水平 500 ～ 600kg/ 亩，氮肥（N）11 ～ 13kg/ 亩；产量水平 600kg/ 亩以上，氮肥（N）12 ～ 14kg/ 亩，磷肥（P_2O_5）3 ～ 5kg/ 亩，钾肥（K_2O）6 ～ 8kg/ 亩，硫酸锌 1 ～ 2kg/ 亩。

② 氮肥总量的 50% ～ 60% 作基肥，20% ～ 30% 作分蘖肥，10% ～ 20% 作穗肥；磷肥全部作基肥；钾肥的 60% ～ 70% 作为基肥，30% ～ 40% 作为穗肥。

③ 采用机插秧侧深施肥的田块，氮肥用量可减少 10% ～ 20%，施用缓释配方肥的田块氮肥用量可减少 10%。

（3）一季籼稻施肥建议

① 产量水平 500kg/ 亩以下，氮肥（N）用量 7 ～ 9kg/ 亩，磷肥（P_2O_5）4 ～ 7kg/ 亩，钾肥（K_2O）4 ～ 8kg/ 亩；产量水平 500 ～ 600kg/ 亩，氮肥（N）用量 9 ～ 11kg/ 亩；产量水平 600 ～ 700kg/ 亩，氮肥（N）用量 11 ～ 13kg/ 亩；产量水平 700kg/ 亩以上，氮肥（N）用量 12 ～ 14kg/ 亩，磷肥（P_2O_5）4 ～ 6kg/ 亩，钾肥（K_2O）5 ～ 7kg/ 亩。

② 氮肥基肥占 40% ～ 50%，蘖肥占 20% ～ 30%，穗肥占 20% ～ 30%；磷肥全部作基肥；钾肥基肥占 50% ～ 60%，穗肥占 40% ～ 50%；在缺锌地区，适量施用锌肥（硫酸锌）1kg/ 亩；适当基施含硅肥料；有机肥全部基施。

③ 种植绿肥翻压的田块，氮肥用量可减少 20% 左右；采用机插秧侧深施肥的田块，氮肥用量可减少 10% ～ 20%，施用缓释配方肥的田块氮肥用量可减少 10%。

6.3.4.5 长江下游单季稻区施肥建议

包括江苏省全部，浙江省北部。

① 产量水平 500kg/ 亩以下，氮肥（N）用量 8 ～ 10kg/ 亩，磷肥（P_2O_5）2 ～ 3kg/ 亩，钾肥（K_2O）4 ～ 6kg/ 亩，产量水平 500 ～ 600kg/ 亩，氮肥（N）用量 10 ～ 12kg/ 亩，磷肥（P_2O_5）3 ～ 4kg/ 亩，钾肥（K_2O）7 ～ 9kg/ 亩；产量水平 600kg/ 亩以上，氮肥（N）用量 12 ～ 18kg/ 亩，磷肥（P_2O_5）5 ～ 6kg/ 亩，钾肥（K_2O）10 ～ 12kg/ 亩。根据水稻品种和土壤肥力条件可以适当提高氮肥和钾肥用量。

② 氮肥基肥占 40% ～ 50%，蘖肥占 20% ～ 30%，穗肥占 20% ～ 30%；有机肥与磷肥全部基施；钾肥基肥占 50% ～ 60%，穗肥占 40% ～ 50%。缺锌土壤每亩施用硫酸锌 1 ～ 2kg；适当基施含硅肥料。

③ 推荐 20-10-15（$N-P_2O_5-K_2O$）或相近配方作基肥。

④ 采用机插秧侧深施肥的田块，氮肥用量可减少 10% ～ 20%，施用缓释配方肥的田块氮肥用量可减少 10%。

⑤ 施用有机肥或种植绿肥翻压的田块，基肥用量可适当减少。

⑥ 高产水稻齐穗和灌浆期可以叶面喷施磷酸二氢钾、氨基酸钙镁肥等以促进灌浆、结实。

6.3.4.6 江南丘陵山地单双季稻区施肥建议

包括湖南省中南部，江西省东南部，浙江省南部，福建省中北部，广东省北部。

① 产量水平 500kg/ 亩左右，氮肥（N）10 ～ 13kg/ 亩，磷肥（P_2O_5）3 ～ 5kg/ 亩，钾肥（K_2O）8 ～ 11kg/ 亩。

② 氮肥分次施用，基肥占 35% ～ 50%，分蘖肥占 25% ～ 35%，穗肥占 20% ～ 30%，分蘖肥适当推迟施用；磷肥全部基施；钾肥 50% 作为基肥，50% 作为穗肥。

③ 推荐 20-8-17（N-P_2O_5-K_2O）或相近配方作基肥。

④ 推荐秸秆还田或增施有机肥。常年秸秆还田的地块，钾肥用量可减少 30% 左右；施用有机肥的田块，基肥用量可适当减少。

⑤ 采用机插秧侧深施肥的田块，氮肥用量可减少 10% ～ 20%，施用缓释配方肥的田块氮肥用量可减少 10%。

⑥ 土壤酸性较强的田块，整地时每亩施含硅碱性肥料或生石灰 40 ～ 50kg。

⑦ 在缺镁或锌地区，每亩施用镁肥 2 ～ 3kg（以 MgO 计）或硫酸锌 1 ～ 2kg。

6.3.4.7 华南平原丘陵双季早稻施肥建议

包括广西壮族自治区南部，广东省南部，海南省，福建省东南部。

① 推荐 18-12-16（N-P_2O_5-K_2O）或相近配方。

② 产量水平 350kg/ 亩以下，配方肥 20 ～ 25kg/ 亩，分蘖肥和穗粒肥分别追施尿素 4 ～ 6kg/ 亩、3 ～ 5kg/ 亩。

③ 产量水平 350 ～ 450kg/ 亩，配方肥 25 ～ 30kg/ 亩，分蘖肥和穗粒肥分别追施尿素 5 ～ 7kg/ 亩、3 ～ 5kg/ 亩。

④ 产量水平 450 ～ 550kg/ 亩，配方肥 30 ～ 35kg/ 亩，分蘖肥和穗粒肥分别追施尿素 7 ～ 10kg/ 亩、4 ～ 7kg/ 亩。

⑤ 产量水平 550kg/ 亩以上，配方肥 35 ～ 40kg/ 亩，分蘖肥和穗粒肥分别追施尿素 8 ～ 11kg/ 亩、5 ～ 8kg/ 亩。

⑥ 采用机插秧侧深施肥的田块，氮肥用量可减少 10% ～ 20%，施用缓释配方肥的田块氮肥用量可减少 10%。

⑦ 土壤酸性较强田块，整地时每亩施含硅碱性肥料或生石灰 40 ～ 50kg。

⑧ 在缺镁或锌地区，每亩施用镁肥 2 ～ 3kg（以 MgO 计）或硫酸锌 1 ～ 2kg。

6.3.4.8 西南高原山地单季稻区施肥建议

包括云南省全部，四川省西南部，贵州省大部，湖南省西部，广西壮族自治区北部。

① 推荐 17-13-15（N-P_2O_5-K_2O）或相近配方。

② 产量水平 400kg/ 亩以下，配方肥 20 ～ 26kg/ 亩，分蘖肥和穗粒肥分别追施尿素 4 ～ 6kg/ 亩、3 ～ 4kg/ 亩。

③ 产量水平 400 ～ 500kg/ 亩，配方肥 26 ～ 33kg/ 亩，分蘖肥和穗粒肥分别追施尿素 6 ～ 7kg/ 亩、4 ～ 5kg/ 亩。

④ 产量水平 500 ～ 600kg/ 亩，配方肥 33 ～ 39kg/ 亩，分蘖肥和穗粒肥分别追施尿素 7 ～ 8kg/ 亩、5 ～ 6kg/ 亩，穗粒肥追施氯化钾 1 ～ 2kg/ 亩。

⑤ 产量水平 600kg/ 亩以上，配方肥 39 ～ 46kg/ 亩，分蘖肥和穗粒肥分别追施尿素 8 ～ 10kg/ 亩、6 ～ 7kg/ 亩，穗粒肥追施氯化钾 2 ～ 4kg/ 亩。

⑥ 在缺锌地区，每亩施用 1 ～ 2kg 硫酸锌；在土壤 pH 较低的田块每亩基施含硅碱性肥料或生石灰 30 ～ 50kg。

具体施肥建议参考农业农村部 2023 年发布的《2023 年小麦水稻玉米马铃薯春夏季科学施肥指导意见》。

6.3.5 水稻高产优质绿色施肥应用案例

6.3.5.1 水稻种植体系施肥现状与主要问题

为分析江苏省兴化市的典型作物——水稻的施肥现状与存在问题，对兴化的水稻种植农户进行了详细的实地调研。通过前期分析，选择了钓鱼镇、沙沟镇、大邹镇三个具有代表性的乡镇进行实地调研。问卷主要内容包括土地利用情况、农业投入水平、农事操作与相关机械使用等，基于调研数据，分析得到江苏兴化施肥现状与存在的问题如下：

（1）肥料投入量高且利用率相对较低　2019 年兴化市的水稻产量达到 9000kg/hm^2，达到较高的水平。水稻种植过程中，农户氮素（N）施用（中位值）达到 354.75kg/hm^2，而磷肥（P_2O_5）与钾肥（K_2O）的施用量则分别为 60.00kg/hm^2 和 67.50kg/hm^2。相比之下，兴化市水稻产量的提高不到 30%，而肥料的施用量却比全国农户平均水平高出接近 70%，在之前的研究得到兴化水稻适宜的减氮比例为 31%[45-46]，即江苏兴化水稻生产中的氮肥减施提效仍有极大空间。

（2）肥料投入经济成本与环境代价较高　对兴化市水稻生产的每亩农业投入成本进行了核算，其总投入在 307 元到 900 元不等，总投入的平均水平为 532 元，其中肥料投入达到 217.92 元，为投入中最高的一项，即兴化市水稻生产肥料投入过高导致了较高的成本。其他投入依次为机械投入、农药投入和灌溉投入，分别为 184.1 元、110.2 元、19.9 元。

进一步利用生命周期评价（life cycle assessment，LCA）对兴化水稻种植的农业投入碳足迹（carbon footprint）进行了分析，以得到相关环境成本。碳足迹是指某一产品或过程在全生命周期内所排放的 CO_2 和其他温室气体的总量，碳足迹计算方法及相关系数来源于《2006 年 IPCC 国家温室气体清单指南》。

如表 6-17 所示，兴化水稻生产过程农业投入的碳足迹中，肥料占比极高。以单位面积碳足迹为例，其占农业投入碳足迹总量的 35%；其中氮肥占比最大，为主要的排放源，其碳足迹排放量为597kg CO_2-eq/hm^2。单位产量碳足迹结果与其相似，即在兴化市水稻生产过程中，较高的肥料投入也是其环境代价的主要构成部分。值得注意的是，能源投入带来的环境代价占比也高达36%，与肥料投入一样是主要的碳排放源，这其中亦包含施肥操作带来的能源损耗。

表6-17　兴化水稻农业投入碳足迹排放水平表

排放项目	氮肥	磷肥	钾肥	柴油	用电	种子	除草剂	杀菌剂	杀虫剂
单位面积碳足迹/（kg CO_2-eq/hm^2）	597±32.9	142±16.2	58.3±6.3	515±74.0	313±65.8	282±17.5	180±15.8	63.8±12.7	99.2±14.1
单位产量碳足迹/（10^{-3}kg CO_2-eq/kg）	66.0±3.5	15.8±1.8	6.5±0.7	57.0±8.1	36.6±8.3	31.6±2.0	20.4±1.8	6.7±1.3	10.6±1.5

（3）农户减肥意识淡薄，施肥技术需提高　分析发现，兴化市农户对科学施肥的意识仍比较淡薄。有近一半的农户在水稻种植时并没有节约用肥。高达40%的农户认为节肥会影响到水稻产量；而有其余农户则认为不需要节肥或没有节肥的条件。整体上看，节肥方面还需要很多的工作。另一方面，对市面上的肥料品牌和种类进行了调查，发现兴化市肥料多为尿素和“15-15-15”的复合肥，专用配方肥的使用较少，不利于实现肥料的高效利用，农户的操作空间也较小。

水稻底肥的施用上（表6-18），兴化市农户采用人工撒施方法的人数最多，占调研总人数的71.43%。水稻追肥的施用方式也以人工撒施为主，且比例更高，占到调研总人数的90.91%，机械化程度较低，新型施肥技术的采用度仍有很大提升空间。

表6-18　兴化水稻种植施肥方式汇总

项目	机械沟施	人工撒施	机械撒施	种肥同播
底肥	7.14%	71.43%	7.14%	14.29%
追肥	1.82%	90.91%	7.27%	—

6.3.5.2　水稻种植体系高产优质绿色施肥技术策略

对江苏省兴化市水稻施肥现状和主要问题进行了分析，即包括施肥量高、肥料利用率低等问题。针对这些问题，对兴化市水稻采用高产群体质量诊断与调控施肥的高效施肥技术模式（图6-14）。

首先对兴化市水稻田的土壤进行采样，对其养分状况进行了测定分析（表6-19），结果包括pH、全氮、速效磷、速效钾以及有机质含量。通过测定，对兴化市水稻田的养分状况有了详细的了解，后续施肥过程中可以通过考虑稻田养分状况，结合作物养分吸收特性，针对性地进行施肥，避免肥效浪费与肥料流失。

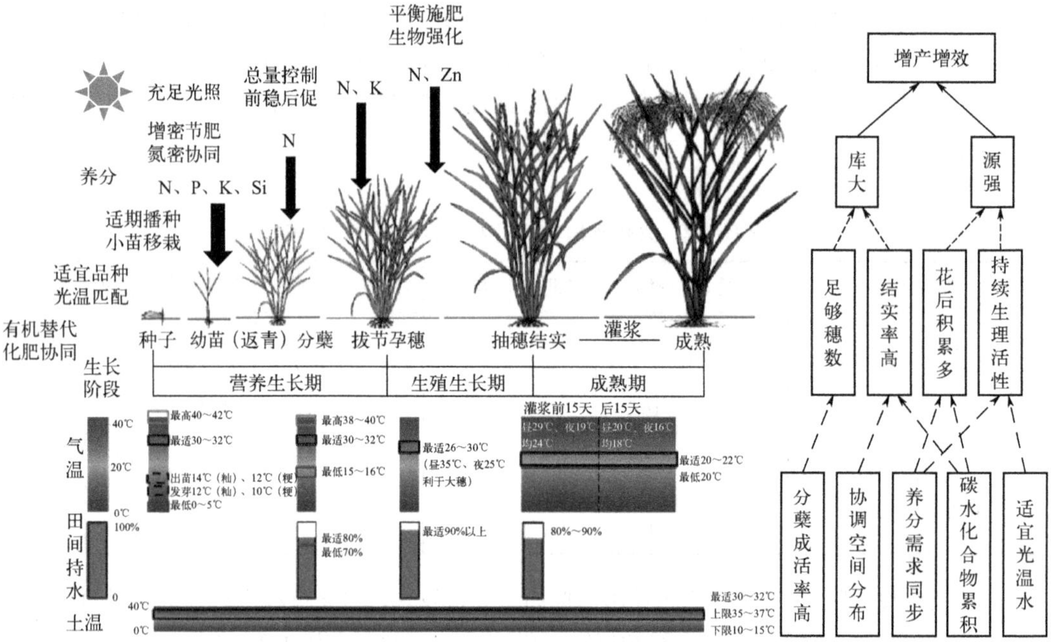

图 6-14　高产群体质量诊断与调控施肥

表6-19　兴化土壤养分测定情况

项目	pH 值	全氮 /（g/kg）	速效磷 /（mg/kg）	速效钾 /（mg/kg）	有机质 /（g/kg）
测定值	7.3±0.05	0.8±0.1	43.4±9.7	96.3±5.9	13.2±0.3

在对土壤养分状况进行充分了解之后，结合其结果，对适宜品种进行了选定。如图 6-15 所示，不同品种水稻之间存在显著的差异，其生物量、外观均有各自的特点。经过田间试验后分析确定四个品种水稻，包括超级杂交稻品种 Y 两优 5867（籼稻）、Y 两优 3218（籼稻）与超级常规稻南粳 9108（粳稻）、镇稻 11（粳稻）分别为高磷高钾型、低磷适钾型、低磷适钾型和中磷高钾型。根据试验结果，南粳 9108 是符合兴化市农业生产要求的优质品种，符合稻米产量与品质的共同需求。

图 6-15　超级杂交稻（左起 1、2）与超级常规稻（左起 3、4）品种田间对比

经过土壤养分测定与高效品种选定后，根据作物群体营养与功能动态指标以及养分需求总量与动态匹配指标，以耕地有机定向培肥及化肥减量技术的培肥原理为依据，设计了

兴化市水稻田生产的地上地下匹配方案，制定了绿色施肥方案（表6-20），并模拟农民习惯施肥方案与之对比。相较于农民习惯施肥处理，绿色施肥方案的氮肥减量达19%，并将氮肥的运筹模式从7∶3优化为4∶2∶2∶2的技术模式，同时增施了有机肥以实现土壤定向培肥。

表6-20　兴化水稻农民习惯施肥与绿色施肥方案

处理	N /（kg/hm^2）	P_2O_5 /（kg/hm^2）	K_2O /（kg/hm^2）	有机肥 /（kg/hm^2）
农民习惯	320（7∶3）	80	80	0
绿色施肥	260（4∶2∶2∶2）	45	125	4500

根据以上方案进行了大田对比，结果如表6-21所示。在绿色施肥方案的新型施肥技术下，水稻产量相比农民习惯施肥方案增产幅度达14.7%。减少了化肥的投入并增施有机肥的新型施肥技术模式通过对结实率的显著提高而提高了稻米的产量。同时，氮肥的利用效率显著提高。经济效益方面，绿色施肥方案的新型施肥技术方案每公顷地能为农户增收1005.6元（表6-22），其中主要为产量的显著提升带来的收入提高以及化肥的减量带来的成本减少，即通过新型施肥技术可以实现江苏省兴化市水稻种植农户经济效益的显著提升。而在稻米品质方面，绿色施肥方案下的兴化稻米精米率为72.82%，农民习惯施肥方案为74.45%，没有显著的差异。考虑到稻米产量的显著提高，绿色施肥下，精米的总产出量有显著的提高。在外观品质垩白方面，绿色施肥方案的稻麦垩白度为4.41%，农民习惯施肥方案则为7.58%，垩白度呈显著的下降（表6-23），即在绿色施肥的新型施肥技术下，兴化市稻米品质可以实现显著的提升。

表6-21　兴化不同施肥方案水稻产量及氮肥利用效率对比

处理	穗数 /（10^4穗/hm^2）	穗粒数 /（粒/穗）	结实率 /%	千粒重 /g	产量 /（kg/hm^2）	氮肥偏生产力 /（kg/kg）
农民习惯	274±10	146±4	85±1	27±0.3	9308±368	29
绿色施肥	287±6	150±4	91±3	28±0.4	10677±437	41

表6-22　兴化不同施肥方案每公顷水稻经济效益对比

处理	化肥费用/元	人工费用/元	有机肥费用/元	农药除草/元	水稻单价/（元/kg）	产量/kg	效益差/元
农民习惯	3000	1200	0	1200	2.4	9308	—
绿色施肥	2430	1800	2250	1200	2.4	10677	1005.6

表6-23　兴化不同施肥方案稻米品质对比

处理	精米率 /%	垩白度 /%
农民习惯	74.45	7.58
绿色施肥	72.82	4.41

综上所述，高产群体质量诊断与调控施肥的高效技术模式在江苏省兴化市水稻生产过程中实现了稻米产量提高、稻米品质提升、肥料投入降低、肥料利用率提高以及经济效益的显著提高，增产增收效果明显。该技术策略可以作为其他相似稻米产区的参考。

参考文献

[1] Meng Q, Yue S, Chen X, et al. Understanding dry matter and nitrogen accumulation with time-course for high-yielding wheat production in China[J]. PloS one, 2013, 8: e68783.

[2] Yue S C, Meng Q F, Zhao R F, et al. Change in nitrogen requirement with increasing grain yield for winter wheat[J]. Agronomy Journal, 2012, 104(6): 1687-1693.

[3] Zhan A, Chen X P, Li S Q, et al. Changes in phosphorus requirement with increasing grain yield for winter wheat[J]. Agronomy Journal, 2015, 107(6): 2003.

[4] 吴良泉，武良，崔振岭，等．中国小麦区域氮磷钾肥推荐用量及肥料配方研究 [J]．中国农业大学学报，2019, 24(11): 30-40.

[5] 农业农村部科学施肥指导专家组．2021 年秋冬季主要农作物科学施肥技术意见 [EB/OL].（2021-09-16）. http://www.moa.gov.cn/xw/zxfb/202109/t20210916_6376525.htm.

[6] 卢殿君．华北平原冬小麦高产高效群体动态特征与氮营养调控 [D]. 北京：中国农业大学，2015.

[7] Meng Q, Yue S, Hou P, et al. Improving yield and nitrogen use efficiency simultaneously for maize and wheat in China: a review[J]. Pedosphere, 2016, 26: 137-147.

[8] 侯鹏．黑龙江春玉米高产高效潜力与实现途径 [D]．北京：中国农业大学，2012.

[9] 岳善超．小麦玉米高产体系的优化管理 [D]．北京：中国农业大学，2013.

[10] 吴良泉，武良，崔振岭，等．中国玉米区域氮磷钾肥推荐用量及肥料配方研究 [J]．土壤学报，2015, 52(4): 802-817.

[11] Chen X P, Cui Z L, Vitousek P M, et al. Integrated soil-crop system management for food security[J]. Proceedings of the National Academy of Sciences of the United States of America, 2011, 108(16): 6399-6404.

[12] 谭金芳．作物施肥原理与技术 [M]．北京：中国农业大学出版社，2011.

[13] 章楷 . 百年来我国种植业施肥的演进和发展 [J]．中国农史，2000(3): 107-113.

[14] 国家统计局 . 国家数据 [DB]. https://data.stats.gov.cn/easyquery.htm?cn=C01.

[15] 梁家勉．中国农业科学技术史稿 [M]．北京：农业出版社，1989.

[16] 周广西．《沈氏农书》所载水稻施肥技术研究 [J]．南京农业大学学报（社会科学版），2006(1): 69-72.

[17] 王玉雯，郭九信，孔亚丽，等．氮肥优化管理协同实现水稻高产和氮肥高效 [J]．植物营养与肥料学报，2016, 22(5): 1157-1166.

[18] 郭九信，孔亚丽，谢凯柳，等．养分管理对直播稻产量和氮肥利用率的影响 [J]．作物学报，2016, 42(7): 1016-1025.

[19] 刘兆辉，吴小宾，谭德水，等．一次性施肥在我国主要粮食作物中的应用与环境效应 [J]．中国农业科学，2018, 51(20): 3827-3839.

[20] 王晓丹，向镜，张玉屏，等．水稻机插同步侧深施肥技术进展及应用 [J]．中国稻米，2020, 26(5): 53-57.

[21] 王士强，顾春梅，陈淑洁，等．水稻抗倒伏施肥技术研究进展 [J]．北方水稻，2009, 39(6): 70-74.

[22] 南京农学院．作物栽培学：南方本 [M]．上海：上海科学技术出版社，1979.

[23] 熊丽萍，谢运河，黄伯军，等．水稻干物质与镉积累的动态效应 [J]．湖南农业科学，2017 (12): 43-46.

[24] Ruano A, Barcelo J, Poschenrieder C. Zinc toxicity-induced variation of mineral element composition in hydroponically grown bush bean-plants[J]. Journal of plant nutrition, 1987, 10(4): 373-384.

[25] 陆景陵．植物营养学 [M]．北京：中国农业大学出版社，2002.

[26] Marschner H. Mineral nutrition of higher plants[M]. Massachusetts: Academic Press, 2011.

[27] 毛振强，杨建堂，魏义长，等．沿黄稻区水稻硅素营养特点的研究 [J]．河南农业科学，1999(6): 23-25.

[28] 杨建堂，高尔明，霍晓婷，等．沿黄稻区水稻硅素吸收、分配特点研究 [J]．河南农业大学学报，2000, 34(1): 37-42.

[29] 冯绪猛，郭九信，高丽敏，等．氮锌配施对水稻锌的吸收、累积与分配的影响 [J]．南京农业大学学报，2015, 38(2): 279-287.

[30] 黄晶，刘立生，马常宝，等．近 30 年中国稻区氮素平衡及氮肥偏生产力的时空变化 [J]．植物营养与肥料学报，2020, 26(6): 987-998.

[31] 朱兆良．农田中氮肥的损失与对策 [J]．土壤与环境，2000(1): 1-6.

[32] 尹娟，费良军，田军仓，等．水稻田中氮肥损失研究进展 [J]．农业工程学报，2005(6): 189-191.

[33] 朱兆良．主要农田生态系统氮素行为与氮肥高效利用的基础研究 [M]．北京：科学出版社，2010.

[34] 陈世俭，马毅杰．潜育化作用对水稻土磷素形态与供磷能力的影响 [J]．土壤通报，2002(4): 275-277.

[35] 都江雪，柳开楼，黄晶，等．中国稻田土壤有效磷时空演变特征及其对磷平衡的响应 [J]．土壤学报，2021, 58(2): 476-486.

[36] 鲁如坤．土壤-植物营养学原理和施肥 [M]．北京：化学工业出版社，1998.

[37] 刘展鹏，陈慧梅．稻田磷素流失及其环境效应分析 [J]．黑龙江水利科技，2021, 41(10): 1-4.
[38] 柳开楼，韩天富，黄晶，等．中国稻作区土壤速效钾和钾肥偏生产力时空变化 [J]．土壤学报，2021, 58(1): 202-212.
[39] 石孝均．水旱轮作体系中的养分循环特征 [D]．北京：中国农业大学，2003.
[40] 李书田，金继运．中国不同区域农田养分输入、输出与平衡 [J]．中国农业科学，2011, 44(20): 4207-4229.
[41] 吴良泉，武良，崔振岭，等．中国水稻区域氮磷钾肥推荐用量及肥料配方研究 [J]．中国农业大学学报，2016, 21(9): 1-13.
[42] 张福锁．高产高效养分管理技术创新与应用 [M]．北京：中国农业大学出版社，2016.
[43] 张福锁，崔振岭，陈新平．最佳养分管理技术列单 [M]．北京：中国农业大学出版社，2010.
[44] 中华人民共和国农业农村部种植管理司．2019 年春季主要农作物科学施肥指导意见 [EB/OL]. (2019-03-01). http://www.moa.gov.cn/ztzl/nyhfjlzxd/201903/t20190301_6173058.htm.
[45] 郭九信，孔亚丽，谢凯柳，等．养分管理对直播稻产量和氮肥利用率的影响 [J]．作物学报，2016, 42(7): 1016-1025.
[46] 郭俊杰，柴以潇，李玲，等．江苏省水稻减肥增产的潜力与机制分析 [J]．中国农业科学，2019, 52(5): 849-859.

中国肥料研究与应用全书

Books of Fertilizer Research and Application in China

FERTILIZER

第 7 章

大田经济作物高产绿色施肥原理与技术

7.1 油菜高产优质绿色施肥原理与技术

油菜是我国重要的油料作物之一，常年种植面积超过 1 亿亩，发展油菜生产是保障我国食用油供给安全、维护人民身体健康和推动乡村振兴的核心战略。过去七十多年里我国油菜的主栽品种、种植制度以及施肥技术等均发生了翻天覆地的变化。新中国成立初期，我国油菜多以白菜型和芥菜型油菜为主，平均单产仅为 427kg/hm^2。20 世纪 50 年代从国外引进并推广了甘蓝型油菜，通过引种、系统选育、辐射诱变及杂交育种等技术，培育了一批适合我国长江流域种植制度的早中熟甘蓝型油菜品种，并逐渐取代白菜型油菜，促进了我国油菜生产的第一次飞跃[1]，至 1979 年我国油菜平均单产达到了 870kg/hm^2。随着生育期与多熟制矛盾的缓解，我国油菜生产的目标逐步转变为高产、稳产和抗病。以“秦油 2 号”“中油 821”等为代表的高产抗病品种的应用推动了我国油菜生产的飞速发展，至 2000 年我国油菜的平均单产达到了 1519kg/hm^2，总产 1138 万吨，较第二阶段增长了近一倍。进入 2000 年后，将杂交优势结合到品质育种上有效解决了品质提升后产量、抗逆性降低的问题[2]，我国油菜产业也由单一注重产量变为产量与品质并重的阶段，到 2020 年我国油菜平均单产达到了 2077kg/hm^2，总产实现 1405 万吨（图 7-1）。

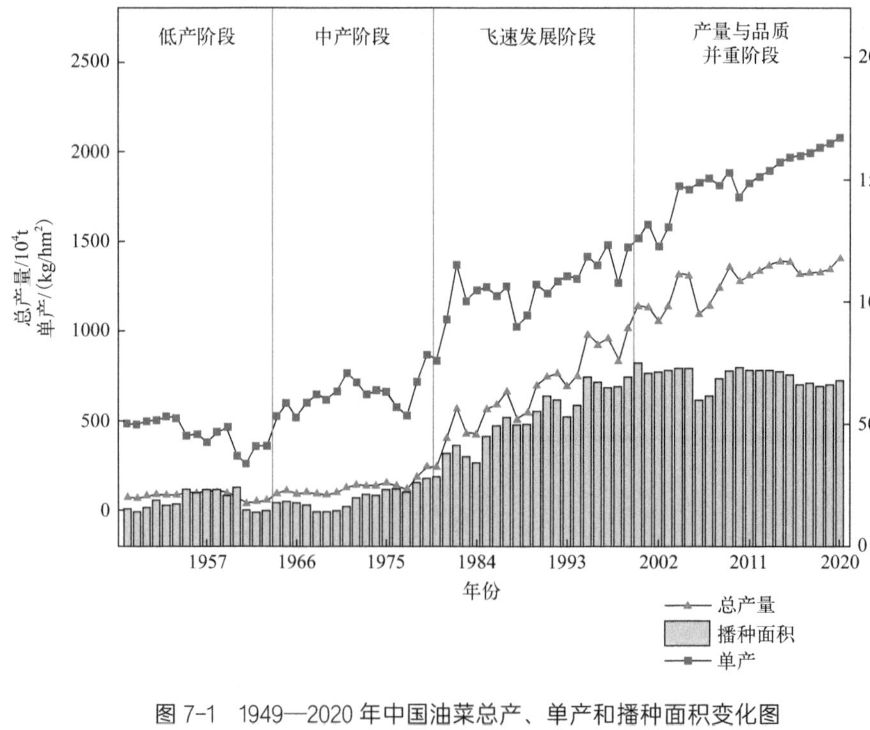

图 7-1 1949—2020 年中国油菜总产、单产和播种面积变化图

中国统计年鉴 2021

油菜产业的发展不仅归因于高产高抗新品种的培育，同样也离不开肥料的投入。新中国成立初期我国化肥工业薄弱制约了化肥在农业生产上的应用，20 世纪 50 ～ 60 年代油菜生

产主要依赖于有机肥，各地油菜丰产经验总结均明确指出了有机肥的增产效果。进入80年代后，我国农业生产中化肥投入量逐渐增加。1979—1982年连续四年的油菜高产栽培试验表明有机肥与化肥配施在增产的同时具有较高的经济效益[3]。1981—1983年进行的第三次全国化肥肥效试验中，每斤（0.5kg）氮、磷和钾肥分别增产油菜籽2.0kg、3.15kg和0.3kg，当化肥用量为165kg/hm^2，氮、磷、钾比例为1∶0.67∶0.22时，纯收益最高[4]。随着研究的深入和化肥工业的发展，油菜生产中的化肥施用量逐年增加，对江苏省1985—1994年间主要作物的施肥情况调查发现，油菜化肥施用量增幅最为明显[5]。然而油菜生产中有机肥投入比例则呈下降的趋势，1986—2000年间陕西省油菜生产中有机肥投入整体呈下降趋势，占比降至47.0%[6]。2000年后我们对长江流域冬油菜主产区两次大规模的施肥调查均表明，当前我国油菜生产中基本不再施用有机肥[7]。与此同时，化肥对油菜产量的贡献率逐步增加，化肥贡献率由20世纪60年代的23.8%增长到55.8%，油菜高产对化肥的依赖越来越大（表7-1）。不合理施肥不仅会影响油菜的产量和品质，更可能造成潜在的环境问题。因此本章节重点梳理了2000年以来，尤其是近10年油菜高效施肥技术的研究进展，以期为油菜高产优质绿色生产提供技术支撑。

表7-1　不同时期施肥对油菜产量的贡献率

年份	不施肥产量/(kg/hm^2)	施肥产量/(kg/hm^2)	增产量/(kg/hm^2)	肥料贡献率/%	增产率/%	养分用量/(kg/hm^2)	数据来源
1961—1965年	548	719	171	23.8	31.2	—	[8]
1981—1983年	1268	2084	816	39.2	64.4	165	[4]
1988—1991年	1257	2582	1325	51.3	105.4	330	[9]
2005—2008年	1177	2250	1073	47.7	91.2	250	[10]
2005—2009年	1184	2492	1308	52.5	110.5	—	[7]
2006—2008年	1531	2610	1079	41.3	70.5	308	[11]
2009—2011年	1025	2321	1296	55.8	126.4	405	[12]

7.1.1　油菜生长发育规律与养分需求特征

7.1.1.1　油菜生物学特性

油菜属于十字花科芸薹属的栽培植物。按照农艺性状可分为白菜型油菜、芥菜型油菜和甘蓝型油菜。白菜型油菜，原产于我国北部和西北部的原始种*Brassica campestris*，其基本特征是株型矮小，分枝较小，茎秆较纤细，基叶不发达，有明显的叶柄，匍匐生长，叶形椭圆，有明显的琴状缺刻，且多刺毛，薄被粉蜡。芥菜型油菜，原产于我国西部干旱地区和高原地区，在我国作为油菜栽培的有小叶芥油菜（*B. juncea* var. *gracilis* Tsen et Lee）和大叶芥油菜（*B. juncea* var.*juncea*）两个变种。前者基部叶片较小而狭窄，有长柄叶，叶缘有明显锯齿；后者基部叶片宽大而坚韧，呈大椭圆形或圆形，叶缘无明显锯齿，茎叶有明显短叶柄，叶面粗糙，茎组织木质化程度高，不易倒伏。甘蓝型油菜，原产于欧洲地中海沿岸西部地区，其植株高大，枝叶繁茂。苗期叶色较深，叶质似甘蓝，叶面被有蜡粉。叶面平滑不被刺毛，或者苗期少被刺毛。

按油菜种植及生长特性，我国的油菜可以简单划分为冬油菜和春油菜。我国冬油菜种植面积约占全国油菜面积的90%，主要分布在上海、江苏、浙江、安徽、湖北、湖南、江西、福建、广东、广西、河南、山东、云南、贵州等地，以及四川雅安地区以东、河北等省南部地区、新疆伊犁河谷。此外，西藏自治区局部河谷也有种植。我国春油菜种植面积约占全国油菜面积的10%，分布在西藏，青海，四川西部，甘肃六盘山，内蒙古阴山至大、小兴安岭，黑龙江北部及新疆阿勒泰地区等高寒山地和寒冷地带。

此外，由于油菜需经过一个低温条件才能进行花芽分化，因此根据不同品种类型对温度条件要求的差异，可分为冬性型、半冬性型和春性型三大类。冬性型品种对低温要求严格，在0～5℃条件下，经30～40天才能进入生殖生长阶段。半冬性型品种对低温要求不严格，一般在5～15℃条件下，经过20～30天即可进入生殖阶段。冬油菜中熟品种、早中熟品种，多数甘蓝型品种及长江中下游白菜型中熟品种均属此类。春性型品种可在较高温度下通过感温阶段，一般在10～20℃条件下，15～20天甚至更短的时间就开始生殖生长。冬油菜的极早熟品种、早熟品种及春油菜品种则属此类。

7.1.1.2　油菜生长发育特性

油菜生育期可分为发芽出苗期、蕾薹期、花期和角果成熟期，其生育期的长短因品种、生态条件、栽培措施等差异相差较大。一般情况下，白菜型生育期为150～200天，芥菜型为160～210天，甘蓝型为170～230天。以冬油菜为例，油菜种子吸水膨大后，胚根突破种皮，当幼根深入表土2cm左右时，根尖会生长出许多白色根毛。胚根向上伸长，幼茎直立于地面，两片子叶张开，由淡黄色转为绿色，称为出苗。油菜种子发芽的最适温度为25℃左右，当外界温度低于5℃或高于36℃均不利于发芽。出苗主要与温度有关，而与光照无关。此外，发芽时以土壤含水量为田间持水量的60%～70%较为适宜。从出苗至开始花芽分化为苗前期，开始花芽分化至现蕾为苗后期。苗前期主要生长根系、缩茎段和叶片等营养器官，苗后期叶的生长加快、主根膨大、主茎开始花芽分化等，这一时期的生长与发育均与温光有密切的关系。蕾薹期是油菜从现蕾至始花的阶段，它是油菜营养生长旺盛、生殖生长由弱转强的时期。该时期主要包括现蕾和抽薹两个过程，其中现蕾期是指扒开主茎顶端1～2片幼叶可见明显花蕾的时期，抽薹是指油菜现蕾后或在现蕾的同时主茎节间开始伸长的时期。花期是油菜由营养生长转向生殖生长的显著标志，此时对环境条件更为敏感。开花期主茎叶片数最多，叶面积最大。至盛花期，根、茎和叶生长基本停止，生殖生长转入主导地位。角果成熟期是指终花期至角果种子成熟的这段时间，是油菜种子充实，形成高产的主要时期，也是决定每角粒数和粒重的关键时期。在此期间油菜叶片逐渐衰亡，角果成为主要的光合器官。

以高产优质品种“华双5号”为例[13]，油菜全生育期总干物质积累量呈“S”形曲线，干物质的积累可分为三个阶段，0～130d缓慢增加，仅占整个生育期的27.1%；130～215d快速增加，72.9%的干物质积累集中在这一阶段，积累速率高达158kg/(hm²·d)；215～230d（成熟期）平稳略降。不同生育时期积累量表现为花期＞苗期＞蕾薹期＞角果期。根、茎、绿叶的干物质积累均先升高后降低，三者分别在185d（花期）、200d（角果期）、130d（苗期）达最大值，分别为2286kg/hm²、5450kg/hm²、2306kg/hm²，随着植株生长，三器官干物质积累均有不同程度降低，降幅表现为叶片＞茎＞根。生殖器官的干物质自现蕾后不断增加，230d时干物质积累量达最大，占总积累量的48.6%。油菜苗期落叶较少，170d（花期）后迅速增加，230d时达最大值（2162kg/hm²），占干物质积累总量的13.3%。抽薹前干物质积累量表现为绿叶＞根≈茎＞落叶，抽薹后，由于角壳和籽粒的形成以及叶片脱落，收获时干物质积累量表现为茎≈籽粒＞角壳＞落叶＞根（图7-2）。

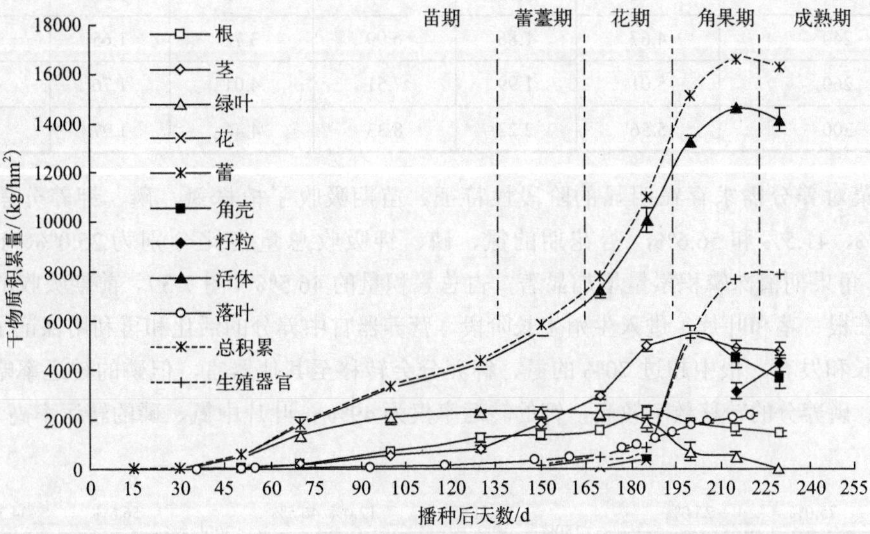

图7-2 油菜干物质累积动态

尽管冬油菜各生育阶段干物质累积量所占比例因产量水平、品种、栽培模式、生育期以及气候等因素有所差异，但整体而言，苗期干物质累积量是决定冬油菜高产的关键。在冬至苗叶片数为2.6～6.7片/株时，每增加一片叶，植株干物质累积量可增加250～400kg/hm²，成熟期分枝数平均可增加1.7个/株，最终产量提高622～981kg/hm²。因此通过合理施肥、调整播期等高产栽培措施促进苗期物质积累是冬油菜高产的重要技术手段。

7.1.1.3 油菜养分需求特性

油菜全生育期对养分的需求量大，且绝大部分在营养生长阶段。利用QUEFTS模型构建春油菜和冬油菜单位产量的养分需求量，明确了冬油菜和春油菜不同产量水平下形成100kg籽粒油菜养分需求量分别为N 4.60～5.56kg、P_2O_5 1.83～2.22kg、K_2O 6.89～8.33kg和N 3.58～4.46kg、P_2O_5 1.58～1.97kg、K_2O 5.25～6.54kg（表7-2）。此外，油菜的养分需求总量受种植方式和油菜品种的影响，移栽油菜百公斤籽粒需氮量略高于直播油菜，但其磷、钾需求量则略低[12]。

表7-2 基于QUEFTS模型的油菜百公斤籽粒养分需求量

产量/（kg/亩）	冬油菜/kg			春油菜/kg		
	N	P_2O_5	K_2O	N	P_2O_5	K_2O
50	4.60	1.83	6.89	3.58	1.58	5.25
100	4.60	1.83	6.89	3.58	1.58	5.25
150	4.60	1.83	6.89	3.58	1.58	5.25
180	4.60	1.83	6.89	3.58	1.58	5.25
200	4.60	1.83	6.89	3.59	1.58	5.28
220	4.61	1.83	6.91	3.62	1.58	5.31
240	4.67	1.86	6.99	3.72	1.65	5.46
260	5.01	1.99	7.51	4.01	1.76	5.88
300	5.56	2.22	8.33	4.46	1.97	6.54

油菜对养分需求存在明显的阶段性特征。苗期吸收了植株氮、磷、钾养分累积总量的75.0%、41.5%和56.6%，蕾花期的氮、磷、钾吸收总量占比分别为25.0%、12.0%和34.3%，角果期植株磷积累量增加显著，占总累积量的46.5%（图7-3）。前期吸收的养分主要存储在根、茎和叶片，进入生殖生长阶段，营养器官中养分的活化和再利用保证了结实器官的生长和发育。根中超过70%的氮、钾养分会转移至其他器官，但磷的转运率略低；茎秆中氮、磷养分的转移效率较高，钾的转运率仅为49%；叶片中氮、磷的转运率高于钾。

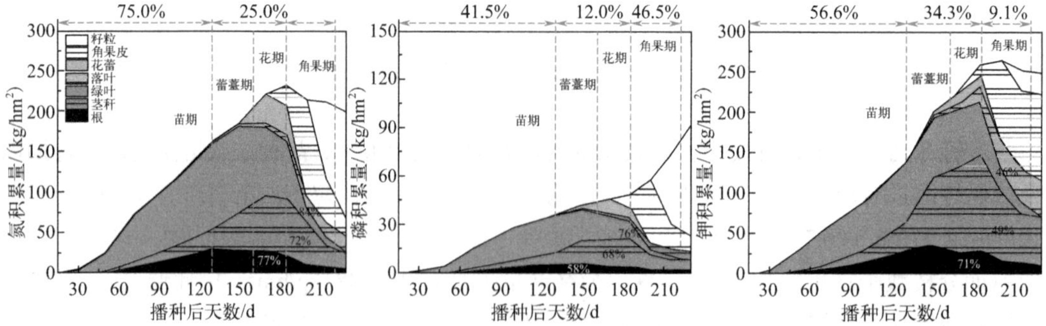

图7-3 油菜不同器官氮磷钾养分累积动态

除大量元素外，油菜对中微量元素的需求量也较大。油菜正常生长需吸收钙、镁、硫和硼的量分别为150kg/hm²、30kg/hm²、100kg/hm²和180g/hm²左右，其中40%在苗期吸收，进入生殖生长后，油菜植株对中微量元素的需求量增加，蕾薹期至角果期是油菜硼、钙、硫等营养的最大效率期（图7-4）。

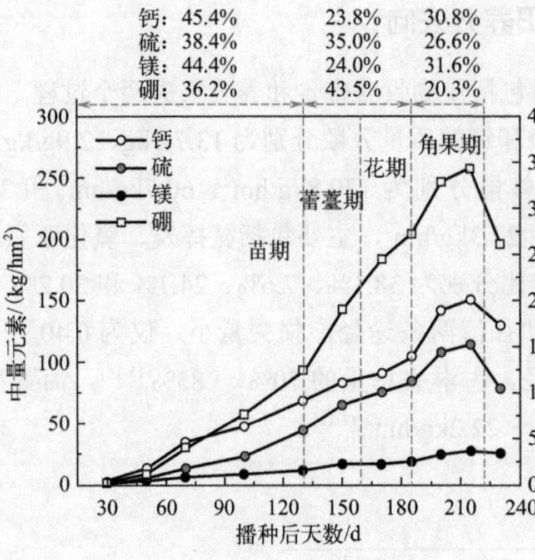

图 7-4 油菜中微量元素累积动态

7.1.2 油菜养分来源和去向

7.1.2.1 油菜集约化农田养分来源

油菜种植过程中的养分投入主要包括施肥、前茬作物残留秸秆和根茬带入的养分量，也有少部分来源于大气沉降、灌溉用水及生物固定（如氮）等过程。汇总长江流域冬油菜种植区主要轮作系统农田养分投入的基本状况（数据来源于 161 篇油菜和水稻生产的文献）[14]，结果显示油菜季氮、磷、钾肥投入量均值分别为 184.9kg/hm^2（变幅 50 ～ 300kg/hm^2）、89.6kg/hm^2（变幅 38 ～ 150kg/hm^2）、113.1kg/hm^2（变幅 45 ～ 225kg/hm^2）。水稻是油菜种植的主要前茬作物，每季根茬投入氮、磷、钾养分量分别为 10.9kg/hm^2、3.4kg/hm^2 和 13.3kg/hm^2。若水稻秸秆全部还田，则随秸秆带入的氮、磷、钾养分量分别为 57.5kg/hm^2、21.4kg/hm^2 和 192.8kg/hm^2（图 7-5）。

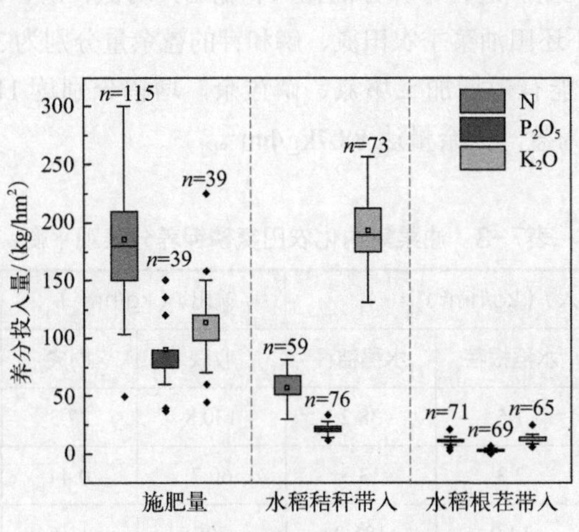

图 7-5 油菜集约化生产养分投入量

7.1.2.2 油菜集约化农田养分去向

油菜季养分的输出主要包括作物收获带走和养分损失两个过程。油菜地上部平均生物量为9525kg/hm^2，平均氮、磷和钾的质量分数分别为13.7g/kg、2.9g/kg和18.8g/kg，随油菜收获带走的N、P_2O_5和K_2O总量分别为130.8kg/hm^2、60.7kg/hm^{2}和206kg/hm^2（图7-6左）。油菜季农田氮素损失总量为27.3kg/hm^2，主要包括氨挥发、氧化亚氮排放、径流和淋溶损失四种途径，四种损失途径占比分别为38.1%、7.6%、24.1%和30.2%（图7-6右）。油菜季磷养分的损失主要包括淋溶和径流两条途径，损失量小，仅为0.40～1.50kg/hm^2，其中径流损失是磷素流失的主要途径，占淋失总量的70%～85%[15-16]。油菜种植土壤钾的损失途径与磷类似，总损失量在6.6～22.2kg/hm^2[17-18]。

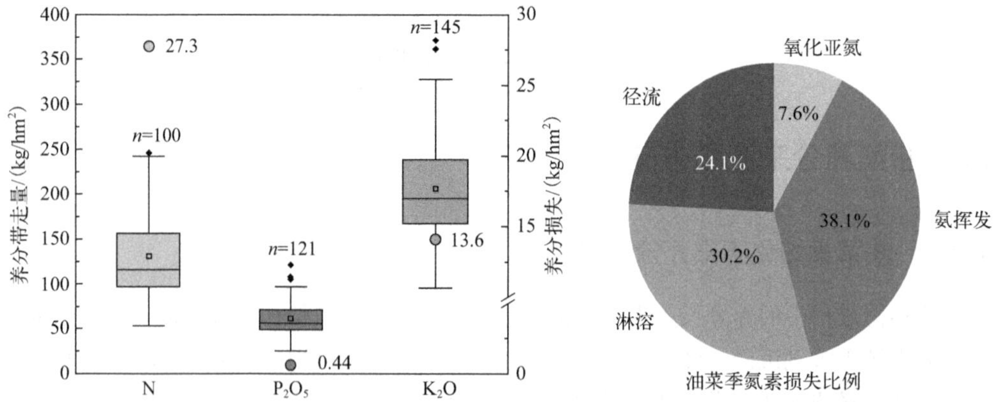

图7-6 油菜集约化生产养分输出量

7.1.2.3 油菜集约化农田氮磷钾养分表观平衡

通过汇总油菜集约化生产过程中养分的输入和输出，对氮、磷、钾养分的表观平衡状况进行评估（表7-3）。秸秆不还田油菜季农田氮、磷和钾的盈余量分别为34.4kg/hm^2、30.8kg/hm^{2}和−92.5kg/hm^2。秸秆还田能有效增加土壤氮、磷盈余，增幅分别达111.0%和43.2%，实现油菜季土壤钾平衡，扭亏为盈，盈余量达88.7kg/hm^2。

表7-3 油菜集约化农田氮磷钾养分表观平衡

养分	输入/(kg/hm^2)			输出/(kg/hm^2)		表观平衡/(kg/hm^2)	
	施肥	水稻根茬	水稻秸秆	收获	损失	秸秆不还田	秸秆还田
氮（N）	184.9	7.5	38.2	130.8	27.3	34.4	72.6
磷（P_2O_5）	89.6	2.3	13.3	60.7	0.44	30.8	44.1
钾（K_2O）	113.1	14.0	181.2	206	13.6	−92.5	88.7

7.1.3 油菜推荐施肥技术

我国油菜典型种植区存在土地利用强度大、土壤养分缺乏种类多、土壤供肥和保肥能力差等特点，同时区域间土壤养分供应强度差异大（养分缺乏和过量并存）、肥料施用技术匹配性差等问题突出，因此兼顾作物-土壤-肥料三者养分的协调和同步是实现油菜养分精准施用的基础。基于冬油菜的养分吸收规律以及前期养分的贮藏功能等特性，结合土壤养分的时空有效性、营养元素的丰缺状况和实际生产养分管理的可操作性，采取"氮磷钾硼镁全营养配合与前促后稳"的养分精准调控理论是满足油菜绿色高效生产的关键。其核心在于：

（1）氮磷钾硼镁全营养配合　我国冬油菜种植区域土壤氮、磷盈余，钾亏缺，镁、硼缺乏面积分别达 53.7% 和 83.5%。为满足高产油菜生长需求，除土壤自身供应的养分外，还普遍需要通过施肥的方式补充氮、磷、钾、硼和镁。根据土壤肥力条件和目标产量，平衡施用氮、磷、钾肥；依据土壤有效镁和有效硼状况，补充硼肥和镁肥；同时有效利用当地有机肥资源，提倡有机无机配合和秸秆还田。

（2）前期精准施肥促苗保群体和后期土壤养分稳供促高效　油菜对养分的吸收主要集中在苗期，存在典型的"前期储藏和后期转移"的特点，但土壤养分供应则呈现前期供应相对不足而后期供应充足的状况，作物养分需求和土壤养分供应的匹配性相对较差。通过氮肥分次施用、磷钾肥一次性基施，适当增加生育前期氮肥施用比例或采用缓 / 控释氮肥，能提高油菜产量和肥料利用率。

在具体实施过程中充分利用"氮肥总量控制、分期调控、磷钾衡量监控、中微量元素因缺补缺以及有机肥配合施用"的原则，明确用量及形态、精准施用时期和位置，融合区域高产栽培技术，实现油菜的绿色生产。

7.1.3.1 油菜氮肥推荐施用技术

（1）油菜适宜的氮肥用量　不同于磷钾，氮在土壤中移动性很强，氮肥的精准推荐往往依赖于土壤或植物的实时监测，但大面积田间生产中往往很难做到氮素的实时监控，氮肥的总量控制和分期调控技术则是一种相对简便高效的施肥方法。利用国家测土配方施肥项目 2005—2010 年冬油菜种植区 1457 个"3414"的田间试验，结合冬油菜区域种植特点和种植制度，将冬油菜种植区划分为旱旱轮作区、长江上游水旱两季轮作区、长江中下游水旱两季轮作区和水旱三季轮作区，采用肥料效应函数法和区域平均肥料适宜用量法确定冬油菜区域最佳经济氮肥用量[19]。同时以不施氮处理（N0 处理）冬油菜产量代表土壤基础氮素供应能力，拟合 N0 处理产量和氮相对产量的函数关系，两者呈现极显著的对数关系。结合 N0 处理产量与氮相对产量关系、N0 处理产量分布和氮相对产量分布，最终确定氮相对产量 50%、60% 和 70% 作为分级指标，与之相对应的 N0 处理产量分别为 1100kg/hm^2、1490kg/hm^2 和 2015kg/hm^2，进而将土壤基础供氮能力（indigenous nitrogen supply，INS）分成四个等级（L1、L2、L3 和 L4）（图 7-7）。

不同 INS 等级冬油菜最佳经济氮肥用量（EONR）如表 7-4 所示。区域平均最佳经济氮肥用量为 181kg/hm^2，对应产量为 2664kg/hm^2。不同区域略有差别，旱旱轮作区、长江上游水旱两季轮作区、长江中下游水旱两季轮作区和水旱三季轮作区平均最佳经济氮肥用量分别为 166kg/hm^2、170kg/hm^2、201kg/hm^2 和 159kg/hm^2。不同供氮能力土壤上其 EONR 存在明显差异，随着土壤供氮能力的提高，其 EONR 逐渐降低。

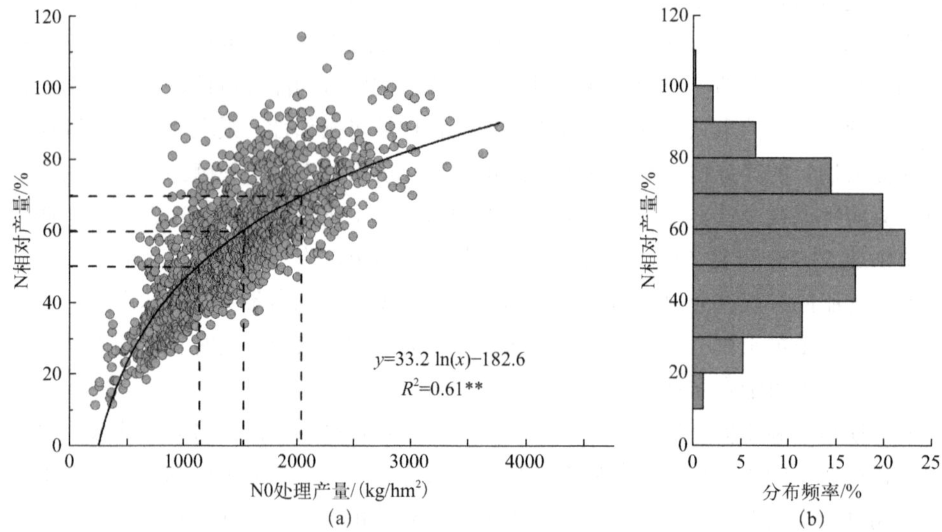

图 7-7 N0 处理冬油菜产量与氮相对产量关系图（a）和氮相对产量频率分布图（b）

表7-4 不同土壤氮素供应等级下冬油菜氮肥用量和产量

区域	土壤氮素供应等级	EONR/[kg(N)/hm^2]	产量/（kg/hm^2）
旱旱轮作区	L1	166	2558
	L2	173	2684
	L3	164	2860
	L4	156	3264
	平均	**166**	**2813**
长江上游水旱两季轮作区	L1	189	2366
	L2	178	2508
	L3	162	2728
	L4	152	3191
	平均	**170**	**2671**
长江中下游水旱两季轮作区	L1	217	2426
	L2	199	2592
	L3	194	2879
	L4	181	3308
	平均	**201**	**2712**

续表

区域	土壤氮素供应等级	EONR/[kg(N)/hm²]	产量 / (kg/hm²)
水旱三季轮作区	L1	178	1754
	L2	149	2092
	L3	160	2472
	L4	151	2973
	平均	**159**	**2300**
区域平均	L1	200	2359
	L2	182	2520
	L3	173	2768
	L4	162	3218
	平均	**181**	**2664**

（2）油菜氮肥适宜时期　冬油菜生育期较长，不同生育阶段其生长特点及氮素需求特性存在较大差异。刘晓伟等 [13] 研究表明生育前期是冬油菜氮素吸收的高峰时段，增加前期氮肥施用对油菜增产具有重要作用。顾玉民和李炳生 [20] 指出基肥不应低于 50%，过低容易形成弱苗，注重前期施肥可以促进花芽分化，形成更多的有效角果，有利于高产。蕾薹期合理施肥有利于协调油菜后期生长，苏伟等 [21] 研究发现，薹肥适当追施氮肥可以明显增加油菜产量，提高氮肥利用率。基肥、越冬肥及薹肥配合施用可以使油菜生长实现“早发冬壮”“春发稳长”，冬前能迅速建立起强大的叶片、茎秆营养体，扩大群体光合面积，为后期干物质、养分转移和再分配提供基础；春后适量追施氮肥可以增加角果层厚度和角果数，增加角果皮面积，提升角果的光合能力，为籽粒提供充足的灌浆物质。

利用在湖北和江西开展的 10 个油菜不同氮肥运筹的田间试验 [22]，明确了移栽和直播油菜适宜的氮肥施用时期及其影响因素（表 7-5）。合理氮肥运筹显著提高冬油菜籽粒产量，其中氮肥两次施用（$N_{Ⅱ}$）移栽油菜产量平均为 2203kg/hm^2，相比不施氮处理平均增产 1450kg/hm^2；直播冬油菜氮肥运筹油菜产量较不施氮分别提高了 266.2%（$N_{Ⅰ}$）、320.8%（$N_{Ⅱ}$）、346.1%（$N_{Ⅲ}$）和 302.2%（$N_{Ⅳ}$），氮肥三次施用（$N_{Ⅲ}$）效果最好，平均产量可达 1847kg/hm^2。不同栽培模式冬油菜籽粒产量对氮肥分期施用的响应不尽相同，与氮肥全部基施（$N_{Ⅰ}$）相比，移栽冬油菜 $N_{Ⅱ}$、$N_{Ⅲ}$和氮肥四次施用处理（$N_{Ⅳ}$）籽粒产量增幅分别为 13.9%、11.8% 和 8.1%，而直播冬油菜 $N_{Ⅱ}$、$N_{Ⅲ}$和 $N_{Ⅳ}$处理籽粒产量增幅分别为 14.9%、21.8% 和 9.8%。土壤供氮能力显著影响油菜产量对氮肥运筹方式的响应，直播条件下各试验点和移栽条件下的沙洋点（2010），基础产量（不施氮处理）相对较低，土壤供氮能力较低，氮肥追施次数过多会显著降低油菜产量；反之，基础产量较高，土壤供氮充足，氮肥分次施用则可明显提高油菜产量。

表7-5 氮肥施用时期及比例对冬油菜产量的影响

栽培模式	试验地点	产量/(kg/hm²)					增产率/%			
		CK	$N_Ⅰ$	$N_Ⅱ$	$N_Ⅲ$	$N_Ⅳ$	$N_Ⅰ$	$N_Ⅱ$	$N_Ⅲ$	$N_Ⅳ$
移栽	沙洋县 2010	274d	1690b	1949a	1538c	1452c	516.8	611.3	461.3	429.9
	沙洋县 2011	1082b	2432a	2572a	2608a	2380a	124.8	137.7	141.0	120.0
	赤壁市 2010	983c	1883b	2183a	2100a	1992ab	91.6	122.1	113.6	102.6
	进贤县 2010	742c	1513b	1837a	1908a	1808a	103.9	147.6	157.1	143.7
	安义县 2010	687d	2150c	2475b	2653ab	2823a	213.0	260.3	286.2	310.9
	平均	**754b**	**1934a**	**2203a**	**2162a**	**2091a**	**156.5**	**192.2**	**186.7**	**177.3**
直播	沙洋县 2010	80c	1149ab	1256a	1117b	1073b	1336.3	1470.0	1296.3	1241.3
	沙洋县 2011	581c	2217ab	2353ab	2461a	2195b	281.6	305.0	323.6	277.8
	赤壁市 2010	392c	1183b	1475a	1333ab	1217b	201.8	276.3	240.1	210.5
	进贤县 2010	540c	1215b	1482ab	1658a	1503a	125.0	174.4	207.0	178.3
	安义县 2010	479d	1816c	2287b	2524a	2324b	279.1	377.5	426.9	385.2
	平均	**414c**	**1516b**	**1742ab**	**1847a**	**1665ab**	**266.2**	**320.8**	**346.1**	**302.2**

注：CK 为不施氮处理；$N_Ⅰ$为氮肥一次性施用，全部作基肥；$N_Ⅱ$为氮肥分两次施用，60% 作基肥、40% 作越冬肥追施；$N_Ⅲ$为氮肥分三次施用，60% 作基肥、20% 作越冬肥、20% 作薹肥追施；$N_Ⅳ$为氮肥分四次施用，40% 作基肥、20% 作越冬肥、20% 作薹肥、20% 作花肥追施。不同小写字母表示同一地点相同栽培模式下不同氮肥处理间差异显著（$p < 0.05$）。

（3）基于土壤无机氮测试的根层氮素实时调控技术　根层土壤无机氮（N_{min}）监测是同步土壤、肥料氮素供应和作物氮素需求的有效方法[23]，利用各生长阶段满足油菜正常生长的氮素供应目标值减去氮肥施用前根区土壤 N_{min} 含量，从而实现平衡土壤、肥料氮素供应和作物氮素需求。利用两年的田间试验，构建了基于土壤无机氮测试的冬油菜根层氮素实时监控技术[22]。

2011—2012 和 2012—2013 季冬油菜移栽前 0 ~ 20cm 土层土壤 N_{min} 含量分别为 26.1kg/hm² 和 5.4kg/hm²，经验氮肥推荐处理（FN）的施氮量为 108kg/hm²。从移栽到越冬期，两季基于氮素供应目标值得出的根层氮素调控处理（SN）的基肥用量分别为 104.0kg/hm² 和 124.6kg/hm²，2011—2012 季地上部干物质量和氮素吸收量要明显高于 2012—2013 季，但各个生育时期 FN 和 SN 处理并无明显差异。在越冬期，2011—2012 和 2012—2013 季 FN 处理均追施了 36.0kg/hm²，此时期总氮素供应量分别为 137.3kg/hm² 和 73.5kg/hm²，而 SN 处理根层土壤 N_{min} 含量分别为 113.6kg/hm² 和 59.7kg/hm²，因此，在 2011—2012 季没有追施氮肥，2012—2013 季则施用了 40.3kg/hm²。两季蕾薹期干物质量并没有显著差异，而 2012—2013 季 FN 处理植株氮素吸收量显著低于 SN 处理。根据经验氮肥推荐处理要求，FN 处理在蕾薹期氮肥施用量为 36.0kg/hm²，2011—2012 季蕾薹期 SN 处理根区土壤 N_{min} 含量为 99.1kg/hm²，接近该时期氮素供应目标值，因此没有追施氮肥；2012—2013 季此时 SN 处理根区土壤 N_{min} 含量为 32.3kg/hm²，因此 SN 处理追施了氮肥 67.7kg/hm²。2011—2012 季花期 FN 和 SN 处理地上部干物质量和氮素吸收量无显著差异，而 2012—2013 季 FN 处理地上部干物质量和氮素吸收量显著低于 SN 处理。从花期到成熟期，FN 处理不追施氮肥，此时根层 0 ～ 60cm 土层无机氮含量也高于氮素供应目标值，因此不再追施氮肥。在成熟期，2011—2012 季 FN 和 SN 处理地上部干物质量无显著差异，FN 处理的地上部氮素吸收量则明显高于 SN 处理，而 2012—2013 季 FN 处理两者均显著低于 SN 处理（表 7-6）。

表7-6　不同氮肥处理对氮肥投入量、冬油菜各生育时期干物质量和氮素吸收量的影响

项目	2011—2012 季			2012—2013 季		
	0-N	FN	SN	0-N	FN	SN
移栽-越冬期						
氮输入 / （kg/hm^2）						
移栽前 N_{min}（0 ～ 20cm 土层）	26.1	26.1	26.1	5.4	5.4	5.4
施氮量	0.0	108.0	104.0	0.0	108.0	124.6
总氮输入	26.1	134.1	130.1	5.4	113.4	130.0
干物质量 / （kg/hm^2）	1186.5b	2917.3a	3152.3a	306.4b	503.0a	578.8a
作物吸氮量（越冬期）/（kg/hm^2）	20.1b	77.1a	86.5a	6.0b	16.0a	19.6a
越冬期-蕾薹期						
氮输入 / （kg/hm^2）						
越冬前 N_{min}（0 ～ 40cm 土层）	59.4b	101.3a	113.6a	15.5b	37.5a	59.7a
施氮量	0.0	36.0	0.0	0.0	36.0	40.3
总氮输入	59.4	137.3	113.6	15.5	73.5	100.0
干物质量 / （kg/hm^2）	1236.5b	3265.2a	3873.3a	427.3b	1438.3a	1739.3a
作物吸氮量（蕾薹期）/（kg/hm^2）	28.2b	132.6a	133.4a	8.6c	38.5b	50.5a
蕾薹期-花期						
氮输入 / （kg/hm^2）						
抽薹前 N_{min}（0 ～ 60cm 土层）	48.0b	71.6a	99.1a	21.0b	32.0a	32.3a
施氮量	0.0	36.0	0.0	0.0	36.0	67.7
总氮输入	48.0	107.6	99.1	21.0	68.0	100.0
干物质量 / （kg/hm^2）	2323.1b	5830.3a	6594.2a	948.2c	3579.7b	4429.5a
作物吸氮量（花期）/（kg/hm^2）	44.9b	159.8a	152.8a	11.6c	85.1b	138.1a
花期-成熟期						
氮输入 / （kg/hm^2）						
花前 N_{min}（0 ～ 60cm 土层）	62.7b	97.0a	78.7ab	40.0b	56.3ab	67.5a
施氮量	0.0	0.0	0.0	0.0	0.0	0.0
总氮输入	62.7	97.0	78.7	40.0	56.3	67.5
干物质量 / （kg/hm^2）	4810.1b	8868.8a	8506.1a	895.2c	4950.1b	6002.7a
作物吸氮量（成熟期）/（kg/hm^2）	61.2c	156.1a	129.2b	9.3c	75.5b	103.0a

注：0-N 为对照处理；FN 为氮肥推荐用量处理；SN 为优化氮肥推荐处理。不同小写字母表示同一年份不同处理间差异显著（$p < 0.05$）。

在 2012—2013 季，基于移栽前氮素供应目标值确定 $SN_{0.75}$、SN 和 $SN_{1.25}$ 处理基肥的氮肥施用量分别为 92.1kg/hm²、124.6kg/hm² 和 157.1kg/hm²，从移栽到越冬期，氮素供应目标值的变化对氮素累积量无显著影响。从越冬期到蕾薹期，提高氮素供应目标值增加了越冬前根层土壤 N_{min} 含量，此时 $SN_{0.75}$、SN 和 $SN_{1.25}$ 处理土壤无 N_{min} 含量分别为 92.1kg/hm²、124.6kg/hm² 和 157.1kg/hm²，$SN_{0.75}$ 处理氮素吸收量显著低于 $SN_{1.25}$ 处理。相比于 2011—2012 季，从蕾薹期到花期是作物氮素吸收的关键时期，较低的氮素供应目标值将无法满足作物正常生长的氮素需求，即 $SN_{0.75}$ 处理氮素吸收量显著低于 $SN_{1.25}$ 处理，较高的氮素供应目标值对地上部干物质量和氮素吸收量并无显著影响。在花前，$SN_{0.75}$、SN 和 $SN_{1.25}$ 处理土壤 N_{min} 含量分别为 55.2kg/hm²、67.5kg/hm² 和 72.5kg/hm²，其土壤 N_{min} 接近此时的氮素供应目标值，因此不需要追施氮肥。基于年度间冬油菜产量和地上部氮素吸收量的差异，利用对数函数进一步优化不同生育阶段氮素供应目标值。移栽到越冬期、越冬期到蕾薹期、蕾薹期到花期和花期到成熟期氮素供应目标值的阈值分别为 105 ～ 128kg/hm²、95 ～ 105kg/hm²、94 ～ 102kg/hm² 和 71 ～ 73kg/hm²（图 7-8）。

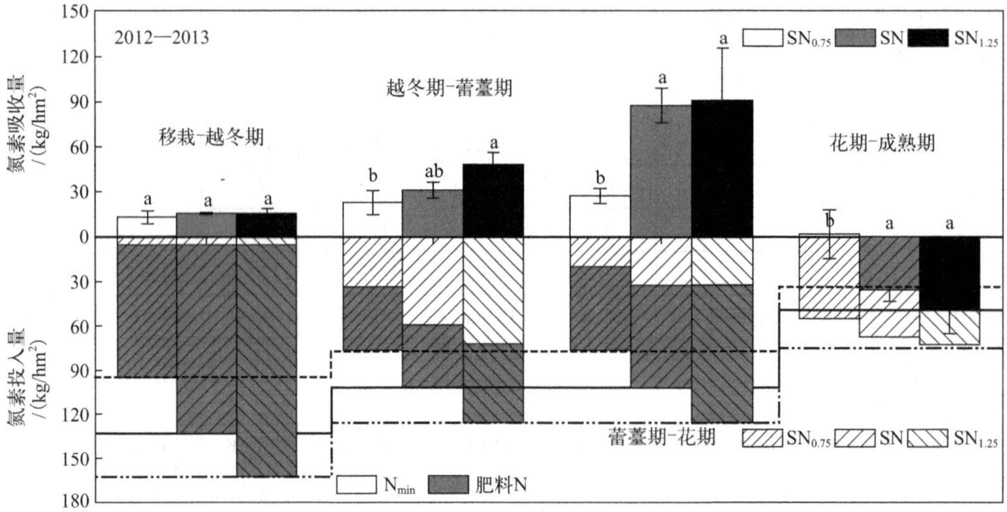

图 7-8 冬油菜各生育时期氮素供应目标值的优化

SN 为优化氮肥推荐处理；$SN_{0.75}$ 为氮素供应目标值 75% 的优化氮肥推荐处理；$SN_{1.25}$ 为氮素供应目标值 125% 的优化氮肥推荐处理；不同小写字母表示同一生育时期不同处理间差异显著（$p < 0.05$）

7.1.3.2 油菜磷钾肥推荐施用技术

（1）油菜适宜的磷肥用量　根据长江流域冬油菜的土壤磷素丰缺指标 [24]，将土壤有效磷含量按 6mg/kg、12mg/kg、25mg/kg 和 30mg/kg 进行分级，对应的相对产量分别为 60%、75%、90% 和 95%。基于不同的目标产量，计算了各土壤磷素肥力条件下直播和移栽冬油菜的磷肥推荐用量（表 7-7 和表 7-8）。直播冬油菜在各级土壤磷素肥力条件下，达到不同目标产量的磷肥推荐施用量均高于移栽冬油菜。随产量水平提高，直播冬油菜的磷肥推荐用量与移栽冬油菜的差值逐渐增大，尤其在土壤有效磷含量较低的地区，直播冬油菜达到高产

（3000kg/hm^2 以上）所需的磷肥较移栽冬油菜明显更多。

表7-7 不同目标产量下直播冬油菜的磷肥用量推荐量

目标产量/（kg/hm^2）	土壤有效磷分级/（mg/kg）	相对产量		土壤基础养分供应量/（kg/hm^2）	养分需求量/（kg/hm^2）	磷肥推荐用量/（kg/hm^2）
		/%	/（kg/hm^2）			
1500	6	60	900	8.2	13.7	54.8
	12	75	1125	10.3	13.7	34.3
	25	90	1350	12.3	13.7	13.7
	30	95	1425	13.0	13.7	6.8
2250	6	60	1350	12.3	20.5	82.0
	12	75	1688	15.4	20.5	51.3
	25	90	2025	18.5	20.5	20.5
	30	95	2138	19.5	20.5	10.3
3000	6	60	1800	17.3	28.8	115.2
	12	75	2250	21.6	28.8	72.0
	25	90	2700	25.9	28.8	28.8
	30	95	2850	27.4	28.8	14.4
3750	6	60	2250	26.5	44.2	176.8
	12	75	2813	33.2	44.2	110.5
	25	90	3375	39.8	44.2	44.2
	30	95	3563	42.0	44.2	22.1

表7-8 不同目标产量下移栽冬油菜的磷肥用量推荐量

目标产量/（kg/hm^2）	土壤有效磷分级/（mg/kg）	相对产量		土壤基础养分供应量/（kg/hm^2）	养分需求量/（kg/hm^2）	磷肥推荐用量/（kg/hm^2）
		/%	/（kg/hm^2）			
1500	6	60	900	6.8	11.4	52.0
	12	75	1125	8.6	11.4	32.5
	25	90	1350	10.3	11.4	13.0
	30	95	1425	10.8	11.4	6.5
2250	6	60	1350	10.2	17.0	77.5
	12	75	1688	12.8	17.0	48.4
	25	90	2025	15.3	17.0	19.4
	30	95	2138	16.2	17.0	9.7

续表

目标产量/（kg/hm^2）	土壤有效磷分级/（mg/kg）	相对产量		土壤基础养分供应量/（kg/hm^2）	养分需求量/（kg/hm^2）	磷肥推荐用量/（kg/hm^2）
		/%	/（kg/hm^2）			
3000	6	60	1800	14.0	23.3	106.2
	12	75	2250	17.5	23.3	66.4
	25	90	2700	21.0	23.3	26.5
	30	95	2850	22.1	23.3	13.3
3750	6	60	2250	21.1	35.2	160.4
	12	75	2813	26.4	35.2	100.3
	25	90	3375	31.7	35.2	40.1
	30	95	3563	33.4	35.2	20.1

（2）油菜适宜的钾肥用量　根据长江流域冬油菜的土壤钾素丰缺指标[24]，将土壤速效钾含量按26mg/kg、60mg/kg、135mg/kg和180mg/kg进行分级，对应的相对产量分别为60%、75%、90%和95%。基于不同的目标产量，计算了各土壤钾素肥力条件下直播和移栽冬油菜的钾肥推荐用量（表7-9和表7-10）。整体而言，直播冬油菜在各级土壤钾素肥力条件下，达到不同目标产量水平的钾肥推荐施用量均明显高于移栽冬油菜，在土壤有效钾含量较低的地区，直播冬油菜达到高产所需的钾肥远远高于移栽冬油菜。

表7-9　不同目标产量下直播冬油菜的钾肥用量推荐量

目标产量/（kg/hm^2）	土壤速效钾分级/（mg/kg）	相对产量		土壤基础养分供应量/（kg/hm^2）	养分需求量/（kg/hm^2）	钾肥推荐用量/（kg/hm^2）
		/%	/（kg/hm^2）			
1500	26	60	900	56.3	93.9	99.1
	60	75	1125	70.4	93.9	61.9
	135	90	1350	84.5	93.9	24.8
	180	95	1425	89.2	93.9	12.4
2250	26	60	1350	84.5	140.9	148.6
	60	75	1688	105.7	140.9	92.9
	135	90	2025	126.8	140.9	37.2
	180	95	2138	133.9	140.9	18.6
3000	26	60	1800	119.0	198.4	209.3
	60	75	2250	148.8	198.4	130.8
	135	90	2700	178.6	198.4	52.3
	180	95	2850	188.5	198.4	26.2

续表

目标产量/(kg/hm²)	土壤速效钾分级/(mg/kg)	相对产量/%	相对产量/(kg/hm²)	土壤基础养分供应量/(kg/hm²)	养分需求量/(kg/hm²)	钾肥推荐用量/(kg/hm²)
3750	26	60	2250	182.3	303.8	320.5
	60	75	2813	227.9	303.8	200.3
	135	90	3375	273.4	303.8	80.1
	180	95	3563	288.6	303.8	40.1

表7-10　不同目标产量下移栽冬油菜的钾肥用量推荐量

目标产量/(kg/hm²)	土壤速效钾分级/(mg/kg)	相对产量/%	相对产量/(kg/hm²)	土壤基础养分供应量/(kg/hm²)	养分需求量/(kg/hm²)	钾肥推荐用量/(kg/hm²)
1500	26	60	900	51.7	86.2	77.3
	60	75	1125	64.7	86.2	48.3
	135	90	1350	77.6	86.2	19.3
	180	95	1425	81.9	86.2	9.7
2250	26	60	1350	77.6	129.3	116.0
	60	75	1688	97.0	129.3	72.5
	135	90	2025	116.4	129.3	29.0
	180	95	2138	122.8	129.3	14.5
3000	26	60	1800	106.0	176.6	158.4
	60	75	2250	132.5	176.6	99.0
	135	90	2700	158.9	176.6	39.6
	180	95	2850	167.8	176.6	19.8
3750	26	60	2250	160.4	267.4	239.9
	60	75	2813	200.6	267.4	149.9
	135	90	3375	240.7	267.4	60.0
	180	95	3563	254.0	267.4	30.0

7.1.3.3　油菜中微量推荐施用技术

（1）油菜硼肥施用技术　长江流域冬油菜典型种植区域土壤有效硼的平均含量为0.45mg/kg，土壤有效硼处于潜在缺乏的比例高达83.5%[25]，硼已成为当前长江流域冬油菜生产的重要限制因子。合理施用硼肥有助于提高油菜的产量潜力和其他养分利用效率，达到协同增效的目的。于2016—2018年在长江流域冬油菜主产区布置了62个冬油菜硼肥用量的田间试验，发现施用硼肥显著增加直播油菜产量，随硼肥用量的增加，油菜产量先增加，当硼砂用量为 9.0kg/hm^2 达到平台值，此时平均产量为 2363kg/hm^2，继续增加硼肥用量，产量变化不显著。98% 的地区施硼能保证不减产，85.5% 的地区施硼能够增产 5% 以上，19.4% 的地区由于土壤严重缺硼，施硼增产 55% 以上。施硼的增产量主要集中在 0 ～ 300kg/hm^2，增产 300kg/hm^2 以上的地区占 50%。

根据土壤有效硼含量和硼肥施用效果，更新了冬油菜种植土壤硼素丰缺指标体系，土壤严重缺硼（相对产量＜ 60%）、缺硼（相对产量 60% ～ 75%）、轻度缺硼（75% ～ 90%）和适宜（相对产量＞ 90%）的临界土壤有效硼浓度分别为＜ 0.13mg/kg、0.13 ～ 0.32mg/kg、0.32 ～ 0.79mg/kg 和＞ 0.79mg/kg。

土壤有效硼含量越高，施硼对产量构成因子的影响效果越小[26]。当土壤有效硼含量小于 0.40mg/kg 时，施用硼肥对产量构成因子增加幅度最大的是单株角果数，增加幅度最小的是每角粒数，同时施硼对千粒重的减小幅度降低；当土壤硼含量大于 0.40mg/kg 时，施硼对密度的增加幅度最大，对单株角果数和每角粒数的影响较小。增产量大于 300kg/hm^2 时，施硼对单株角果数的增加幅度最大，对密度的增加幅度较小；当增产量小于 300kg/hm^2 时，施硼对每角粒数的增加幅度较大。

将土壤有效硼含量只划分“缺乏”和“适宜”两级，其中热水溶法测定的土壤有效硼的临界值是 0.79mg/kg。为保证油菜的正常生长，并防止土壤硼素富集对下一茬水稻等产生毒害，当土壤有效硼含量＜ 0.79mg/kg 时，每公顷基施硼砂 7.5 ～ 15kg；当土壤有效硼含量＞ 0.79mg/kg，除少数高产地区需基施少量硼砂外，一般不推荐基施硼肥。若植株出现缺硼症状，可在薹期和初花期喷施浓度为 0.2% 的硼砂。不同目标产量下冬油菜硼砂推荐用量见表 7-11。

表7-11 不同目标产量下冬油菜硼砂推荐用量

目标产量 /（kg/hm^2）	土壤有效硼含量 /（mg/kg）	硼砂推荐用量 /（kg/hm^2）
1500	＜ 0.8	7.5
	＞ 0.8	蕾薹期喷硼 1 次
2250	＜ 0.8	7.5
	＞ 0.8	蕾薹期喷硼 1 次
3000	＜ 0.8	15.0
	＞ 0.8	蕾薹期喷硼 1 ～ 2 次
3750	＜ 0.8	15.0
	＞ 0.8	7.5

（2）油菜镁肥施用技术　镁是油菜生长发育所必需的营养元素，在提高作物产量、改善品质和提升抗逆性上发挥了重要作用。我国油菜种植区尤其是长江流域及其以南的冬油菜生产省份，土壤有效镁含量普遍偏低，有 50% 的土壤需要不同程度补充镁肥。通过 2018—2020 年在长江流域冬油菜主产区布置的 58 个油菜镁肥施用效果试验发现[27]，与当地推荐处理相比，优化处理（NPKB）平均减少了氮、磷、硼肥 13.7%、10.7% 和 16.3%，但其产量（2231kg/hm^2，变幅 867 ～ 3935kg/hm^2）与当地推荐处理（2338kg/hm^2，变幅 600 ～ 4455kg/hm^2）无明显差异。在优化基础上施用氯化镁（45kg/hm^2），油菜籽平均增产 8.4%，其中施

氯化镁增产效果达 5% 以上的试验点占 55%（n=32），增产率变幅 5.3% ～ 64.4%，主要分布在长江以南的省份，如广西、湖南和江西；33% 的试验点（n=19）施用氯化镁对产量的影响不大，另有 12% 的试验点（n=7）施镁后有小幅减产（图 7-9）。

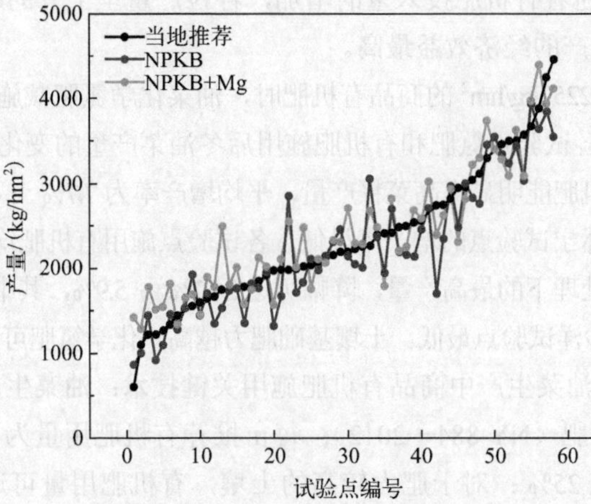

图 7-9 各试验点油菜产量变化

以各试验点最佳施镁水平为参照，计算缺镁处理的相对产量，建立了土壤交换性镁含量与相对产量的关系，以相对产量 75%、80%、85% 和 90% 为依据，计算了土壤交换性镁含量为极缺乏、缺乏、潜在缺乏、中等和丰富的临界指标分别为 0 ～ 70mg/kg、70 ～ 120mg/kg、120 ～ 200mg/kg、200 ～ 330mg/kg 和大于 330mg/kg。当土壤交换性镁含量小于 200mg/kg 时（57% 的试验点），土壤交换性镁处于潜在缺乏的状态，施用镁肥显著提高油菜产量，并且随着土壤交换性镁含量的降低，施镁增产的效果越明显。

采用一元二次方程对各试验点的镁肥用量试验进行拟合得到了各点的推荐镁肥用量，并按照土壤有效镁的分级对推荐用量进行汇总，结果见表 7-12。

表7-12 不同土壤有效镁分级下的镁肥推荐用量

土壤有效镁分级	N	土壤镁含量 /（mg/kg）		推荐镁肥用量 /（kg/hm^2）	
		变幅	均值	变幅	均值
0 ～ 70（极缺乏）	9	20.7 ～ 64.7	41.4	25.0 ～ 52.6	40.6
70 ～ 120（缺乏）	10	73.5 ～ 111.1	88.2	11.8 ～ 49.2	30.0
120 ～ 200（潜在缺乏）	13	131.5 ～ 195.1	161.1	10.4 ～ 46.5	26.8
200 ～ 330（中等）	14	201.5 ～ 330.0	253.7	0 ～ 36.5	20.4
大于 330（丰富）	10	334.7 ～ 534.2	402.4	0 ～ 22.5	12.7

7.1.3.4 油菜有机肥推荐施用技术

（1）商品有机肥施用技术 当前我国油菜生产中极少施用有机肥，一方面是由于油菜生产的比较效益低，农民不愿再额外增加生产成本，另一方面也与油菜生产中有机肥施用技术的研究不足有关。为明确冬油菜生产中适宜的有机肥用量，在长江中下游冬油菜产区江苏高淳、湖南安仁、湖北沙洋、安徽休宁和当涂布置了 5 个有机肥用量的田间试验[28]，发现增施有机肥能明显提高油菜产量，在化肥减量 25% 情况下配施商品有机肥，油菜籽平均增产 17.5% ～ 59.9%，并且随着有机肥投入量的增加，籽粒产量呈上升的趋势。有机肥施用量为 $2250kg/hm^2$ 时，油菜生产的经济效益最高。

进一步探讨了施用 $2250kg/hm^2$ 的商品有机肥时，油菜化学氮肥减施的空间和潜力。从产量结果来看，长江中下游各试验点氮肥和有机肥施用后冬油菜产量的变化规律总体一致。与单施化肥处理相比，增施有机肥能明显提高菜籽产量，平均增产率为 7.7% ～ 43.3%，其中以湖南安仁试验点增幅最高，安徽休宁试验点的增产率最低。各试验点施用有机肥均明显降低了化学氮肥的投入，并达到单施化肥处理下的最高产量，降幅可达 26.7% ～ 5.9%，其中以安徽当涂试验点的化学氮肥降幅最高，湖北沙洋试验点最低。土壤基础肥力越高，化学氮肥可替代比例越高。

基于此，提出了冬油菜生产中商品有机肥施用关键技术：油菜生产中，建议选用优质的商品有机肥或生物有机肥（NY 884—2012）；每亩推荐有机肥用量为 150kg（以烘干基计），在此基础上化肥可减施 25%；对于肥力较高的土壤，有机肥用量可适当降低，而肥力较低的土壤则应增加有机肥用量。有机肥作基肥一次性施用后应适当翻耙，可配合油菜播种-施肥-施药-覆草联合作业机械。

（2）秸秆还田技术　水稻-油菜轮作是我国最重要的油菜轮作制度。随着水稻产量的不断提高，水稻收获后田间残留了大量的秸秆。稻草本身是一种非常重要的有机资源，长期秸秆还田可以培肥土壤，提高作物产量。伴随着国家秸秆禁烧政策以及农业生产机械化程度不断提高，水稻秸秆还田已成为油菜生产栽培的重要技术环节。研究团队长达 10 年的双季稻-油菜秸秆还田定位试验发现，连续秸秆还田增加了早稻、晚稻和油菜产量和地上部养分吸收量，其中油菜季效果最为明显；并且随着种植年限增加，土壤有机质、全氮和有效钾含量明显增加。利用在湖北省内布置的多个钾肥用量和秸秆还田的田间试验[29]，明确了稻草还田下，高、中和低供钾能力土壤上油菜适宜的钾肥用量分别为 $20kg(K_2O)/hm^2$、$26kg(K_2O)/hm^2$ 和 $49kg(K_2O)/hm^2$，与区域钾肥推荐相比，不同供钾能力土壤上油菜季钾肥分别减施了 66.7%、56.7% 和 18.3%。

常见的秸秆还田方式包括翻压还田和覆盖还田，翻压还田是目前油菜生产中比较常见的秸秆还田方式。水稻收获后借助大型机械将水稻秸秆直接翻压还田，但受到田间面积和机械动力等影响，土壤旋耕后将稻草直接翻压还田的效果一直不尽理想；秸秆覆盖还田可以减少对大型机械的依赖，对于规模较小的油菜种植是一种非常有效的秸秆还田方式。它可以提高土壤保水能力，有效缓解冬季干旱对油菜苗期生长的影响。但需要注意的是秸秆还田会影响油菜的出苗和后期氮肥的施用。秸秆覆盖还田油菜出苗率平均降低 19.3%，同样覆盖还田会增加后期追施氮肥的氨挥发损失，降低氮肥利用率[30]。因此为了探究冬油菜种植中前茬水稻秸秆高效还田技术，通过田间试验量化了水稻收割高度对田间稻草量的影响，对比了稻草全量翻压还田和全量覆盖还田对土壤结构以及油菜出苗的影响，以期找到一种更高效冬油菜前茬水稻秸秆还田技术[31]。主要结果表明，随着水稻收获时留桩高度的增加，田间散落稻草生物量明显降低。当留桩高度小于 20cm 时，田间散落稻草生物量为 461 ～ 631kg/ 亩，而留桩高度超过 40cm 后，田间散落稻草和稻桩生物量分别为 0 ～ 308kg/ 亩和 323 ～ 631kg/ 亩。

当稻草全量翻压还田或全量覆盖还田时显著影响 0 ～ 10cm 土层的土壤结构。在 0 ～ 10cm 土层中，稻草全量翻压还田土壤容重为 1.05g/cm³，较稻草不还田处理明显降低，土壤总孔隙度较不还田处理提高 7.5%，其中通气孔隙度占到了 85.3%。稻草全量覆盖还田土壤总孔隙度较不还田提高 4.0%，毛管孔隙度较不还田提高 4.2%，土壤容重和通气孔隙度无显著变化。在 10 ～ 20cm 土层中，稻草翻压还田和覆盖还田均对土壤容重和土壤孔隙度无明显影响（表 7-13）。

表7-13　稻草还田方式对不同土层土壤结构的影响

土层 /cm	处理	容重 /（g/cm³）	总孔隙度 /%	毛管孔隙度 /%	通气孔隙度 /%
0 ～ 10	稻草不还田	1.25 a	53.0 b	44.1 b	8.3 b
	稻草翻压还田	1.05 b	60.5 a	45.3 ab	15.2 a
	稻草覆盖还田	1.14 ab	57.0 ab	48.3 a	8.4 b
10 ～ 20	稻草不还田	1.37 a	48.1 a	42.5 a	5.7 a
	稻草翻压还田	1.30 a	51.0 a	44.1 a	6.9 a
	稻草覆盖还田	1.29 a	51.2 a	45.8 a	5.4 a

注：不同小写字母表示同一列不同处理间差异显著（$p < 0.05$）。

油菜季稻草全量还田时会在 0 ～ 10cm 土层形成障碍层，影响油菜根系的下扎；同时会降低土壤容重，增加土壤通气孔隙度，遇到干旱时会加剧油菜幼苗的死亡。稻草全量覆盖还田具有明显保温保墒的功效，但每亩将 500 ～ 600kg 的稻草全量覆盖还田，会形成物理阻隔，影响油菜的出苗，同时增加田间操作的难度。因此吸取稻草翻压还田和覆盖还田的优点，通过调整收获稻桩高度，实现翻压和覆盖相结合的稻草还田方式。留桩 30 ～ 40cm 高度，田间残留稻桩生物量为 250 ～ 350kg/ 亩，利用大型机械对土壤和稻桩进行旋耕翻压，在降低机械动力需求的同时也可减少田间障碍层；通过机械捡拾的方式收割残留在田间的稻草，在油菜播种施肥完成后覆盖，有利于油菜冬季保温保墒，也避免了过厚的稻草层对油菜出苗的物理阻隔。考虑到稻草还田对油菜出苗的影响，在稻草还田条件下将油菜播种量提高 20% ～ 30%。田间稻草覆盖同样会影响后期肥料追施的效果，因此在稻草覆盖还田情况下，可采用缓控释尿素或油菜专用缓释肥一次施用的技术。

7.1.4　典型区域油菜高产优质绿色施肥应用案例

7.1.4.1　油菜专用缓释肥应用效果

由于农村劳动力短缺、种植效益比较低，油菜种植面积近几年呈现降低的趋势，发展轻简化、机械化生产是解决当前油菜种植面积不稳，保证我国食用油安全的重要措施。施肥是保证和维持油菜产量的重要途径，化肥对油菜增产的贡献率达 50% 以上。在过去十多年，随着国家在油菜施肥领域的科学研究与技术推广力度不断加强，一些制约油菜高产与养分高效利用的基础性问题和科学施肥的关键技术得到明确，而如何做到肥料简化施用仍是轻简化生产中亟待解决的问题。专用高效肥料产品是衔接科学研究和生产推广的纽带，它将科学施肥的理念和技术融入肥料产品中，油菜生产实践则可借助技术物化的产品实现化肥减量增效。冬油菜缓释专用肥是近几年华中农业大学研发的一款适合油菜轻简化施用的专用配方肥，该肥料根据油菜生长发育规律、养分需求规律和冬油菜主产区土壤养分供应能力，由氮、磷、钾、硼、镁等 5 种主要养分组成，同时为了满足油菜一次性施用要求，添加了硝化抑制剂和脲酶抑制剂等氮素长效剂。前期研究表明，油菜专用缓释肥能显著提高油菜产量、养分吸收和经济效益，但不同区域和种植制度下油菜专用缓释肥“一次性施用”的适宜用量及配套施用技术并不明确。

为完善冬油菜高效专用肥的配套施用技术，2016—2019 年在长江流域冬油菜典型种植区域 9 个省份共布置了 39 个冬油菜专用缓释肥用量试验。根据各个试验点的肥料效应曲线，分别采用线性＋平台模型、二次曲线模型进行拟合，结合肥料效应方程 R^2 和 RMSE 值确定最佳肥料效应方程[32]。各试验点冬油菜专用缓施肥适宜用量分别为 430 ～ 900kg/hm^2，平均用量为 791kg/hm^2。根据各试验点专用肥适宜用量，选取与专用肥适宜用量最接近的专用肥处理，评价其与当地推荐施肥相比的减肥增效潜力。与当地农技部门推荐处理相比，适宜的专用缓释肥处理养分投入分别减少了 N 6kg/hm^2、P_2O_5 46kg/hm^2 和 K_2O 46kg/hm^2，养分总投入减少了 23.6%。尽管专用肥处理减少了化学养分投入，与当地农技部门推荐施肥相比，平均增产 395kg/hm^2，变幅为 −267kg/hm^2 ～ 1074kg/hm^2，平均增产率达 17.1%。与当地农技部门推荐相比，27 个试验点的专用肥处理表现为增产，平均增产量为 599kg/hm^2，增幅为 28.0%；4 个试验点的专用肥处理表现为减产，平均减产量为 288kg/hm^2，减幅为 7.5%；其余 8 个试验点的专用肥处理表现为平产。89.7% 的试验点施用适宜的油菜专用缓释肥油菜产量能够达到增产或稳产。

从经济效益来看，专用肥在提高油菜产量的同时，有效降低了肥料成本以及施肥用工成本。与当地农技部门的推荐处理相比，专用肥在节本的同时实现了增效，其净收益平均增加了 1711 元 /hm^2，冬油菜专用肥表现出良好的节本增收的作用。

油菜专用缓释肥在我国冬油菜生产中表现出良好的减肥增效、节本增收的功效，在当前冬油菜产区平均产量为 170kg/ 亩时，区域平均适宜的专用肥用量为 50kg/ 亩；对于高产区域（＞ 200kg/ 亩），专用肥用量可提高至 55 ～ 60kg/ 亩，或在越冬期追施尿素 5 ～ 10kg/ 亩；对于低产田块（＜ 120kg/ 亩），专用肥用量可减少至 30 ～ 35kg/ 亩。同时，也可根据前茬作物、地力水平和典型种植区域适当调整专用肥用量（表 7-14）。

表7-14　冬油菜专用缓释肥适宜用量及配套施用技术

<table>
<tr><th>项目</th><th>专用缓释肥适宜用量</th><th>备注</th></tr>
<tr><td>区域平均</td><td>平均产量水平在 170kg/ 亩时，区域平均适宜专用肥用量为 50kg/ 亩</td><td rowspan="4">高产区域（＞ 200kg/ 亩），专用肥用量可提高至 55 ～ 60kg/ 亩，或在越冬期追施尿素 5 ～ 10kg/ 亩；低产区域（＜ 120kg/ 亩），专用肥用量可减少至 30 ～ 35kg/ 亩；高产条件下，水田土壤前期养分供应能力弱，而旱地土壤后期养分供应能力弱，因此水田油菜应重视基肥投入，而旱地油菜可根据长势适当追施尿素</td></tr>
<tr><td>种植制度</td><td>旱地和水田油菜区域平均适宜用量分别为 45kg/ 亩和 50kg/ 亩</td></tr>
<tr><td>地力水平</td><td>低、中、高肥力条件下（不施肥处理油菜产量＜ 50kg/ 亩、50 ～ 100kg/ 亩和＞ 100kg/ 亩）区域平均适宜用量为 50kg/ 亩、55kg/ 亩和 45kg/ 亩</td></tr>
<tr><td>典型区域</td><td>长江上、中和下游区域平均适宜用量为 40kg/ 亩、50kg/ 亩和 55kg/ 亩</td></tr>
</table>

7.1.4.2 长江中游水旱轮作区油菜高产优质绿色施肥技术策略

（1）生产中存在的主要问题

① 水稻秸秆量大，处理方式影响到油菜生长及环境问题；

② 肥料用量大，施肥模式粗放；

③ 季节性干旱影响油菜生长和肥料施用；

④ 杂草问题严重限制油菜肥料利用率；

⑤ 油菜根肿病和菌核病发生严重，农药施用不科学。

（2）关键技术组成

① 油菜专用缓释肥高效施用技术　油菜专用缓释肥（$N\text{-}P_2O_5\text{-}K_2O$：25-7-8）用量 50kg/ 亩，对于高产田块每亩肥料用量可增加 5 ～ 10kg。建议在播种前 2 ～ 3 天，均匀撒施油菜专用缓释肥后翻耕，亦可采用油菜精量联合直播作业机械，实现播种、施肥和打药一体化，作业机械可采用正位或侧深施的方式，施肥深度为 7 ～ 10cm。

② 有机肥替代减施化肥技术　商品有机肥用量 75 ～ 100kg/ 亩，在整地前，将有机肥均匀撒施后翻耕。播种前 2 ～ 3 天，将减量 25% 的化肥均匀撒施后旋耕。

③ 稻草覆盖还田抑草技术　直播前 3 ～ 5 天旋耕细耙整地，旋耕同时使粉碎秸秆均匀分布在 0 ～ 20cm 土层中，细碎土层深度达 8cm 以上，增大种植播种量 20%。在油菜播种前喷施减量 25% 的土壤封闭除草剂，杂草 3 叶期可基本不施用茎叶除草剂。

④ 高效复配药剂控草技术　采用农药减量、增加助剂，如多元醇型非离子活性剂、有机硅等，与茎叶除草剂复配施用。播后芽前用精异丙甲草胺、异松 · 乙草胺等土壤封闭；杂草 3 叶期以 74% 草除灵 · 烯草酮（45mL/ 亩）与助剂复配，每亩用水量 30kg，施用背负式电动喷雾器喷施。

⑤ 根肿病高效防控技术　选用抗根肿病的油菜品种是防控根肿病的首选措施。此外可使用氰霜唑种子包衣，结合石灰氮 30kg/ 亩土壤处理；或结合氰霜唑种子包衣，推迟播期至 10 月中旬，增加播种量 20%，以保证产量。

⑥ 菌核病高效复配药剂飞防技术　选用戊唑 · 咪鲜胺水乳剂（25g/ 亩）、异菌 · 氟啶胺悬浮剂（50mL/ 亩）、醚菌 · 啶酰悬浮剂（50mL/ 亩）等新型、低毒、高效复配药剂，于油菜盛花初期使用植保无人机精准施药，从而实现油菜菌核病绿色、高效防控。

（3）关键技术应用效果　从 2018—2020 年先后在湖北省沙洋县、荆州区和洪湖市开展了 12 个综合技术模式（图 7-10）的示范试验 [33]。从两年 12 个示范结果来看，与习惯模式相比，综合技术模式通过引进、熟化和组装适合区域油菜生产特点的化肥农药减施增效关键技术，2018—2020 年化肥投入减少了 28.6% ～ 33.5%，农药投入减少了 40.9% ～ 60.4%（表 7-15），实现了化肥和农药的“双减”。

化肥和农药仍是保证区域油菜产量的关键技术手段。与习惯模式相比，不施肥和不施药处理油菜产量分别减产 2108kg/hm^2 和 438kg/hm^2，减产率高达 71.4% 和 14.8%（表 7-16）。尽管综合技术模式减少了化肥和农药投入，但综合技术模式和习惯模式油菜产量无明显差异，综合技术模式较习惯处理增产 3.5%，说明通过技术优化，可以在减少化肥和农药投入情况下保证油菜的高产稳产。

图 7-10　长江中游水旱轮作区稻草覆盖还田冬油菜肥药资源综合管理技术模式

表7-15　湖北水旱轮作区冬油菜减肥减药综合技术模式示范化肥和农药投入

试验点	处理	年份	化肥投入			农药投入		
			($N-P_2O_5-K_2O$) / (kg/亩)	总养分量 / (kg/亩)	减施比例 /%	(除草-杀虫-杀菌) / (g/亩)	总施药量 / (g/亩)	减施比例 /%
沙洋	习惯模式	2018—2019 年	18.0-7.5-7.5	33	—	146-0-150	296	—
		2019—2020 年	18.0-7.5-7.5	33	—	150-0-0	150	—
	综合模式	2018—2019 年	13.8-3.9-4.4	22	33.5	60-0-115	175	40.9
		2019—2020 年	13.8-3.9-4.4	22	33.5	60-0-0	60	60.0
荆州	习惯模式	2018—2019 年	16.0-6.0-6.0	28	—	90-0-300	390	—
		2019—2020 年	18.0-7.5-7.5	33	—	150-0-0	150	—
	综合模式	2018—2019 年	12.5-3.5-4.0	20	28.6	50-0-117.5	168	57.1
		2019—2020 年	13.8-3.9-4.4	22	33.5	60-0-0	60	60.0
洪湖	习惯模式	2018—2019 年	14.4-7.5-7.5	29	—	80-200-200	480	—
		2019—2020 年	14.4-7.5-7.5	29	—	50-185-160	395	—
	综合模式	2018—2019 年	12.5-3.5-4.0	20	31.0	40-50-100	190	60.4
		2019—2020 年	12.5-3.5-4.0	20	31.0	50-90-80	175	44.3

表7-16　湖北水旱轮作区冬油菜减肥减药综合技术模式对油菜产量的影响

处理	平均产量/（kg/hm^2）	范围/（kg/hm^2）	增产量/（kg/hm^2）	增产率/%
不施肥	843	0～2657	−2108	−71.4
不施药	2514	1000～4207	−438	−14.8
综合技术模式	3055	1575～4502	103	3.5
习惯模式	2951	1525～4802	—	—

综合技术模式的肥料偏生产力和农学效率分别为5.3～15.0kg/kg和2.5～11.2kg/kg，较习惯模式处理增加了55.6%和82.5%。在农药的防治效果上，综合技术的模式的防效为−22.5%～115.0%，较习惯模式处理平均增加了14.3%。

综合技术模式有效减少了化肥和农药投入成本，平均每亩节约生产成本52～57元。同时综合技术模式实现了油菜的高产和稳产，与习惯模式相比，综合技术模式实现节本增效30～924元/亩，平均每亩节本增收60元。

7.2　新疆棉花高产绿色施肥原理与技术

新疆是中国最大、世界重要的优质棉产区。2023年，新疆棉花播种面积2369.3千公顷，占全国的85%；新疆棉花总产量511.2万吨，占全国总产91%，占全球棉花产量的五分之一[34]。新疆棉花单产达2157.8kg/hm^2；新疆棉花总产量连续5年稳定在500万吨以上，面积、单产、总产、商品调出量连续29年居全国第一。2021年，新疆地区生产总值15983.65亿元，其中农林牧渔业第一产业生产总值为5143.12亿元，新疆棉花总产值占整个第一产业产值的比例为18.5%，占地区生产总值的比例近6%。新疆从事第一产业人员为460万人，占就业总人数的33.9%，其中约50%的农户从事棉花生产[35]，棉花在新疆的国民经济中扮演重要角色。

新疆棉花产业的发展不仅归因于精量播种、膜下滴灌、化学调控、机械采收等一系列关键栽培技术，同样也离不开肥料的投入。调查显示，20世纪80年代新疆棉花化肥施用量（N）为150kg/hm^2，至2005—2010年，新疆棉花化肥平均用量（N）从422.25kg/hm^2增加到480kg/hm^2，2020年增加至597.75kg/hm^2，增长了近4倍，而施肥结构中氮（N）、磷（P）、钾（K）平均占比为0.48∶0.25∶0.06，N、P肥施用比例较高，而K肥不足，不合理的化肥投入导致植棉成本大幅增加[36]。

新疆棉区广泛使用水肥一体化技术。该技术利用滴灌随水施肥，"少量多次、协同精准"，按照棉花生长规律来进行水肥分配，节水的同时提高肥料增产效果，减少养分如氮素的淋失损失，增强磷、钾等元素在土壤中的移动性，实现同步调控肥料施用与水分供给，达到对棉花精确供给水分、养分，并保证棉花持续得到最佳水分养分供应，实现了全生育期科学施肥[37]。因此本章节重点梳理水肥一体化棉花施肥进展，以期为新疆棉花高产优质绿色生产提供技术支持。

7.2.1 棉花生长发育规律与养分需求特征

7.2.1.1 棉花生长发育规律

棉花整个生育周期中，根据棉花生长发育过程中不同器官的形成及其生长特点，把棉花的一生划分为五个生育阶段，播种出苗、苗期、蕾期、花铃期和吐絮期（图 7-11）。

图 7-11 棉花生长发育时期示意图

棉花从播种期到收获期，经历的天数称为全生育期，从出苗期到吐絮期经历的天数称为生育期。生育期长短，因品种、气候及栽培条件的不同而异，一般中熟陆地棉品种为 130 ～ 140 天。在优越的生产条件下，可促使棉花生长加快发育期提前。

播种出苗：从播种到出苗所经历的时间。春棉需经历 10 ～ 15 天，夏棉 5 ～ 7 天。

苗期：从出苗到现蕾所经历的时间。直播春棉需经历 40 ～ 45 天，夏棉需经历 25 ～ 28 天。

蕾期：从现蕾到开花所经历的时间。春棉和夏棉需经历 25 ～ 30 天。

花铃期：从开花到吐絮所经历的时间。春夏棉均需经历 50 ～ 60 天。

吐絮期（成熟期）：从吐絮到收获结束所经历的时间。春棉约需 60 天，夏棉约需 40 天。

7.2.1.2 棉花养分需求特征

（1）棉花养分需求量　棉花是一种需肥量大的作物，棉花产量高低与土壤肥力、土壤养分含量有密切的关系，在一定范围内，随土壤肥力的提高和土壤养分的增加，产量随之上升，棉株吸收氮磷钾的总量也在增加。根据文献记录，新疆棉区不同产量下，每 100kg 皮棉及其附属物（叶、茎、铃壳等地上部生物体）需要吸收养分存在差异（表 7-17）。

表7-17　新疆棉花对氮磷钾养分的吸收量

项目		每生产 100kg（皮棉 / 籽棉）吸收养分数量 /kg			$N:P_2O_5:K_2O$
		N	P_2O_5	K_2O	
皮棉产量[38] /（kg/hm^2）	1425 ～ 1500	12.33	3.39	11.78	1∶0.27∶0.96
	2175 ～ 2250	9.78	2.49	8.83	1∶0.25∶0.90
	2400 ～ 2475	9.60	2.52	9.22	1∶0.26∶0.96
	2850 ～ 2925	9.17	2.48	8.93	1∶0.27∶0.97
籽棉[39]		5.29	1.01	4.83	1∶0.19∶0.91
南疆地区籽棉[40]		5.37	1.67	4.36	1∶0.31∶0.81

（2）氮、磷、钾三要素在棉花生育中的作用

① 氮素对棉花的作用最明显，时间最长，从幼苗开始直到开花结铃期，都需要有适量的氮素供应。氮素供应适当，棉花叶色深绿，植株健壮，蕾铃多，产量高，品质好。如果初期氮素供应过多，会引起棉花徒长；如果生育中期供应不足，棉叶会变黄变小，脱落多，后期早衰，产量低；如果中后期供应过量，会引起棉花疯长，晚期减产，降低品质。

② 磷素在生育前期能促进根系发育，使壮苗早发，对早现蕾早开花有重要作用；在生育后期能促进棉花成熟，增加铃重。

③ 棉花是纤维作物，也是喜钾作物，生理上需要吸收大量的钾素，缺钾初期棉株下部叶片叶肉组织褪绿，出现黄白色斑块，随后形成棕褐色坏死组织，严重缺钾时出现下部叶片焦枯似灼烧状，棉铃小，抗病性差，易早衰，吐絮差等症状。钾素能起到健枝壮秆和提高棉花抗性的作用。

（3）棉花产量对氮、磷、钾肥料的反应　汤明尧[35]等研究结果表明棉花施用氮肥的增产量为 $1357kg/hm^2$（372 ～ $2344kg/hm^2$），施用磷肥的增产量为 $842.25kg/hm^2$（102 ～ $1882kg/hm^2$），施用钾肥的增产量为 $550kg/hm^2$（69.0 ～ $1313kg/hm^2$）。从施氮、磷和钾肥的增产效果来分析，棉花施用氮肥的增产作用最大，增产率在 8.75% ～ 70.38% 之间，平均增产率为 31.89%；磷肥的增产作用次之，增产率在 1.94% ～ 50.73% 之间，平均增产率为 17.82%；新疆棉花施用钾肥也有明显的增产效果，平均增产率为 11.08%，但不同条件下增产效果差异较大。

（4）棉花养分阶段性吸收规律　棉花生育期吸收氮、磷、钾的数量随生育进程有较大变化（表 7-18）。棉花苗期以根茎叶生长为中心，吸收氮、磷、钾的数量虽然吸收比例小，但吸收强度大，棉株体内氮磷钾百分比含量也较高。棉花在苗蕾期对养分的需求为：氮＞钾＞磷。不同产量下苗期吸收养分占整个生育期的比例为 N 为 3.78% ～ 11.31%，P_2O_5 为 2.96% ～ 8.75%，K_2O 为 3.89% ～ 10.60%。苗期低产田在苗期积累氮、磷、钾素占全生育期总量的比例大于中、高产田。棉花磷素临界营养期在 3 叶期、氮素临界营养期在 4 ～ 6 叶期，均是出现在苗期。此时棉花根系吸收面积和吸收深度小，吸收能力弱。需要提供容易吸收的速效性养分且集中在根系附近以提高利用率。

表7-18 滴灌条件下不同产量棉花各生育时期N、P、K积累状况[41]及比例

生育时期	养分	净积累量 / (kg/hm^2)			占生育期比例 /%		
		低产	中产	高产	低产	中产	高产
苗期	N	20.19	7.93	24.08	11.31	3.78	7.53
	P	3.57	2.12	6.07	8.75	2.96	5.86
	K	18.57	10.66	23.46	10.60	3.89	6.25
蕾期	N	51.05	60.56	95.03	28.59	28.88	29.72
	P	6.81	18.55	22.73	16.68	25.91	21.93
	K	40.18	79.41	93.56	22.93	28.97	24.92
花铃期	N	67.28	114.58	148.60	37.68	54.66	46.46
	P	14.59	34.44	47.38	35.72	48.11	45.71
	K	100.23	139.58	193.73	57.21	50.92	51.62
吐絮期	N	40.03	26.58	52.14	22.42	12.68	16.3
	P	15.88	16.48	27.47	38.86	23.02	26.5
	K	16.23	44.46	64.69	9.26	16.22	17.21

蕾期植株生长加速，进入营养生长与生殖生长并进阶段，根系迅速扩大，吸收能力显著增加。蕾期棉株对养分的需求量迅速增加，其吸收比例 N 为 28.59% ～ 29.72%，P_2O_5 为 16.68% ～ 25.91%，K_2O 为 22.93% ～ 28.97%。此时期棉花由以营养生长为中心，逐渐转入营养生长与生殖生长同时并进的阶段，其棉株生长发育加快，对养分的需求量迅速增加，对氮、钾的需求占主要的地位，磷的需求也逐渐增加。

花铃期是形成产量的最关键时期，棉株在盛花期营养生长达到高峰后，转入生殖生长为主，吸收数量和比例达到高峰，是棉花养分的最大效率期和需肥最多的时期。对氮的需求按比例相对降低，对钾、磷的吸收相对增加，此阶段是棉花吸钾量最大的时期，其吸收比例 N 为 37.68% ～ 54.66%，P_2O_5 为 35.72% ～ 48.11%，K_2O 为 50.92% ～ 57.21%。保证花铃期充分的养分供应，对实现棉花高产极其重要。

吐絮期棉花长势减弱，棉株对养分的需求减少，棉花的生殖器官——棉铃的生长发育占绝对优势，此时吸收的养分除了满足根茎叶的正常生命代谢外，大都通过根茎叶转化输送来满足棉铃对养分的需求，吸收强度也明显下降；此时期对钾、氮的需求下降，对磷仍保持较高的需求。其吸收比例 N 为 12.68% ～ 22.42%，P_2O_5 为 23.02% ～ 38.86%，K_2O 为 9.26% ～ 17.21%。

低产棉株在花铃期吸收氮素量占整个生育期吸收氮素总量的比例明显低于中高产和高产棉株，在蕾期和花铃期吸收磷素量占整个生育期吸收磷素总量的比例也明显低于中高产和高产棉株。说明棉花在蕾期和花铃期充足的供应 N、P 营养元素是形成高产的关键因素。

不同产量棉株对 N、P_2O_5、K_2O 养分吸收比值总体上是相近的，但在各生育时期养分吸

收比值有些差异，中高产、高产棉株整个生育期吸收钾素的比例都高于低产棉株，特别在花铃期和吐絮期，中高产和高产棉株吸收磷、钾比例明显高于低产棉株。

① 不同产量下滴灌棉株氮吸收积累动态[42] 分别设置皮棉产量2518.5kg/hm^2、1752.0kg/hm^{2}和1468.5kg/hm^{2}皮棉产量棉田为高、中、低产量棉田。

图7-12显示，不同产量下，滴灌棉株在出苗前期棉花吸收氮的强度相似，出苗30～60d左右高产棉株吸收氮量明显高于中产和低产棉株，花铃期以后至吐絮期高、中产滴灌棉株吸收氮的量高于低产棉株，后期高产棉株远高于中产和低产棉株的吸收量。高产棉株与中产棉株相比在苗蕾期吸收氮量较多，生育后期能维持高水平的氮量，而中产棉株与低产棉株相比现蕾后期到花铃期吸收氮量较多。

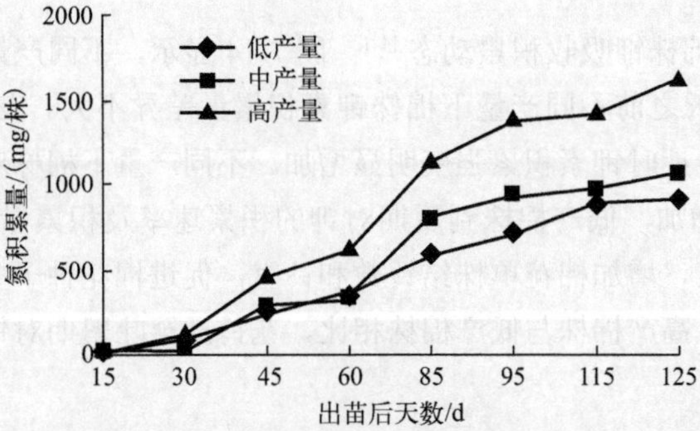

图7-12 棉花氮素积累动态

不同产量下棉株对氮的积累旺盛期是出苗后45～103d，主要集中在花铃期。中产和高产棉株出苗后67d对氮的积累速率达到最大值，而低产田棉株在出苗后74d时才达到最大值，晚于中、高产田7d。低产棉田棉株对氮的积累旺盛期较长，高于中、高产田；高产田氮素旺盛积累期长于中产田5d。氮素积累强度速率为高产＞中产＞低产田，高产田氮素积累强度速率约为低产田的2倍。氮素积累速率快是保证高产的前提。

② 不同产量下滴灌棉株磷吸收积累动态[42] 图7-13显示，出苗后30d内不同产量下滴灌棉株磷的积累量无明显差异。苗期至蕾期，高产和中产棉株磷积累量高于低产棉株，蕾后

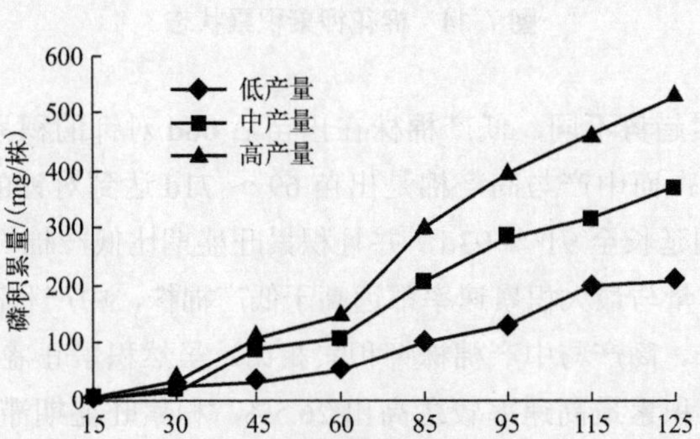

图7-13 棉花磷素积累动态

期至花铃期表现更加明显；高产棉株与中产棉株磷积累的趋势相同，高产田棉株磷积累量明显高于中、低产田。花铃期是棉株需肥高峰期，也是棉株由氮代谢为主转为碳代谢为主的时期，磷素对于棉株碳水化合物的形成、分解及体内运输起到重要作用，因而可协调棉株碳氮代谢平衡，促进棉株对水分和其他养分的吸收，棉株花铃期磷素积累量多少直接影响棉花的生长发育及其经济产量的高低。

棉株对磷的积累旺盛期相对滞后，积累旺盛期天数较长，总长度达 50 ～ 56d。中产与高产棉田出苗后 76 ～ 79d 对磷的积累速率达到最大值，低产田棉株到出苗 91d 才达到最大值，远远慢于中、高产田。低产棉株对磷的积累旺盛期持续时间较长，但高产田棉株的磷素积累最大量与积累最高速率远高出低产田棉株。高产田磷最大积累量与积累最高速率均大于中产田棉株。棉株对磷的需求稍晚于氮，但需求时间较长，花铃期到吐絮期是棉株积累磷的重要时期。

③ 不同产量滴灌棉株钾吸收积累动态[42] 图 7-14 显示，不同产量下滴灌棉株对钾的积累趋势基本相似，30 天之前不同产量下棉株钾素积累量差异不大。苗期-蕾期棉株对钾的积累持续增长，进入花铃期时钾素积累强度明显增加。不同产量下棉株对钾的积累量随生育期的推进钾吸收量差距增加，低产棉株到后期对钾的积累速率及积累量明显低于中、高产田。钾素能防止棉花的早衰，增加棉花单株结铃数和铃重，促进棉花种子成熟、饱满，提高衣分从而提升产量。因此，高产棉株与低产棉株相比，花铃期至吐絮期对钾素需求都维持在较高的水平。

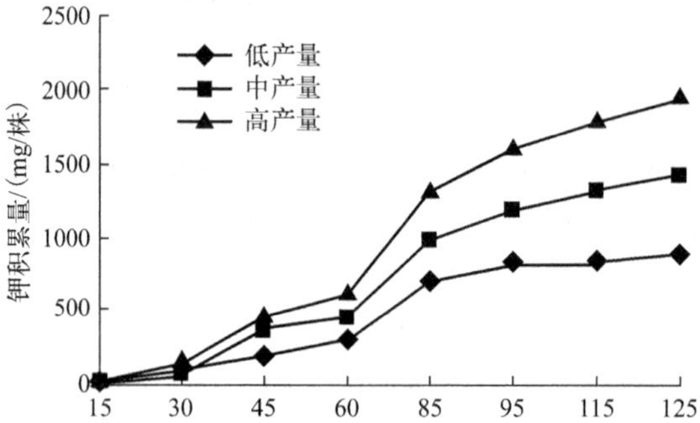

图 7-14 棉花钾素积累状态

钾与氮和磷的积累趋势不同，低产棉株在出苗后 66d 对钾的积累速率达到最大值，到 85d 结束钾快速积累期；而中产与高产棉是出苗 69 ～ 71d 达到对钾的积累速率最大值，结束快速积累期的时间则延长至 91 ～ 93d，并且积累旺盛期比低产棉株长 7d。中产和高产棉田棉株对钾的最大积累量与最大积累速率都远高于低产棉株，中产和高产田棉株对钾的积累总量也远高于低产棉株。高产与中产棉株钾积累相比，虽然积累旺盛期都是 44d，但其积累最大量高出约 27.4%，积累最高速率较之高出 26.5%，积累旺盛期滞后 2d 左右。高产和中产田棉株对钾的需求量远高于低产棉株的需求量，特别是生长后期棉株仍能保持对钾的旺盛吸收，是形成高产的因素之一。

7.2.2 棉花养分利用率和去向

7.2.2.1 棉花养分利用率

汤明尧等[39]研究结果表明，棉花氮、磷、钾肥的农学效率平均值分别为4.95kg/kg、5.30kg/kg、7.44kg/kg，表现为氮肥＜磷肥＜钾肥（表7-19）。氮肥的农学效率最稳定，相对标准偏差最小；磷肥的农学效率较稳定；钾肥的农学效率变化大，相对标准偏差达68.55%。

表7-19 棉花化肥农学效率　　单位：kg/kg

化肥种类	最小值	最大值	平均值	标准差	第25%位数	第50%位数	第75%位数
氮肥	1.46	10.28	4.95	2.12	3.49	4.96	6.22
磷肥	0.49	10.34	5.30	2.83	3.29	3.84	7.91
钾肥	0.96	20.15	7.44	5.10	3.96	5.30	11.43

棉花的化肥利用率由表7-20可见，棉花氮、磷、钾肥的利用率分别为38.68%（25.53%～57.25%）、14.76%（2.43%～34.00%）、49.25%（30.04%～74.79%），表现为钾肥＞氮肥＞磷肥，氮肥和钾肥的利用率较高，磷肥的利用率低。新疆棉花氮肥的利用率一般在34.08%～41.01%之间，相对标准偏差为17.09%，相对稳定；磷肥的利用率低，且变化较大，相对标准偏差达41.94%；氮、磷、钾肥中钾肥的利用率最高，试验点中最高的利用率在70%以上。

表7-20 棉花化肥利用率　　单位：%

化肥种类	最小值	最大值	平均值	标准差	第25%位数	第50%位数	第75%位数
氮肥	25.53	57.25	38.68	6.61	34.08	39.59	41.01
磷肥	2.43	34.00	14.76	6.19	10.74	14.31	18.72
钾肥	30.04	74.79	49.25	10.38	41.15	50.65	54.35

7.2.2.2 棉田氮去向

氮肥施用后，主要有三种途径：被农作物所吸收、以不同形态在土壤中留存或者通过不同途径损失。应用^{15}N示踪法研究滴灌条件下不同灌溉水盐度、灌水量和施氮量下新疆棉田土壤中的氮肥去向，结果表明，不同处理棉花^{15}N回收率介于34.20%～62.51%之间，土壤^{15}N残留率为22.03%～31.31%，^{15}N淋洗损失率介于0.35%～3.59%之间，其他损失介于11.94%～37.67%[43-44]。

（1）棉田氨挥发损失　施用氮肥显著增加滴灌棉田土壤NH_3挥发，苗期施氮肥后，各处理的氨挥发累积损失量为2.61～5.77kg/hm^2，氨挥发损失率为2.81%～4.63%，占氨挥发总量的61.51%～67.79%[45]。花铃期施肥后，各处理的氨挥发累积损失量为1.24～3.61kg/hm^2，氨挥发损失率为2.11%～2.70%，占氨挥发总量的32.21%～38.49%。从棉花的整个生育期来看，氨挥发总量随施氮量的增加而增加，氨挥发总量为3.85～9.38kg/hm^2，氨挥发损失率为2.46%～3.67%[46]。滴灌棉田施用硝化抑制剂可减少氮肥施用量以避免NH_3挥发的损失增加[47]。

（2）棉田N_2O排放　不同施氮措施配合硝化抑制剂对滴灌棉田土壤影响的研究结果表明[47]，棉花全生育期各处理土壤N_2O累积排放量为0.16～0.33kg/hm^2，添加硝化抑制剂的处理可有效减少土壤N_2O排放，以酸性液体肥减氮20%和硝化抑制剂配施效果最好。

（3）棉田中氮素淋溶损失　畦灌下不同施肥方式对新疆棉田氮素去向的研究结果[48]表明，不同施氮方式总氮累计流失量26.69～27.61kg/hm^2，硝态氮累计流失量为7.02～7.69kg/hm^2，占总氮流失量的26.30%～27.85%；铵态氮累计流失量为0.58～0.70kg/hm^2，占总氮流失量的2.18%～2.54%。土壤中的氮素在灌溉水的作用下主要是以硝态氮的形式发生淋溶损失。

7.2.3　棉花推荐施肥技术

7.2.3.1　氮肥施用推荐

根据棉花需氮规律、土壤性质、目标产量、生长状况等确定施肥量、施肥时期并与灌溉进行统筹管理。坚持少量多次的原则，采取蕾肥稳施、花铃重施、后期补施的方法，全生育期追肥8～11次（表7-21）。棉田土壤肥力等级按照土壤碱解氮含量确定[49]，土壤肥力分级标准及施肥推荐见表7-22。

表7-21　棉花主要生育期推荐施肥比例[50]

项目	现蕾-初花 追肥2～3次	初花-盛花 追肥3～4次	盛花-吐絮 追肥3～4次
氮（N）/%	20～25	35～45	20～22

表7-22　土壤肥力分级及氮肥施肥推荐

项目	高肥力	中肥力	低肥力
碱解氮/（mg/kg）	＞100	40～100	＜40
N/（kg/亩）	16.0～18.0	18.0～20.0	20.0～22.0

7.2.3.2　棉花土壤有效磷丰缺指标与磷肥施用推荐

李青军[51]等通过分析棉花产量与磷素吸收量的关系，获得产量为4500～6000kg/hm^2

时，100kg 籽棉的 P_2O_5 吸收量为 1.89kg；产量为 6000 ～ 7500kg/hm² 时，100kg 籽棉的 P_2O_5 吸收量为 1.84kg；产量为 7500 ～ 9000kg/hm² 时，100kg 籽棉的 P_2O_5 吸收量为 1.72kg。

结合养分归还定律和土壤磷素恒量监控技术，建立不同棉花产量下的磷肥推荐用量。当有效磷＜ 5mg/kg 时，建议施磷量为棉花带走量的 1.5 倍；当有效磷 5 ～ 12mg/kg 时，建议施磷量为棉花带走量的 1.2 倍；当有效磷 12 ～ 25mg/kg 时，建议施磷量等于棉花带走量；当有效磷 25 ～ 38mg/kg 时，从维持土壤肥力考虑，建议施磷量为棉花带走量的 0.5 倍；当有效磷＞ 38mg/kg 时，建议不施磷肥（表 7-23）[47]。根据以上施肥原则，新疆不同棉花产量水平的推荐施磷量及主要生育时期推荐施用磷肥比例分别见表 7-24、表 7-25。

表7-23　新疆棉田有效磷丰缺指标

项目	相对产量				
	＜70%	70% ~ 80%	80% ~ 90%	90% ~ 95%	＞95%
土壤有效磷 /（mg/kg）	＜5	5 ～ 12	12 ～ 25	25 ～ 38	＞38
丰缺等级	极低	低	中	高	极高

表7-24　不同棉花产量下的磷肥推荐用量

产量 /（kg/hm²）	土壤有效磷 /（mg/kg）				
	＜5	5 ~ 12	12 ~ 25	25 ~ 38	＞38
	磷肥用量 /（kg/hm²）				
4500 ～ 6000	128 ～ 170	102 ～ 136	85 ～ 113	43 ～ 57	0
6000 ～ 7500	166 ～ 207	132 ～ 166	110 ～ 138	55 ～ 69	0
7500 ～ 9000	195 ～ 230	155 ～ 186	130 ～ 155	65 ～ 78	0

表7-25　棉花主要生育时期推荐磷肥施肥比例[47]

项目	现蕾-初花 追肥 2 ~ 3 次	初花-盛花 追肥 3 ~ 4 次	盛花-吐絮 追肥 3 ~ 4 次
磷（P_2O_5）/%	13 ～ 15	27 ～ 30	30 ～ 35

7.2.3.3　棉花土壤速效钾丰缺指标与钾肥施用推荐

钾素养分在沟灌和膜下滴灌条件下均可以达到 50% 左右的利用率。由于新疆是钾丰富地区，研究表明低产-中产农田一般钾肥的增产作用不显著，而土壤速效钾含量＞ 180mg/kg 时使用钾肥虽然可以改善棉花抗逆性，但是增产作用不稳定，因此新疆钾肥养分管理也适宜采用养分恒量监控原理进行管理，且土壤施钾的临界值为速效钾 180mg/kg[52]。新疆土壤钾分级对应钾肥用量以及棉花主要生育时期推荐钾肥施用比例分别见表 7-26、表 7-27。

表7-26　新疆土壤钾分级对应钾肥用量

肥力等级	土壤交换性钾 / (mg/kg)	钾肥用量 (K_2O) / (kg/hm^2)
极低	＜90	150
低	90～180	90
中	180～250	60
高	250～350	30
极高	＞350	0

表7-27　棉花主要生育时期推荐施肥比例[50]

项目	现蕾-初花 追肥2～3次	初花-盛花 追肥3～4次	盛花-吐絮 追肥3～4次
钾（K_2O）/%	12～15	35～45	23～30

7.2.3.4　硼肥施用推荐

棉花主要生育时期推荐施B肥见表7-28。

表7-28　棉花主要生育时期B肥施肥推荐

生育时期	B，20.5%	硼砂	
		喷施	基施
现蕾前-现蕾初期	0.08%～0.1%溶液，喷施1～2次，30～50g/亩	0.2%溶液，喷施1～2次，80～100g/亩	结合秋季施肥施硼砂0.5～1kg/亩
初花-盛花期	0.08%～0.1%溶液，喷施1～2次，30～50g/亩	0.2%溶液，喷施1～2次，80～100g/亩	

7.2.3.5　锌肥施用推荐

棉花主要生育时期推荐施Zn肥见表7-29。一般在苗期、蕾期和花铃期各喷施一次，每次每亩使用硫酸锌100～150g，兑水50～75kg，充分溶解后进行喷施。

表7-29　棉花主要生育时期Zn肥施肥推荐

生育时期	$ZnSO_4·7H_2O$	
	喷施	基施
苗期	0.1%～0.2%溶液，喷施1次	在棉花播种前，将锌肥与有机肥料混合均匀，一起施入土壤中，施用量为1～2kg/亩
蕾期-初花期	0.1%～0.2%溶液，喷施1～2次	
花铃期	0.1%～0.2%溶液，喷施1次	

7.2.3.6　有机肥推荐技术

秋耕前结合地膜回收进行秸秆粉碎还田，及时深翻，深度 25 ～ 30cm，全层施肥，每公顷棉田施入优质厩肥 15t 或油渣 1.2 ～ 1.5t 或商品有机肥 1.2 ～ 1.5t，并施入 8% ～ 15% 的氮肥、20% ～ 30% 的磷钾肥 [50, 53]。

7.2.4　棉花施肥指导意见

（1）施肥原则　施足基肥，早施、轻施提苗肥，稳施蕾肥，重施花铃肥，补施盖顶肥。按照“适氮、稳氮、稳磷、增钾、配微”的方法进行施肥。强调“三看”（看天、看地、看苗）施肥，中心是看棉花长势。

（2）籽棉产量 10000kg/hm^2 以上的新疆南疆棉花优质高产高效技术 [54]　养分调控以“增密减氮、增施磷钾肥”为核心。全生育期每公顷施肥量为 N 412.5 ～ 472.5kg、P_2O_5 352.5 ～ 405.0kg、K_2O 251 ～ 303kg，其中基肥为 N 210kg、P_2O_5 185kg、K_2O 80kg。N、P_2O_5、K_2O 比例分别为 1∶0.86∶（0.61 ～ 0.63）。棉花种植密度较常规生产增加 1.5 万～ 3.0 万株 /hm^2，施氮量降低 25% ～ 40%，磷、钾施用量分别增加 10% ～ 20%、30% ～ 50%。

① 苗期　此阶段主攻“壮苗早发、稳现蕾”的丰产基础。通过机械中耕（1 ～ 2 次，深 10 ～ 18cm）、肥调化控（叶面施用尿素 2.25kg/hm^2 和 KH_2PO_4 1.5kg/hm^2 1 ～ 2 次）等促早发稳长、壮根壮苗。

② 现蕾至开花期（5 月下旬～ 6 月下旬）　此阶段主攻协调营养与生殖生长，早搭丰产架子。通过肥水调控（6 月 10 ～ 15 日滴头水 450m^3/hm^2，1 周后滴二水 450m^3/hm^2 左右并随水滴施专用肥 115 ～ 135kg/hm^2、尿素 50 ～ 65kg/hm^2）等，保持土壤相对含水量 60% ～ 70%，促进营养生长向生殖生长转化，多现蕾、早开花。到开花时株高 55 ～ 60cm，单株果枝 7 个以上，单株蕾 18 个以上，LAI（叶面积指数）1.3 ～ 1.5。

③ 花期　通过肥水调控（滴水 3 ～ 4 次，6 ～ 7d 1 次，每次滴水 450 ～ 600m^3/hm^2；随水滴施专用肥 115 ～ 135kg/hm^2、尿素 50 ～ 65kg/hm^2）。初花期（7 月初）达到株高 60 ～ 65cm，单株果枝 8 ～ 10 个、果节 18 ～ 20 个、蕾 16 ～ 18 个、铃 2 个左右，LAI 2.0 ～ 2.5；盛花期（7 月中旬）达到株高 65 ～ 70cm，单株果节 22 ～ 24 个、蕾 18 ～ 20 个、铃 4 个左右，光截获率 94% 左右，LAI 3.0 ～ 3.5；终花期（8 月 7 日左右）保持土壤相对含水量 60% ～ 65%、光截获率 95% 左右，达到株高 75cm 左右，伏前桃 2 ～ 3 个、伏桃 5 ～ 6 个，LAI 4.0 ～ 4.5。

④ 铃期　花铃期（6 月下旬～ 9 月初）、花期（6 月下旬～ 8 月初）主攻优化个体与群体结构，铃期（8 月初～ 9 月初）主攻防早衰、防贪青晚熟、争中上部棉铃，提高铃重和纤维品质。通过肥水调控（滴水 3 ～ 4 次，7 ～ 8d 1 次，每次滴水 450m^3/hm^2；滴施专用肥 70 ～ 110kg/hm^2，视棉花长势一般 9 月 10 日左右停水），保持土壤相对含水量 55% ～ 60%，达到单株成铃 7.5 ～ 9.0 个，9 月初见絮。

（3）新疆南疆棉区机采棉优质高效综合栽培技术 [53]（单产皮棉 2250 ～ 2550kg/hm^2）　秋季

带茬滴灌，灌水定额900～1200m^3/hm^2，于9月20日～10月10日前完成。机采后、封冻前（11月中下旬），适墒犁地，深度≥30cm，及时进行平地、耙地作业，次年春季返浆前（3月5日左右）必须再进行一次切、耙作业。秋耕前全层施肥，每公顷棉田施入优质厩肥15t，或油渣1.2～1.5t，或商品有机肥1.2～1.5t，并施入纯N 100～105kg、P_2O_5 85～90kg、K_2O 65～72kg。生育期滴水追肥分3个阶段、10～12次，坚持轮灌制度，采取“少量多次”，滴灌定额每公顷3750～4050m^3，氮、磷、钾肥配合施用，随水追施纯N 230～317kg、P_2O_5 47～75kg、K_2O 79～108kg，同时注意锌、锰、硼微量元素的补充。6月中旬～7月初，根据苗情适当滴水追肥。对株高日增长量＜0.5cm的缺水棉田，可提早到6月初滴水1～2次。正常年份一般在6月15日～25日开始第1次滴水，每公顷滴水940～1010m^3，随水追施纯N 58～80kg、P_2O_5 12～20kg、K_2O 20～27kg。同时，可喷施叶面肥1～2次，缺微量元素的棉田，酌情加入叶面微肥进行喷施。7月初～8月初，滴水追肥4～5次，总计滴水量每公顷2250～2430m^3，随水追施肥总计每公顷纯N 150～205kg、P_2O_5 30～48kg、K_2O 51～70kg。8月初～8月底，滴水2～3次，总计滴水每公顷560～610m^3；追肥2次，随水追施肥总计每公顷纯N 22～32kg、P_2O_5 5～7kg、K_2O 8～11kg；滴水追肥采取递减方式，前多后少，9月5日停水停肥。

（4）新疆北疆棉区杂交棉高产施肥技术[55] 施肥量：按每亩皮棉200kg计算，全生育期每亩投入自然肥110～120kg，N∶P∶K=1∶（0.45～0.5）∶（0.18～0.20），其中磷酸二铵20～25kg、硫酸钾5～8kg、尿素45～50kg、滴灌专用磷酸二氢钾15～20kg，同时可视土壤中微量元素丰缺程度，适度补充硫酸锌1～2kg、硫酸锰0.5～1.0kg、硼肥1.0～1.2kg等。通过播种前基施、生育期随水滴施和叶面喷施，进行配方施肥。

基肥：每亩施用农家肥2.0×10^3～2.5×10^{3}kg，或优质油渣100～150kg，或加工专用有机肥300～400kg，其中磷肥的70%～80%作基肥结合犁地一次性翻入耕层，折合磷酸二铵20～25kg。对某些缺钾棉田，适当补施硫酸钾5～8kg。

追肥时间及用量：具体追肥时间既要满足棉花生长高峰期对养分的需要、协调棉株营养生长和生殖生长的矛盾，又要保证棉田无受旱现象。在不同时期要因地制宜地随水滴施不同种类和数量的肥料，全生育期每亩滴施自然肥60～65kg，其中分次滴施尿素45～50kg、滴灌专用磷酸二氢钾15～20kg。详见表7-30。

表7-30 北疆棉区杂交棉高产灌溉与施肥

月份	灌水周期/d	灌水次数/次	灌溉定额/（m^3/亩）	滴灌施肥		
				灌水次序	施肥种类	施肥量/（kg/亩）
6月	9～10（6月10日～6月15日头水）	2	35～40	1	尿素	2～3
					磷酸二氢钾	1～2
				2	尿素	2～3
					磷酸二氢钾	1～2

续表

月份	灌水周期/d	灌水次数/次	灌溉定额/（m^3/亩）	滴灌施肥		
				灌水次序	施肥种类	施肥量/（kg/亩）
7月	7～10	3～4	30～35	1	尿素	3～4
					磷酸二氢钾	2～3
				2	尿素	5～6
					磷酸二氢钾	3～4
				3	尿素	8～9
					磷酸二氢钾	3～4
8月	7～10	3	20～25	1	尿素	6～7
					磷酸二氢钾	2～3
				2	尿素	3～4
					磷酸二氢钾	2～3
				3	尿素	3～4
9月	月初停水	1	20～25	—	—	—

叶面喷肥：每亩叶面喷施磷酸二氢钾300～400g、尿素350g、硼肥100～130g、锌肥10～12mL。

（5）新疆早熟陆地棉优质高产施肥技术[56]　按每亩皮棉200kg计算，全生育期每亩投入自然肥110～120kg，N∶P∶K=1∶（0.45～0.5）∶（0.18～0.20），其中磷酸二铵20～25kg、硫酸钾5～8kg、尿素45～50kg、滴灌专用磷酸二氢钾15～20kg，同时可视土壤中微量元素丰缺程度，适度补充硫酸锌1～2kg/亩、硫酸锰0.5～1.0kg/亩、硼肥1.0～1.2kg/亩等。通过播种前基施、生育期随水滴施和叶面喷施，进行配方施肥。

基肥：每亩施用农家肥2.0×10^3～2.5×10^3kg，或优质油渣150～200kg，或加工专用有机肥300～400kg，其中磷肥的70%～80%作基肥结合犁地一次性翻入耕层，折合磷酸二铵20～25kg/亩。对某些缺钾棉田，适当补施硫酸钾5～8kg/亩。

追肥时间及用量　具体追肥时间既要满足棉花生长高峰期对养分的需要、协调棉株营养生长和生殖生长的矛盾，又要保证棉田无受旱现象。在不同时期要因地制宜随水滴施不同种类和数量的肥料，全生育期每亩滴施自然肥60～65kg，其中分次滴施尿素45～50kg/亩、滴灌专用磷酸二氢钾15～20kg/亩。详见表7-31。

表7-31　新疆早熟陆地棉优质高产灌溉与施肥

月份	灌水周期/d	灌水次数/次	灌溉定额/（m^3/亩）	滴灌施肥		
				灌水次序	施肥种类	施肥量/（kg/亩）
6月	9～10（6月10日～6月15日头水）	2	35～40	1	尿素	2～3
					磷酸二氢钾	1～2
				2	尿素	2～3
					磷酸二氢钾	1～2

续表

月份	灌水周期/d	灌水次数/次	灌溉定额/（m^3/亩）	滴灌施肥		
				灌水次序	施肥种类	施肥量/（kg/亩）
7月	7～9	3	30～35	1	尿素	3～4
					磷酸二氢钾	2～3
				2	尿素	5～6
					磷酸二氢钾	3～4
				3	尿素	8～9
					磷酸二氢钾	3～4
8月	7～9	3	20～25	1	尿素	8～9
					磷酸二氢钾	4～5
				2	尿素	4～5
					磷酸二氢钾	2～3
				3	尿素	2～3
9月	月初停水	1	15～20	—	—	—

叶面喷肥：每亩叶面喷施磷酸二氢钾300～400g、尿素350g、硼肥100～130g、锌肥10～12mL。

7.3 甘蔗高产优质绿色施肥原理与技术

甘蔗是我国最重要的糖料作物，种植面积占我国糖料作物种植总面积的85%以上，产糖量占食糖总产量的90%以上，对于保障我国食糖安全具有十分重要的战略意义。从1949年以来，我国甘蔗生产经历了由分散到向优势产区集中的发展历程，现在形成了以广西、云南、广东三大产区为核心的发展格局，其中广西是第一大产区，从1993年至今种植面积和产糖量均占全国甘蔗生产的60%以上。同时，随着高产高糖品种的优化和栽培技术的发展，甘蔗产量由新中国成立初期的15t/hm^2左右提高到现在的75～150t/hm^2，蔗糖含量由11%左右普遍提高至12%～15%。由于我国甘蔗种植大多分布在贫瘠的旱坡地，基础地力较为薄弱，肥料的投入为甘蔗增产发挥了重大作用。然而，与世界主要甘蔗生产国巴西、印度等相比，我国甘蔗生产中施肥量高而肥料利用率低的问题比较突出，当前蔗农普遍重施化肥、轻施有机肥，导致土壤结构破坏，肥力减退，偏施氮磷钾肥引起的中微量养分失调问题日益严重。因此，优化甘蔗施肥对保持和提高蔗区土壤生产能力具有重要意义。针对这些施肥问题，国内学者进行了甘蔗高产高效养分管理技术的研究，形成了基于“4R”（正确的肥料、正确的用量、正确的时间、正确的位置）技术的养分管理策略，开展了测土配方施肥、水肥一体化、轻简高效施肥等技术的应用，促进了我国甘蔗养分管理水平的提升。

7.3.1 甘蔗生长发育规律与养分需求特征

7.3.1.1 甘蔗生长发育规律

甘蔗为多年生禾本科作物，因品种和管理措施的不同，宿根年限有所差异，一般为 1 年新植、2 ～ 3 年宿根。大田生产以春植或秋冬植为主，采用无性繁殖，多以成熟蔗茎为种茎播种。甘蔗单季生长周期较长，分早熟、中熟、晚熟品种，从种植到收获一般为 10 ～ 14 个月。总体来说，甘蔗的生长发育可以划分为萌芽期、幼苗期、分蘖期、伸长期和成熟期五个阶段（图 7-15），各生育时期的鉴别标准和植株生长特征如下。

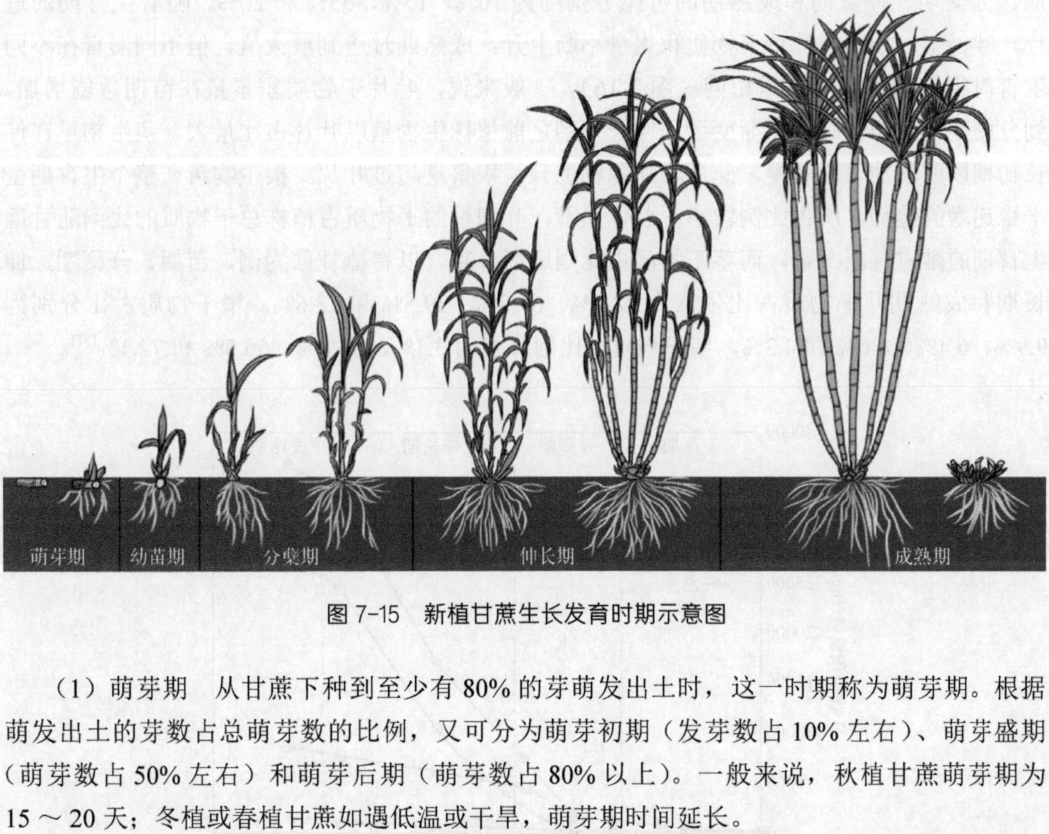

图 7-15 新植甘蔗生长发育时期示意图

（1）萌芽期 从甘蔗下种到至少有 80% 的芽萌发出土时，这一时期称为萌芽期。根据萌发出土的芽数占总萌芽数的比例，又可分为萌芽初期（发芽数占 10% 左右）、萌芽盛期（萌芽数占 50% 左右）和萌芽后期（萌芽数占 80% 以上）。一般来说，秋植甘蔗萌芽期为 15 ～ 20 天；冬植或春植甘蔗如遇低温或干旱，萌芽期时间延长。

（2）幼苗期 甘蔗幼苗从萌发出土的甘蔗苗有 10% 长出 1 片真叶起，到有 50% 以上的甘蔗苗长出 5 片真叶时止。一般在甘蔗苗长出 3 ～ 3.5 片真叶时，幼苗基部茎节的根点开始萌发形成苗根，根系吸收水分和养分的能力逐渐加强。

（3）分蘖期 从 10% 的甘蔗苗开始长出分蘖至全部甘蔗苗开始拔节，这一时段称为分蘖期。分蘖期又可划分为分蘖初期（10% 的甘蔗苗长出分蘖）、分蘖盛期（30% 左右的甘蔗苗长出分蘖）和分蘖后期（50% 以上的甘蔗苗长出分蘖）。此时甘蔗的根系和叶片生长迅速，出现大量分枝，这也是决定有效茎数的关键时期。

（4）伸长期　甘蔗的伸长期是指蔗茎开始拔节至伸长基本停止这一生长阶段。按蔗茎的平均伸长速度，伸长期又可划分为伸长初期（伸长速度达每旬 3cm 左右）、伸长盛期（伸长速度达每旬 10cm 以上）和伸长后期（伸长速度降至每旬 10cm 左右）。一般当甘蔗长出 12 或 13 片真叶至基部节间时，蔗茎开始拔节并迅速伸长，这个阶段是甘蔗生长最旺盛的时期，所需的水分和养分也是最高的。

（5）成熟期　甘蔗的成熟期可分为工艺成熟期和生理成熟期。大田生产上的成熟期一般是指工艺成熟期，即蔗茎积累糖分和蔗汁纯度达到糖厂开榨初期要求标准至最高的时期，此时可以进行砍收，留下蔗蔸用于宿根蔗生产。生理成熟期则是指甘蔗营养生长结束，抽穗、开花和结籽的时期。

研究表明，不同生长发育阶段甘蔗植株的干物质积累量随土壤肥力、生长环境及品种差异而有较大变化，但各生育时期干物质积累量占成熟期总干物质量的百分比变化不大，苗期、分蘖期、伸长期和成熟期的占比分别约为 10%、15%、55% 和 20%。随着生育期的进行，叶、茎、根和植株总干物质积累量不断上升，成熟期时达到最大值，但不同器官在不同生育时期的增加幅度不尽相同（图 7-16）。一般来说，叶片干物质积累量在苗期急剧增加，到分蘖期以后增长趋势逐渐变缓，伸长初期之前植株生物量以叶片占比最大。茎生物量在伸长初期以前增加较为缓慢，此后增速急剧上升，积累量超过叶片。根生物量在整个生育期呈平稳递增的趋势，所占比例较小。总体来看，叶和根的干物质占植株总干物质的比例随甘蔗生育期的推进逐渐下降，而茎干物质占比则逐渐升高。以春植甘蔗为例，苗期、分蘖期、伸长期和成熟期叶干物质占比依次为 88.0%、69.8%、29.5% 和 23.6%，根干物质占比分别为 9.9%、6.4%、4.0% 和 4.3%，茎干物质占比则分别为 3.1%、23.8%、66.5% 和 72.1%[57]。

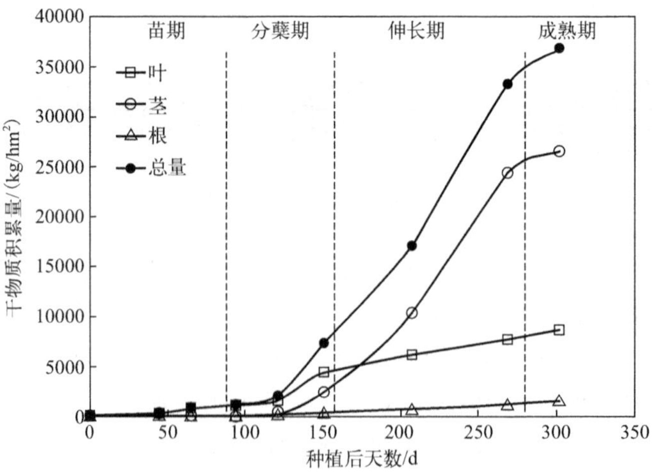

图 7-16　春植甘蔗植株干物质积累量动态变化[1]

7.3.1.2　甘蔗养分需求特征

（1）大量元素营养　一般来说，每生产 1t 原料蔗需要吸收 N 1.08 ～ 3.20kg，P 0.25 ～ 0.78kg，

K 1.01 ～ 4.74kg[58-60]。甘蔗全生育期对 N、P、K 的需求量大致呈“两头少中间多”的趋势。在萌芽期，甘蔗主要依靠种茎储藏的养分，不需要从外界吸收养分。进入幼苗期，苗根和叶片不断增生，开始吸收少量养分且不能亏缺，此时是甘蔗营养的临界期，N、P、K 的吸收量约占整个生育期吸收总量的 10%，其中对 N 的需求量较大，P、K 次之。在分蘖阶段，植株不断增生分蘖，养分需求量逐渐增大，N、P、K 的吸收量占整个生育期吸收总量的 20% ～ 30%。进入伸长期，随着梢头部、叶片、根系大量增生和不断更新，以及蔗茎的迅速伸长，植株生物量快速增加，对三要素的吸收量明显增多，N、P、K 的吸收量占整个生育期吸收总量的 50% 以上，其中伸长初期是甘蔗营养的最大效率期，也是施肥的关键时期。转入工艺成熟期，甘蔗生长渐趋缓慢或停止，对养分的需求量逐渐减少，此时期 N、P、K 的吸收量约占整个生育期吸收总量的 5%。

（2）中微量和有益元素营养　除了 N、P、K，甘蔗对 S、Mg、Zn、B、Si 等中微量和有益元素的需求也较多。据测算，每生产 1t 原料蔗需要从蔗地带走 0.45 ～ 1.35kg S，0.35 ～ 1.05kg MgO，0.01 ～ 0.02kg Zn，0.008 ～ 0.01kg B。其中，镁对促进甘蔗光合作用和蔗糖转运具有重要作用。研究表明，甘蔗植株 Mg 含量在苗期最高，随生育期的推进而逐渐降低，在幼苗期、分蘖期、伸长期和成熟期的植株 Mg 积累比例分别为 14%、42%、43% 和 1%，在成熟期时植株 Mg 积累量可达 11.5kg/hm^2（图 7-17）。我国南方酸性土壤地区由于降雨量充沛，土壤淋溶作用强烈，镁缺乏较为常见。甘蔗对镁缺乏敏感性中等，苗期较易显现缺镁症状。硼能促进甘蔗光合产物的运转，影响甘蔗体内蔗糖的运输，研究发现增施硼肥能有效提高甘蔗的产量、糖分、重力纯度和简纯度，同时降低还原糖含量和纤维分。锌是植物生长素、碳酸酐酶、脱氢酶、植物蛋白酶等重要物质合成需要的元素或重要组成部分，尤其对调控甘蔗生长的生长素有重要的影响，因此影响甘蔗糖分积累，充足的锌供应可以显著提高蔗汁糖分。硅是甘蔗吸收量最大的有益元素，有助于增强甘蔗植株抗倒伏和抵抗病虫害的能力。有研究报道甘蔗对 Si 的吸收量为 61 ～ 795kg/hm^2，大部分情况下吸收 200 ～ 400kg/hm^2[61]。

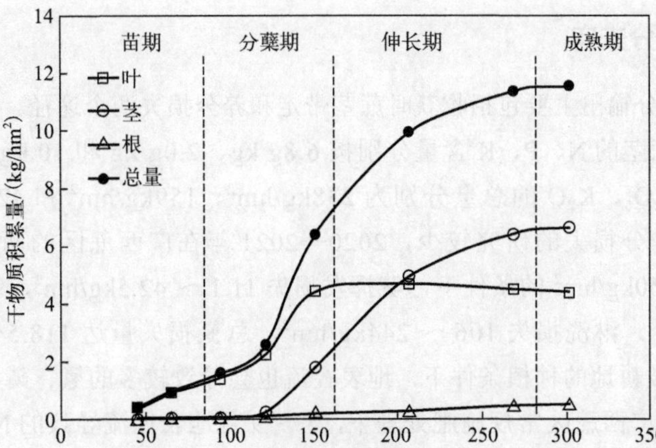

图 7-17　甘蔗植株镁积累量动态变化[1]

7.3.2 甘蔗养分来源和去向

7.3.2.1 甘蔗养分来源

我国甘蔗种植多为连作，种植过程中的养分投入主要包括施肥和甘蔗收获后的秸秆（包括蔗叶和尾梢）还田，在糖厂附近的甘蔗地也可以通过施用酒精废液带入部分养分。

2019—2021年三大主产区调研发现，广西新植蔗施肥量均值为605kg（N）/hm^2、299kg（P_2O_5）/hm^2、423kg（K_2O）/hm^2，宿根蔗施肥量均值为526kg（N）/hm^2、262kg（P_2O_5）/hm^2、328kg（K_2O）/hm^2；云南新植蔗施肥量均值为460kg（N）/hm^2、176kg（P_2O_5）/hm^2、156kg（K_2O）/hm^2，宿根蔗施肥量均值为423kg（N）/hm^2、192kg（P_2O_5）/hm^2、179kg（K_2O）/hm^2；广东新植蔗施肥量均值为551kg（N）/hm^2、423kg（P_2O_5）/hm^2、549kg（K_2O）/hm^2，宿根蔗施肥量均值为566kg（N）/hm^2、424kg（P_2O_5）/hm^2、563kg（K_2O）/hm^2。

甘蔗收获后，我国蔗区传统做法是焚烧秸秆。近年来，由于保护环境的需要，很多地方出台了禁止焚烧秸秆的规定，蔗农大多采用秸秆直接覆盖还田或机械粉碎还田。当前大田生产的主栽甘蔗品种收获时的秸秆占比大多集中在10%～20%之间，按平均单产75t/hm^2计算，秸秆还田量（含水）可达8.33～18.75t/hm^2。秸秆中的养分含量较高，研究发现，单产达71～88t/hm^2的甘蔗地，秸秆全部还田可带入N 52～89kg/hm^2、P_2O_5 21～34kg/hm^2、K_2O 62～117kg/hm^2、CaO 135～228kg/hm^2、MgO 30～57kg/hm^2。

甘蔗酒精废液是糖厂以蔗糖蜜为原料生产酒精后的高浓度酸性有机废水，每生产1t酒精，排出13～15t酒精废液。据分析，酒精废液中总氮（N）含量为0.06%～0.42%，全磷（P_2O_5）含量为0.01%～0.38%，全钾（K_2O）含量在0.23%～1.54%，还含有Ca（2.1%～3.0%）、Mg（2.0%～3.3%）、S（4.0%～5.0%）、Fe（65mg/L）、Zn（10.5mg/L）、Mn（5.5mg/L）等多种中微量元素[62]。按每公顷施用15t酒精废液计算，可带入N 9～63kg/hm^2、P_2O_5 1.5～57kg/hm^2、K_2O 34.5～231kg/hm^2。

7.3.2.2 甘蔗养分去向

甘蔗体系的养分输出主要包括收获时蔗茎带走和养分损失两个途径。收获时蔗茎的平均干重为35t/hm^2，蔗茎的N、P、K含量分别按6.8g/kg、2.0g/kg和10.9g/kg计算，随蔗茎收获带走的N、P_2O_5、K_2O的总量分别为238kg/hm^2、159kg/hm^2和429kg/hm^2。目前国内关于甘蔗种植养分损失的研究较少，2020—2021年在广西蔗区的两年田间试验发现，在施氮量210～560kg/hm^2的条件下，氨挥发损失11.1～42.5kg/hm^2，氧化亚氮排放损失1.14～3.04kg/hm^2，淋洗损失106～244kg/hm^2，总氮损失量达118.54～288.52kg/hm^2（表7-32）[63]。在坡耕地的种植条件下，地表径流也会导致较多的氮、磷、钾养分损失。秦芳等研究报道，在广西蔗区常规施肥处理下，5～9月地表径流导致的N、P、K流失总量分别为3.30kg/hm^2、0.29kg/hm^2和2.40kg/hm^2[64]。

表7-32　广西不同氮肥用量下甘蔗生产的氮损失[63]

年份	氮肥用量 /[kg（N）/hm^2]	氨挥发 /[kg（N）/hm^2]	氧化亚氮排放 /[kg（N）/hm^2]	氮淋洗 /[kg（N）/hm^2]	氮损失总量 /[kg（N）/hm^2]
2020 年	210	11.4	1.14	106	118.54
	300	24.8	1.63	107	133.43
	390	31.8	2.11	128	161.91
	560	41.6	3.04	211	255.64
2021 年	210	11.1	1.14	136	148.24
	300	27.0	2.27	165	194.27
	390	35.1	2.11	214	251.21
	560	42.5	2.02	244	288.52

7.3.3　甘蔗推荐施肥技术

配方施肥是当前甘蔗生产中主要实行的推荐施肥技术，根据甘蔗需肥规律，考虑土壤供肥性能与肥料利用率，提供氮、磷、钾肥和中微量元素的适当用量和比例，确定相应的施肥方法。根据确定施肥量及配方的方法不同，现在主要有测土配方施肥法（地力分级配方法）、目标产量配比法和田间试验配方法。

7.3.3.1　测土配方施肥法

建立不同生态区的土壤肥力分级指标及相应的推荐施肥量指标是甘蔗测土配方施肥工作的关键。黄振瑞通过对粤西蔗区开展的系列“3414”肥料试验数据的总结分析，确定了粤西蔗区的土壤氮、磷、钾养分分级指标及其相适的推荐施肥量，如表 7-33、表 7-34 和表 7-35 所示 [9]。目前对中微量和有益元素的推荐施肥也主要依据土壤养分丰缺程度。一般来说，土壤交换性镁含量低于 100mg/kg 时，需要施用镁肥，推荐用量为 30 ～ 45kg（MgO）/hm^2，宜作基肥或早期追肥；土壤有效硼含量低于 0.3mg/kg 时，建议每公顷施用硼砂 19 ～ 22.5kg，作基肥与适量土混匀后撒施；土壤有效硅含量低于 70mg/kg 时，施用硅肥有效，推荐用量为 60 ～ 150kg（SiO_2）/hm^2，宜在植蔗或植蔗前施，并力求和土壤混匀。

表7-33　粤西蔗区土壤碱解氮丰缺指标及推荐施氮量[65]

肥力等级	相对产量 /%	土壤碱解氮 /（mg/kg）	氮肥用量 /[kg（N）/hm^2]
低	＜75	＜110	250 ～ 390
较低	75 ～ 85	110 ～ 130	240 ～ 250
中等	85 ～ 90	130 ～ 190	200 ～ 240
较高	90 ～ 95	190 ～ 230	180 ～ 200
高	＞95	＞230	0 ～ 180

表7-34　粤西蔗区土壤有效磷丰缺指标及推荐施磷量[65]

肥力等级	相对产量 /%	土壤有效磷 /（mg/kg）	磷肥用量 /[kg（P_2O_5）/hm^2]
低	＜75	＜5	130～280
较低	75～85	5～20	120～130
中等	85～90	20～30	110～120
较高	90～95	30～60	80～110
高	＞95	＞60	0～80

表7-35　粤西蔗区土壤速效钾丰缺指标及推荐施钾量[65]

肥力等级	相对产量 /%	土壤速效钾 /（mg/kg）	钾肥用量 /[kg（K_2O）/hm^2]
低	＜75	＜20	380
较低	75～85	20～90	330～380
中等	85～90	90～180	250～330
较高	90～95	180～360	100～250
高	＞95	＞360	0～100

7.3.3.2　目标产量配比法

目标产量配比法是根据甘蔗产量指标来确定肥料用量的方法，可以分为养分平衡法和地力差减法。在广西蔗区，目标产量为90～105t/hm^2时，推荐施肥量为300～330kg（N）/hm^2、90～120kg（P_2O_5）/hm^2、255～285kg（K_2O）/hm^2；目标产量为120～150t/hm^2时，推荐施肥量为330～360kg（N）/hm^2、120～150kg（P_2O_5）/hm^2、285～330kg（K_2O）/hm^2[66]。在云南蔗区，目标产量在85～90t/hm^2之间时，建议施肥量为285～350kg（N）/hm^2、200～250kg（P_2O_5）/hm^2、175～225kg（K_2O）/hm^2，N∶P_2O_5∶K_2O的养分比例约为1∶0.7∶0.6[67]。

7.3.3.3　田间试验配方法

田间试验配方是选择有代表性的蔗区土壤，应用科学的试验设计，开展多年多点的田间试验，根据对试验资料的统计分析结果，确定肥料的推荐用量和最优的肥料配比，其中应用较多的是肥料效应函数法。通过对文献资料的汇总分析，收集了1999—2018年三大产区甘蔗田间试验的施肥与产量数据，分析得出广西产区的推荐施肥量为270kg（N）/hm^2、99kg（P_2O_5）/hm^2、208kg（K_2O）/hm^2，云南产区推荐施肥量为228kg（N）/hm^2、117kg（P_2O_5）/hm^2、281kg（K_2O）/hm^2，广东产区推荐施肥量为240kg（N）/hm^2、71kg（P_2O_5）/hm^2、193kg（K_2O）/hm^2[68]。

7.3.4 甘蔗施肥指导意见

甘蔗施肥技术是一项综合技术，包括施肥种类、施肥时间、施肥量、养分配比、施肥方法等，其中任何一项技术不能正确实施都可能导致施肥经济效益下降。因此，甘蔗高产优质绿色施肥应注意以下问题。

（1）甘蔗配方施肥应用要和甘蔗生长发育规律及养分吸收规律相匹配。在根据土壤养分状况和目标产量进行配方施肥时，一定要注意根据甘蔗生长发育规律，考虑各个生育时期的养分吸收特点进行施用。在甘蔗整个生长过程中，对氮、磷、钾的需求和吸收是“中间多两头少”的趋势，在配方施肥上要特别注意甘蔗营养的临界期（幼苗期）和最大效率期（伸长期）的施用。如果施用常规肥料，需要考虑基肥和追肥的比例、追肥的适宜时间。如果施用缓 / 控释肥，则需要根据蔗区气候和土壤条件，合理设计产品中缓 / 控释养分的比例及释放时间，保证中后期甘蔗生长的养分需求。

（2）有机无机配施，重视有机养分资源的合理施用。当前甘蔗施肥以氮、磷、钾化肥为主，有机肥施用不足，且对蔗叶中的养分资源利用也不充分。为减少化肥用量，改善土壤结构，提高土壤肥力，需要重视有机肥的施用，根据土壤养分状况确定适宜的有机无机配施的比例，同时要考虑对甘蔗秸秆养分资源的合理利用。

（3）高效的施肥技术要有配套的甘蔗高产高糖综合栽培技术。不同的土壤水分状况及田间管理措施直接影响着肥料的吸收利用，施肥时间和施肥方式需要与高效的栽培技术相结合才能发挥施肥的最大效益。在干旱且可以灌溉的条件下，节水灌溉技术与高效施肥技术结合（水肥一体化）可同时提高水分和养分利用率。在干旱且缺少灌溉的条件下，覆膜栽培是主要的保水措施，与之相结合可以采用一次性轻简施肥技术。

基于以上考虑因素，农业农村部科学施肥专家指导组提出了我国甘蔗生产科学施肥指导意见[69]，适用广西、云南、广东、海南等地，具体内容如下。

7.3.4.1 施肥原则

（1）根据立地条件和常年产量确定目标产量；结合土壤肥力水平和目标产量确定肥料用量，以氮、磷、钾为主，按需补充钙、镁、硼、锌等中微量元素养分。

（2）氮肥宜选用铵态氮肥或酰胺态氮肥，减少或避免使用硝态氮肥。

（3）农机农艺相结合，土壤深松，基肥深施；追肥在根层施用并覆土。

（4）提倡秸秆还田，长期秸秆还田地块适当减少磷、钾肥施肥量。

（5）具备滴灌条件的蔗田，推广水肥一体化技术。

（6）土壤酸化严重蔗区，推广施用钙镁磷肥等碱性肥料或土壤调理剂。

7.3.4.2 施肥建议

（1）产量水平大于 97.5t/hm^2，推荐施氮（N）345 ～ 420kg/hm^2，施磷（P_2O_5）150 ～ 180kg/hm^2，施钾（K_2O）270 ～ 300kg/hm^2。

（2）产量水平 82.5 ～ 97.5t/hm^2，推荐施氮（N）300 ～ 345kg/hm^2，施磷（P_2O_5）120 ～ 150kg/hm^2，施钾（K_2O）225 ～ 270kg/hm^2。

（3）产量水平 67.5 ～ 82.5t/hm^2，推荐施氮（N）270 ～ 300kg/hm^2，施磷（P_2O_5）90 ～ 120kg/hm^2，施钾（K_2O）210 ～ 240kg/hm^2。

（4）土壤肥力水平低，施肥量增加 10% ～ 20%；土壤肥力水平高，施肥量减少 10% ～ 30%。

（5）施用时期及方法。分基肥和追肥两次施用，地膜全覆盖种植采用基肥一次性施用。①基肥：种植时施用。如采用单质化肥，氮肥施用总量的 20% ～ 30%，磷肥（推荐使用钙镁磷肥或过磷酸钙）100% 和钾肥 20% ～ 30%；如采用复合肥，选用平衡型或中氮高磷中钾复合肥（如 15-20-15 等），每亩推荐用量 20 ～ 40kg。基肥撒施于种植沟底部，尽量避免与种茎接触，选用大型甘蔗种植机实施甘蔗下种、施肥、培土一体机械化种植操作。宿根甘蔗，第一次施肥时间在宿根甘蔗苗长出至 20 ～ 50cm 时，采用中大型甘蔗中耕施肥机进行破垄松蔸、施肥施药及培土。②追肥：甘蔗分蘖后期-拔节初期施用。如采用单质化肥，氮肥施用总量的 70% ～ 80%，钾肥 70% ～ 80%；推荐选用高氮中低磷中钾复合肥（如 25-8-16），每亩用量 60 ～ 100kg，采用中大型甘蔗中耕施肥机进行破垄松蔸、施肥施药及培土。

（6）秸秆翻压还田的田块，基肥用量可适当增加氮肥 5% ～ 10%；秸秆常年还田田块，磷肥和钾肥施用量减少 20% ～ 30%。

（7）水肥一体化的田块，推荐氮肥（N）300 ～ 345kg/hm^2、磷肥（P_2O_5）120 ～ 150kg/hm^2、钾肥（K_2O）225 ～ 270kg/hm^2。分 4 ～ 6 次进行水肥一体化施肥，苗期施用氮肥（N）10% ～ 20%、磷肥（P_2O_5）20% ～ 30%、钾肥（K_2O）5% ～ 15%；分蘖期施用氮肥（N）20% ～ 30%、磷肥（P_2O_5）30% ～ 40%、钾肥（K_2O）20% ～ 30%；伸长前期（拔节 2 ～ 4 节）施用氮肥（N）25% ～ 35%、磷肥（P_2O_5）20% ～ 30%、钾肥（K_2O）25% ～ 35%；伸长中期（拔节 7 ～ 9 节）施用氮肥（N）20% ～ 30%、磷肥（P_2O_5）10% ～ 20%、钾肥（K_2O）30% ～ 40%。

（8）缺镁的地区推荐施用镁肥，基肥施用镁肥（以 MgO 计）30kg/hm^2；强酸性土壤田块，推荐基施含硅、钙、镁等碱性土壤改良剂 1500kg/hm^2。

参考文献

[1] 王汉中. 我国油菜产业发展的历史回顾与展望 [J]. 中国油料作物学报，2010, 32(2): 300-302.

[2] 傅廷栋. 杂交油菜的育种与利用 [M]. 武汉：湖北科学技术出版社，2000.

[3] 占金存，慕兰，吴培基. 油菜高产栽培试验总结 [J]. 江西农业科技，1983, 9: 1-2.

[4] 林葆，李家康. 我国化肥的肥效及其提高的途径-全国化肥试验网的主要结果 [J]. 土壤学报，1989, 3: 273-279.

[5] 曹凤进，冯汉皋，王志进，等. 农田氮磷钾养分投入状况及其对策 [J]. 上海农业科技，1998, 3: 2-3.

[6] 王圣瑞. 陕西省和北京市主要作物施肥状况与评价 [D]. 北京：中国农业大学，2002.

[7] 徐华丽. 长江流域油菜施肥状况调查及配方施肥效果研究 [D]. 武汉：华中农业大学，2012.

[8] 刘昌智，涂运昌. 油菜氮磷钾肥配合施用的研究 [C]// 中国农业科学院土壤肥料研究所. 国际平衡施肥学术讨论会论文集. 北京：农业出版社，1989, 215-220.

[9] 朱洪勋，李贵宝，张翔，等. 高产油菜营养吸收规律及施用氮磷钾对产量和品质的影响 [J]. 土壤肥料，1995, 5: 34-37.

[10] 李银水. 湖北省油菜氮磷钾肥施用效果及肥料推荐用量研究 [D]. 武汉：华中农业大学，2009.

[11] 余宗波，童军，黄和平，等. 湖北省测土配方施肥效果评价报告 [J]. 湖北农业科学，2010, 49(S1): 51-60.

[12] 王寅. 直播和移栽冬油菜氮磷钾肥施用效果的差异及机理研究 [D]. 武汉：华中农业大学，2014.

[13] 刘晓伟. 冬油菜养分吸收规律及不同养分效率品种特征比较研究 [D]. 武汉：华中农业大学，2011.

[14] 朱芸，廖世鹏，刘煜，等. 长江流域油-稻与麦-稻轮作体系周年养分收支差异 [J]. 植物营养与肥料学报，2019, 25(1): 64-73.

[15] Wang W, Wu X, Yin C M, et al. Nutrition loss through surface runoff from slope lands and its implications for agricultural management[J]. Agricultural Water Management, 2019, 212: 226-31.

[16] Hua K, Zhu B. Phosphorus loss through surface runoff and leaching in response to the long-term application of different organic amendments on sloping croplands[J]. Journal of Soils and Sediments, 2020, 20: 3459-71.

[17] 夏颖，刘冬碧，张富林，等. 湖北省主要种植制度农田生态系统钾平衡状况 [J]. 生态学杂志，2014, 33(9): 2395-2401.

[18] 刘红江，郑建初，陈留根，等. 秸秆还田对农田周年地表径流氮、磷、钾流失的影响 [J]. 生态环境学报，2014, 21(6): 1031-1036.

[19] 李慧. 中国冬油菜氮磷钾肥施用效果与推荐用量研究 [D]. 武汉：华中农业大学，2015.

[20] 顾玉民，李炳生．氮肥运筹对秦优 10 号产量的影响 [J]．种子科技，2008, 26(4): 42-43.
[21] 苏伟，鲁剑巍，李云春，等．氮肥运筹方式对油菜产量、氮肥利用率及氮素淋失的影响 [J]．中国油料作物学报，2010, 32(4): 558-562.
[22] 刘波．冬油菜氮素营养调控技术及相关机制研究 [D]．武汉：华中农业大学，2015.
[23] Mulvaney R L, Khan S A, Ellsworth T R. Need for a soil-based approach in managing nitrogen fertilizers for profitable corn production[J]. Soil Science Society of America Journal, 2006, 70: 171-182.
[24] 邹娟．冬油菜施肥效果及土壤养分丰缺指标研究 [D]．武汉：华中农业大学，2010.
[25] 任涛，郭丽璇，张丽梅，等．我国冬油菜典型种植区域土壤养分现状分析 [J]．中国农业科学，2020, 53(8): 1606-1616.
[26] 耿国涛，陆志峰，卢涌，等．红壤地区直播油菜施硼对籽粒产量和品质的影响 [J]．土壤学报，2020, 57(4): 928-936.
[27] 耿国涛．冬油菜土壤镁丰缺指标、镁肥增产提质效果与管理策略研究 [D]．武汉：华中农业大学，2023.
[28] 蒋倩红，陆志峰，赵海燕，等．长江中下游冬油菜产区有机无机肥配施下减氮增效潜力分析 [J]. 中国农业科学，2020, 53(14): 2907-2918.
[29] 张磊，张维乐，鲁剑巍，等．秸秆还田条件下不同供钾能力土壤水稻，油菜，小麦钾肥减量研究 [J]．中国农业科学，2017, 50(19): 3745-3756.
[30] Su W, Lu J W, Wang W N, et al. Influence of rice straw mulching on seed yield and nitrogen use efficiency of winter oilseed rape (*Brassica napus* L.) in intensive rice-oilseed rape cropping system[J]. Field Crops Research, 2014, 159: 53-61.
[31] 杨旭坤，张顺涛，余细俊，等．稻草还田方式对土壤结构及直播冬油菜出苗率的影响 [J]．中国农技推广，2019, 35(S1): 43-45.
[32] 刘方舟．长江流域冬油菜主产区油菜专用缓释肥最佳用量研究 [D]．武汉：华中农业大学，2020.
[33] 余细俊．江汉平原油菜-水稻轮作化肥农药减施效果研究 [D]．武汉：华中农业大学，2021.
[34] 中华人民共和国国家统计局．国家统计局关于 2023 年棉花产量的公告 [EB/OL].(2023-12-25).
[35] 新疆维吾尔自治区统计局，国家统计局新疆调查总队．新疆统计年鉴 [M]．北京：中国统计出版社，2021.
[36] 吕宁，祝宏辉，程文明．农业化肥减量及生物肥料替代可行性研究——来自新疆棉区调查数据的实证 [J]．地理研究，2022, 41(5): 1459-1480.
[37] 娄善伟，田立文，罗宏海，等．新疆棉花优质高产关键生产技术分析 [J]．中国农业科学，2023, 56(14): 2673-2685.
[38] 王荣栋，尹经章．作物栽培学 [M]．2 版．北京：高等教育出版社，2015.
[39] 汤明尧，沈重阳，张炎，等．新疆棉花化肥利用效率研究 [J]．中国土壤与肥料，2022(4): 161-168.
[40] 宫进波，盛建东，汤明尧，等．南疆地区玉米和棉花的氮磷钾肥利用效率及影响因素 [J]．华中农业大学学报，2023, 42(5): 20-27.
[41] 池静波，黄子蔚，黄玉萍，等．滴灌条件下不同产量水平棉花各生育期需肥规律的研究 [J]．新疆农业科学，2009, 46(2): 327-331.
[42] 池静波，黄玉萍，何江勇，等．滴灌条件下不同产量棉花氮磷钾积累的模拟分析 [J]．安徽农业科学，2010, 38(25): 13774-13776, 13785.
[43] 张文，周广威，闵伟，等．应用 ^{15}N 示踪法研究咸水滴灌棉田氮肥去向 [J]．土壤学报，2015, 52(2): 372-380.
[44] 李鹏程，郑苍松，孙淼，等．利用 ^{15}N 示踪研究不同肥力土壤棉花氮肥减施的产量与环境效应 [J]．植物营养与肥料学报，2017, 23(5): 1199-1206.
[45] 孙桂兰，韩迎春，冯璐，等．不同施氮量对棉田氨挥发的影响 [J]．中国棉花，2019, 46(5): 31-34, 40.
[46] 王方斌．氮肥减施对滴灌棉田氮素气态损失和棉花产量的影响 [D]．石河子：石河子大学，2020.
[47] 廖欢，王方斌，刘凯，等．不同施氮措施配合硝化抑制剂对滴灌棉田土壤 NH_3 挥发和 N_2O 排放的影响 [J]．西北农业学报，2020, 29(9): 1378-1388.
[48] 康露，朱靖蓉，杨涛，等．畦灌下不同施肥方式新疆棉田氮素淋溶损失特征 [J]．中国土壤与肥料，2021(3): 18-26.
[49] 王国栋，李全胜，戴昱余，等．棉花膜下滴灌水肥一体化管理技术规程 [J]．新疆农垦科技，2021(2): 42-44.
[50] 棉花膜下滴灌水肥一体化技术规程：NY/T 3243—2018[S]. 2018.
[51] 李青军，张炎，哈丽哈什·依巴提，等．漫灌和滴灌棉花土壤有效磷丰缺指标与临界值研究 [J]．植物营养与肥料学报，2018, 24(4): 927-934.
[52] 张福锁，陈新平，陈清．中国主要作物施肥指南 [M]．北京：中国农业出版社，2009.
[53] 张旺锋，田景山，余力．新疆南疆棉区机采棉优质高效综合栽培技术规程 [J]．中国棉花，2019, 46(7): 30-32.
[54] 胡伟，郑巨云，杨长琴，等．基于棉花量质协同和籽棉产量南疆棉花优质高产高效技术 [J]．中国棉花，2020, 47(10): 42-44.
[55] 北疆棉区杂交棉高产优质栽培技术规程：DB65/T 3657—2014[S]. 2014.
[56] 新疆早熟陆地棉优质高产高效栽培技术规程：DB65/T 3658—2014[S]. 2014.
[57] 敖俊华，陈迪文，周文灵，等．甘蔗养分资源综合管理理论与实践 [M]．北京：中国农业大学出版社，2022.
[58] 程小燕．两个甘蔗品种对氮、磷、钾的吸收与累积特征 [D]．南宁：广西大学，2013.
[59] 黄振瑞．高产甘蔗养分需求规律及施肥调控研究 [D]．北京：中国农业大学，2015.
[60] 孟博．配方施肥对甘蔗生长与养分吸收的影响及评价 [D]．重庆：西南大学，2022.
[61] Moore P H, Botha F C. Sugarcane: Physiology, biochemistry, and functional biology[M]. New Jersey: John Wiley & Sons, Inc.，2014.
[62] 刀静梅，张跃彬，高欣欣．甘蔗酒精废液资源化利用分析 [J]．中国糖料，2017, 39(3): 51-54.
[63] 杨林生．基于氮素优化管理的甘蔗绿色增效潜力与调控 [D]．重庆：西南大学，2022.
[64] 秦芳，何铁光，苏利荣，等．南方旱坡地土壤雨季径流量与养分流失的研究 [J]．水土保持研究，2016, 23(2): 19-22, 27.
[65] 黄振瑞．高产甘蔗养分需求规律及施肥调控研究 [D]．北京：中国农业大学，2015.
[66] 谭宏伟，周柳强，谢如林，等．甘蔗实现减量施肥的理论与实践 [J]．广西糖业，2014, 6: 9-11.
[67] 樊仙，郭家文，邓军，等．云南不同生态蔗区甘蔗施肥现状分析与评价 [J]．植物营养与肥料学报，2018, 24(1): 245-254.
[68] 周一帆，杨林生，孟博，等．中国甘蔗主产区产量差及影响因素分析 [J]．中国农业科学，2021, 54(11): 2377-2388.
[69] 农业农村部种植管理司．2023 年果树棉花甘蔗春季科学施肥指导意见 [EB/OL]．(2023-03-20). http://www.zzys.moa.gov.cn/gdxw/202303/t20230314_6423045.htm.

中国肥料研究与应用全书

Books of Fertilizer Research and Application in China

FERTILIZER

第8章

果树高产优质绿色施肥原理与技术

新中国成立70多年以来，尤其是改革开放40多年来，我国果树产业发展取得巨大成就，年产值约1万亿元，从业人口1亿人左右，果业市场规模近2.5万亿元。目前，我国已成为果树产业第一大国，果品贸易在世界果品市场上占有重要地位，尤其是对促进山区经济发展以及生态环境保护具有特别的意义。

我国果树种植面积和产量居世界首位，人均果品占有量达200kg。据统计，2019年我国园林水果（不包括西瓜、甜瓜、草莓等瓜果类，核桃、板栗、榛等干果类）种植面积1.8亿亩，年产量为1.90亿吨。当前，我国水果面积和产量居前6位的树种分别是柑橘、苹果、梨、桃、葡萄和香蕉，果业已成为我国农业的重要组成部分，在种植业中种植面积、产量和产值仅次于粮食、蔬菜，排在第3位。果业在保障食物安全、生态安全、人民健康、农民增收和农业可持续发展中的作用日益凸显，是全面打赢脱贫攻坚战和促进乡村振兴的重要支柱产业之一。

尽管我国果树产业长足进步，但仍与发达国家有差距。近20年来，我国果树种植面积和产量稳中有增，主要果树产业布局调整进一步优化，果树设施栽培发展迅速，产业效益显著，同时我国果品及加工品进出口贸易形势严峻，产业提质增效的空间巨大。同国外发达国家果树产业相比，我国果树产业仍存在以下几方面的差距：第一，品种结构有待进一步完善，良种苗木繁育体系不适于现代果业发展的要求；第二，果树生产标准化程度低，果品质量不高，竞争力差；第三，农药化肥不合理及过量使用，果业绿色发展难度加大；第四，生产成本居高不下，果农收入增长缓慢；第五，突发性自然灾害与病虫害威胁加大，导致减产或供给短缺；第六，产业化、组织化程度有待提高，产品营销体系需进一步完善；第七，现代冷链物流建设滞后，成为制约果品流通的瓶颈。

新发展阶段，按照“四个面向”要求，围绕“推进农业高水平科技自立自强、支撑乡村全面振兴”核心使命，我国果业具有保障食物安全与果品有效供给、推动果业绿色高质量发展、推进果品优质安全与营养健康、推动乡村振兴和区域果业发展的重大使命。因此，未来10年我国果业的重点任务包括：第一，果树种质资源的高水平保护和利用，高效育种技术突破和重大品种培育；第二，果业生产环节非耕地高效栽培、优质高产栽培、病虫害绿色防控、无病毒种苗繁育体系等绿色生产技术创新；第三，果实营养和质量安全研究，果品保鲜减损和加工技术创新；第四，成立国家果树科技创新联盟，建立高标准示范基地和推动科技成果有效供给和转移转化。

施肥是水果高产优质的保障。历史上积造施用农家肥、土杂肥，改良土壤，培肥地力是我国传统农业的精华。新中国成立以来，随着我国化肥工业的崛起，氮肥、磷肥、钾肥、复合肥等相继被应用到水果生产中，促进了我国水果产量的快速增长。近30年来，受经济效益、文化水平、劳动力等因素的影响，我国果园施肥过量问题一直比较突出。例如，2007—2009年6000多个果农的调研结果表明，果园氮肥投入平均达到555kg/hm^2，是同期菜地投入的1.5倍、粮田投入的2.5倍。果园化肥过量，有机肥料投入不足，出现了产品质量下降及食品和环境安全问题。因此，果树产业化肥减量和提质增效是实现我国农业绿色发展亟待解决的重点问题。

提高果树施肥技术是推动果业绿色高质量发展的关键措施之一。未来一段时间，在遏制耕地“非粮化”和保障粮食安全的前提下，现有果园和非耕地新建园的盐渍化与酸化防治、有机质提升与培肥（果园绿肥、枝叶粉碎发酵还田和有机肥施用等）、测土配方施肥、精准施肥、水肥一体化、节水/精准灌溉、有机无机微生物肥配施、区域果树作物专用肥等技术和产品是果树高效绿色施肥的发展趋势。

8.1 柑橘高产优质绿色施肥原理与技术

近年来，随着全球柑橘产业迅速发展，柑橘成为世界上产量最高、种植面积最广的水果种类。其主要种植于南北纬35°之间的热带及亚热带地区，全球主要柑橘主产国为中国、巴西、印度、墨西哥以及美国等国家。其中，中国柑橘以4300万亩的种植面积和5121.90万吨的柑橘产量为世界第一主产国。而在柑橘产业快速发展的同时，也面临着单产过低、养分投入过高、柑橘园土壤磷素富集以及土壤酸化等系列产业问题。柑橘等经济作物种植过程中往往会比粮食作物投入更多化学肥料，对我国柑橘主产区调研发现其平均养分投入量为N 485kg/hm^2，P_2O_5 198kg/hm^{2}以及K_2O 254kg/hm^2，养分投入量远高于国外同条件柑橘主产区，氮、磷、钾肥料偏生产力及农学效率较低。同时我国柑橘园主要分布于湿热多雨的南方地区，其主要土壤类型为具有有机质含量低、土壤pH较低、土壤结构简单和阳离子交换量较小等特点的红壤和黄壤，受到土壤母质的影响南方柑橘主产区内土壤养分极易面临淋洗损失，从而导致柑橘园中养分不均的现象十分突出。因此，对我国柑橘主产区内养分施用进行优化以及对柑橘作物高效养分吸收开展研究，是实现柑橘优质绿色高效生产的核心。

8.1.1 柑橘生长发育规律与养分需求特征

8.1.1.1 柑橘生物学特性

柑橘属于芸香科常绿木本植物，种类繁多，我国一般分为6类，主要包括橘、柑、橙、柚、柠檬/莱檬和金柑。柑橘主要分为两部分，分别是砧木和接穗，我国主要以枳为砧木，另外还有红橘、酸橘、香橙、酸柚等砧木品种。我国南方各地均种植柑橘，其中长江上中游柑橘带、赣南-湘南-桂北柑橘带、浙-闽-粤柑橘带等柑橘优势产区集中了我国柑橘产能的60%以上。

柑橘作为典型的热带、亚热带常绿阔叶果树对生长环境有一定的要求。在温度方面，柑橘果树性喜温暖、较耐阴，对温度比光照敏感。最适温度以26℃为中心，23～24℃最适宜。气温12.8℃以下、39℃以上柑橘植株生长明显受抑制。柑橘果树花芽分化，要求12.8℃以下的低温，以柑橘停止生长，进入相对休眠期为好。根据年平均气温、≥10℃年积温、极端低温（<−9～−5℃）及发生频率、1月份平均温度，将我国柑橘生态区分为最适宜区、适宜区、次适宜区、可能种植区和不适宜种植区。

在光照方面，柑橘属耐阴性较强的果树，日照强度对柑橘果树栽培的限制作用次于温度、水分和土壤等环境条件。柑橘系短日照果树，喜漫射光，较耐阴，光照过强或过弱均不利。一般认为，以年日照 1200 ～ 1500h 最宜，最适的光照强度为 12000 ～ 20000lx。我国柑橘产区，日照一般都能满足柑橘果树生长、结果的要求，但光照充足的地区，柑橘果实品质一般较优 [1]。

在降水和湿度方面，柑橘果树，性喜温暖，又喜湿润。适宜的降雨和湿度有利于柑橘果树的生长、发育和产量、品质的提高。一般认为柑橘果树的生长结果以年降水量 1000mm、空气相对湿度 75% 左右、土壤相对湿度 60% ～ 80% 为宜。降雨过低或季节性干旱可通过人工灌溉补水。降雨过多，土壤积水，导致根系吸收功能减弱，甚至烂根，进而引发叶片、花、果实的脱落，严重的会导致植株死亡。

立地条件方面，柑橘对土壤适应的范围较广，在我国南方的紫色土、红壤、黄壤及海涂、沙滩，pH 4.5 ～ 8.5 的土壤均可生长。土壤是柑橘果树生长的基础，最适种植的土壤是有机质丰富，微酸性，pH 在 5.5 ～ 6.5 范围内，土层深厚达 1m 以上，土质疏松，排水良好的土壤。

8.1.1.2　柑橘生长发育规律

柑橘一生经历营养生长期、生长结果期、盛果期和衰老更新期。对于盛果期的柑橘树而言，在一年中主要分为发芽期、枝梢生长期、花期、果实生长期、果实成熟期、根系生长期和花芽分化期。地下部生长为根系生长，分为垂直生长和水平生长，垂直生长主要指主根的生长，水平生长指次生根即侧根的生长。一个生长周期内根系会出现几次生长高峰，根据温湿度、土壤环境、砧木品种及管理方式的不同而有所差异，但通常与新梢生长时间交叉分布。地上部的生长主要包括新梢、新叶、花和果实的生长，根据柑橘品种及产区环境的差异，生长的时间有所不同，新梢的生长分为春梢、夏梢和秋梢，有的可能会出现冬梢（或者称为晚秋梢），春梢和夏梢生物量较高，果实生物量增加过程贯穿了其在树上的整个生长时期。果实的生长和成熟随着品种的差异分为早熟和晚熟品种，现阶段的柑橘生产中，自 8 月下旬开始一直延续到次年 4 月份左右均有柑橘成熟上市。

成年柑橘果树的干物质累积主要包括果实、枝条、叶片和根，地上部生物量的快速增大期主要发生在幼果期-果实膨大期和果实膨大期-成熟期，生物量分别增加约 38% 和 46%，且主要集中在果实和新梢的干物质累积。中高产量水平下，成年柑橘地上部每年增加生物量为 6000 ～ 12000kg/hm^2，其中果实干物质积累量为 4500 ～ 10000kg/hm^2。不同产量水平下，柑橘产量和地上部当年新生部位生物量呈显著的对数关系，表明新生部位生物量累积是柑橘产量形成的物质基础（图 8-1）。

8.1.1.3　柑橘养分需求特征

不同年龄和时期的柑橘植株所需的营养元素有所不同（表 8-1）。幼年未结果树以营养生长为主，故养分需求主要以氮素为主，其次是磷、钾养分。成年结果树的养分需求量高，且在不同时期对养分的需求不同。研究表明，蜜柑新梢中，从 4 月份开始迅速吸收氮、磷、钾三要素，6 月份达最高，7 ～ 8 月份下降，9 ～ 10 月份又稍下降；氮、磷的吸收在 11 月，钾在 12 月基本停止。果实对磷的吸收，从 6 月逐渐增加，至 8 ～ 9 月为高峰期，以后吸收趋于平衡；氮、钾的吸收，从 6 月份开始增加，至 8 ～ 10 月出现最高峰。可见，4 ～ 10 月份是柑橘年周期中吸肥最多的时期。开花-坐果期养分吸收速率最高（表 8-2），氮、磷和钾

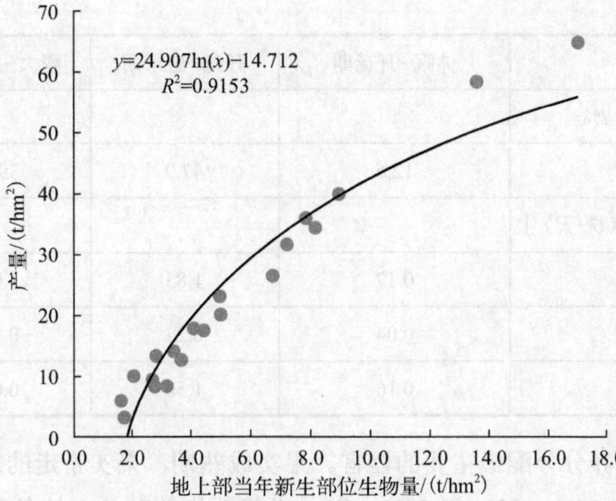

图 8-1　柑橘产量与地上部当年新生部位生物量的关系[2]

的日均吸收速率分别约为 1.83g/ 株、0.23g/ 株、1.50g/ 株；钙元素在果实膨大期的需求量最高，日均吸收量约为 0.88g/ 株；同样镁元素在果实膨大期的需求量最大。另外，不同产量水平下柑橘的养分需求量具有较大差异，总体随产量水平的增加而线性增加[3]。

表8-1　柑橘不同树龄每年吸收养分量　　单位：/（g/株）

树龄 / 年	N	P_2O_5	K_2O	CaO	MgO
4	63.0	10.0	41.0	28.0	12.0
10	90.0	12.0	97.5	90.0	19.0
23	392	55.0	289	538	—
45 ～ 50	298	47.7	258	420	54.3

表8-2　柑橘周年不同阶段养分吸收情况

项目	休眠-开花期	开花-坐果期	膨大-成熟期	总吸收量
阶段养分吸收量 /（g/ 株）				
N	24.9	110	123.5	258.4
P	5.9	14.0	21.0	40.9
K	23.6	90	74.3	187.9
N：P：K	100：24：95	100：13：82	100：17：60	100：16：73
阶段养分吸收比例 /%				
N	9.6	42.6	47.8	100.0
P	14.4	34.2	51.4	100.0

续表

项目	休眠-开花期	开花-坐果期	膨大-成熟期	总吸收量
阶段养分吸收比例 /%				
K	12.6	47.9	39.5	100.0
阶段养分吸收速率 /［g/（株·天）］				
N	0.17	1.83	1.03	0.71
P	0.04	0.23	0.18	0.11
K	0.16	1.50	0.62	0.51

柑橘果实是多数养分分配最主要的器官。果实成熟期，果实带走的氮、磷和钾素分别占树体当年吸收总量的 36%、55% 和 58%。对于当年新生的叶片、枝条和果实而言，果实的氮、磷、钾、钙、镁的养分分配系数分别为 64%、74%、79%、24% 和 51%（图 8-2）。

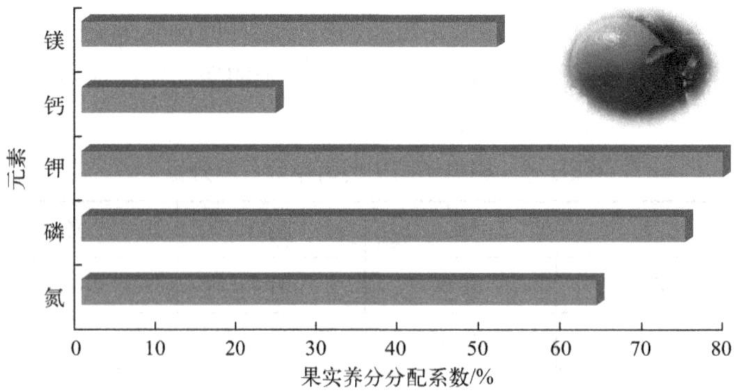

图 8-2　柑橘果实养分分配系数[2]

尽管不同柑橘品种及产量水平情况下柑橘果实养分带走量具有显著差异，但其养分比例基本一致（表 8-3）。每生产 1t 柑橘鲜果，氮、磷、钾、钙、镁养分带走量平均为 1.58kg、0.53kg、2.50kg、0.63kg 和 0.27kg，铁、硼、锌、锰和铜养分带走量平均为 8.00g、8.51g、1.86g、2.82g 和 0.70g。除了果实带走外，还有大量养分积累在树体中，其数量为果实带走总量的 40% ～ 70%。

表8-3　我国现有不同栽培品种每生产1t柑橘鲜果养分带走量[1]　　单位：kg

品种	鲜果带走养分量				
	N	P_2O_5	K_2O	CaO	MgO
温州蜜柑	1.96	0.40	2.06	0.92	0.33
椪柑	1.70	0.50	2.80	0.30	0.10

续表

品种	鲜果带走养分量				
	N	P_2O_5	K_2O	CaO	MgO
蕉柑	1.90	0.40	1.60	0.30	0.20
甜橙	1.46	0.53	3.22	0.78	0.38
脐橙	1.78	0.54	2.98	0.34	0.30
金柑	1.36	0.52	2.74	0.35	0.33
柠檬	1.63	0.84	2.23	1.58	0.23
葡萄柚	1.10	0.50	2.40	0.50	0.30
平均	1.58	0.53	2.50	0.63	0.27

此外，柑橘是内生菌根植物，土壤环境下一般不长根毛，靠与其共生的真菌吸收水分和养分。柑橘是喜硝作物，土壤中硝铵态氮比例为7∶3时生长最好。作为多年生树木，柑橘树具有贮藏营养的特性，叶片和树皮为养分贮藏的主要器官，在不同阶段叶片行使氮源和氮库的功能（图8-3）。

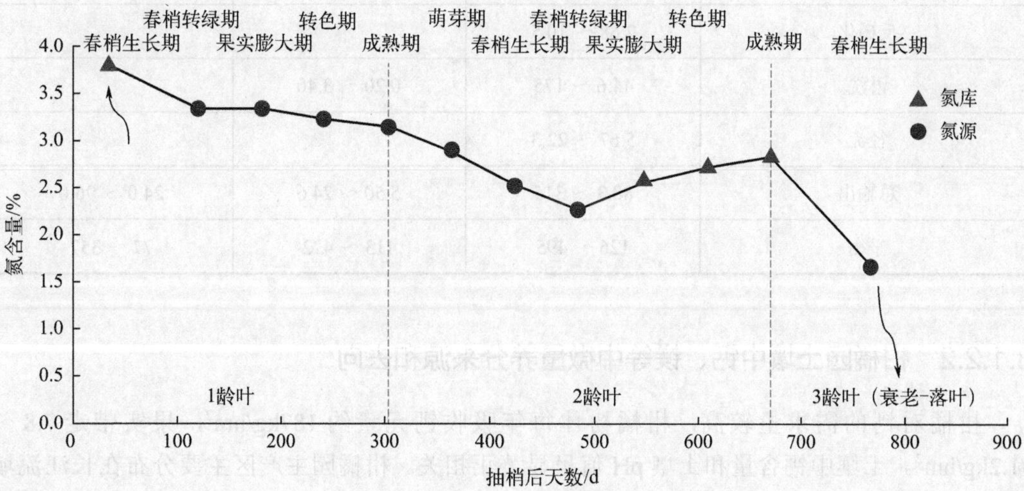

图8-3 周年柑橘叶片的氮源和氮库功能

8.1.2 柑橘养分来源和去向

8.1.2.1 柑橘园氮、磷、钾养分来源和去向

柑橘园氮素、磷素和钾素的主要来源是化肥和有机肥，其他途径来源较少，氮、磷、钾各来源均超过100kg/hm^2，且农户间差异极大。果实收获带走是柑橘园氮、磷、钾的主要去

向；除此之外，径流、氨挥发和淋洗也是氮素损失的重要途径。柑橘园氮、磷和钾的表观平衡均为正值，多超过 100kg/hm²，存在加剧面源污染和土壤养分不平衡的风险[4]。柑橘园主要矿质元素平衡见表 8-4。

表8-4 柑橘园主要矿质元素平衡

指标	矿质元素平衡 / (kg/hm²)		
	氮（N）	磷（P_2O_5）	钾（K_2O）
化肥	178 ～ 690	114 ～ 383	95.6 ～ 383
有机肥	7.7 ～ 99.7	4.92 ～ 63.5	5.43 ～ 70.1
氮沉降	20.6		
灌水带入			
非共生固氮			
总输入	206 ～ 810	119 ～ 446	101 ～ 453
收获带走	17.2 ～ 67.6	5.30 ～ 21.2	24.0 ～ 96.0
氨挥发	10.1 ～ 39.7		
反硝化	2.68 ～ 10.5		
淋洗	44.6 ～ 175	0.20 ～ 3.40	
径流	5.67 ～ 22.3		
总输出	80.3 ～ 315	5.50 ～ 24.6	24.0 ～ 96.0
平衡	126 ～ 495	113 ～ 422	77 ～ 357

8.1.2.2 柑橘园土壤中钙、镁等中微量养分来源和去向

柑橘对钙的需求量较高，柑橘树体每年吸收钙元素约 187kg/hm²，果实带走 7.8 ～ 31.2kg/hm²。土壤中钙含量和土壤 pH 值呈显著正相关。柑橘园主产区主要分布在长江流域及其以南地区，土壤多为酸性土，并且长期过量施肥导致土壤的 pH 降低，进而影响了土壤有效钙含量，因此实际生产中还需要在果实膨大期之前或者初期增施一定的钙肥或者叶片喷施钙肥以保证果实不会因为缺钙而产生裂果，保证果实品质。

柑橘树体每年吸收镁元素约 12.6kg/hm²，果实带走 2.7 ～ 10.8kg/hm²。柑橘需要的镁元素大部分来源于土壤，但是土壤中镁元素极易移动转移，并且我国南方降雨充沛，雨季土壤中镁元素流失严重导致土壤有效镁元素缺乏，并且钾肥和磷肥施用过多也会影响树体对镁的吸收。农户调研表明，四川丹棱县镁肥（MgO）施用量平均仅有 11kg/hm²，80% 以上的柑橘园镁素处于亏缺状态[5]。

柑橘需要的微量元素基本都来自土壤，柑橘树体每年吸收铁、硼、锌、锰和铜元素

约 240g/hm²、255g/hm²、56g/hm²、84g/hm² 和 21g/hm²，果实带走量占树体总吸收量的 42% ～ 72%，因此果实是柑橘园微量最主要的去向。由于土壤的 pH 值相对较低，一些酸性土壤中易固定或流失的微量元素往往需要补充，例如硼、钼、锌等元素。

8.1.3　柑橘推荐施肥技术

8.1.3.1　有机肥沃土养根技术

我国柑橘主产区多处于温暖湿润的热带、亚热带地区，土壤有机碳投入低且土壤有机质矿化量速率高，导致绝大多数柑橘园有机质含量低于 2%，土壤肥力整体偏低。而且，我国 70% 以上的柑橘园建在丘陵、山地的坡地上，存在立地条件差、水土肥流失严重、土层浅薄、根系表聚化严重等问题。因此，必须通过外源施用有机肥或种植绿肥，增加土壤有机物料投入，才能保持和增加土壤有机质含量，提升土壤质量和健康水平，进而通过营养效应、环境效应和生物效应等多方面作用影响柑橘根系生长、冠层建成和产量品质形成。

盛果期柑橘园每年施用 1 ～ 2 次农家肥或商品有机肥，早熟、中熟品种在采果后施用，晚熟品种秋冬季施用。基肥施用量根据有机肥养分含量而定，一般有机肥养分应占总养分投入的 30% ～ 50%。施用时，在树冠滴水线外围 10 ～ 30cm 处挖 20 ～ 40cm 深的施肥沟或施肥穴，将 1 份有机肥与 6 ～ 10 份土壤混匀后回填，或分层回填。9 ～ 10 月，有机肥施用结合断根促根技术，可促进根系的扩大和引根下扎，并通过切断一部分老根从而诱发大量新生根群（图 8-4）。

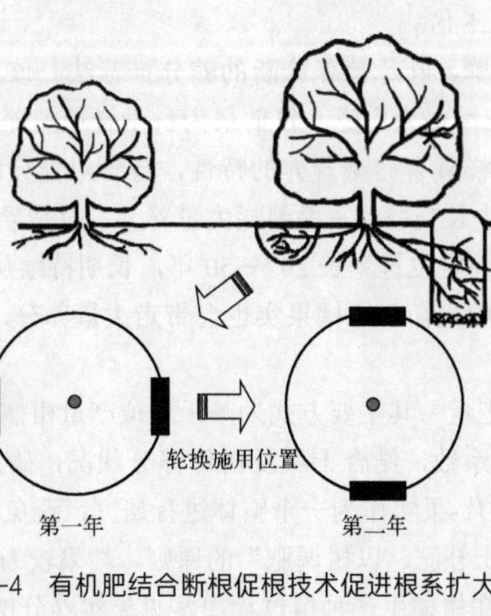

图 8-4　有机肥结合断根促根技术促进根系扩大和下扎

有机肥和无机肥配合施用。有机肥最好和无机肥配合施用，长短结合，充分发挥肥效。

有机肥分解产生的腐植酸有吸收铵、钾、镁、钙和铁等离子的能力，可减少化肥的损失。特别是磷肥应和有机肥混合深施，使根系易于吸收，防止土壤固定流失。此外，种植绿肥可以有效解决柑橘园中农家肥、商品有机肥投入不足或施用困难的问题。绿肥是柑橘生产上重要的肥源，尤其是幼龄果园株行空隙处间作，利于生土熟化、肥力提升和结构改良。柑橘园绿肥可选黑麦草、鼠茅草、百喜草等禾本科绿肥，但宜以豆科绿肥为主，如箭筈豌豆、光叶苕子、毛叶苕子、紫云英和蚕豆等。豆科绿肥的根瘤具有固氮能力，每亩柑橘园翻压豆科绿肥1000kg，相当于施入5.0kg氮素。柑橘园间种豆科绿肥具有肥源广、施用方便、省劳力、自给肥料的优点，能起到改良土壤、提高肥力、水土保持、抑制杂草、改变果园小气候、稳定产量和提高品质的多重作用。

8.1.3.2 柑橘氮、磷、钾及中微量养分推荐技术

我国柑橘园施肥量高、施肥不平衡以及施肥技术落后导致土壤酸化、磷钾富集以及养分利用率较低。因此，柑橘园土壤中钙、镁及铁、锰、锌、硼等微量元素缺乏严重。同时柑橘园中氮、磷、钾施肥量的多少，受品种、树龄、结果量、树势强弱、根系吸肥能力、土壤供肥状况、肥料特性及气候条件等因素的综合影响。而氮、磷、钾养分及中微量元素的供应不足不仅会影响果树生长，而且还会对果实的产量和品质产生不利影响。在养分施肥管理过程中一般瘠土多施，肥土少施；大树多施，小树少施；丰产树、衰弱树多施，低产树、强壮树少施。目前，在柑橘园生产过程中确定氮、磷、钾及中微量施肥量主要有以下几种方法：

（1）理论推算法　理论推算法是将柑橘树体每年从土壤中需要吸收的各种元素量，扣除土壤中各元素的基础供给量，最后再除以肥料的利用率，即为当季柑橘作物施肥量。

（2）统计折算法　统计折算法是根据柑橘产区所属范围内的丰产园的施肥量的统计分析，获得一个比较切合实际的施肥标准。该方法以生产经验为主，缺少定量的依据，一般比理论推算的施肥量大1.0～1.5倍。

（3）基于目标产量和土壤、叶片营养诊断的养分推荐法　该方法也称为诊断施肥法或“以果定肥”法，是国内外应用最为广泛、目前最为科学合理的养分推荐法。虽然柑橘多为常绿果树，但同落叶果树一样具有储藏营养的特性，自身对养分的调节能力强于一年生的作物，加上营养生长及生殖生长交替或重叠消耗大量养分，时空异质性大，不宜进行实时监测。而柑橘一旦种植，需在固定位置生长20～50年，长期持续从土壤吸收大量矿质养分，易导致土壤及树体矿质养分的失衡，柑橘果实也会带走大量养分，故施肥需整体考虑土壤-叶片-果实营养状况。

①“以果定肥”确定施肥量　其主要方式为基于单位产量柑橘果实矿质养分携出量，根据目标产量及果实养分分配系数，结合土壤及树体养分状况，确定合理氮、磷、钾肥施用量，该方法将柑橘园土壤-叶片-果实作为一个整体进行研究，避免树体养分的奢侈吸收或不足，体现了“以果定肥、以土补肥、以树调肥”的原则，结果较为可靠，实用性强，能兼顾高产、优质、高效与环保。在柑橘生产种植过程中常见果实养分携出量可见表8-5，柑橘园中氮、磷、钾肥的当季利用率分别为50%、20%和50%，利用公式可以获得每生产1t鲜果，五类柑橘氮、磷、钾肥推荐施用量（表8-6）。

表8-5　我国不同种类柑橘果实养分携出量[1]

种类	样本数	养分携出量 / (kg/t，鲜重)		
		N	P_2O_5	K_2O
宽皮柑橘类	410	1.90±0.03	0.56±0.02	2.00±0.03
甜橙类	450	1.77±0.05	0.74±0.03	1.92±0.04
柚类	235	1.35±0.04	0.51±0.02	2.50±0.10
柠檬类	62	1.62±0.04	0.54±0.04	2.12±0.10
杂柑类	43	1.46±0.06	0.61±0.04	1.86±0.10

柑橘氮、磷、钾肥推荐施肥量的计算公式为：

推荐施肥量 =（鲜果养分携出量 / 果实养分分配系数 − 基础土壤供给量）÷ 肥料利用率

表8-6　不同种类柑橘的单位产量氮、磷、钾肥推荐用量　　　单位：kg/t，鲜重

种类	N		P_2O_5		K_2O	
	范围	均值	范围	均值	范围	均值
宽皮柑橘类	5.32 ~ 8.87	6.65	1.97 ~ 3.11	2.41	3.33 ~ 4.8	3.93
甜橙类	6.2 ~ 6.2	6.20	2.61 ~ 4.11	3.36	3.2 ~ 4.61	3.78
柚类	4.73 ~ 4.73	4.73	1.8 ~ 2.83	2.31	4.17 ~ 6	4.92
柠檬类	5.67 ~ 5.67	5.67	1.9 ~ 3	2.45	3.53 ~ 5.09	4.17
杂柑类	5.11 ~ 5.11	5.11	2.15 ~ 3.39	2.77	3.1 ~ 4.46	3.66
平均值		5.67		2.66		4.09
平均施肥比例		1		0.47		0.72

② 基于柑橘园土壤与叶片养分测定值　结合分级标准（表 8-7），进行施肥量矫正（表 8-8），得到具体果园 N、P_2O_5、K_2O 建议施肥量。

表8-7　柑橘园土壤和叶片养分含量分级参考标准[1, 6-7]

类别	矿质养分	极缺	缺乏	适量	高量	过量
土壤	碱解氮 / (mg/kg)	＜ 50	50 ~ 100	100 ~ 200	＞ 200	
	速效磷 / (mg/kg)	＜ 5	5 ~ 15	15 ~ 80	＞ 80	
	速效钾 / (mg/kg)	＜ 50	50 ~ 100	100 ~ 200	＞ 200	
叶片	N/%	＜ 2.2	2.2 ~ 2.5	2.5 ~ 2.8	2.8 ~ 3.0	＞ 3.0
	P/%	＜ 0.09	0.09 ~ 0.13	0.13 ~ 0.16	0.16 ~ 0.30	＞ 0.30
	K/%	＜ 0.7	0.7 ~ 1.3	1.3 ~ 1.8	1.8 ~ 2.4	＞ 2.4

表8-8 基于土壤测试和叶片营养诊断的矫正系数

类别	指标	极缺	缺乏	适量	高量	过量
土壤	碱解氮	2.0	1.5	1.0	0.50	
	速效磷	2.0	1.5	1.0	0.50	
	速效钾	2.0	1.5	1.0	0.50	
叶片	N	1.5	1.25	1.0	0.75	0.50
	P	1.5	1.25	1.0	0.75	0.50
	K	1.5	1.25	1.0	0.75	0.50

注：当某果园有土壤测试和叶片营养诊断结果时，以土壤测试结果进行矫正：矫正推荐施肥量 = 推荐施肥量 × 土壤矫正系数；当某果园仅有叶片营养诊断结果时，以叶片营养诊断结果进行矫正：矫正推荐施肥量 = 推荐施肥量 × 叶片矫正系数。

③ 结合品种特性、物候期确定氮、磷、钾周年施用时期及比例 中等产量水平（2 ～ 3t/亩）下，盛果期果园氮、磷、钾周年施用次数、时期及比例如表 8-9 所示。

表8-9 盛果期柑橘园氮磷钾周年施用次数、时期及比例 单位：%

养分	1 次施肥	分 2 次施用	分 3 次施用	分 4 次施用
氮	100	60-40	20-50-30	20-40-10-30
磷	100	40-60	60-30-10	50-30-10-10
钾	100	60-40	20-30-50	20-25-15-40

注：1 次施肥则对应的施肥时期为柑橘果实膨大期；分 2 次施用则对应的施肥时期为柑橘果实膨大期和采果期；分 3 次施用则对应的施肥时期为柑橘采果期（基肥）、春梢萌芽期、膨大期；分 4 次施用则对应的施肥时期为柑橘采果期（基肥）、春梢萌芽期、幼果期和膨大期。

④ 选择适宜肥料种类 以氮、磷、钾养分为主，添加中微量元素和增效成分柑橘作物专用肥、柑橘测土配方肥、柑橘有机肥无机复混肥料、柑橘绿色智能肥料等针对性强、施用方便、效果突出的肥料产品将成为市场的主流。此外，随着轻简化、智能化的发展以及滴灌设施的普及，柑橘水溶肥也是国内外的发展趋势之一。

⑤ 柑橘施肥方法与位置 施肥方法对提高土壤肥力和肥料利用效率起着重要作用，施肥方法不当，不仅浪费肥料，还会伤害树体、造成减产，甚至死树。从大类上讲，柑橘施肥方法分为土壤施肥（根际施肥）和根外追肥（叶面施肥），以土壤施肥为主，根外追肥配合。土壤施肥的主要方法包括：根际施肥、环状施肥、条状施肥、放射状施肥、穴状施肥、扩穴施肥、地面撒施、滴喷灌施肥、淋浇施肥、施肥枪等（图 8-5）。柑橘根外追肥又称叶面施肥，是利用叶片的气孔、角质层、新梢表皮的皮孔和幼果能直接吸收养分的特点，所采用的一种液体施肥的方法。根外追肥具有见效快、针对性强、节省肥料，解决土壤施肥不能解决

的部分问题，使叶片迅速吸收各种养分，保果壮果，调节树势，改善果实品质，矫治缺素症，提高树体抗性等作用。生产上常用 0.5% 尿素 +0.5% 磷酸二氢钾溶液作为叶面肥加速梢转绿，充实叶片营养。此外，叶面施肥也是中微量元素缺乏矫治的重要手段。

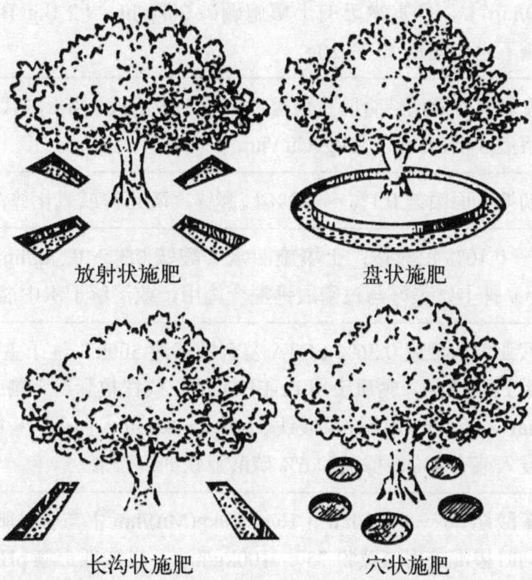

图 8-5　柑橘几种土壤施肥位置示意图

判断柑橘园是否缺乏中微量元素的主要方法包括：感官诊断、土壤分析诊断（柑橘土壤养分丰缺指标）、植株营养诊断（柑橘叶片营养丰缺指标）和果树营养综合诊断法（DRIS 法）。对于缺乏中微量元素的柑橘园，通过多种途径改善土壤的理化性状如增加有机肥的施用量、酸性土壤改良等，使土壤 pH 值维持在适宜的范围内、培育发达的根系等，是提高土壤的中微量元素有效性，预防中微量元素缺乏的重要措施。除此之外，仍需施用中微量元素的果园，因缺补缺的技术流程包括：使用中微量元素前，排除和纠正其他产量限制因素；选择合适中微肥用量、肥料种类、施用方法和施用时间以有效纠正相应的缺乏；确定中微肥施用的余效，避免引起毒害。柑橘中微量元素因缺补缺推荐施肥方法如表 8-10 所示。

表8-10　柑橘中微量元素因缺补缺推荐施肥方法

缺乏元素	施用方法及施用量
硫	叶面喷施 0.3% 硫酸锌、硫酸锰或硫酸铜溶液等。重视有机肥的施用，有机质缺乏的酸性红壤柑橘园施用石膏或石硫合剂残渣等，施用石膏 900kg/hm^2［156kg(S)/hm^2］；石灰性或碱性盐渍土，施用硫黄粉 225 ～ 300kg/hm^2
镁	在幼果期至果实膨大期叶片喷施 0.5% ～ 1.0% 硫酸镁溶液或 0.2% ～ 1.0% 硝酸镁溶液，每隔 10d 喷施 1 次，连续喷施 2 次；酸性土基施含镁石灰 750 ～ 900kg/hm^2［60 ～ 72kg(Mg)/hm^2］或施钙镁磷肥 750 ～ 900kg/hm^2［90 ～ 108kg(Mg)/hm^2］，碱性土壤基施硫酸镁 450 ～ 750kg/hm^2［45 ～ 75kg(Mg)/hm^2］
钙	在花期叶面喷施 1% ～ 2% 过磷酸钙溶液或 0.3% ～ 0.8% 硝酸钙溶液；基施石灰 1500 ～ 3000kg/hm^2［600 ～ 1200kg(Ca)/hm^2］，调节土壤 pH 值至 5.5 ～ 6.5 为宜

续表

缺乏元素	施用方法及施用量
硅	沟施 1 ～ 5kg/ 株的缓效硅肥（以硅酸钙为主要成分，SiO_2 含量＞ 20%），且花期追施 0.5 ～ 2kg/ 株
硼	在初花期叶面喷施 0.1% ～ 0.2% 硼酸或硼砂溶液；土壤施硼，轻度缺乏的土壤施硼砂 5 ～ 10kg/hm^2［0.5 ～ 1.0kg（B）/hm^2］，严重缺乏的土壤施硼砂 20kg/hm^2［2.1kg（B）/hm^2］或在每株树冠垂直投影内开挖环状沟施五水硼酸钠 15 ～ 20g
铜	用 0.2% ～ 0.4% 硫酸铜溶液或结合防止病害喷施波尔多溶液；当土壤代换性铜含量低于 0.5mg/kg 时，土壤浇施硫酸铜溶液 37.5L/hm^2［15kg（Cu）/hm^2］
锌	在春梢叶片展开初期叶面喷施 0.1% ～ 0.2% 硫酸锌、硫化锌或氧化锌溶液
钼	叶面喷施 0.05% ～ 0.10% 钼酸铵；土壤施四水钼酸铵 0.3 ～ 0.5kg/hm^2［0.16 ～ 0.28kg（Mo）/hm^2］或 4g/ 株［2g（Mo）/ 株］，最好与过磷酸钙混合施用，或溶解于水中灌施于根部
铁	将柠檬酸铁和硫酸亚铁溶液或 0.36% EDTA 螯合铁溶液 500mL 注于主干；施用 15 ～ 20g/ 株的铁螯合物（酸性土壤用 Fe-EDTA，钙质土用 Fe-EDDHA）或在根际层土壤中施用腐植酸一类的土壤改良剂 375 ～ 525kg/hm^2、硫酸亚铁或柠檬酸铁 52.5 ～ 60kg/hm^2［10.5 ～ 12.0kg（Fe）/hm^2］；根部埋瓶，将细根折断后，浸入盛有 4% 柠檬酸和 6% 硫酸亚铁的混合液
锰	酸性土壤用一水硫酸锰 50 ～ 60kg/hm^2［16 ～ 20kg(Mn)/hm^2］与有机肥一起基施；石灰性土壤缺锰，可增施有机肥，同时掺混施用硫黄粉 75 ～ 100kg/hm^2，以降低土壤 pH 值；在生长旺盛季节（5 ～ 6 月），每隔 7 ～ 10d 叶面喷施 0.05% ～ 0.10% 硫酸锰溶液，连续喷施 2 ～ 3 次

8.1.3.3　柑橘园精准施肥技术

随着信息技术、装备技术的完善，精准农业在果树上的应用越来越多，尤其是在规模化种植的美国、巴西、以色列等国家。柑橘园精准施肥技术通常使用传感器、遥感、地理信息系统、全球定位系统以及土壤制图等技术手段与智能化装备结合，以提高养分和水的利用效率，从而使柑橘种植户降低种植成本，获得持续的高产和更高的利润，并减少环境代价。

当前，以遥感和数字技术为主的各种精准技术广泛应用在柑橘种植过程中。如使用电导率传感器测定土壤剖面特性，根据其土壤中溶解盐及离子浓度间接反映土壤养分现状。通过传感器也可以检测土壤剖面中的限制层，以便根系生长和养分吸收。同时，由于柑橘产量与冠层体积直接相关，可以利用机载平台或激光扫描仪对柑橘树冠高度和体积进行测量，以绘制柑橘园中树冠体积的地图。同时，利用柑橘树冠体积和高度用于肥料管理和区域灌溉，并根据柑橘树体养分需要和产量进行准确施肥。精准农业技术可以实现柑橘园中肥料被精确地放置在柑橘树周围，施肥量可以根据 GPS 引导的处方图进行调节，变量施肥机可以将柑橘园的肥料用量减少多达 40%[7]。此外，精准农业技术还可以利用传感设备确定地下水位深度和其他土壤特性，以帮助柑橘种植户在灌溉、排水和肥料管理等方面做出相应决策。

8.1.4　柑橘施肥指导意见

根据不同柑橘品种、砧木、土壤类型、气候、环境、肥料种类和密植程度等合理经济施肥，并坚持以下几个原则：

① 看树施肥　柑橘种类繁多，应按不同品种、砧木树龄、生育期以及缺乏不同营养元素的症状等采取施肥措施。

② 看天施肥　雨量、温度等气候因素不仅直接影响柑橘根系吸收养分的能力，而且对土壤有机质的分解和养分形态的转化以及土壤微生物的活动都有大的影响。

③ 看土施肥　栽培柑橘的土壤类型、质地和结构、水分条件、土壤有机质和养分含量、土壤酸碱度、土壤熟化程度等各不相同，故应根据不同的土壤情况合理施肥。

④ 经济施肥　即以最低的施肥成本，获得最高的经济效益。从目前的科学水平来看，以土壤测试和叶片分析为主，配合田间施肥试验，进行测土配方的平衡施肥，才可达此目的。

⑤ 施肥与其他栽培措施结合　柑橘丰产是应用综合栽培措施的结果，因此，施肥应与培肥土壤、耕作、灌水和防治病虫害等措施结合起来，才能充分发挥肥效，获得理想的产量和经济效益。

柑橘产区在我国分布较广，其不同主产区受到气候、品种以及土壤等多种因素的影响，其施肥种植技术水平不同，在不同肥料产品中氮肥是主要的肥料投入品以及土壤酸化等障碍因素的主要成因，因此在我国主要柑橘种植区制定氮肥定额。不同柑橘主产区氮肥定额如下所示：

（1）长江上中游柑橘带　包括四川、重庆、贵州、云南、陕西南部和甘肃南部。产量目标在1000～2000kg/亩之间的，亩施氮肥用量（N）不低于12kg，不高于16kg（施氮量包括化肥和有机肥，下同）；产量目标在2000～3000kg/亩之间的，亩施氮肥用量不低于16kg，不高于20kg；产量目标在3000～4000kg/亩之间的，亩施氮肥用量不低于20kg，不高于23kg。

（2）鄂西-湘西柑橘带　包括湖北西部及北部、湖南西部。产量目标在1000～2000kg/亩之间的，亩施氮肥用量（N）不低于13kg，不高于16kg；产量目标在2000～3000kg/亩之间的，亩施氮肥用量不低于16kg，不高于20kg；产量目标在3000～4000kg/亩之间的，亩施氮肥用量不低于20kg，不高于24kg。

（3）赣南-湘南-桂北柑橘带　包括江西、湖南南部和广西。产量目标在1000～2000kg/亩之间的，亩施氮肥用量（N）不低于14kg，不高于18kg；产量目标在2000～3000kg/亩之间的，亩施氮肥用量不低于18kg，不高于22kg；产量目标在3000～4000kg/亩之间的，亩施氮肥用量不低于22kg，不高于26kg。

（4）浙-闽-粤柑橘带　包括浙江、福建、广东、上海和海南。产量目标在1000～2000kg/亩之间的，亩施氮肥用量（N）不低于15kg，不高于19kg；产量目标在2000～3000kg/亩之间的，亩施氮肥用量不低于19kg，不高于22kg；产量目标在3000～4000kg/亩之间的，亩施氮肥用量不低于22kg，不高于26kg。

同时，针对柑橘优势产区养分资源禀赋特征，以有机资源充分利用为核心，以柑橘养分资源综合管理为手段，参考以下四种模式进行科学施肥。

（1）柑橘园“有机肥＋配方肥”模式　该模式操作简单，适用范围广，施用效果突出，尤其适用于广大柑橘种植产区的中小农户。具体操作如下：

① 秋冬季施肥（基肥）　目标产量为每亩2000～3000kg的柑橘园，每亩施用商品有机肥（含生物有机肥）300～500kg，或牛粪、羊粪、猪粪等经过充分腐熟的农家肥2～4m³；同时配合施用氮磷钾总养分40%～45%（15-15-15或相近配方）配方肥30～40kg。于9

月下旬～11月下旬施用（中熟品种采收后立即施用，晚熟或越冬品种在果实转色期或套袋前后施用，不同产区与不同品种柑橘的施肥时间有所差异），采用条沟或穴施，施肥深度20～30cm或结合深耕施用。有条件的果园，通过果园开沟施肥机，结合开沟、断根、施肥、土肥混匀与回填进行一次性作业施肥。注意与酸性土壤改良配合施肥。

② 春季施肥（追肥） 2月下旬～3月下旬施用（不同产区与不同品种柑橘的施肥时间有所差异）。选择施用氮磷钾总养分40%～45%（20-13-12或相近配方）的高氮中磷中钾型配方肥，每亩用量35～45kg。

③ 夏季施肥（追肥） 通常在6～8月果实膨大期分次施用（不同产区与不同品种柑橘的施肥时间有所差异）。选择施用氮磷钾总养分40%～45%（18-5-22或相近配方）配方肥，每亩施用量40～50kg。

（2）柑橘园“绿肥＋复合肥”模式 该模式操作简单，成本低，抑制杂草效果显著，尤其适用于新垦地或幼龄果园，以及缺少有机肥源或施用有机肥较为困难的坡地或山地果园。具体操作如下：

① 柑橘园生草栽培 柑橘园在秋季播种豆科绿肥或黑麦草、鼠茅草等禾本科绿肥，于9～10月采用行间带状种植，一般在距离树基0.5～1.0m以外种植绿肥，于翌年3～4月刈割翻压后作为肥料，也可自然覆盖至5月下旬。6～8月自然生草或播种夏季豆科绿肥，当草或绿肥生长到30cm左右或季节性干旱来临前适时刈割后覆盖在树盘周围（距离主干20cm左右），起到保水、降温、改土培肥等作用。

② 春季施肥 3月在绿肥翻压的同时配合施用配方肥。选用高氮中磷中钾型配方肥，氮磷钾总养分40%～45%（20-13-12或相近配方），每亩施用25～35kg；施肥方法采用条沟、穴施，施肥深度10～20cm或结合果园浅耕施用。注意补充硼肥。

③ 夏季施肥 通常在6～8月果实膨大期分次施用。选择氮磷钾总养分40%～45%（18-5-22或相近配方）配方肥，每亩施用40～50kg。施肥方法采用条沟、穴施或兑水浇施，施肥深度在10～20cm或结合果园浅耕施用。

④ 秋冬季施肥 秋季播种绿肥前配合施用氮磷钾总养分40%～45%（15-15-15或相近配方）配方肥25～35kg。于9月下旬～11月下旬施用，采用条沟或穴施，施肥深度在20～30cm或结合深耕施用。有条件的果园，建议通过果园开沟施肥机，结合开沟、断根、施肥、土肥混匀与回填进行一次性作业施肥。

（3）柑橘园“果-沼-畜”模式 该模式适用于柑橘产区养殖业发达、种-养结合紧密的集约化果园，对配套措施和操作要求较高。具体操作如下：

① 沼渣沼液发酵 将畜禽粪便按1∶10的比例加水稀释，归集于沼气发酵池中，再按比例加入复合微生物菌剂，对畜禽粪便进行无害化处理，经过充分发酵后沼渣沼液成为一种速效性优质有机肥料，最后利用机械化或半机械化灌溉技术直接入园。

② 春季施肥 2月下旬～3月下旬施用。选用氮磷钾总养分40%～45%（20-13-12或相近配方）高氮、中磷、中钾型配方肥，每亩施用30～40kg；采用条沟法施用，施肥深度在15～20cm，同时结合灌溉追入沼液30～40m^3。

③ 夏季施肥 在6～8月果实膨大期分次施用。选择施用氮磷钾总养分40%～45%（18-5-22或相近配方）配方肥，每亩用量35～45kg。施肥方法采用条沟施用，同时结合灌

溉追入沼液 20 ～ 30m³。

④ 秋冬季施肥 每亩施用沼渣 5000 ～ 7500kg。同时配合施用氮磷钾总养分 40% ～ 45%（15-15-15 或相近配方）配方肥 30 ～ 35kg。于 9 月下旬～ 11 月下旬施用，采用条沟或环沟法施肥，施肥深度在 20 ～ 30cm 或结合深耕施用。沼渣施入沟中，再撒入配方肥，混匀后覆土。

（4）柑橘园“有机肥 + 水肥一体化”模式 水肥一体化的滴灌、喷灌和微灌结合施肥，或柑橘大棚智能化温室的节水施肥，能实现以水控肥、省力施肥、肥药混用等生产目的，对提高柑橘产量和品质意义重大。该模式是我国柑橘产区主推的养分管理模式之一，对降雨量偏少的柑橘产区或规模化种植果园尤为适用，具有土壤改良，水肥精准匹配、稳定供应，减肥增效和增产提质的特点，但对配套措施和操作要求较高。具体操作如下：

① 秋冬季施肥 每亩施用商品有机肥（含生物有机肥）500 ～ 800kg，或牛粪、羊粪、猪粪等经过充分腐熟的农家肥 2 ～ 4m³；于 9 月下旬～ 11 月下旬施用，采用条沟或穴施，施肥深度 20 ～ 30cm 或结合深耕施用。

② 水肥一体化 盛果期柑橘园，肥料供应量主要依据目标产量和土壤肥力而定，水肥一体化通过提高肥料利用率比常规施肥推荐节约肥料。目标产量为每亩 2000 ～ 3000kg 的柑橘园，每亩氮、磷、钾化肥需求量分别为 15 ～ 18kg、6 ～ 9kg 和 12 ～ 15kg。灌溉施肥各时期氮、磷、钾肥施用比例如表 8-11 所示。

表8-11 盛果期柑橘园灌溉施肥计划

生育时期	灌溉次数	每次灌水定额 /（m³/亩）	每次灌溉加入养分占总量比例 /%		
			N	P_2O_5	K_2O
萌芽前	1	9	15	20	10
初花期	1	6	10	10	5
幼果期	1	6	5	10	5
夏梢萌动期	1	6	5	5	10
果实膨大期	1	9	15	5	15
	1	9	15	5	15
	1	9	15	5	15
转色期	1	6	5	15	15
采收后	1	9	15	25	10
合计	9	69	100	100	100

8.1.5 典型柑橘体系高产优质绿色施肥应用案例

8.1.5.1 典型柑橘体系施肥存在的主要问题

柑橘主产区施肥管理中主要存在以下问题：a. 忽视有机肥的施用和土壤改良培肥；b. 土

壤酸化日趋严重；c．建园时重视土壤及其肥力不够，种前未开沟（穴）、未压埋有机肥改土，土壤结构差、土层薄，柑橘生长困难；d．肥料施用不当，多数产区化肥用量高，轻有机肥；施化肥只重视氮磷钾肥，不重视中微肥，中微量元素缺乏；e．施肥方法、时期不当；f．柑橘园水土流失严重。

8.1.5.2 典型柑橘体系高产优质绿色施肥技术策略

针对我国柑橘主产区施肥存在的主要问题，提出以下策略：一是重视有机肥料的施用，大力发展果园绿肥，实施果园覆盖，减少施肥土肥流失；二是酸化严重的果园，适量施用石灰等酸性土壤改良剂；三是根据柑橘品种、果园土壤肥力状况，优化氮磷钾用量、施肥时期和分配比例，适量补充钙、镁、硫、硼、锌等中微量元素；四是施肥方式改全园撒施为集中穴施或沟施；五是施肥与水分管理和高产优质栽培技术结合，干旱季节尤其是春旱期间应遇雨或结合灌溉施肥。

8.1.5.3 川渝晚熟柑橘高产优质绿色肥料产品及应用效果

（1）川渝晚熟柑橘高产优质绿色肥料产品设计

① 川渝地区柑橘生产现状　川渝地区依靠地理位置优势（柑橘栽培的北缘）和生态气候优势（湿度大，冬季极端气候少）正在大力发展晚熟柑橘，采摘期从 12 月一直延伸至次年 4 ～ 5 月份，并取得良好的市场表现，晚熟品种如春见、不知火、爱媛、默科特、玫瑰香橙和沃柑等，其外观漂亮，口感极佳，农户效益较高，对肥料质量和效果要求严格，因此绿色肥料产品设计以功能性复合肥为主。

② 柑橘营养需求特征　川渝地区盛果期柑橘产量约 3000kg/ 亩。综合各地研究结果，每生产 1000kg 柑橘果实，平均带走氮（N）1.76kg、磷（P_2O_5）0.24kg、钾（K_2O）1.98kg、钙（Ca）0.56kg、镁（Mg）0.16kg，N∶P_2O_5∶K_2O∶MgO 比例为 3∶1∶5∶1.1。考虑果实带走养分量、树体贮存的养分量和肥料利用率，盛果期柑橘每产 1000kg 柑橘鲜果需施纯氮 5 ～ 8kg，N∶P_2O_5∶K_2O 配比为 1∶0.5 ～ 0.6∶0.8 ～ 1。

③ 川渝地区土壤养分供应状况　四川及重庆地区土壤 pH 平均值为 6.4 和 5.9，但 40% 以上的柑橘园土壤 pH 值低于 5.0，四川蒲江、丹棱县很多土壤 pH 低于 4.0，土壤酸化严重；川渝地区土壤有机质平均值为 1.5% 和 1.4%，总体偏低；同时，川渝地区土壤普遍存在一定程度的镁、硼、锌的缺乏。

④ 根据各阶段养分吸收量确定各时期的施肥比例　春季施肥（萌芽肥或花前肥）：以速效氮肥为主，配施磷、钾肥，氮肥施用量占全年的 30% ～ 40%。夏季施肥（稳果肥 / 壮果肥）：以氮、钾肥为主，配合施用磷肥，氮、钾施用量各占全年的 30% ～ 40%、40% ～ 50%，磷肥施用量占全年的 20% ～ 30%。秋冬季施肥：20% ～ 30% 的氮肥、40% ～ 50% 的磷肥、20% ～ 30% 钾肥、全部有机肥和大部分镁硼锌肥在采果前后施用。

⑤ 川渝地区柑橘绿色肥料配方设计　根据柑橘不同生育时期对氮、磷、钾的需求特点设计营养套餐肥料，秋肥为平衡型配方，例如 15-15-15、14-16-15；春肥（花前肥或萌芽肥）为高氮中磷中钾配方，例如 20-10-10、21-12-12 等；夏肥（壮果肥）为高钾型配方，例如 18-7-20、19-5-21 等。为了方便企业生产和农民购肥，也可以采用通用型配方，例如 19-10-

16、16-13-16 等。肥料配方和施肥方案见表 8-12，产量水平在 2.5 ～ 3t/ 亩按表 8-12 所示施肥量，当在 3 ～ 4t/ 亩时，各时期增加 10kg 复肥用量。秋、春季配合施用有机肥 5 ～ 10kg/ 株。

表8-12 川渝地区晚熟柑橘配方及施肥建议

配方类型	施肥时期	配方 $N-P_2O_5-K_2O$	亩产 2 ~ 3t 果园配方肥用量 /kg	每亩养分用量（$N-P_2O_5-K_2O$）/kg
通用型	秋冬肥	17-10-18	35	27-15-27
	春肥	17-10-18	50	
	稳果肥	17-10-18	10	
	夏肥	17-10-18	50	
套餐型	秋冬肥	14-15-16	35	25-14-26
	春肥	22-10-10	50	
	稳果肥	22-10-10	10	
	夏肥	17-5-22	50	

⑥ 肥料中养分形态与附属成分的添加 腐植酸：腐植酸具有很好的促根效果，腐植酸建议含量在 0.5% ～ 2%。氮磷形态：秋冬肥建议酰胺态氮素或一铵，枸溶性磷素为主；而春肥施用时温度较低，硝态氮∶铵态氮为 6∶4 左右，速溶磷（如硝铵磷、聚磷酸铵）∶水溶磷为 6∶4，刺激早春根系萌动及第一次生长高峰，并增加水肥吸收；夏肥时期高温多雨，且需要养分迅速等，因此建议膨果肥添加速效的硝态氮和铵态氮，二者比例 4∶6 左右；磷素由速溶磷（如聚磷酸铵、硝铵磷）提供。钙肥：钙作为柑橘生长发育的必需的营养元素，在植物体内发挥着极其重要的作用，增加钙肥能提高果实品质，建议秋冬肥配方中钙镁磷肥添加量为 5% ～ 10%。镁肥：川渝地区总体缺镁或潜在缺镁严重，建议复合肥配方中氧化镁添加量为 1% ～ 3%。硼肥：川渝地区降雨丰富，土壤酸化较为严重，秋肥和春肥硼肥（纯硼）添加量应增加为 0.2% 和 0.5%。锌肥：中性及石灰性紫色土，以及高接的柑橘园容易缺锌，秋肥和春肥锌肥添加量为 0.2% 的螯合态锌或 1% 的硫酸锌。钼肥：在南方地区，尤其是酸性土壤中普遍缺钼，对氮、磷及碳水化合物代谢产生影响，柑橘专用肥中应添加 0.1% 左右的钼酸铵以满足对其养分需求。

综合上述川渝地区柑橘绿色肥料养分配比及肥料形态，结合农资企业的生产工艺，实现了基于农业需求的柑橘高产优质绿色肥料的产品物化，并推向市场。

（2）川渝晚熟柑橘高产优质绿色肥料产品应用效果 川渝晚熟柑橘绿色肥料在四川眉山地区开展了多点同田对比试验与示范，在果实膨大期及成熟期取得了良好的田间示范效果（表 8-13）。从肥效试验结果看，在比农户减少施肥量 20% 以上的基础上，川渝晚熟柑橘高产优质绿色肥料（套餐配方为 21-8-11、15-5-25、15-15-15）对柑橘产量提升效果明显，相比对照处理，平均增产 8.4%。在品质方面，试验地块 A 的爱媛果实品质也有所提升，其可溶性固形物和总糖分别增加了 14.0% 和 10.2%；试验地块 E 的不知火果实也表现出品质提升，其可溶性固形物、维生素 C 和总糖分别提升了 6.4%、7.4% 和 14.2%，其他试验地块品质无明显效果 [8]。

表8-13 川渝晚熟柑橘绿色肥料增产提质效果

试验地	处理	产量 /(t/hm²)	可溶性固形物 /%	可滴定酸 /(g/100mL)	维生素C /(mg/100mL)	总糖 /(g/100mL)
试验地 A	绿色肥料	50.7±5.06	12.2±0.19	0.54±0.01	35.4±0.64	9.7±0.46
	对照	41.2±2.34	10.7±0.33	0.53±0.01	35.2±1.30	8.8±0.32
试验地 B	绿色肥料	31.6±2.65	12.7±0.25	0.84±0.03	44.5±1.11	13.8±0.54
	肥料 A	31.2±0.73	12.6±0.22	0.82±0.02	45.1±2.09	13.5±0.53
试验地 C	绿色肥料	24.6±1.68	11.7±0.35	0.97±0.01	45.4±0.98	13.2±0.28
	肥料 A	23.0±0.86	12.3±0.35	0.96±0.02	47.8±1.76	14.3±0.58
试验地 D	绿色肥料	50.1±2.94	11.4±0.58	0.91±0.05	46.7±2.82	13.8±1.06
	肥料 B	47.6±2.16	11.2±0.45	0.96±0.09	47.4±2.60	13.2±1.42
试验地 E	绿色肥料	64.2	11.6±0.25	0.72±0.06	42.0±2.44	12.85±1.62
	肥料 B	61.0	10.9±0.54	0.73±0.08	38.9±2.82	11.25±0.58

8.2 苹果高产优质绿色施肥原理与技术

我国是世界第一大苹果生产国和消费国，2022年苹果栽培面积和总产量分别为196万公顷和4757万吨，均占世界的一半左右。苹果产业已成为促进农民增收和推动乡村振兴的支柱产业。我国苹果发展遵循“上山下坡，不与粮争地”的方针，果园立地条件较差，在贫瘠的土壤条件下，化肥作为增产的决定因子发挥了举足轻重的作用。统计资料表明，我国苹果园栽培面积占全国耕地总面积的1.7%，而化肥消费量占全国总消费量的3.7%，肥料单位面积施用量是苹果生产发达国家（如美国和意大利）的4～6倍[9]。虽然化肥的施用为苹果单产水平的提高和果品供给保障做出了很大贡献，但是过量施用化肥不仅导致肥料利用率低、生产成本增加，还造成了树体生长紊乱、果实品质降低，以及土壤质量下降、地表和地下水污染和温室气体排放增加等环境问题，制约了苹果产业绿色高质量发展。为此，基于对苹果生长发育规律和养分需求动态特征的研究与认识，提出了苹果最佳养分管理、中微量元素精准施用、有机肥高效施用和水肥一体化等绿色施肥关键技术，集成了苹果高产优质绿色施肥技术模式。

8.2.1 苹果生长发育规律与养分需求特征

8.2.1.1 苹果生长发育规律

（1）生命周期生长发育规律　苹果为多年生作物，其生命周期一般经历幼龄期、初果期、盛果期、更新衰老期等几个时期。不同阶段对养分需求也有很大的差别。幼龄期果树以营养生长为主，养分需求量少，磷和氮需求较多。初果期是果树由营养生长向生殖生长转化的关键期，要求氮磷钾平衡。盛果期既要开花结果，又要维持健壮树势，养分上对钾的需求量增加。更新衰老期需要更新复壮和恢复树势，对氮的需求量增加。

（2）年周期生长发育规律　苹果根系年周期发生高峰一般有 3 次，分别是春季、夏季和秋季（图 8-6）。春季高峰开始于萌芽后，在 4 月中旬达到高峰。第二次高峰发生在夏季，夏季高峰过强，易造成新梢旺长，芽分化差，不易成花。第三次高峰发生从秋季 9 月下旬开始，一般延续时间较长，强度不大，受地上部负荷和秋梢生长量的制约。在养分管理上，一是要在根系发生高峰期施肥，二是通过施肥调节根系发生，促进树体健壮生长，如在秋季施有机肥，促进秋根生长，保障春根发生，有利于果树有节奏生长。

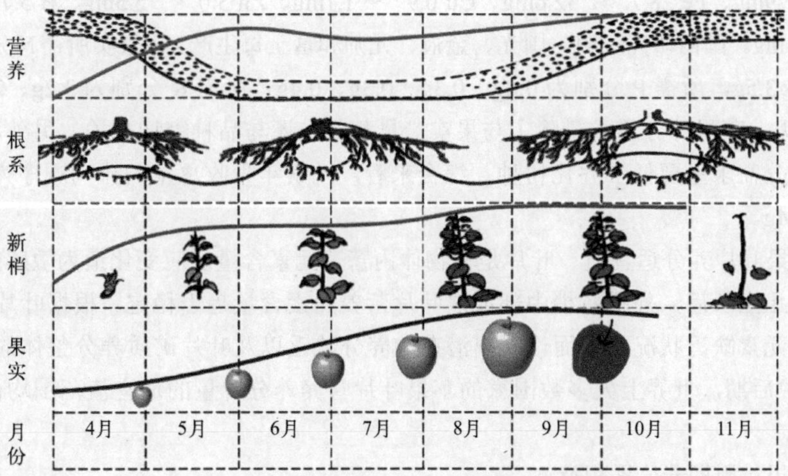

图 8-6　苹果年周期生长发育特征示意图

苹果枝梢主要分为三类，分别是短枝（梢）、中枝（梢）和长枝（梢），短枝（梢）和中枝（梢）只有一次生长，生长时间分别为 2 周左右和 4 周左右；长枝（梢）具有两次生长，生长时间为 8 ～ 12 周，春梢生长高峰在 5 月中旬，秋梢生长在 8 月上中旬。在确定施肥种类、数量、时期时一定要考虑枝梢的比例和长势，因树施肥，通过施肥调节树势，达到适产优质的目的。

苹果果实发育呈 S 形生长曲线，即在生长初期（第一次膨大期）和末期增长缓慢，而在生长中期（第二次膨大期）生长迅速。第一次膨果期在花后 2 ～ 4 周，果实膨大主要是果肉细胞分裂的结果，一般是花后 40 天左右，此期果肉细胞分裂主要依赖贮藏养分，其数量和分配对果实大小起决定性作用。第二次膨果期在花后 6 ～ 16 周，果实膨大主要是果肉细胞体积增大的结果，此期主要依赖当年生长养分，此期肥水不足不利于果实膨大，过多则会影响品质。

8.2.1.2　苹果养分需求特征

（1）养分需求量　苹果必需的 16 种元素分别是碳（C）、氢（H）、氧（O）、氮（N）、磷（P）、钾（K）、钙（Ca）、镁（Mg）、硫（S）、铁（Fe）、硼（B）、锰（Mn）、铜（Cu）、锌（Zn）、钼（Mo）、氯（Cl）。其中，以碳、氢、氧的需要量最大，占树体干重的95%左右，主要从空气和水中吸收。果树需要的其余元素均需通过根系和叶片吸收，以根系吸收为主。

早在20世纪初就开始研究苹果植株各器官的营养元素含量。苹果对每种养分的吸收量和输出量，不同的研究之间存在较大分歧。造成这一分歧的主要原因在于品种、栽培技术以及地理位置的不同。6年生嘎啦/M26苹果树体每年新增加的干物质主要是果实，大约占72%，而新梢和叶片仅占约17%；每生产1kg果实营养元素的需求量：N 1.1g、P 0.2g、K 1.9g、Ca 0.8g、Mg 0.2g、S 0.1g、B 5.0mg、Zn 3.2mg、Cu 2.5mg、Mn 9.8mg、Fe 7.9mg。滴灌条件下‘Brookfield Gala’/M793苹果产量为45.2t/hm^2时，每生产1kg果实营养元素的需求量：N 1.7～2.6g、P 0.3～0.4g、K 2.3～3.3g、Ca 0.5～1.9g、Mg 0.2～0.4g、S 0.2～0.2g、Mn 1.3～7.9mg、Fe 28.7～32.6mg、Cu 0.9～1.1mg、Zn 3.0～5.5mg、B 5.7～7.6mg、Mo 0.3～0.3mg。国内研究表明，国光、金冠、元帅和富士每生产1kg果实所需N分别为3.0g、1.5g、2.5g、3.5g，所需P分别为0.8g、0.3g、0.3g、0.4g，所需K分别为3.2g、2.3g、2.3g、3.2g[10]。可见，苹果养分需求量除了与果实产量相关，还与品种密切相关。另外，一般矮化苹果树的养分需求量要低于乔化树种。综合来看，元素年吸收总量的排列顺序为K＞N＞Ca＞P＞Mg。

（2）苹果叶片养分适宜值　叶片是植物体内营养元素含量反应变化最为敏感的部位。当苹果春梢停止生长后，外围新梢中部成熟叶片营养元素含量趋于稳定。根据叶片营养含量，确定各矿质元素缺乏状况，进而诊断出潜在的养分缺乏以及叶片矿质养分整体的平衡状况。到20世纪中后期，世界上大多数国家的苹果叶片营养养分含量的适宜值范围均已陆续确定（表8-14）。

（3）苹果年周期养分累积特性

① 苹果年周期养分累积动态　年周期中苹果各器官中养分含量不是一成不变的，它随着生长季节的不同而发生动态变化。树体这种养分含量的变化反映了不同生长发育阶段对养分需求的变化，对氮素而言，苹果地上部新生器官需氮可分3个时期（图8-7）。第一个时期从萌芽到新梢加速生长为大量需氮期，需氮量为当年新生器官总氮量的80%，此期充足的氮素供应对保证开花坐果、新梢及其叶片的生长非常重要。此期前半段时间氮素主要来源于贮藏在树体内的氮素，后期逐渐过渡为利用当年吸收的氮素。第二个时期从新梢旺长高峰后到果实采收前为氮素营养的稳定供应期，需氮量为当年新生器官总氮量的18%，此期稳定供应少量氮肥对提高叶片光合作用的活性起重要作用，此期施氮较难处理，过多影响品质，过少影响产量。第三个时期从采收至落叶为氮素营养贮备期，需氮量为当年新生器官总氮量的2%，此期含量高低对下一年分化优质器官创高产优质起重要作用。对磷素而言，一年中苹果的需求量在迅速达到高峰后，开始平稳需求，新生器官4个时期需磷比例分别为82%、11%、6%和1%。对钾素而言，以果实迅速膨大期需钾较多，新生器官4个时期需钾比例分别为48%、31%、21%和0%。根据上述年周期养分需求特点，对氮磷养分必须加强秋季贮藏保证第二年春季的需求，对果实需求较多的钾肥，在生长季要及时补充。

表8-14　世界主要产区苹果叶片适宜值范围

国家	大量元素 /（干基百分数，%）					微量元素 /（mg/kg 干基）				
	N	P	K	Ca	Mg	Fe	Mn	Cu	Zn	B
中国	2.00 ～ 2.60	0.15 ～ 0.23	1.00 ～ 2.00	1.00 ～ 2.00	0.22 ～ 0.35	150 ～ 290	25 ～ 150	5.0 ～ 15.0	15 ～ 80	20 ～ 60
澳大利亚	2.00 ～ 2.40	0.15 ～ 0.20	1.20 ～ 1.50	1.10 ～ 2.00	0.21 ～ 0.25	＞ 100	50 ～ 100	6.0 ～ 20.0	20 ～ 50	21 ～ 40
巴西	2.00 ～ 2.40	0.15 ～ 0.30	1.20 ～ 1.50	1.10 ～ 1.70	0.25 ～ 0.45	50 ～ 250	30 ～ 130	5.0 ～ 30.0	20 ～ 100	25 ～ 50
加拿大	2.20 ～ 2.50	0.15 ～ 0.30	1.40 ～ 2.20	0.80 ～ 1.50	0.25 ～ 0.40	25 ～ 200	20 ～ 200	—	15 ～ 100	20 ～ 60
丹麦	2.00 ～ 2.50	0.18 ～ 0.30	1.10 ～ 1.50	0.70 ～ 1.20	0.20 ～ 0.35	—	—	—	—	—
法国	2.30 ～ 2.60	0.16 ～ 0.19	1.60 ～ 2.00	—	0.22 ～ 0.30	—	—	—	—	25 ～ 35
德国	2.20 ～ 2.80	0.18 ～ 0.30	1.10 ～ 1.50	1.30 ～ 2.20	0.20 ～ 0.35	—	35 ～ 100	5.0 ～ 12.0	15 ～ 50	20 ～ 50
匈牙利	2.00 ～ 2.70	0.12 ～ 2.20	1.00 ～ 1.60	1.20 ～ 1.80	0.27 ～ 0.40	100 ～ 300	50 ～ 200	5.0 ～ 20.0	25 ～ 50	25 ～ 50
意大利	1.80 ～ 2.70	0.16 ～ 0.28	1.00 ～ 1.90	1.10 ～ 2.00	0.24 ～ 0.39	40 ～ 150	＞ 8.00	＞ 1	＞ 15.00	20 ～ 40
日本	3.40 ～ 3.60	0.17 ～ 0.19	1.30 ～ 1.50	0.80 ～ 1.30	0.27 ～ 0.40	—	50 ～ 200	10.0 ～ 30	30 ～ 50	30 ～ 50
英国	2.40 ～ 2.80	0.20 ～ 0.25	1.30 ～ 1.60	1.00 ～ 1.60	0.25 ～ 0.30	—	31 ～ 100	15 ～ 25	5.0 ～ 10.0	25 ～ 30
美国	1.80 ～ 3.00	0.15 ～ 0.40	1.30 ～ 2.50	1.20 ～ 2.60	0.25 ～ 1.00	75 ～ 150	25 ～ 100	10.0 ～ 50	40 ～ 80	35 ～ 75

注：“—”表示该数值空缺。

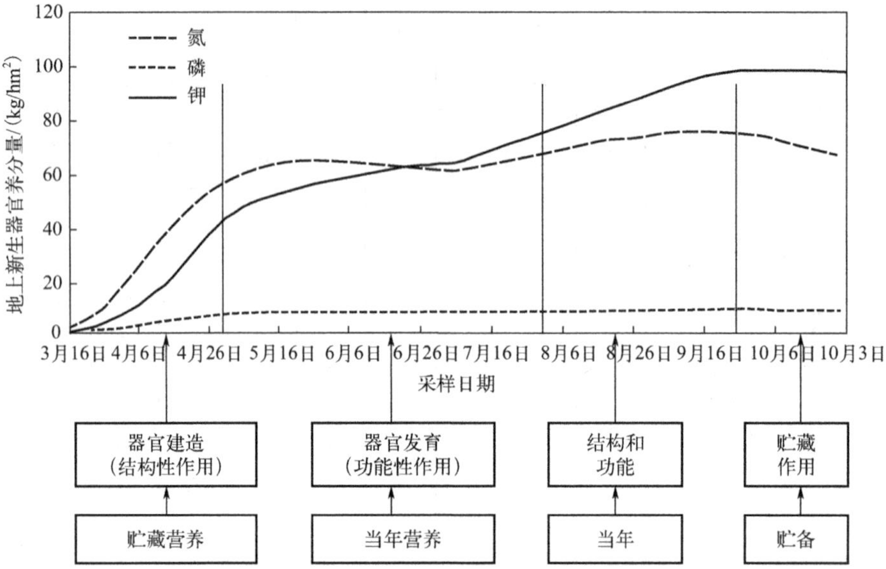

图 8-7　红富士苹果年周期地上新生器官养分累积动态

② 贮藏养分积累与利用动态　贮藏营养对果树的生长发育具有重要作用，特别是对果树翌年早春的花芽分化、枝条生长、开花结果、果实早期生长中的作用重大。研究发现，萌芽后 60 天内果树新生器官生长发育所需的氮素营养大约 80% 来自树体上一季节的贮藏氮，只有 20% 左右来自当季供应；从 6 月开始，随着土壤温度的升高和根系吸收能力的增强，此时可以通过土壤施氮来供应新梢快速生长和果实发育所需要的大量氮素；秋季随着叶片衰老，叶片氮素回流贮藏（图 8-8）。

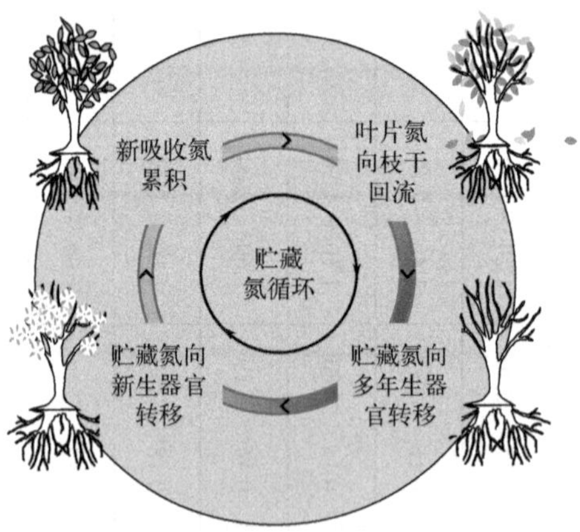

图 8-8　苹果贮藏氮积累与利用动态

8.2.2　苹果养分来源和去向

8.2.2.1　苹果养分来源

受“施肥越多，产量越高”“要高产就必须多施肥”等传统观念的影响，近年来苹果园化肥用量一直处于较高水平。2016 年对全国苹果主产区结果期果园进行了实地调查，明确了不同产区苹果肥料投入现状。

（1）氮养分投入特征　不同苹果生产区域的氮投入量均处于较高水平，从全国平均水平来看，苹果园氮投入量为 1056.12kg/hm^2（表 8-15）。不同生产区域间存在差异，氮投入量较高的产区为山东、甘肃、河北和陕西，均超过了 1000kg/hm^2；山西和辽宁氮投入量相对较低。从氮的来源来看，化肥氮占总投入氮的比例为 67.11% ～ 88.91%，平均为 80.10%，来自化肥的氮远高于有机肥。

表8-15　不同产区苹果园氮养分投入量

区域	氮投入量 / (kg/hm^2)	化肥氮		有机氮	
		数量 / (kg/hm^2)	比例 /%	数量 / (kg/hm^2)	比例 /%
山东	1301.79	1093.11	83.97	208.68	16.03
辽宁	797.42	535.15	67.11	262.27	32.89
河北	1110.45	887.69	79.94	222.76	20.06
陕西	1093.80	972.50	88.91	121.30	11.09
山西	842.85	620.08	73.57	222.77	26.43
甘肃	1190.43	1036.98	87.11	153.45	12.89
平均	1056.12	845.95	80.10	210.17	19.90

（2）磷养分投入特征　苹果园磷投入量平均为 687.34kg/hm^2（表 8-16）。不同生产区域间存在差异，投入量最高的是山东，高达 793.09kg/hm^2；陕西、河北、辽宁的磷投入量相差不大，为 647.37 ～ 686.08kg/hm^2；山西磷投入量最低。从磷的来源来看，来自化肥的磷远高于有机肥，化肥磷占总投入磷的比例处于 65.06% ～ 87.57%，平均为 78.61%。

表8-16　不同产区苹果园磷养分投入量

区域	磷投入量 / (kg/hm^2)	化肥磷		有机磷	
		数量 / (kg/hm^2)	比例 /%	数量 / (kg/hm^2)	比例 /%
山东	793.09	632.73	79.78	160.36	20.22
辽宁	647.37	423.77	65.46	223.60	34.54
河北	664.80	533.97	80.32	130.83	19.68
陕西	686.08	586.94	85.55	99.14	14.45
山西	558.95	410.27	73.40	148.68	26.60
甘肃	773.77	677.59	87.57	96.18	12.43
平均	687.34	540.80	78.68	146.54	21.32

（3）钾养分投入特征　苹果园钾平均投入量平均为 861.12kg/hm²（表 8-17）。钾投入量较高的产区为山东、甘肃、河北和辽宁，均超过了 800kg/hm²。山西产区钾投入量相对较低，为 719.01kg/hm²。从投入钾的来源来看，来自化肥的钾远高于有机肥，化肥钾占总投入钾的比例处于 68.64% ～ 91.58%，平均为 81.31%。

表8-17　不同产区苹果园钾养分投入量

区域	钾投入量 / (kg/hm²)	化肥钾		有机钾	
		数量 / (kg/hm²)	比例 /%	数量 / (kg/hm²)	比例 /%
山东	1073.52	885.76	82.51	187.76	17.49
辽宁	846.42	627.54	74.14	218.88	25.86
河北	897.30	759.03	84.59	138.27	15.41
陕西	780.88	674.76	86.41	106.12	13.59
山西	719.01	493.53	68.64	225.48	31.36
甘肃	849.58	778.05	91.58	71.53	8.42
平均	861.12	700.18	81.31	160.94	18.69

（4）有机肥投入特征　我国苹果园有机肥投入量较低，为 9.24 ～ 13.01t/hm²，全国平均为 10.82t/hm²，与国外发达国家的投入水平（30 ～ 45t/hm²）存在较大差距（图 8-9）。从不同产区来看，有机肥施用量最高的是河北，其次是辽宁和山东，最低的是甘肃，仅为 9.24t/hm²；造成当前有机肥投入量比较低的原因主要有两个方面：一方面，近年来农村种植绿肥和从事养殖业的农户逐渐减少，有机肥源短缺；另一方面，有机肥的使用需要耗费较多劳动力。

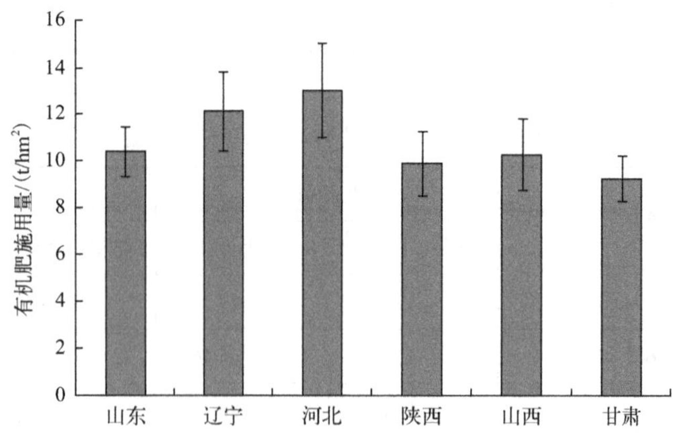

图 8-9　不同产区苹果园有机肥投入量

如图 8-10 所示，当前农村有机肥源短缺，36.45% 的苹果园施用的是普通商品有机肥，其次是猪粪、羊粪、生物有机肥、鸡粪，分别约占 8%。需要注意的是，接近 13.91% 的苹果园不施用有机肥。

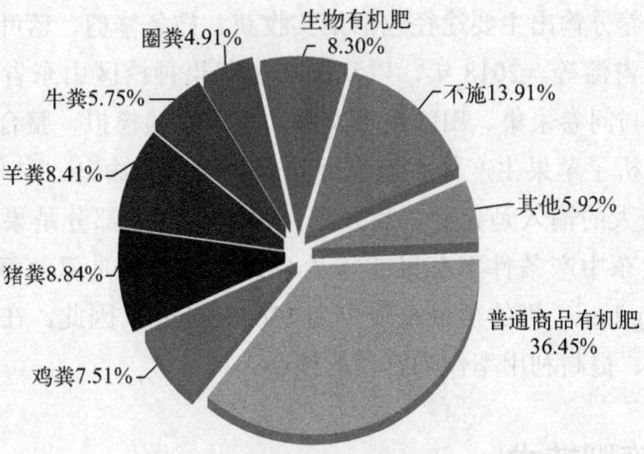

图 8-10　有机肥投入品种和结构

8.2.2.2　苹果园化肥施用过程中存在的问题

（1）忽视土壤管理，土壤障碍性因素加重　调查发现，20 世纪 80 年代普遍采用的深翻土壤和秸秆覆盖措施仅有大约 5% 的果园继续采用，采用人工生草或自然生草的果园仅占 40% 左右，接近 55% 的果园地面管理以清耕为主。清耕虽然提高了土壤的透气性，但也造成了根系分布表层化和表层土壤水肥气热条件变化剧烈。此外，近年来土壤酸化、板结等障碍性因素越来越多，其中胶东半岛果园土壤酸化趋势非常明显，土壤 pH 平均仅为 5.21[11]。粗放的地面管理和障碍性因素的增多导致吸收养分的能力变差，而且土壤酸化也降低了肥料的有效性。

（2）土壤有机质含量低，有机肥投入不足　土壤有机质含量的高低对于果园可持续生产非常重要，欧美日等水果生产强国都非常注重土壤有机质含量的提升。如荷兰果园土壤有机质含量平均在 20g/kg 以上，日本和新西兰等国苹果园土壤有机质含量达到了 40 ～ 80g/kg。然而，我国大部分苹果园土壤有机质含量在 15g/kg 以下，平均为 10g/kg 左右。此外，我国苹果园施肥以化肥为主，有机肥施用量偏低，仅为 2 ～ 15t/hm^2，有机肥提供的养分占总养分投入的比例仅为 20%。

（3）化肥氮磷钾投入量大，中微量元素养分不足　世界上苹果生产发达地区的施肥量普遍较低，N、P_2O_5 和 K_2O 的推荐施用量分别为 150 ～ 200kg/hm^2、100 ～ 150kg/hm^2 和 150 ～ 200kg/hm^2。我国苹果园化肥用量较高，2016 年的调查结果表明中国苹果园 N、P_2O_5 和 K_2O 的投入量是苹果生产发达地区的 5 ～ 6 倍 [12]。化肥的过量主要集中在氮磷钾大量元素肥料，果农对中微量元素的使用不够重视，长期不平衡施肥造成了植株根际营养元素失衡和土壤质量下降，导致了苦痘病、黑点病、缩果病、黄叶病、小叶病和粗皮病等生理性病害的普遍发生。

8.2.2.3　苹果养分循环与平衡

将苹果养分的输入与输出视为一个系统进行研究，即养分的投入总量减去养分的支出总量就是养分的收支盈余量。苹果生产体系氮磷钾的输入主要有肥料输入、大气沉降、灌溉水带入、农药带入等。养分输出主要途径包括果实收获、枝条修剪、落叶、疏花疏果、气态挥发、杂草带走、深层淋溶等。2018 年，以我国典型苹果种植区山东省烟台市栖霞市为研究区域，通过实地调研与问卷采集、田间数据实测、室内实验模拟、整合分析前人文献及搜集统计数据的方法，分析了苹果生产体系氮磷钾养分的输入及输出。中产（45t/hm^2）条件下，果园生态系统养分最大的输入是化肥，离开果园系统最大的部分是果实、修剪枝条和淋失[13]。从结果来看，山东中产条件下苹果园年盈余最多的养分是氮，每年盈余 433.3kg/hm^2，其次是磷，为 300.4kg/hm^2，钾的盈余量较少为 136.7kg/hm^2。因此，在养分资源管理中，应把减少氮磷肥施用量、提高利用率作为管理的核心。

8.2.3 苹果推荐施肥技术

8.2.3.1 苹果最佳养分管理技术

养分最佳管理技术包括四个方面，正确的肥料类型、正确的施肥数量、正确的施肥时期和正确的施肥方法[14-15]。

（1）肥料类型　有机肥包括豆粕、豆饼类，生物有机肥类，羊粪、牛粪、猪粪、商品有机肥类，沼液、沼渣类，秸秆类等。选用的有机肥应符合国家标准，尤其注意重金属含量。

化肥包括尿素、过磷酸钙、硫酸钾、硝酸钙等单质化肥以及复合肥。选择氮肥时，肥料中缩二脲含量不应超过 2%。尽量避免选择含氯肥料。

目前我国苹果园在养分投入类型上存在一大问题是有机肥投入不足，化肥投入过量。为提高品质和土壤质量，保障苹果产业绿色可持续，在施肥类型上要减少化肥比例，增加有机肥，特别是生物有机肥投入，建议有机肥带入的养分占总养分投入的 30% ～ 40%。

（2）施肥量　肥料施用量可以根据目标产量（近 3 年平均产量乘以 1.2）来确定。亩产 4500kg 以上的苹果园：氮肥（N）15 ～ 25kg/ 亩，磷肥（P_2O_5）7.5 ～ 12.5kg/ 亩，钾肥（K_2O）15 ～ 25kg/ 亩；亩产 3500 ～ 4500kg 的苹果园：氮肥（N）10 ～ 20kg/ 亩，磷肥（P_2O_5）5 ～ 10kg/ 亩，钾肥（K_2O）10 ～ 20kg/ 亩；亩产 3500kg 以下的苹果园：氮肥（N）10 ～ 15kg/ 亩，磷肥（P_2O_5）5 ～ 10kg/ 亩，钾肥（K_2O）10 ～ 15kg/ 亩。中微量元素肥料：盛果期果园施用硅钙镁钾肥 80 ～ 100kg/ 亩；土壤缺锌、铁和硼的果园（尤其是黄土高原石灰性土壤），相应施用硫酸锌 1 ～ 1.5kg/ 亩、硫酸亚铁 1.5 ～ 3kg/ 亩和硼砂 0.5 ～ 1.0kg/ 亩。土壤较肥沃的果园建议适当减少肥料用量 10% ～ 20%；土壤瘠薄的果园建议适当增加肥料用量 10% ～ 20%。

需要注意的是，磷和钾在果园土壤中移动性相对较小，损失也较少，在土壤中可以维持较长时间的有效性，且在适量施肥范围内，增加或减少一定用量不会对果树生长和产量造成很大的波动。因此磷、钾养分管理可以采取“恒量监控”的方法进行。通过定期（一般 3 ～ 5 年）的果园土壤磷、钾测试，在土壤测试值基础上依据土壤磷、钾含量范围（低、中、高）结合果树目标产量的磷、钾养分需要量来制定今后一定时期（3 ～ 5 年）内果树的磷、钾施用量。若土壤磷、钾养分含量处于低水平，则磷钾肥施用不仅要满足果树对磷、钾养分的需求，还应通过施肥使土壤磷、钾含量逐步提高到较为适中的水平，因此磷、钾肥推荐量一般超过果树目标产量的需求量；如果土壤磷、钾养分含量适宜，则施用量只要满足果树对磷、钾的需求即可；如果土壤磷、钾含量很高，则应该逐步减少磷肥用量，促使根系利用土壤磷、钾养分，使土壤磷、钾含量通过果树的吸收、消耗最终维持在一个适宜的范围内。表8-18是我国苹果园土壤养分分级标准。

表8-18　我国苹果园土壤养分含量分级标准

养分种类	极低	低	中等	适宜	较高
有机质 /%	＜0.6	0.6～1.0	1.0～1.5	1.5～2.0	＞2.0
全氮（N）/%	＜0.04	0.04～0.06	0.06～0.08	0.08～0.10	＞0.1
速效氮 /（mg/kg）	＜50	50～75	75～95	95～110	＞110
有效磷 /（mg/kg）	＜10	10～20	20～40	40～50	＞50
速效钾 /（mg/kg）	＜50	50～80	80～100	100～150	＞150

（3）施肥时期

① 氮肥　氮素由于损失途径多、移动性强和对产量品质影响大而难管理，因此苹果施肥时期主要以氮肥为主进行推荐。氮素供应原则为：重视基肥、氮肥前移、看果施氮、少量多次。

重视基肥：年周期中需氮最多时期是早春器官发生期，此期果树的萌芽、开花、坐果、新梢生长、幼果膨大以及根系生长等所需养分主要依靠树体内的贮藏养分，^{15}N试验结果表明，此期新生器官建成所需的氮60%～90%来源于树体内的贮藏氮[16]。因此，建议生产上要重视秋季施肥，此期肥料施用量应占全年总量的50%～60%，最佳施用时期为9月中旬～10月中旬，晚熟品种采收后应尽早施用。

氮肥前移：我国苹果市场存在以个头论价的倾向，而我国果园土壤条件较差，只有通过补充氮肥来增大果个，但氮肥施用不当（过量或时期不合适）则引起内在品质下降，既要增大果个又要保证内在品质要求在氮肥施用时期上要前移，即50%～60%的氮肥在秋季，20%～30%在春季第一次膨果期，大幅度减少二次膨果期氮肥投入。

看果施氮、少量多次：二次膨果期氮肥投入既不能过量也不能不施肥，氮肥投入量为全年总施氮肥量的20%。在补充策略上，一是“看果施氮”，即根据果实发育状况施用氮肥，如果果实个头足够大就要减少氮肥施用，否则要正常施氮肥。二是“少量多次”，此期正处雨季，氮素极易发生径流和深层淋洗，可以采用少量多次的氮肥施用技术或者应用稳定性肥料来有效降低土壤氮素浓度的变化，有利于保证果实膨大后期养分的稳定供应[17-18]。

如果选择应用控释氮肥进行追肥，可以在3月份进行一次追肥。可选择使用控释期为3个月和6个月的控释氮肥，比例各占一半[19]。

② 磷肥　苹果年周期对磷素需求较稳定，磷的供应原则是：增加贮备，全年不断线，关键时期适当多施。即50%左右磷肥在秋季（基肥）施入，20%在花芽分化期（6月中旬）施入，其余30%均匀施用。

③ 钾肥　苹果年周期对钾素需求较集中，钾的供应原则为：抓果实膨大期，适当增加贮备。即50%在果实膨大期（7～9月）施入，30%在秋季（基肥）施入，其余20%均匀施用。

④ 有机肥　有机肥建议在9月中旬～10月中旬施用，对于晚熟品种，建议在采收后尽早施用。

（4）施肥方法和施肥位置　养分主要通过根系（根外施肥除外）来吸收，因此最佳的施肥方法是“根层施肥”。根层施肥有两个含义，一个是要把肥料施在根层（根系集中分布区），另一个含义是要“先养根，后施肥”，也就是通过增施有机肥等促进根系的生长。乔砧苹果根系主要分布在树冠滴水线附近，深度为20～40cm，可采用放射沟或挖穴施肥；矮砧苹果树根系分布较为集中，绝大部分都在树冠以内，深度主要集中在10～20cm，可在树行两侧利用机械开条沟进行施肥。

8.2.3.2　中微量元素肥料精准施用技术

中微量元素缺乏与否，判断方法有三：一是外观诊断，即根据叶片、树势和果实等表现出的缺素症状；二是进行土壤测试，将果园土壤中、微量元素含量测试结果与适宜值做比较；三是植株测试，即对叶片、果实、叶柄等器官的养分含量进行分析，并与标准值做比较。若并非因土壤养分缺乏而出现果树缺素症时，应通过增施有机肥、调节土壤理化性状等措施加以解决。

除了土壤补充外，叶面喷肥具有用量少、针对性强、养分吸收运转快、可避免土壤对某些养分的固定等特点，尤其适合中微量元素肥料的施用。苹果中微量元素叶面喷施时间和肥料种类选择见表8-19。

表8-19　苹果中微量元素叶面喷施时间和肥料种类选择

时期	肥料种类和浓度	作用	备注
萌芽前	3% 尿素 +0.5% 硼砂	提高树体贮藏营养水平	落叶早或结果量大或秋季未施基肥的果园，喷施3次，间隔5～7天
萌芽前	1%～2% 硫酸锌	预防小叶病	易发生小叶病的果园
萌芽后	0.3%～0.5% 的硫酸锌	矫正小叶病	出现小叶病时应用
花期	0.3%～0.4% 硼砂 + 含有机质类叶面肥	提高授粉质量、坐果率和树体抗性	花序分离期和盛花期各喷施1次
新梢旺长期	0.1%～0.2% 柠檬酸铁	矫正缺铁黄叶病	可连续喷施2～3次
5～6月	0.3%～0.4% 硼砂	防治缩果病	可连续喷2次
	0.3%～0.4% 糖醇钙	防治苦痘病	套袋前连续喷3～4次
6～8月	0.3%～0.4% 磷酸二氢钾	促进花芽分化和果实膨大	树体生长偏旺的果园
	0.3%～0.5% 尿素	促进营养生长	树体生长偏弱、果实偏小的果园
摘袋后	0.3%～0.4% 硝酸钙 + 含有机质类叶面肥	防治苦痘病、提高果实品质	出现苦痘病的果园

续表

时期	肥料种类和浓度	作用	备注
落叶前	1%～1.5% 的尿素 +0.5%～1% 的硫酸锌 +0.5%～1% 硼砂	提高叶片功能	落叶前 12～15 天左右喷施
	1.5%～3% 的尿素 +1%～1.5% 的硫酸锌 +1%～1.5% 硼砂	提高叶片功能	落叶前 7～10 天左右喷施
	4%～5% 的尿素 +1.5%～2% 的硫酸锌 +1.5%～2% 硼砂	促进养分回流	落叶前 3～5 天左右喷施

叶面喷肥的效果往往受多种因素的制约和影响，为提高叶面喷肥的效果应采取科学的喷肥方法。喷施浓度要适宜，浓度过高容易发生肥害。喷施时间要适宜，宜在晴天上午 10 点前或下午 4 点后，雨天或雨前不宜进行叶面追肥，若喷后 3 小时内下雨，需等天晴后及时补喷一次，可适当降低喷施浓度。喷施以背面为主，要均匀、细致、周到。喷施次数应有间隔，特别是在果树体内移动性小或不移动的养分（铁、硼、钙等），更应注意适当增加喷洒次数。叶面肥混用要得当，两种或两种以上的叶面肥混合后必须无不良反应或不降低肥效，还要注意溶液的浓度和酸碱度，一般情况下溶液 pH 值在 7 左右最好。喷施可在叶面肥溶液中加入适量的湿润剂，如中性肥皂、质量较好的洗涤剂等，增加与叶片的接触面积和时间。

8.2.3.3 有机肥高效施用技术

（1）有机肥施用数量 苹果园中有机肥施用主要为农家肥、普通商品有机肥和生物有机肥，一般根据土壤有机质状况和果树产量水平确定有机肥施用数量。

基肥：根据苹果园土壤有机质含量和果树产量水平，分别将果园有机质分为＜10g/kg、10～20g/kg、＞20g/kg 三个等级，将产量水平分为＜1500kg/ 亩、1500～3000kg/ 亩、＞3000kg/ 亩三个等级。

根据苹果园土壤有机质含量和果树产量水平，农家肥、普通商品有机肥和生物有机肥基肥推荐用量分别见表 8-20、表 8-21 和表 8-22[20]。该用量仅供参考，具体施肥量应根据实际情况而定。此外，农家肥、普通商品有机肥与生物有机肥可搭配施用。

表8-20 农家肥基肥推荐施用量

土壤有机质 / (g/kg)	堆肥、沤肥、厩肥、沼渣 / (kg/ 亩)			饼肥 / (kg/ 亩)		
	产量水平 / (kg/ 亩)			产量水平 / (kg/ 亩)		
	＜1500	1500～3000	＞3000	＜1500	1500～3000	＞3000
＜10	2000	2500～3000	3500	200	250～300	350
10～20	1500	2000～2500	3000	150	200～250	300
＞20	1000	1500～2000	2500	100	150～200	250

表8-21 普通商品有机肥基肥推荐施用量

土壤有机质 / (g/kg)	普通商品有机肥 / (kg/ 亩) 产量水平 / (kg/ 亩)		
	< 1500	1500 ~ 3000	> 3000
< 10	700	800 ～ 900	1000
10 ～ 20	500	600 ～ 700	800
> 20	300	400 ～ 500	600

表8-22 生物有机肥基肥推荐施用量

土壤有机质 / (g/kg)	生物有机肥 / (kg/ 亩) 产量水平 / (kg/ 亩)		
	< 1500	1500 ~ 3000	> 3000
< 10	300	350 ～ 450	500
10 ～ 20	250	300 ～ 350	400
> 20	150	200 ～ 250	300

追肥：腐植酸类、黄腐酸类和微生物菌肥等可作为追肥施用，可在追施化肥的同时适量施用。

（2）有机肥施肥方法　施肥方式如图 8-11 所示。

图 8-11　有机肥施用方式
（从左至右依次为环状沟施、条沟施、放射沟施和穴施）

条沟施：在果树行间开沟施入肥料，也可以结合果园深翻进行，在宽行密植的果园，采用这个方法比较适合。

环状沟施：适用于平地幼龄果树，在树冠外缘垂直投影处开环状沟，树比较小的可以开圆环沟，坡地可以开半环状沟。

放射状沟施：根据树冠的大小，沿水平根的生长方向开放射状沟 4 ～ 6 条。采用这种方式，肥料的分布面积是比较大的，不仅可以隔年更换施肥位置，还可以扩大施肥面，促进肥料的吸收。放射状沟施比较适用于成年的果园，或者是果树种植密度比较高的果园。

穴施：在距离树冠滴水线以里 20 ～ 30cm 的位置挖直径和深度为 30 ～ 40cm 的穴，有机肥与土掺匀后回填。依树冠大小确定施肥穴数量，每年变换位置，适用于乔砧盛果期果园。

地表覆盖：有机肥数量充足时，可选择树冠下全部覆盖；有机肥数量不足时，可选择树冠 1/4 或 1/2 区域进行局部覆盖，每年变换覆盖区域。覆盖厚度不低于 20cm。

（3）有机肥施肥时间 苹果园有机肥施用的适宜时间是 9 月中旬～ 10 月中旬，晚熟品种可在秋季果实采收后尽早施用。富含腐植酸、黄腐酸等功能性碳的有机肥可以作为追肥与化肥配合施用[21]。

8.2.3.4 水肥一体化技术

（1）水肥一体化系统主要组成 一套完整的水肥一体化系统由水源工程、施肥装置、部首控制枢纽、输配水管网、灌水器等几部分组成（图 8-12）。

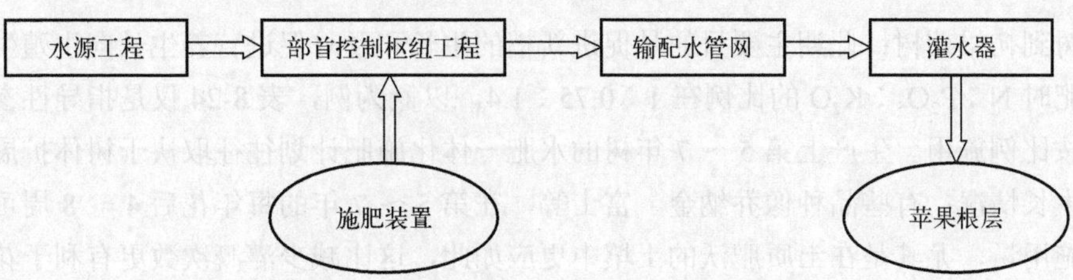

图 8-12 系统组成与水肥技术耦合示意图

（2）水肥一体化施肥的频率和控制 肥料注入微灌系统的频率以保证养分不发生淋溶损失及满足根系的最佳养分需求为准。对苹果来说，灌溉施肥的肥料施用原则是：数量减半、少量多次和养分平衡。

灌溉施肥可分三阶段进行控制：第一阶段先用无肥的水湿润表土；第二阶段将肥料和水一同施入土中；第三阶段用水冲洗系统使肥料分配到所需的土层，同时起到冲洗管道的作用。

（3）肥料选择 在水肥一体化系统中，使用固体肥料时，固体肥料必须在灌溉水中完全溶解。需强调的是，不同种类的肥料混合时，有可能发生肥料的兼容性问题[22]。根据肥料的兼容性，可以用同类的其他肥料来代替，或者在不同的灌溉循环中施用不同的肥料。

（4）技术方案 新栽幼树：建园前要施足有机肥，磷肥采用土壤施用的方法，每亩施用 10.0 ～ 12.5kg P_2O_5，氮肥和钾肥通过灌溉施肥加入，详细方案见表 8-23。该方案要结合叶面施肥进行。

表8-23 新栽苹果树灌溉施肥计划

栽后周数	灌溉次数 / 次	灌水定额 / [(m^3/ (亩·次)]	每次灌溉加入的纯养分量 / (kg/ 亩)		
			N	K_2O	$N+P_2O_5+K_2O$
1 ～ 4	2	20	0	0	10.0
4 ～ 6	1	20	2.0	2.5	4.5
6 ～ 8	1	15	2.5	3.5	6.0

续表

栽后周数	灌溉次数 / 次	灌水定额 / [(m^3/ (亩·次)]	每次灌溉加入的纯养分量 / (kg/ 亩)		
			N	K_2O	$N+P_2O_5+K_2O$
8 ～ 10	1	15	1.0	1.5	2.5
10 ～ 12	1	15	1.0	1.5	2.5
12 ～ 24	根据气象情况		1.0	1.0	2.0
24 ～ 28	1	20	2.5	2.5	5.0
封冻前	1	30	0	0	0
合计	8	135	10.0	12.5	32.5

幼树到初果期树：此期主要目的是促进新梢的生长和及时促进营养生长向生殖生长的转化，施肥时 N ∶ P_2O_5 ∶ K_2O 的比例在 1 ∶ 0.75 ∶ 1.4。以氮为例，表 8-24 仅是指导性参考，磷钾用量按比例施用。生产上第 5 ～ 7 年树的水肥一体化施肥计划往往取决于树体扩展空间所达到的生长情况；有些品种像乔纳金、富士等，在第 5 ～ 7 年的每年花后 4 ～ 8 周可能要减少氮肥施用量，尤其是在土质肥沃的土壤中更应如此，这比减少灌溉次数更有利于花芽形成和提早结果。

表8-24　幼树到初果期树的灌溉施肥计划

萌芽后周数	灌溉次数 / 次	灌水量 /[(m^3/(亩·次)]	每次灌溉加入的纯 N 量 / (kg/ 亩)							
			瘠薄土壤 (有机质在 1.0% 以下)				肥沃土壤 (有机质在 2.0% 以上)			
			≤ 4 年	5 年	6 年	7 年	≤ 4 年	5 年	6 年	7 年
−2 ～ 2	1	25	0	0	0	0	0	0	0	0
2 ～ 4	1	20	2.5	2.0	2.0	2.5	2.0	2.5	2.5	2.0
4 ～ 6	1	20	3.5	3.0	3.0	4.0	2.5	3.5	3.5	3.0
6 ～ 8	1	15	1.5	2.0	2.0	2.5	1.0	1.5	1.5	2.0
8 ～ 10	1	15	1.0	2.0	2.0	2.5	1.0	1.0	1.0	2.0
10 ～ 12	1	15	1.0	2.0	2.0	2.0	1.0	1.0	1.0	2.0
24 ～ 28	1	20	3.0	4.0	4.0	5.0	2.5	3.0	3.0	4.0
封冻前	1	30	0	0	0	0	0	0	0	0
合计	8	160	12.5	15.0	15.0	18.5	10.0	12.5	12.5	15.0

盛果期果树：施肥主要依据是目标产量，表 8-25 是中等肥力土壤条件不同目标产量下的氮肥用量，磷肥和钾肥用量则根据 N ∶ P_2O_5 ∶ K_2O=2 ∶ 1 ∶ 2.1 进行计算。中等肥力土壤条件盛果期苹果水肥一体化方案见表 8-26。在实施中，还要根据土壤肥力状况和树势对肥料用量进行调整。从花前至果实膨大期，一般灌溉 5 ～ 6 次，可根据降雨情况采取少量多次原则。

进入雨季后，根据气象预报选择无雨时机注肥灌溉；在连续降雨时，当土壤含水量没有下降至灌溉始点，也要注肥灌溉，但可适当减少灌溉水量。

表8-25　根据目标产量确定灌溉施肥施氮量

目标产量 /（kg/ 亩）	需要的氮素（N）/[kg/(亩·年)]	施氮量（N）/[kg/(亩·年)]
1000	1.6	4
2000	3.2	8
3000	4.8	12
4000	6.4	16
≥ 5000	8.0	20

表8-26　盛果期苹果树灌溉施肥计划

生育时期	灌溉次数 / 次	灌水定额 /[m^3/(亩·次)]	每次灌溉加入养分占总量比例 /%		
			N	P_2O_5	K_2O
萌芽前	1	25	0	30	0
花前	1	20	10	10	10
花后 2 ～ 4 周	1	25	30	10	10
花后 6 ～ 8 周	1	25	20	10	20
果实膨大期	2	25	20	0	30
采收前	1	15	0	0	10
采收后	1	20	20	40	20
封冻前	1	30	0	0	0
合计	9	185	100	100	100

8.2.4　苹果高产优质绿色施肥应用案例

8.2.4.1　苹果高产优质绿色施肥技术指导意见

（1）渤海湾苹果园“有机肥 + 生草 + 水肥一体化”高产优质绿色施肥指导意见

① 区域特点　渤海湾苹果园普遍存在土壤有机质含量低、碳氮比失调和土壤酸化的问题，表层土壤环境不稳定、根系生长受抑制，还造成了肥料有效性变差。果农为了追求高产和大果，化肥施用普遍过量，养分大量损失，影响生态环境安全。

② 技术要点　融合了土壤高效增碳、果园生草、酸化土壤改良、水肥一体化等关键技术，在改良土壤的基础上，实现化肥高效利用。

A．土壤高效增碳。增加有机肥用量，特别是生物有机肥、添加腐植酸的有机肥以及传统堆肥和沼液 / 沼渣类有机肥料。

早熟品种，或土壤较肥沃，或树龄小，或树势强的果园施农家肥 3 ～ 4m³/ 亩或生物有机肥 300kg/ 亩；晚熟品种，或土壤瘠薄，或树龄大，或树势弱的果园施农家肥 4 ～ 5m³/ 亩或生物有机肥 350kg/ 亩。在 9 月中旬～ 10 月中旬施用（晚熟品种采果后尽早施用）。施肥方法采用穴施或条沟施进行局部集中施用，穴或条沟深度 40cm 左右，乔砧果树每株树 3 ～ 4 个（条），矮砧密植果园在树行两侧开条沟施用。

B．果园生草。采用“行内清耕或覆盖、行间自然生草 / 人工生草 + 刈割”的管理模式，行内保持清耕或覆盖园艺地布、作物秸秆等物料，行间进行人工生草或自然生草。

人工生草：在果树行间种植鼠茅草、黑麦草、高羊茅、长柔毛野豌豆等商业草种，也可种植当地常见的单子叶乡土草（如马唐、稗、光头稗、狗尾草等）。秋季或春季，选择土壤墒情适宜时（土壤相对含水量为 65% ～ 85%），以撒播形式播种。播种后适当覆土镇压，有条件的可以喷水、覆盖保墒。

自然生草：选留稗类、马唐等浅根系禾本科乡土草种，适时拔除豚草、苋菜、藜、苘麻、葎草等深根系高大恶性草，连年进行。

生长季节对草适时刈割（鼠茅草和长柔毛野豌豆不刈割），留茬高度 20cm 左右；雨水丰富时适当矮留茬，干旱时适当高留，每年刈割 3 ～ 5 次，雨季后期停止刈割。刈割下来的草覆在树盘上。

C．酸化土壤改良。在增施有机肥的同时，施用生石灰、贝壳粉类碱性（弱碱性）土壤调理剂或钙镁磷肥进行酸化改良。具体用量根据土壤酸化程度和土壤质地而异。微酸性土（pH 值为 6.0），砂土、壤土、黏土施用量分别为 50kg/ 亩、50 ～ 75kg/ 亩、75kg/ 亩；酸性土（pH 值为 5.0 ～ 6.0），砂土、壤土、黏土施用量分别为 50 ～ 75kg/ 亩、75 ～ 100kg/ 亩、100 ～ 125kg/ 亩；强酸性土（pH 值≤ 4.5），砂土、壤土、黏土施用量分别为 100 ～ 150kg/ 亩、150 ～ 200kg/ 亩 、200 ～ 250kg/ 亩。生石灰要经过粉碎，粒径小于 0.25mm。冬、春季施用为好，施用时果树叶片应该干爽，不挂露水。将生石灰撒施于树盘地表，通过耕耙、翻土，使其与土壤充分混合，施入后应立即灌水。生石灰隔年施用。商品类土壤调理剂的用法用量参照产品说明。

D．水肥一体化。砂土地宜采用微喷头；丘陵山坡地和地面坡度大于 10% 的地块，宜采用压力补偿式滴水器。亩产 3000kg 苹果园水肥一体化追肥量一般为纯氮（N）9 ～ 15kg，纯磷（P_2O_5）4.5 ～ 7.5kg，纯钾（K_2O）10 ～ 17.5kg。根据苹果产量品质形成规律和养分需求规律，按需分期精准调控，水肥一体化施肥运筹比例详见表 8-26。

E．根外施肥。根外施肥时期、浓度和作用见表 8-19。

（2）黄土高原苹果园“有机肥 + 集雨保墒 + 配方肥”高产优质绿色施肥指导意见

① 区域特点　黄土高原产区地处旱区，缺乏灌溉条件，绝大多数果园属于雨养果园。长期不进行深翻改土，不施或少施有机肥，不重视肥料的合理搭配，导致果园土壤板结严重，土壤肥力下降，且土壤碱化严重，pH 值多在 8.0 以上。

② 技术要点　融合了有机肥替代化肥、生物培肥、坑施肥水、覆盖保墒、窖集雨水、碱土调理等关键技术，充分利用有限水资源，提高肥水利用效率，提升地力，减少化肥使用

量，从而实现优质高效绿色施肥。

A．有机肥替代化肥。9月中旬～10月中旬采果前后施基肥，越早越好。采用沟施或穴施，深度30～40cm。每亩施3～4m^3牛粪、羊粪、猪粪等经过充分腐熟的农家肥，或商品有机肥300～400kg，生物菌肥100～200kg，可有效增加土壤有机质含量，改良土壤，提升土壤肥力。

B．施用配方肥。基肥化肥的建议配方为16∶15∶14（或相近平衡配方），每1000kg产量用20kg左右，与有机肥同时混匀施用。第一次膨果肥建议复合肥配方为20∶5∶15（或相近高氮中高钾配方），每1000kg产量用16kg左右，在果实套袋前后即6月初进行，采用放射沟法或施肥枪注射施肥。第二次膨果肥建议配方为16∶6∶26（或相近中氮高钾配方），每1000kg产量用12kg左右，在果实第二次膨大期即7～8月进行，采用放射沟法或施肥枪注射施肥。

C．覆盖保墒。山地果园干旱缺水，采用园艺地布或塑料膜覆盖果园，利于土壤持水保墒，实现依水调肥，促进水肥利用，并且具有增温的作用，还能抑制杂草生长。通常，于秋季或春季在树盘下两侧用优质耐用的黑色园艺地布或黑色塑料膜进行地面覆盖，覆盖带宽1.0～1.2m。覆膜之前，先整理树两边的畦面，形成中间高、两侧低的凸形畦面，畦面高出地面10～15cm，凸形畦面两侧边缘形成深10cm左右的集雨沟，利于雨季积存雨水。铺设时要将地布或塑料膜拉直铺展，交接处和四周用土压实，园艺地布可用地钉或铁丝固定。注意地布或塑料膜要距离主干15～20cm，空隙用土压实。

D．窖集雨水。在果园地头地势相对较低处，修筑1～2个积雨窖，容积10～30m^3为宜，用于蓄积雨水。旱季时，将雨水用于果树局部补水，从而有效缓解旱情，并起到水肥融合促进养分吸收的效果。挖土坑时，窖体以圆形为宜，深3～4m，中间直径最大处3～4m，向下逐步缩小，到底部时直径2～3m，若为方形集雨窖，则需用盖板封顶。窖内壁和窖底均用水泥砌好。窖面用水泥浇筑，坡向向内倾斜5°，形成中间凹四周略高的形状，直径2～3m，作为集雨平台。窖口在窖面中心位置，直径30～40cm，并高出窖面10cm，浇筑前预埋进水管4根。

E．碱土调理。每年在树盘内地面施入碱性土壤改良剂或土壤调理剂（黄腐酸钾、沃丰隆、施地佳等），每次每亩施5kg，全年2～3次，随后旋耕使调理剂进入土壤，可降低土壤pH值，活化土壤养分，促进养分的吸收。

F．根外施肥。时期、浓度和作用见表8-19。

8.2.4.2 苹果高产优质绿色施肥技术应用效果

2013—2021年，在渤海湾和黄土高原苹果产区开展了83个苹果高产优质绿色施肥技术田间试验，试验地点涉及山东蓬莱、山东栖霞、山东沂源、陕西洛川、陕西富县、陕西黄陵、山西吉县、山西临猗、甘肃泾川、甘肃庆阳、甘肃静宁等。评价了农民传统管理和苹果高产优质绿色施肥技术对产量、品质和养分利用效率的影响，同时应用生命周期评价法评价了农民传统管理和苹果高产优质绿色施肥技术的环境效应。

（1）果实产量和肥料利用效率 高产优质绿色施肥技术的平均产量为33.65t/hm^2，显著高于农民传统施肥的29.84t/hm^2，增产效果明显。高产优质绿色施肥技术的氮磷钾总投入量比农民传统施肥减少了32.6%。从肥料利用效率来看，高产优质绿色施肥技术的氮肥偏生产力为62.74kg/kg，是农民传统施肥的1.6倍。可见，高产优质绿色施肥技术具有显著的减肥增产效果。

（2）果实品质　与农民习惯施肥相比，苹果高产优质绿色施肥技术显著促进了果实着色，果皮花青苷含量提高幅度达50.1%（表8-27）。与花青苷含量的变化趋势相一致，苹果高产优质绿色施肥技术也显著提高了果实可溶性固形物和可溶性糖含量。苹果高产优质绿色施肥技术下果实可滴定酸含量有所下降，果实糖酸比显著升高，改善了果实风味。苹果高产优质绿色施肥技术也显著增加了果肉总黄酮含量，提高了苹果果实的营养价值。

表8-27　苹果高产优质绿色施肥技术对果实品质的影响

处理	花青苷（鲜重）/（mg/100g）	可溶性固形物/%	可溶性糖/%	可滴定酸/%	糖酸比	总黄酮（鲜重）/（mg/100g）
农民习惯施肥	17.16	13.15	12.05	0.47	25.85	22.11
高产优质绿色施肥技术	25.75	15.26	14.70	0.43	34.22	27.07

（3）生态环境效应　苹果高产优质绿色施肥技术的能源消耗为2940.05MJ/t，比农民传统管理低25.31%。与农民传统管理相比，苹果高产优质绿色施肥技术的全球变暖潜力降低了28.15%。苹果高产优质绿色施肥技术的酸化潜力为2.072kg SO_2-eq/t，比农民传统管理（3.417kg SO_2-eq/t）降低了39.36%。苹果高产优质绿色施肥技术的富营养化潜力为1.787kg PO_4-eq/t，显著低于农民传统施肥技术，降低幅度达到37.78%。

综合来看，通过优化施肥数量、施肥品种、施肥时期、施肥方法、果园土壤管理以及配套了优质丰产栽培技术等措施，在渤海湾和黄土高原产区83个试验点的结果表明，与农民习惯施肥相比，苹果高产优质绿色施肥技术在大幅减少无机氮磷钾肥投入下，产量提高了12.77%，改善了果实品质，全球变暖、环境酸化和富营养化潜力分别降低25.31%、28.51%、39.36%和37.78%，具有显著的经济和生态效益（图8-13）。

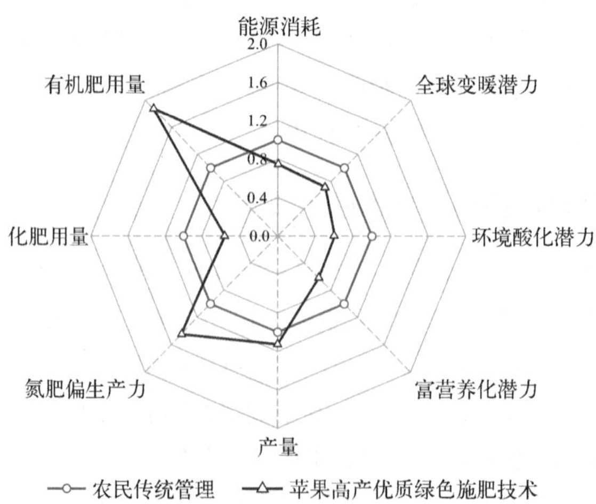

图8-13　苹果高产优质绿色施肥技术应用效果

8.3 香蕉高产优质绿色施肥原理与技术

香蕉含有丰富的碳水化合物、矿物质和维生素，是重要的热带水果之一。全球有 130 多个国家和地区种植香蕉，主要分布在亚洲、美洲、非洲等热带和亚热带地区。据联合国粮农组织统计，2020 年世界香蕉的收获面积为 520 万公顷，总产量为 1.19 亿吨。我国是香蕉重要的生产国，从 2009 年起，我国香蕉的总产量一直位居世界第二，仅次于印度。我国香蕉主要分布在海南、广东、广西、云南和福建等地。据国家统计局数据，2019 年我国香蕉的收获面积为 33 万公顷，总产量为 1166 万吨。广东香蕉的种植面积最大，为 11.1 万公顷，占我国香蕉种植面积的33%，其次是云南、广西、海南，福建种植面积最小，为1.2万公顷。香蕉总产量依次是广东、广西、云南、海南和福建，其中，广东、广西和云南香蕉总产量占我国香蕉总产量的 85%，是我国香蕉三大主产区。我国香蕉产业的发展可以分为三个阶段：1961—1985 年，中国香蕉收获面积和总产量增长缓慢；1985—2015 年，香蕉收获面积、总产量和平均单产持续增加，2013 年和 2015 年香蕉总产量和收获面积最大，分别为 1237 万吨和 42.3 万公顷；2016 年至今，可能受气候条件和香蕉枯萎病等因素影响，我国香蕉收获面积呈下降趋势，总产量呈上升趋势，但总产量仍低于 2013 年总产量。

土壤养分丰缺状况和施肥管理直接影响优质高产香蕉的生产。通过文献整合分析和实地田间调查，结果显示我国蕉园土壤 pH 在 4.5 ～ 5.8 之间，最适宜香蕉生长的蕉园仅占 11.0%；有机质变化范围为 7.23 ～ 44.50g/kg，86.3% 的蕉园土壤有机质处于潜在缺乏及以下水平；碱解氮含量平均为 77.3mg/kg，97.1% 的蕉园土壤碱解氮处于中等以下水平；有效磷、速效钾、交换性钙、交换性镁含量平均为 96.0mg/kg、227mg/kg、1039mg/kg 和 102mg/kg，50% 以上的蕉园土壤速效磷、有效钾处于极高水平；有效铁、锰、铜、锌和硼平均含量为 169mg/kg、41.8mg/kg、2.84mg/kg、4.82mg/kg 和 1.16mg/kg，50% 以上的蕉园土壤微量元素含量处于极高水平[23]。由此可见，我国蕉园土壤有机质含量偏低，养分比例不平衡，这与施肥管理密切相关。我国香蕉园 N、P_2O_5 和 K_2O 平均施用量分别为 755kg/hm^2、399kg/hm^2 和 1442kg/hm^2，肥料种类主要以复合肥、尿素、氯化钾或硫酸钾为主，而钙、镁等中微量元素投入量较少，有机肥施用量严重不足，影响了优质高产香蕉的生产[24]。本节内容主要介绍香蕉的生长特性、养分吸收特性、施肥管理原理及技术，以期为优质高产香蕉生产提供重要参考依据。

8.3.1 香蕉生长发育规律和养分需求特征

8.3.1.1 香蕉生长发育规律

香蕉是一种多年生草本植物，整个生育期一般为 10 ～ 14 个月。根据香蕉的种植年限可以分为一代蕉和宿根蕉[25]（图 8-14），一代蕉是当年新种植的香蕉，宿根蕉是从上一造母株球茎上生长的吸芽。宿根蕉的株高、生物量和产量要高于一代蕉，但是生长发育规律类似。香蕉的主要器官可以分为根系、球茎、吸芽、假茎、叶片、果轴、蕉蕾和果实几个部位。香蕉根系着生在球茎上，主要以肉质不定根为主，根系主要分布在表层 0 ～ 20cm 土层内。球茎是香蕉最重要的生长器官，球茎的中心是生长点，叶片、吸芽和花序均分化于此。假茎是由叶鞘包裹而成，起支撑、储存和运输养分的作用，含水量95%以上，抗风能力差。吸芽是从球茎上长出，宿根蕉的来源，一年可以从球茎上长出很多吸芽，生产上一般选择除掉多余的吸芽避免争夺水分和养分。叶片是香蕉进行光合作用的主要器官，叶片在生长过程中会脱落死亡，在果实发育阶段，保障10～12张健康的叶片对提高香蕉产量和品质具有重要作用。蕉蕾分化于球茎生长点，由假茎中心向上生长，开花后形成果实。香蕉的花序为无限花序，生产上一般选择保留7～9梳，否则营养供应不上，影响果实产量和品质。

图8-14　一代蕉和宿根蕉的差异

香蕉的整个生长过程大致可分为幼苗期、营养生长期、花芽分化期-现蕾期、果实发育期和收获期。以一代蕉为例，香蕉移栽后前3个月是营养生长期，移栽后4～6个月为营养生长和生殖生长共生期，移栽后7～10月为果实生长发育和营养体衰老期。但是受蕉园管理水平、种植区域等因素的影响，生育期可能会提前或延后，但基本的生育时期基本一致。

（1）苗期　对于一代蕉（新植蕉）而言，苗期香蕉生长比较缓慢，主要以缓苗为主，抽成一片新叶需要8～10天的时间，这段时间养分吸收量较少，苗期过后香蕉开始快速生长，这个时期生物量累积相对较少。对于宿根蕉而言，上一代香蕉的吸芽作为种苗，这段时间的营养主要靠母株供应，同时在与母株共生的时间也会长出独立的球茎和根系，开始自主从土壤中吸收养分和水分。

（2）营养生长期　营养生长期是香蕉营养临界期，这个时期对养分和水分的需求量较大[26]，生物量累积的速度也比较快，抽生一片新叶需要3～5天的时间，此时期的主要特点为球茎继续膨大、根系生长发育加快、叶片和叶面积增加。这个时期对香蕉生产非常关键，要控制好氮肥和钾肥的比例，为下一个阶段花芽分化打好坚实的营养基础。

（3）花芽分化期-现蕾期　花芽分化期-现蕾期是香蕉由营养生长向生殖生长过渡的时期[3]，香蕉球茎生长速度变慢，叶片数不再增加，球茎的生长点分化成花序，沿着假茎向上伸长到顶部，这个过程被称为香蕉的现蕾。花芽分化-现蕾期以及之后幼果期是生物量积累量最大的时期，也是单位时间内养分吸收量最高的时期，并对香蕉花芽的分化及后期果实生长极为重要，是决定最终产量与品质的关键时期。这个时期应注重钾肥和中微量元素的补充，为优质香蕉的生长奠定基础。

（4）果实发育期-成熟期　果实发育期-成熟期又可以细分为幼果期、果实膨大期、果实成熟期[26]，这个时期香蕉的生物量达到最大，此时期叶片停止抽生新叶，根系吸收的养分及光合产物主要向果实运输。在果实发育期有两个关键的环节叫疏果和断蕾。疏果主要目的是剔除掉全部的双胞胎、多胞胎、三层果、畸形果，剔除第一把和第二把两边的三菱蕉。断蕾是在香蕉确定一定的留把数之后，用割叶刀平割果轴，断蕾之后把数不会再增加。这个时期要注意钾肥、钙肥和镁肥的供应，保障果实健康生长。

香蕉断蕾后需要根据种植区域和市场需求来确定采收时间，一般5～8月份抽蕾的2～3个月可以达到成熟度7～9成，而10～12月份抽蕾则需要4～5个月。海南和广东等低海拔、温度较高的地区果实发育期持续时间短，而广西和云南等高海拔、温度相对较低的地区果实发育期持续的时间较长。

8.3.1.2　香蕉养分需求特征

香蕉对养分的需求量大，不同品种、代别及产量水平香蕉养分吸收量不同。香蕉养分吸收变幅较大，其中氮吸收量为101～303kg/hm^2、磷吸收量为12.6～45.5kg/hm^2、钾吸收量为418～1002kg/hm^2、钙和镁吸收量分别为59.6～170kg/hm^{2}和25.0～132kg/hm^2。一般营养生长期、孕蕾期和果实发育期氮、磷、钾吸收量分别占总吸收量16%～19%、40%～53%和31%～41%。香蕉对矿质营养元素的吸收量顺序为钾＞氮＞钙≥镁＞硫＞磷＞锰＞铁＞硼＞锌＞铜。矿质元素在香蕉不同部位的分布差异很大，因生长发育阶段的不同也会表现出明显差异。香蕉营养生长阶段的氮主要分布在叶片中，抽蕾后开始逐渐向果实转移。磷在香蕉果实发育的过程与氮类似，成熟期植株各部位磷含量中，果轴＞果皮（青叶片）＞假茎（果肉、青叶柄、干叶）＞球茎。钾在香蕉体内的平均浓度显著高于其他矿质元素，在除叶片以外的其他部位中，钾含量通常都在氮含量的2倍以上。香蕉对钙的需求量仅次于氮，整个生育期内叶片中的钙含量始终相对稳定，但假茎与球茎中的钙会在花芽分化期和孕蕾期达到最大值。香蕉对镁与钙吸收有较好的同步性，孕蕾期累积量可占整个生育期的34.6%，但前期累积量比较有限。

不同区域、不同代别和不同管理模式下香蕉的养分吸收特性存在一定的差异，但基本的养分吸收规律比较类似。主要以滴灌条件下威廉斯B6一代蕉为例进行详细介绍，宿根蕉的养分吸收量是一代蕉的1.3～2倍，对于宿根蕉的养分管理需要结合当地的实际情况进行适当调整。

（1）香蕉氮素的吸收与分配　香蕉氮累积规律与干物质累规律相似，呈现“S”形曲线变化。在苗期，氮素吸收量较少，吸收速率较慢；进入营养生长期，氮的吸收量和吸收速率持续增加；香蕉生长后期，氮积累量变化及吸收速度大幅度变小，积累曲线趋于平缓（表8-28）。叶片和果实的氮积累分别占全株总积累量的33%和30%。但叶片中氮的累积量随生育期发生变化，从香蕉定植至香蕉花芽分化结束的这段时期，叶片氮吸收量占总吸收量的比例随香蕉生育期的延长逐渐降低，假茎所占的比例逐渐增大，而球茎所占的比例则呈现出先增大后降低的趋势。进入果实生育期，果实氮吸收量占总吸收量的比例不断上升，果实膨大期81%的氮吸收量分配到了果实，部分氮从其他器官向果实转移。在香蕉成熟期，叶片中氮的吸收量最高，占44%；果实氮吸收量占23%，其次是假茎、球茎、果轴和根系。

表8-28　不同生育时期一代蕉氮元素吸收量与吸收比例[27]

生长发育阶段	积累量 / (kg/hm^2)	吸收量 / (kg/hm^2)	吸收比例 /%
苗期	5.8	5.8	2.9
营养生长期	44.1	38.3	13.2
花芽分化期	72.4	28.5	10.4
现蕾期	141.8	69.4	25.4
果实发育期	221.3	79.5	29.2
收获期	272.8	51.4	18.9

注：香蕉的种植密度为1875株/hm^2。

（2）香蕉磷素的吸收与分配　一代蕉磷的吸收量为33.2kg/hm^2，磷的累积规律与氮相似，呈现“S”形曲线增长。苗期、营养生长期、花芽分化期、现蕾期、果实发育期和收获期磷的吸收量分别占总吸收量的2.2%、8.2%、9.0%、27.7%、34.4%和18.4%。苗期磷的吸收量较少，吸收速率较慢。从营养生长期到果实发育期，磷的吸收量不断增加，吸收速率不断提高。进入成熟期，磷的吸收量逐渐降低，吸收速率也减缓（表8-29）。

表8-29　不同生育时期一代蕉磷元素吸收量与吸收比例[27]

生长发育阶段	积累量 / (kg/hm^2)	吸收量 / (kg/hm^2)	吸收比例 /%
苗期	5.1	5.1	2.2
营养生长期	10.5	5.4	8.2
花芽分化期	19.7	9.2	9.0
现蕾期	26.3	6.8	27.7
果实发育期	31.1	4.9	34.4
收获期	33.2	2.1	18.4

注：香蕉的种植密度为1875株/hm^2。

在营养生长期之前，香蕉吸收的磷主要储存在叶片、假茎和球茎等器官，氮叶片磷吸收比例随着生育期的进行呈现下降趋势。从花芽分化期到收获期，果实是吸收磷素的最主要器官，磷吸收量占整株总吸收量的比例随着香蕉生育期的延长不断上升。在收获期，叶片和果实中磷的吸收量分别占40%和33%，其次是假茎、球茎、果轴和根系。

（3）香蕉钾素的吸收与分配　一代蕉钾的吸收量为775.1kg/hm^2，从苗期到现蕾期，钾的吸收量呈增加趋势，吸收速率逐渐增加。进入果实发育期，钾的吸收量和吸收速率降低，积累曲线趋于平缓（表8-31）。从苗期到花芽分化期，钾吸收量向香蕉叶片和根系中分配的比例逐渐降低，向假茎与球茎分配的比例却逐渐增大，假茎和球茎是香蕉吸收钾的主要器官。进入果实发育期，钾的吸收中心向果实转移，果实是吸收钾素的最主要器官，在果实膨大期所吸收的55%的钾素都分配到了果实。在收获期，假茎钾的吸收量最多，占总吸收量的39%，其次是叶片、果实、球茎、果轴和根系。

表8-30　不同生育时期一代蕉钾元素吸收量与吸收比例[27]

生长发育阶段	积累量 /（kg/hm^2）	吸收量 /（kg/hm^2）	吸收比例 /%
苗期	15.6	15.6	2.5
营养生长期	127.9	112.3	14.0
花芽分化期	266.4	138.6	17.9
现蕾期	512.3	245.8	31.7
果实发育期	719.4	207.2	26.7
收获期	775.1	55.7	7.2

注：香蕉的种植密度为1875株/hm^2。

（4）香蕉钙素的吸收与分配　一代蕉钙的吸收量为80.4kg/hm^2，仅次于氮和钾，是香蕉吸收的第三大营养元素。香蕉钙的累积规律与氮和磷类似，从苗期到果实发育期，钙的吸收量逐渐增加。进入收获期，钙的吸收量减少。苗期、营养生长期、花芽分化期、现蕾期、果实发育期和收获期，香蕉钙的吸收量分别占总吸收量的0.5%、10.5%、15.0%、21.6%、47.6%和4.7%。在收获期，54%的钙储存在假茎，其次是叶片、球茎、果实等部位（表8-31）。

表8-31　不同生育时期一代蕉钙元素吸收量与吸收比例[27]

生长发育阶段	积累量 /（kg/hm^2）	吸收量 /（kg/hm^2）	吸收比例 /%
苗期	0.4	0.4	0.5
营养生长期	8.8	8.4	10.5
花芽分化期	21.0	12.2	15.0
现蕾期	38.3	17.4	21.6
果实发育期	76.5	38.3	47.6
收获期	80.4	3.8	4.7

注：香蕉的种植密度为1875株/hm^2。

（5）香蕉镁素的吸收与分配　一代蕉钾的吸收量为40.5kg/hm^2，镁的吸收量与磷的吸收量相近。从苗期到营养生长期，镁的吸收量急剧增加。从营养生长期到现蕾期，镁的吸收量相对比较平缓。从现蕾期到果实发育期，镁的吸收量急剧增加。果实发育期到收获期，镁的吸收量较少。在收获期，叶片中镁的吸收量最高，占36%，其次是假茎、果实和球茎，果轴和根系镁的吸收量较少（表8-32）。

表8-32 不同生育时期一代蕉镁元素吸收量与吸收比例[27]

生长发育阶段	积累量 / (kg/hm^2)	吸收量 / (kg/hm^2)	吸收比例 /%
苗期	0.5	0.5	1.3
营养生长期	5.6	5.0	12.2
花芽分化期	11.0	5.4	13.5
现蕾期	16.7	5.7	14.0
果实发育期	39.8	23.1	57.1
收获期	40.5	0.8	1.8

注：香蕉的种植密度为1875株 /hm^2。

8.3.2 香蕉推荐施肥技术

8.3.2.1 常规管理蕉园土壤养分丰缺状况与推荐施肥

香蕉对氮、磷、钾、钙、镁的需求量较高，一般每生产1t香蕉果实带走1.97kg氮（N）、0.25kg磷（P）、6.60kg钾（K）、0.21kg钙（Ca）和0.32kg镁（Mg）。蕉园施肥要结合土壤养分的丰缺状况和产量水平。不同肥力等级和产量水平下，有机肥、氮、磷、钾的施用量见表8-33、表8-34、表8-35和表8-36。香蕉对钙、镁的需求量比较大，一般推荐钙肥的施用量为100～250kg/hm^2，镁肥的施用量为50～100kg/hm^2。微量元素主要采用“因缺补缺”的原则，结合土壤微量元素的丰缺情况确定，如在花芽分化前期需要补充硼肥，在果实生长发育阶段需要及时补充锌肥等。

表8-33 香蕉商品有机肥的推荐用量[28]

有机质含量 /%	推荐用量 / (t/hm^2)		
	产量50t/hm^2	产量70t/hm^2	产量90t/hm^2
＜1	5.4	6.8	8.0
1～2.5	4.0	4.8	6.0
2.5～4	2.8	3.2	4.0
＞4	1.2	1.6	2.0

表8-34 香蕉氮肥的推荐用量[28]

碱解氮含量 /（mg/kg）	推荐用量 /（kg/hm^2）		
	产量 $50t/hm^2$	产量 $70t/hm^2$	产量 $90t/hm^2$
＜100	250	350	400
100～150	200	300	350
150～200	150	250	300
＞200	100	200	250

表8-35 香蕉磷肥的推荐用量[28]

肥力水平	Bray Ⅰ-P/（mg/kg）	磷肥用量（P_2O_5）/（kg/hm^2）
极低	＜7	400
低	7～20	350
中	20～30	300
高	30～45	250
极高	＞45	200

表8-36 香蕉钾肥推荐用量[28]

有效钾含量 /（mg/kg）	推荐用量 /（kg/hm^2）		
	产量 $50t/hm^2$	产量 $70t/hm^2$	产量 $90t/hm^2$
＜100	750	1050	1200
100～150	600	900	1050
150～250	450	750	900
＞250	300	600	750

在施肥的同时也要结合叶片营养状况，根据叶片的养分丰缺状况适当调整施肥方案。对香蕉叶片的采集时期非常关键，一般在香蕉的花芽分化期或前期开展，采集香蕉的倒三叶，沿着叶片叶轴切开及时运送到实验室进行烘干、粉碎和营养指标测定。不同国家和地区推荐的香蕉营养指标有所不同。香蕉叶片营养的推荐标准为：N 2.5%～3.0%、P 0.1%～0.2%、K 3.0%～4.0%、Ca 0.80%～1.25%、Mg 0.25%～1.0%、Zn 25～50mg/kg、Cu 5～20mg/kg、Mn 100～500mg/kg、Fe 50～200mg/kg 和 B 15～60mg/kg。

8.3.2.2 滴灌条件下香蕉推荐施肥

滴灌条件下，香蕉的推荐施肥可以按照香蕉的养分需求特征进行。滴灌施肥主要遵循

“少量多次”的原则，一般施用次数在20次以上，甚至更高。香蕉滴灌施肥可以按照叶片数量来确定。一般以组培苗移栽时生长出来的第一片花斑叶为第9叶，用记号笔做好标记，按照叶片的生长情况来确定施肥量，磷营养主要来源于有机肥或过磷酸钙，主要以基肥形式一次性施用。每株香蕉具体的施肥方案见表8-37，每公顷的养分用量根据种植密度折合[29]。

表8-37 滴灌施肥时间与用量

叶片数量	N/（g/株）	K_2O/（g/株）	CaO/（g/株）	MgO/（g/株）
9～10片	2	3	—	—
11～12片	2	9	—	—
13～14片	3	18	—	—
15～16片	4	36	—	1
17～18片	5	—	—	4
19～20片	6	—	—	8
21～22片	7	—	—	—
23～24片	9	—	—	—
25～26片	12	—	—	—
27～28片	14	72	—	—
29～30片	16	—	—	24
31～32片	23	78	8	—
33～34片	18	72	—	16
35～36片	26	72	13	—
37～38片	18	60	—	—
39～40片	21	60	13	—
41～42片	7	48	—	—
43～44片	14	42	13	—
44叶后20d	14	30	13	—
44叶后40d	5	30	—	—
44叶后60d	5	18	—	—

8.3.2.3 不同区域和品种香蕉推荐施肥量

香蕉种类繁多，品种不同、种植区域不同施肥量存在较大的差异（表8-38）。香蕉对氮和钾的需求量高，对磷的需求量低，一般香蕉氮磷钾配比以1∶0.2～0.4∶1.3～2.0为宜。对于钾需求量较高的大蕉、粉蕉和龙牙蕉要适当地增加钾肥施用量。对于宿根蕉，钾的吸收量比一代蕉高，在施肥时也需要增加钾肥的施用。

表8-38 各香蕉种植区肥料施用量[30]

国家（地区）	品种	N/（kg/hm^2）	P/（kg/hm^2）	K/（kg/hm^2）
澳大利亚	Williams	180	40～100	300～600
澳大利亚	Mons Mari	280～370	70～200	400～1300
哥斯达黎加	Valery	300	—	550
洪都拉斯	Valery	290	—	—
印度	Robusta	300	150	600
以色列（沿海平原区）	Williams	400	90	1200
巴拿马	Valery	300～400	0	450～675
台湾	Fairyman	400	50	750
广东	—	525～975	116～215	923～1710

8.3.2.4 肥料种类选择与施用频率

施肥种类的选择需要结合香蕉的生育期。没有灌溉条件的蕉园，建议营养生长期主要以平衡型复合肥为主，进入花芽分化期建议施用中氮、低磷和高钾的复合肥，同时要配施施用钙、镁、锌、硼等中微量元素，整个生育期施用5～6次肥为宜。对于规模化种植且采用滴灌施肥的蕉园，建议施肥主要以单质肥为主。从施用效果、肥料品质（养分含量、溶解性与纯净度）以及成本等方面考虑。氮肥可以选择硝酸钾、硝酸钙、硝酸铵钙搭配使用，磷肥可以选择磷酸一铵、磷酸二铵、聚磷酸钾，钾以氯化钾、硝酸钾为主，钙肥以硝酸钙为主，镁肥以硫酸镁为主，锌肥与硼肥以螯合态肥料为主（表8-39）。

表8-39 滴灌施肥常用的肥料种类及特性[27]

肥料品种	养分含量（N-P_2O_5-K_2O）	pH值	溶解度/（g/100mL）	性状特点
硝酸钾	13-0-46	7.0	31.6	白色粉末结晶状或颗粒状
硝酸钙	15-0-0，CaO 26.6%	5.8	100	白色粉末结晶状或细小颗粒状
硝酸铵钙	15.5-0-0，CaO 26.6%	7.0	易溶	白色硬质碎块或颗粒状
磷酸一铵	12-61-0	4.9	36.5	灰色或灰褐色颗粒状
磷酸二铵	21-53-0	8.0	27.0	灰色或灰褐色颗粒状
碳酸氢铵	17-0-0	8.0	41.0	白色细粒结晶状
硝酸铵	21-0-0	5.7	192.0	白色粉末结晶状或颗粒状

续表

肥料品种	养分含量（N-P_2O_5-K_2O）	pH 值	溶解度/（g/100mL）	性状特点
尿素	46-0-0	5.8	105.0	白色颗粒状
磷酸二氢钾	0-52-34	5.5	22.0	白色粉末结晶状或颗粒状
氯化钾	0-0-60	7.0	34.2	白色粉末结晶状
硫酸钾	0-0-50	3.7	8.2	白色或灰黄色粉末结晶状
氯化钙	CaO 38%	5.5	75.0	白色硬质碎块或颗粒状
七水硫酸镁	MgO 16%	5.5	42.0	白色粉末结晶状
硫酸钾镁	0-0-22，MgO 20%	7.5	易溶	灰色或灰褐色粉末结晶状
硼酸	B_2O_3 55%	—	6.4	白色粉末结晶状
硼砂	B_2O_3 35%	—	2.1	无色半透明或白色粉末结晶状
七水硫酸锌	ZnO 26%	3.0	54.0	白色斜方晶体、颗粒或粉末结晶状

从香蕉苗期到营养生长期，肥料供应主要促进植株体建成，用于根、球茎、假茎和叶片的生长，这个时期对养分的吸收量较少，可以选择选择硝酸钾和磷酸一铵进行搭配，满足对氮、磷、钾的供应。进入到花芽分化期，香蕉吸收的养分主要促进花芽的分化，这个阶段对养分的需求量较大，需要通过钾、钙、镁来促进叶片的光合作用。硝酸钙与硫酸镁是较为理想的钙、镁的养分来源，也需要搭配氯化钾与磷酸一铵来保障各养分的平衡。在果实发育期，选择硝酸钾、氯化钾、硝酸钙（或硝酸铵钙）、硫酸镁等肥料。施肥频率为 1 周 1 次为宜，整个生育期施用 50 ～ 70 次肥，采用滴灌施肥需要结合天气情况及时进行调整。

8.3.3 香蕉施肥指导意见

香蕉是一种多年生草本植物，合理的施肥是生产高产优质香蕉的基础。香蕉的施肥需要综合考虑施肥时间、施肥量、养分配比、施用位置、施用方法等。香蕉高产优质施肥需要综合考虑施肥时期与香蕉养分吸收规律相匹配，重视施用有机肥，有机无机配合施用。同时香蕉的施肥要与栽培技术结合。在有条件的蕉园，推荐采用水肥一体化技术。农业农村部科学施肥指导专家组提出了我国香蕉生产科学施肥指导意见[31]，主要适用于海南、广东、广西、云南、福建等香蕉种植区域。

8.3.3.1 施肥原则

针对香蕉生产中忽视有机肥施用和土壤培肥，钙、镁、硼等中微量元素缺乏，施肥总量不足及过量现象并存，重施钾肥但时间偏迟等问题，提出以下施肥原则：

（1）合理施用有机肥料，氮磷钾配合施用，根据生长时期合理分配肥料，花芽分化期后加大肥料用量，注重钾肥施用，增加钙镁肥，补充缺乏的微量元素；

（2）施肥配合灌溉，推广水肥一体化技术；

（3）整地时增施石灰调节土壤酸碱度，补充土壤钙营养，杀灭有害菌。

8.3.3.2　施肥建议

（1）产量75t/hm^{2}以上的蕉园，腐熟畜禽粪用量不超过15t/hm^2，氮肥（N）675～750kg/hm^2，磷肥（P_2O_5）225～300kg/hm^2，钾肥（K_2O）1050～1200kg/hm^2。

（2）产量45～75t/hm^{2}的蕉园，腐熟畜禽粪用量不超过15t/hm^2，氮肥（N）450～675kg/hm^2，磷肥（P_2O_5）120～180kg/hm^2，钾肥（K_2O）750～900kg/hm^2。

（3）产量45t/hm^{2}以下的蕉园，腐熟畜禽粪用量不超过15t/hm^2，氮肥（N）270～375kg/hm^2，磷肥（P_2O_5）90～120kg/hm^2，钾肥（K_2O）450～675kg/hm^2。

（4）根据土壤酸度，定植前施用石灰600～1200kg/hm^2、硫酸镁375～450kg/hm^2，与有机肥混匀后施用；缺硼、锌的蕉园，施用硼砂4.5～7.5kg/hm^2、七水硫酸锌12～15kg/hm^2。

（5）香蕉苗定植成活后至花芽分化前，施入约占总量20%氮肥、50%磷肥和20%钾肥；在花芽分化期前至抽蕾前施入约45%氮肥、30%磷肥和50%钾肥；在抽蕾后施入约35%氮肥、20%磷肥和30%钾肥。前期可施水溶肥或撒施固体肥，从花芽分化期开始宜沟施或穴施，共施肥7～10次。

8.3.4　香蕉高产优质绿色施肥应用案例

8.3.4.1　金穗农业集团香蕉生产中存在的主要问题

（1）金穗集团香蕉生产中存在氮磷钾养分投入量大、中微量元素投入量少的问题。氮磷钾投入量是香蕉需求量的几倍甚至几十倍，中微量元素满足不了香蕉生长需求。

（2）蕉园土壤酸化严重，有机质缺乏。60%的蕉园土壤pH值在4.5以下，土壤有机质的含量不足1%。

（3）香蕉连作障碍、土壤线虫和枯萎病等频发。

8.3.4.2　关键技术组成

（1）酸化土壤改良技术　对于新开垦的蕉园，首先全园撒施石灰类碱性物料，具体的施用量根据土壤pH值确定，一般推荐用量为1～3t/hm^2，在香蕉种植时再施用有机肥，有机肥的用量为8～10kg/株。针对宿根蕉园，主要以施用有机肥为主，有机肥施用量是新植蕉园二分之一或三分之一，施用时候有机肥要与土壤充分混匀，一般沿着香蕉的假茎环状施肥。

（2）土壤线虫综合防控技术　香蕉线虫的防控要从组培苗开始，在育苗基质中添加杀线虫剂。对于新开垦蕉园，杀线虫剂与有机肥充分混匀之后施入土壤，然后开始种植香蕉。对于宿根香蕉，主要采用田间监测与防控相结合的方法，在春季线虫高发期，施用一次杀线虫剂。或者通过水肥一体化技术，施用功能型有机酸来防控蕉园土壤根结线虫。

（3）香蕉枯萎病综合防控技术　香蕉枯萎病的防控采用物理、化学、生物学和农业措施相结合的防控措施。对于新植蕉园，采用石灰氮灌水覆膜消毒30d，种之前施用生物有机肥、钙镁磷肥等改良剂，定植时选择抗枯萎病品种，定植后每隔一个月灌一次拮抗菌液、海藻精、黄腐酸等有机液肥。对于老蕉园，主要通过增施有机肥、滴灌拮抗菌和注意田间防控消毒的措施。

（4）水肥一体化技术　香蕉采用水肥一体化技术进行施肥，具体施肥量参照表 8-37，提倡测土配方施肥和增施有机肥，有机肥与化肥、微生物肥料相结合。宿根蕉园的施肥量为新植蕉园的 80% ～ 85%，施肥过程中根据香蕉的生长状况调整施肥量。水分是影响香蕉养分吸收的关键因素。当土壤田间持水量≤ 75% 时应及时灌溉。营养生长旺盛期、抽蕾期、果实生育期需水量大，通过灌溉保持土壤田间持水量达 80% ～ 85%；苗期和果实成熟期需水量较小，则保持土壤田间持水量在 75% ～ 80%，采果前 7 ～ 10d 应适当控制灌水量。

8.3.4.3　技术应用效果

香蕉高产优质绿色施肥技术模式包含了酸化土壤改良技术、土壤线虫综合防控技术、香蕉枯萎病综合防控技术、水肥一体化技术等技术，形成了以土壤健康和养分管理为核心的综合调控模式[32]（图 8-15）。在种植香蕉前首先对蕉园土壤进行采集分析养分丰缺状况。对于新蕉园，土壤 pH 值一般在 4.5 左右，每公顷施用 1 ～ 2t 石灰和 15t 左右有机肥可以把蕉园土壤 pH 值调整到 5.5 以上，为香蕉健康生长创造了健康的土壤。

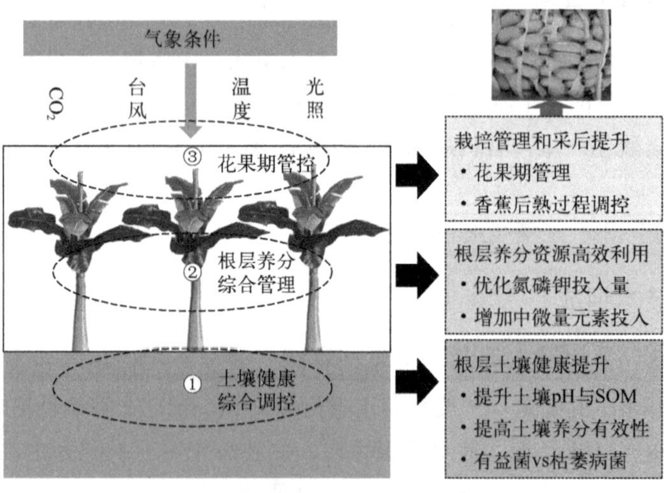

图 8-15　香蕉高产优质绿色生产技术模式

香蕉的施肥管理充分考虑土壤养分丰缺状况，结合养分吸收规律、秸秆残体腐解释放的养分等，采用高产优质绿色施肥模式，氮（N）、磷（P_2O_5）、钾（K_2O）、钙（CaO）、镁（MgO）投入量分别比常规施肥减少 304kg/hm^2、323kg/hm^2、191kg/hm^2、280kg/hm^2 和 58kg/hm^2（图 8-16）。与此同时，香蕉的产量平均提高 15%，养分效率提高 35% 以上，温室气体减排 20% 以上，净收益比对增加 40%。

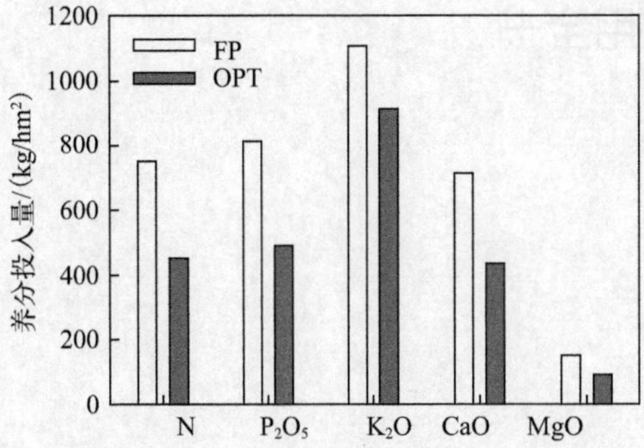

图 8-16　常规管理（FP）与优化施肥（OPT）养分投入量对比

参考文献

[1] 沈兆敏，刘焕东．柑橘营养与施肥 [M]．北京：中国农业出版社，2013.

[2] Fan Z H, Xiong H Y, Zhang Y Q, et al. Fruit yields depend on biomass and nutrient accumulations in new shoots of citrus trees[J]. Agronomy-Basel, 2020, 10: 1988.

[3] 李文丽．施氮水平对柑橘（春见）幼苗生长及养分累积的影响研究 [D]．重庆：西南大学，2020.

[4] 赵环宇．我国柑橘生产的环境代价及氮素优化措施研究 [D]．重庆：西南大学，2023.

[5] Wang Y H, Long Q, Zhang Y Q, et al. Mitigating magnesium deficiency for sustainable citrus production: A case study in Southwest China[J]. Scientia Horticulturae, 2022, 295: 110832.

[6] 鲁剑巍．湖北省柑橘园土壤一植物养分状况与柑橘平衡施肥技术研究 [D]．武汉：华中农业大学，2004.

[7] Obreza T A, Morgan K T. Nutrition of Florida citrus Trees[M]. 2ed. Florida: University of Florida, 2008.

[8] 杨敏．柑橘园酸性土壤氮素转化与调控研究一以丹棱县为例 [D]．武汉：西南大学，2020.

[9] 葛顺峰，朱占玲，魏绍冲，等．中国苹果化肥减量增效技术途径与展望 [J]．园艺学报，2017, 44(9): 1681-1692.

[10] 姜远茂，葛顺峰，仇贵生．苹果化肥和农药减施增效理论与实践 [M]．北京：科学出版社，2022.

[11] 葛顺峰，郝文强，姜翰，等．烟台苹果产区土壤有机质和 pH 分布特征及其与土壤养分的关系 [J]．中国农学通报，2014, 30(13): 274-278.

[12] 葛顺峰，姜远茂．国内外苹果产量差、氮效率差及我国苹果节氮潜力分析 [J]．中国果树，2017(4): 94-97.

[13] 王芬，田歌，于波，等．富士苹果果实膨大期肥料氮去向及土壤氮素平衡的研究 [J]．园艺学报，2017, 44(8): 1569-1578.

[14] 姜远茂，葛顺峰，毛志泉，等．我国苹果产业节本增效关键技术Ⅳ：苹果高效平衡施肥技术 [J]．中国果树，2017(4): 1-4, 13.

[15] 姜远茂，葛顺峰，朱占玲，等．苹果最佳养分管理技术 [J]．落叶果树，2021, 53(6): 1-4.

[16] 陈倩，丁宁，彭玲，等．矮化苹果氮肥施用技术 [J]．应用生态学报，2018, 29(5): 1429-1436.

[17] Wang F, Ge S F, Lyu M X, et al. DMPP reduces nitrogen fertilizer application rate, improves fruit quality, and reduces environmental cost of intensive apple production in China[J]. Science of the Total Environment, 2022, 802: 149813.

[18] 田歌，李慧峰，田蒙，等．不同水肥一体化方式对苹果氮素吸收利用特性及产量和品质的影响 [J]．应用生态学报，2020, 31(6): 1867-1874.

[19] 沙建川，王芬，田歌，等．控释氮肥和袋控肥对‘王林’苹果 ^{15}N-尿素利用及其在土壤累积的影响 [J]．应用生态学报，2018, 29(5): 1421-1428.

[20] 果园有机肥施用技术指南：NY/T 3704—2020[S].

[21] 陈倩，刘照霞，邢玥，等．有机无机肥分次配施对嘎啦苹果生长、^{15}N-尿素吸收利用及损失的影响 [J]．应用生态学报，2019, 30(4): 1367-1372.

[22] 葛顺峰，李慧峰，朱占玲，等．苹果园水肥一体化技术方案 [J]．落叶果树，2021, 53(1): 55-58.

[23] 张江周，刘亚男，高伟，等．我国香蕉园土壤肥力现状的整合分析 [J]．热带作物学报，2022, 43(7): 1401-1410.

[24] 赵凤亮，邹刚华，单颖，等．香蕉园化肥施用现状、面源污染风险及其养分综合管理措施 [J]．热带作物学报，2020, 41(11): 2346-2352.

[25] 广西金穗农业投资集团有限责任公司．广西香蕉高产高效栽培技术 [M]．北京：中国农业出版社，2014.

[26] 张江周，张涛，余攒，等．滴灌条件下广西香蕉氮磷钾吸收与分配特性研究 [J]．热带作物学报，2016, 37(12): 2250-2255.

[27] 广西金穗农业集团有限公司．广西滴灌香蕉营养与施肥 [M]．北京：中国农业出版社，2015.

[28] 张福锁，陈新平，陈清．中国主要作物施肥指南 [M]．北京：中国农业大学出版社，2009.

[29] 涂攀峰，邓兰生，龚林，等．香蕉水肥一体化技术——按叶片数滴灌施肥 [J]．广东农业科学，2011, 38(2): 59-61.

[30] 陈杰忠．果树栽培学各论：南方本 [M]．3 版．北京：中国农业出版社，2003.

[31] 2022 年秋冬季主要农作物科学施肥指导意见．

[32] 张江周，李宝深，迟志广．科技小院助力种植企业发展 [M]．北京：化学工业出版社，2021.

中国肥料研究与应用全书

Books of Fertilizer Research and Application in China

FERTILIZER

第9章

蔬菜高产优质绿色施肥原理与技术

9.1 茄果类蔬菜高产优质绿色施肥原理与技术

蔬菜是人们日常生活中不可或缺且不能替代的重要食物来源。茄果类蔬菜是指茄科以浆果作为食用部分的蔬菜作物，是我国蔬菜的重要类型之一。茄果类蔬菜中含有丰富的维生素、矿物质、氨基酸、活性蛋白、膳食纤维等，对维持人体营养与健康至关重要[1-2]。大多数的茄果类蔬菜都含有胡萝卜素。胡萝卜素在人体内经过一系列的化学变化，最终可转化为维生素 A，而维生素 A 对维持视觉细胞功能、上皮组织的生长和分化、骨骼的发育都有重要作用。其次，茄果类蔬菜大多含有多糖。多糖是一种非特异性免疫增强剂，能提高人体的免疫力，促进细胞因子生成，从而对免疫系统起到调节作用。如辣椒中的维生素 C、维生素 A 含量高于其他作物，对提高人体免疫和抗癌能力有重要作用[3]。

茄果类蔬菜具有种植面积广、产量高的特点，主要分布在环渤海地区、长江中下游及西北地区。茄果类蔬菜是我国蔬菜栽培生产中最重要的种类之一，约占整个蔬菜供应量的 20%，常见的茄果类蔬菜有辣椒、番茄、茄子等。据联合国粮食及农业组织（FAO）统计显示，2020 年中国番茄的播种面积为 110.4 万公顷，占世界播种面积的 21.8%；辣椒的播种面积为 81.4 万公顷，占世界播种面积的 40.7%；茄子的播种面积为 77.9 万公顷，占世界播种面积的 42.2%[4]。茄果类蔬菜喜温暖，在低温（＜ 15℃）和高温（＞ 28℃）环境下均会致其坐果不牢，易发生落花落果。茄果类蔬菜对光周期要求不严，需水需肥量大。

9.1.1 茄果类蔬菜生长发育规律与养分需求特征

9.1.1.1 茄果类蔬菜特性

茄果类蔬菜主要包括茄科植物，茄科植物的主要特征是花为两性花，辐射对称，花萼合生，花冠也为合生，雄蕊有五枚，着生在花冠的基部，雌蕊通常有一枚，底下为子房，最终发育为果实，果实大部分为浆果。茄果类蔬菜的分支性相似，均为主茎生长到一定程度，顶芽分化为花芽，同时从花芽邻近的一个或数个副生长点抽生出侧枝代替主茎生长；连续分化花芽及发生侧枝，栽培上应采取措施调节营养生长和生殖生长的平衡。

9.1.1.2 茄果类蔬菜生长发育规律

茄果类蔬菜为 1 年或多年生草本植物或攀缘性植物，其生命周期一般经过发芽期、幼苗期、初花期、结果期等几个时期（图 9-1）。种子萌发至第一片真叶露出为发芽期，一般为 10 天左右；出苗至第四片真叶出现为幼苗期，此时期为 20 ～ 25 天；从 4 ～ 5 片真叶展开到第 1 雌花坐果为初花期；由第 1 雌花坐果到收获末期为结果期，该时期营养生长与生殖生长同时进行，此时期所经历的时间长短因栽培方式不同有较大差异[5-7]。本节主要以辣椒、番茄、茄子为例进行阐述。

茄果类蔬菜的植株构成包括根、茎、叶、花、果实五个部分，其根系主要集中于表土下 25cm 左右的范围内，多分布在地表 10 ～ 15cm 土层，侧根横向生长范围在植株半径 30cm

内。根系的良好生长有助于作物养分的高效吸收。茄果类蔬菜养分需求量大，但根系发育较弱，木栓化程度较高，再生能力差，根量少，茎基部不易发生不定根，导致根系吸收养分能力较弱。

图 9-1　几种常见茄果类蔬菜主要生育时期示意图

9.1.1.3　茄果类蔬菜养分需求特征

茄果类（番茄、辣椒、茄子等）作物所需的氮、磷、钾养分含量比禾本科作物（小麦、玉米等）要高得多，土壤每种植一季要带走大量的养分，如不及时补充，土壤养分势必失去平衡，导致肥力下降[8-9]。茄果类蔬菜整个生育期对氮、磷、钾吸收量大，其中对钾吸收量最高，其次是氮（表 9-1）。各生育时期地上部干物质累积量和养分吸收量不同，并随着生育推进而变化，呈“S”形曲线增长。在苗期植株生长量小，干物质积累较慢，需要的养分量少，氮磷钾养分吸收量占总累积量的5%～15%；开花期至盛果期，干物质累积量迅速增加，氮磷钾养分累积量进入快速增长期，养分吸收量最大，占总累积量的 50% ～ 65%；盛果期至完熟期，植株生长变慢，干物质累积速度变慢，氮磷钾养分累积量增长速度变缓，占总累积量的 25% ～ 35%。就中微量元素而言，茄果类蔬菜对钙和镁需求量较大。但不同时期对中微量元素需求也不同，开花期到膨果期是植株吸收钙镁硼的关键时期，这一时期吸收量占整个生育期的1/2左右。养分在各器官中的分配随生育时期不同而不同，整个生育期养分累积量一般表现为果＞叶＞茎，其中果实的养分吸收主要集中在开花坐果期到盛果期[10-12]。

表9-1　几种常见茄果类蔬菜形成1000kg产量所吸收的养分量　单位：kg

蔬菜种类	N	P_2O_5	K_2O
辣椒[10]	3.5～5.5	0.3～0.6	4.6～6.0
番茄[11-12]	2.1～3.4	0.3～0.5	3.1～4.4
茄子[13]	3.3～5.5	0.9～2.9	4.7～6.6

茄果类蔬菜以果实为食用器官，果实和茎叶同步生长，生长期较长，因此协调营养生长与生殖生长的关系是保证蔬菜优质、高产的关键。茄果类蔬菜具有陆续成熟采收的特点，因此需要少量多次施肥和灌水，在初果坐住前既不能缺水缺肥，又不能氮肥和水分供应过量，否则会导致落花落果；从苗期至结果盛期要求养分按需分配，一次性氮肥过量会导致碳氮代谢失调，产品质量下降和感染病虫害；钾肥过量会导致缺钙缺镁。茄果类蔬菜也需要适量的微量元素，微量元素促进了瓜类蔬菜对养分的吸收与运转，铁、锰、锌能调节养分间的平衡，加速茄果类蔬菜生长发育，硼能促使瓜类蔬菜的早熟，增加结瓜数量，提高单果重，锌能提高甜度及维生素的含量[12]。

（1）辣椒的养分需求特征　每生产1000kg的鲜椒需吸收氮3.50～7.73kg、磷0.48～1.03kg、钾4.00～6.14kg、钙1.79～3.63kg、镁0.54～1.86kg。氮、磷、钾、钙、镁吸收比例为1∶0.12∶0.97∶0.49∶0.22。辣椒不同时期对养分吸收不同，总体呈现“S”形曲线。从出苗到现蕾，植株生长量小，干物质积累较慢，需要的养分量少，养分吸收量约占总量的5%。从现蕾期到初花，植株生长量加快，生物量大，干物质积累量也大大增加，养分吸收量增多，约占吸收总量的11%；从初花到盛花结果，养分吸收量约占吸收总量的1/3；盛花结果至成熟，植株营养生长减弱，但对磷、钾的需求较多，约占养分吸收总量的1/2。就中微量元素而言，开花期到膨果期是植株钙镁硼吸收关键时期，这一时期Ca、Mg、B吸收量分别占整个生育期的56%、61%、72%。同时各个生育时期辣椒吸收Ca＞Mg＞B[10]。

① 辣椒整个生育期氮素总累积量总体为上升趋势，在苗期缓慢增加，占整个生育期的18.9%；在开花结果期和膨果期进入快速累积的状态，开花结果期占总累积量的30.7%，膨果期占37.6%；成熟期增长较缓慢，仅占氮素总累积量的12.8%。不同生育时期氮素积累量表现为膨果期＞开花结果期＞苗期＞成熟期。辣椒果氮累积在整个生育期呈上升趋势，主要集中在结果期和膨果期，叶片中氮累积呈“S”形增长，占植株氮素累积总量的61.3%，茎中氮素累积整体比较缓慢，各器官氮素积累量表现为果＞叶＞茎[10]。

② 辣椒全生育期磷素总累积量总体为上升趋势，其中，苗期整个生育期的20.7%；在开花结果期和膨果期累积较快，开花结果期占总累积量的26.1%，膨果期占28.5%；成熟期增长也较快，占磷素总累积量的24.7%。不同生育时期磷素累积量表现为膨果期＞开花结果期＞成熟期＞苗期。辣椒果磷累积在整个生育期呈上升趋势，主要集中在结果期和膨果期，占植株磷素累积总量的63.7%，叶片和茎中磷素累积整体比较缓慢，各器官磷素积累量表现

为果＞叶＞茎。

③ 辣椒钾素累积量变化与磷相似，总体为上升趋势，其中，苗期整个生育期的21.3%；在开花结果期和膨果期累积较快，开花结果期占总累积量的32.9%，膨果期占38.4%；成熟期增长较缓慢，仅占钾素总累积量的7.4%。不同生育时期钾素累积量表现为膨果期＞开花结果期＞苗期＞成熟期。辣椒各器官磷素积累量表现为果＞叶＞茎，其中叶和果主要集中在结果期和膨果期，分别占植株钾素累积总量的30.1%、48.3%，茎中磷素累在开花期和结果初期增长较快，之后趋于稳定，占植株钾素累积总量的21.6%[10]。

（2）番茄的养分需求特征　每形成1000kg番茄果实需纯氮2.8～3.2kg，纯磷（P_2O_5）0.2～0.3kg，纯钾（K_2O）3.5～4.5kg。养分吸收比N∶P_2O_5∶K_2O=1∶0.40∶2.42。从出苗到现蕾，番茄植株生长量小，干物质积累较慢，需要的养分量少；到开花坐果期，植株生长量加快，养分吸收量增多，占吸收总量的45%～50%；膨果期到盛果期，干物质累积快速增加，养分吸收量最大，占吸收总量的50%～55%[14]。

番茄地上部养分的吸收与干物质累积几乎同步，其中钾的吸收量最高，可达395kg/hm^2，其次是氮162kg/hm^2，磷的吸收量最少为90.1kg/hm^2；养分吸收最快的时期是第一穗果膨大期到盛果期，进入盛果期之后养分吸收趋缓，番茄在前期也会吸收大量的钾。不同器官中氮的累积量叶＞果＞茎，在盛果期之前累积量快速增加，进入盛果期出现下降，而果实中氮的累积量在第一穗果膨大期和盛果期快速增加达到最高，末果期出现下降趋势，茎、叶中的氮在末果期仍会增加。磷的累积主要是在果实中，茎、叶中的磷累积量最低，与氮的累积量变化规律类似。在第一穗果膨大期和盛果期果实中的磷快速增加，叶中磷的累积量在第一穗果膨大期出现“停滞”，而后在盛果期出现下降，茎中磷的累积量在第一穗果膨大期仍然快速增加达到高峰，在盛果期出现下降，在末果期茎、叶、果中的磷也都有小幅增加。不同器官中钾的累积量果＞茎＞叶，不同时期钾的变化规律与氮、磷接近，盛果期之前茎中钾的累积量最高，进入盛果期之后茎中钾的累积量出现下降，而果实中的累积量在膨果期和盛果期快速增加，叶中钾的累积量也是先升高后下降再升高，盛果期之前快速增加，在盛果期出现下降，在末果期不同器官钾的累积量也有所增加[14]。

番茄在开花坐果期吸收的养分占比最高，养分吸收占整个生育期的40%以上，其次是第一穗果膨大期，占到整个生育期的30%左右，在盛果期几乎不吸收，末果期吸收的养分也比较大。除磷外，开花坐果期、第一穗果膨大期是养分吸收的关键时期。从不同养分吸收比来看，各时期钾的吸收量最高，是氮吸收量的2倍，磷的吸收量最低。在开花坐果期番茄吸收的养分主要分配到茎、叶中，果实中分配的养分较低，为14.9%～20.4%；到第一穗果膨大期果实中分配的养分快速增加，有36.9%～45.0%的养分分配到果实中；在盛果期茎、叶中累积的养分还会向果实中转移；在末果期吸收的养分主要集中在茎、叶中，果实中分配较少。不同养分在同一生育时期内不同器官间的分配也存在差异，在开花坐果期，氮主要分配到叶中，磷、钾集中在茎、叶中；第一穗果膨大期果实中分配的养分增加，氮主要在果实和叶中，磷、钾主要分配到果实和茎中，叶中分配较少；在盛果期氮、磷、钾养分几乎全部分配到果实中；末果期叶中分配的氮达到62.8%，分配的磷占到了37.9%，而钾在茎中分配的最高，占到了56.3%[14]。

（3）茄子的养分需求特征　不同品种茄子养分吸收量差异较大（表9-2），在相同施肥水平条件下，长茄品种 1000kg 产量氮吸收量为 4.9 ～ 5.5kg，白龙较高，为 5.5kg；磷吸收量为 2.6 ～ 2.9kg，白龙较高，为 2.9kg；钾吸收量为 6.2 ～ 6.6kg，长野狼和白龙较高，均为 6.6kg。圆茄品种 1000kg 产量氮吸收量为 4.0 ～ 4.3kg，三亚 260 较高，为 4.3kg；磷吸收量为 2.0 ～ 2.2kg，京茄六号较高，为 2.2kg；钾吸收量为 4.7 ～ 5.6kg，三亚 260 较高，为 5.6kg[13]。

表9-2　不同茄子品种1000kg产量养分吸收量　　单位：kg

品种		N	P_2O_5	K_2O
长茄	长野狼	5.2	2.6	6.6
	农乐长茄	4.9	2.6	6.2
	白龙	5.5	2.9	6.6
圆茄	秋茄一号	4.0	2.0	4.7
	京茄六号	4.0	2.2	5.4
	三亚 260	4.3	2.0	5.6

在苗期、开花期、门茄期、对茄期，6 个品种茄子对氮的吸收规律差异不大；对茄期到四母斗期，秋茄一号对氮的吸收量较高，为 11.44kg/ 亩，农乐长茄对氮养分的吸收量较低，为 7.28kg/ 亩，其他 4 个品种对氮养分的吸收量差异不大；四母斗期到八面风期白龙对氮养分的吸收量较低，为 3.72kg/ 亩，长野狼次之，为 5.79kg/ 亩，京茄六号对氮养分的吸收量较高，为 10.78kg/ 亩，其他 3 个品种对氮养分的吸收量差异不大[13]。

门茄期到对茄期，白龙、三亚 260 和农乐长茄对磷养分的吸收量较高，秋茄一号次之，京茄六号和长野狼对磷养分的吸收量较低；对茄期到四母斗期长野狼对磷的吸收量较高，白龙和农乐长茄对磷养分的吸收量较低，其他 3 个品种对磷养分的吸收量差异不大；四母斗期到八面风期，秋茄一号对磷养分的吸收量较高，京茄六号次之，长野狼对磷养分的吸收量较低，三亚 260 次之，其他 2 个品种对磷养分的吸收量差异不大[13]。

在苗期、开花期、门茄期，6 个品种茄子对钾的吸收规律差异不大；门茄期到对茄期，农乐长茄和白龙对钾的吸收量较高，长野狼次之，京茄六号对钾养分的吸收量较低，其他 3 个品种对钾养分的吸收量差异不大；对茄期到四母斗期，三亚 260、秋茄一号和京茄六号对钾养分的吸收量较高，农乐长茄对钾养分的吸收量较低，其他 2 个品种对钾养分的吸收量差异不大；四母斗期到八面风期，秋茄一号和京茄六号对钾养分的吸收量较高，长野狼和白龙对钾养分的吸收量较低，其他 2 个品种对钾养分的吸收量差异不大[13]。

9.1.2　茄果类蔬菜养分来源和去向

9.1.2.1　茄果类蔬菜养分来源

茄果类蔬菜农田养分来源主要包括有机肥、化肥施用以及菜田土壤养分供应，其余的养分来源还包括灌溉、降雨、生物固氮和大气干湿沉降等。当前茄果类蔬菜养分投入量大，远高于蔬菜养分需求量。例如，山东设施茄果类蔬菜生产系统中每茬的氮磷钾养分投入量平均分别为706kg(N)/hm^2、571kg(P_2O_5)/hm^2和704kg(K_2O)/hm^2（表9-3），其中，有机肥的投入量平均分别为375kg(N)/hm^2、305kg(P_2O_5)/hm^2、309kg(K_2O)/hm^2，分别占总投入量的53.0%、53.4%和43.8%。基于我国大样本调研数据发现，我国设施茄果类蔬菜（番茄、辣椒、茄子等）的氮磷钾施用总量平均分别为851kg(N)/hm^2、726kg(P_2O_5)/hm^2和792kg(K_2O)/hm^2，分别是其推荐施用量的1.9倍、5.4倍和1.6倍，其中有机肥N、P、K投入量分别占总投入量的37.9%、49%和35%。露地辣椒的氮磷钾施用量平均分别为528kg(N)/hm^2、380kg(P_2O_5)/hm^2和354kg(K_2O)/hm^2，分别是其推荐施用量的3.6倍、11倍和2.1倍。灌溉和降水也是农田氮素的来源之一，在山东寿光设施番茄生产中平均每季通过灌溉水代入的氮素达118kg(N)/hm^2[11]。

表9-3　不同类型设施茄果类蔬菜养分投入[11]

蔬菜种类	样本数	有机肥/(kg/hm^2)			化肥/(kg/hm^2)			总肥料用量/(kg/hm^2)		
		N	P_2O_5	K_2O	N	P_2O_5	K_2O	N	P_2O_5	K_2O
设施番茄	58	312	308	303	337	258	399	649	565	702
设施辣椒	54	307	292	277	203	166	265	510	458	542
设施茄子	35	507	315	346	451	375	522	958	690	868
平均		375	305	309	330	266	395	706	571	704

生物固定的氮已占地表化合态氮的65%～70%，对农业发展中减少化肥投入、减少温室气体排放具有重要的作用。大气干湿沉降也是土壤氮的来源之一，例如，从2009—2013四川盐亭旱地全年氮干湿沉降量为38.7kg(N)/hm^2。

9.1.2.2　茄果类蔬菜养分去向及平衡

茄果类蔬菜田养分的输出主要包括作物吸收、养分损失和土壤残留等。就作物养分吸收而言，茄果类蔬菜氮磷钾养分吸收量一般不超过总养分投入量的30%，在蔬菜系统中地上部植株氮吸收仅占氮肥投入量的23%，未被当季作物利用的氮素大多残留在土壤剖面[15-17]。当前我国茄果类蔬菜生产复种指数高、氮肥投入量大，导致土壤氮养分盈余量高、土壤氮残留量大。先前研究表明，设施蔬菜系统土壤氮残留量为231kg(N)/hm^2，占总投入比例的30.6%；京郊设施黄瓜不同施氮情况下氮素利用率在4.9%～24.9%之间，氮素残留率在24.5%～58.0%之间[18]。

茄果类蔬菜生产系统活性氮损失主要包括氮淋洗损失、氧化亚氮（N_2O）排放、氨挥发损失等。我国茄果类蔬菜的活性氮损失总量平均为139kg(N)/hm^2，其中淋洗损失、氨挥发和氧化亚氮（N_2O）排放损失分别为115kg(N)/hm^2、17.2kg(N)/hm^2和6.7kg(N)/hm^2。淋洗液中氮的形态包括无机氮（铵态氮和硝态氮）和可溶性有机氮（DON），其中以硝态氮为主。硝酸盐淋洗损失是我国茄果类蔬菜最主要的损失途径，占整个活性氮损失的82.5%，占氮肥总投入量的22.3%（表9-4）。另外，氮的径流损失也是露地茄果类蔬菜活性氮的主要损失途径之一。在蔬菜种植体系中，茄果类蔬菜每季氮径流损失约为37.8kg/hm^2，约占氮肥总投入量的13.1%。氨挥发是露地菜田氮素损失的主要途径之一，露地茄果类蔬菜氨排放量为50.7kg/hm^2，占氮肥投入量9.6%。菜田是我国农田系统N_2O排放的重要来源，贡献了全国20%的农业源排放，茄果类蔬菜N_2O排放量远高于一般农田，占氮肥总投入量的0.99%（表9-4），同时也是NO排放的主要来源，如江苏省兴化市设施蔬菜中NO排放占氮肥总投入量的0.53%[19-20]。

表9-4 茄果类蔬菜活性氮损失

栽培类型	N_2O排放/(kg/hm^2)	占氮肥投入比例/%	硝酸盐淋洗/(kg/hm^2)	占氮肥投入比例/%	氨挥发/(kg/hm^2)	占氮肥投入比例/%	损失总量/(kg/hm^2)
露地	5.4	0.78	72.1	18.6	50.7	9.6	131
设施	8.3	1.8	143	24.0	10.2	1.7	159
平均值	6.7	0.99	115	22.3	17.2	3.0	139

菜田磷素养分去向主要包括作物吸收、淋洗/径流损失和土壤残留。近年来，我国集约化蔬菜系统畜禽有机肥和化肥大量施用，导致当前我国菜地系统土壤磷残留量高，远超过环境阈值，磷素损失风险大。当前我国设施菜田土壤有效磷含量达到179mg/kg，远高于报道的粮田土壤有效磷34mg/kg，高于土壤有效磷农学临界值50～60mg/kg。大量的磷素盈余使得磷向耕层以下土壤迁移增加，从而导致较高的磷素损失风险和水体富营养化潜力。菜地磷损失与蔬菜的生长季节有关，露地茄果类蔬菜多种植于夏秋季，磷肥施用量高且雨水较为集中，磷素淋失风险最大[21]。

茄果类蔬菜为喜钾作物，但在生产实践中盲目追求高产，设施菜地施钾量普遍过量。高量的钾肥投入导致我国北方设施茄果类蔬菜钾养分大量盈余。北方设施果菜类土壤钾盈余量为241～652kg(K_2O)/hm^2。此外，由于土壤胶体对钾元素的吸附是有限的，在阳离子交换量小的菜地土壤上大量施用钾肥，会引起钾的流失。茄果类菜地土壤的钾素淋洗相比于氮磷的淋洗和径流损失较低，其流失量与土壤质地、气候条件和管理措施等因素有关[11，22]。

钙镁肥的投入对茄果类蔬菜的产量形成和品质有重要作用。基于农户调研结果发现，西南辣椒-白菜轮作系统中收获期钙、镁移出量是水稻-油菜轮作系统的14.0倍和4.5倍。茄果类蔬菜系统过量施肥会导致钙镁养分的大量盈余，加剧钙镁淋失的风险。在西南典型蔬菜轮作系统中，钙镁年均盈余量分别高达800kg(Ca)/hm^{2}和161kg(Mg)/hm^2。在传统管理模式下的设施黄瓜种植体系中，单茬钙、镁养分淋洗损失量分别为280kg(Ca)/hm^{2}和27kg(Mg)/hm^2[11，22]。

9.1.3 茄果类蔬菜推荐施肥技术

9.1.3.1 氮肥“总量控制、分期调控”技术

适宜的根层氮素供应是以茄果类蔬菜的需求数量为核心，在数量上表现为蔬菜用于形成生物体的氮素吸收量，以及保证作物获得目标产量的最低土壤无机氮素残留量（最低氮缓

冲值）。根据茄果类蔬菜目标产量，确定氮素需求总量，结合氮素供应目标值、不同来源的氮素供应量（除化学氮肥之外，其他氮素来源的养分，如：有机氮矿化、灌溉水等），确定氮素推荐总量。氮肥推荐用量 = 氮素供应目标值−根层土壤最低氮残留量（图 9-2，图 9-3）。另外，还需要根据不同时期茄果类蔬菜养分需求特征，确定关键施肥时期及不同时期施肥用量。

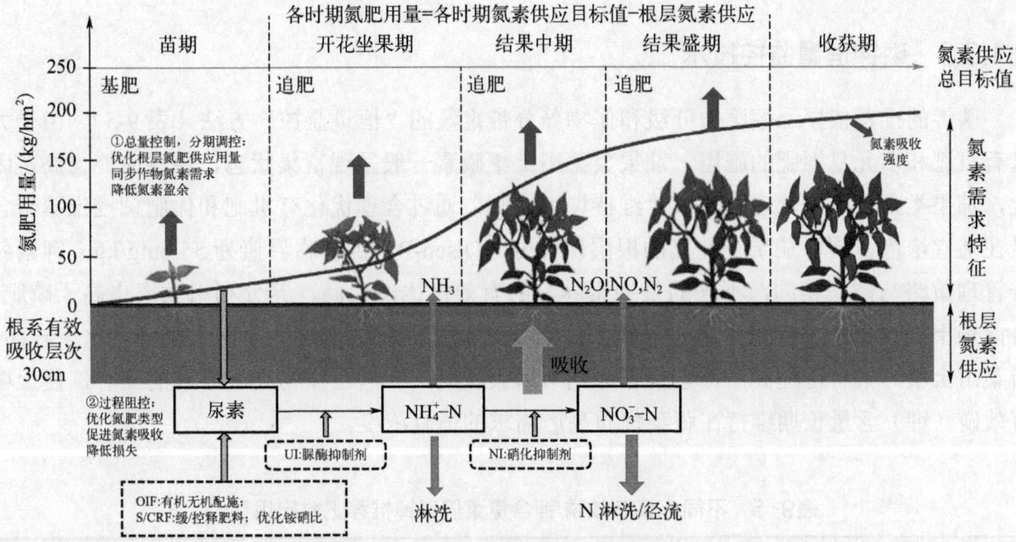

图 9-2　根层氮素调控技术

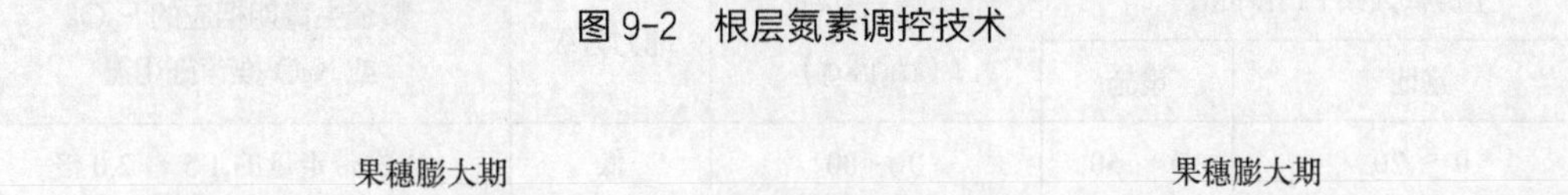

图 9-3　设施番茄以调控根层氮素供应为核心的实时监控技术体系[23]

同时，应该注意氮素形态调控，茄果类蔬菜根系不发达、养分吸收能力弱、需肥量大、生长期短，氮肥施用过量造成严重的活性氮损失。在基于根层氮调控的优化氮肥用量基础上，氮肥形态需要进一步精准调控。新型增效氮肥（缓控释肥、脲酶抑制剂、硝化抑制剂）是能够调控氮素形态和氮转化过程，优化氮肥类型，促进蔬菜对氮素的吸收利用，降低肥料用量，提高肥料利用率，降低环境损失的有效途径。基于全球数据整合分析表明，应用硝化抑制剂能够提高作物产量 5% ～ 15%，降低硝酸盐淋洗量 48%。具体施肥用量见 9.1.3.2 部分表 9-6。

9.1.3.2 磷钾恒量监控技术

磷钾的推荐依据土壤肥力分级和作物养分带走量的“恒量监控”方法（表 9-5）。由于大量有机肥和多元复混肥的施用，茄果类菜田土壤磷素一般呈现富集状态，磷供应能力高。因此，茄果类蔬菜磷素管理主要以“维持”为原则，通过合理优化有机肥和化肥调控土壤磷含量在适宜浓度范围。茄果类蔬菜的根层磷养分（Olsen-P）供应临界值为 55.6mg/kg。钾素养分管理策略与磷肥相同，不同的是钾素养分的有效性比磷素高，养分利用效率也高于磷肥。目前茄果类菜田土壤钾素含量差异较大，老菜区或经济发达地区的菜田土壤钾素水平较高，新菜田土壤钾素有待提高。钾素推荐原则与磷素相同，在满足作物高产需求的同时，使土壤有效磷（钾）含量长期维持在蔬菜优质高产需求的适宜浓度。

表9-5 不同土壤有效磷/钾含量菜田磷钾推荐肥料施用量[24]

土壤有效磷 / (mg/kg)		土壤有效钾 / (mg/kg)	地力分级	整个生育期相应的 P_2O_5 或 K_2O 推荐施用量
露地	设施			
0 ～ 20	0 ～ 50	0 ～ 80	低	作物带走量的 1.5 ～ 2.0 倍
20 ～ 60	50 ～ 120	80 ～ 160	中	作物带走量的 1.0 ～ 1.2 倍
＞ 60	＞ 120	＞ 160	高	作物带走量的 0.8 倍

对于设施茄果类蔬菜而言，基于作物产量水平、生长发育规律、养分吸收规律、土壤养分供应规律、品质形成规律，采用氮肥“总量控制、分期调控”技术和磷钾恒量监控技术，优化全生育期氮磷钾施用总量、施肥时期、施肥次数和施肥方式，确保根层养分供应与作物生长需求在时间、空间和数量上匹配（表 9-6）。根据不同生育时期养分需求，协调营养生长和生殖生长，基肥和追肥相结合，减少化肥基施比例，重视果实膨大期施肥，追肥以氮、钾为主，氮磷钾合理搭配。

表9-6 不同设施茄果类蔬菜施肥建议

蔬菜种类	产量水平 / (kg/ 亩)	肥料用量 / (kg/ 亩)		
		N	P_2O_5	K_2O
设施辣椒	＞ 4000	18 ～ 22	6 ～ 7	21 ～ 26
	2000 ～ 4000	12 ～ 18	5 ～ 6	14 ～ 21

续表

蔬菜种类	产量水平 /（kg/ 亩）	肥料用量 /（kg/ 亩）		
		N	P_2O_5	K_2O
设施茄子	5000 ～ 7000	25 ～ 30	12 ～ 15	27 ～ 32
	4000 ～ 5000	20 ～ 25	10 ～ 12	22 ～ 27
设施番茄	8000 ～ 10000	20 ～ 25	4 ～ 6	30 ～ 35
	6000 ～ 8000	15 ～ 20	3 ～ 4	25 ～ 30
设施草莓	＞ 2000	18 ～ 20	8 ～ 10	18 ～ 20
	1500 ～ 2000	15 ～ 18	6 ～ 8	15 ～ 18

同时，需要根据土壤质地、作物生长发育规律，遵循少量多次的灌溉施肥原则，推广水肥一体化技术，提高水肥利用效率。茄果类蔬菜根系浅，它们吸收土壤养分的能力和范围远低于大田作物，其生产中需要更高强度的水肥供应。基于根层调控的水肥一体化技术能适时、适量地满足农作物对水分和养分的需求，是实现水肥同步管理和高效利用的节水农业技术。在采用滴灌条件下，60% 的磷肥作基肥，其余追施，20% ～ 30% 氮钾肥基施，70% ～ 80% 在开花期至结果期根据区域栽培温度、湿度、作物类型每间隔 7 ～ 10 天追肥一次，每次施氮（N）量不超过 3kg/ 亩。整个追肥过程实行总量控制的原则，以氮调控磷、钾的用量，根据作物氮、磷、钾吸收特点，选择配比合适的水溶性肥料。

对于露地茄果类蔬菜而言，采用与设施茄果类蔬菜相同施肥理论和技术优化施肥，具体施肥建议见表 9-7。根据不同生育时期养分需求，协调营养生长和生殖生长，开花期控制施肥，从始花到分枝坐果时，除植株严重缺肥可略施速效肥外，都应控制施肥，防止落花、落叶、落果。重视果实膨大期施肥，追肥以氮、钾为主，氮磷钾合理搭配。一般情况下氮肥总量的 20% ～ 30% 作基肥，70% ～ 80% 作追肥，对于气温高、湿度大情况应减少氮肥基施量，甚至不施；磷肥可 60% 作基肥，留 40% 到结果期追肥；钾肥总量的 30% ～ 40% 作基肥，60% ～ 70% 作追肥。

表9-7　不同露地茄果类蔬菜施肥建议

蔬菜种类	产量水平 /（kg/ 亩）	肥料用量 /（kg/ 亩）		
		N	P_2O_5	K_2O
露地茄子	4000 ～ 5000	18 ～ 22	8 ～ 10	20 ～ 24
露地辣椒	1000 ～ 2000	12 ～ 16	5 ～ 7	12 ～ 18
露地番茄	4000 ～ 5000	14 ～ 17	6 ～ 8	12 ～ 19

9.1.3.3　中微量元素“因缺矫正”技术

茄果类蔬菜对钙镁硼等中微量元素吸收量大（表 9-8），中微量元素的施用依据“因缺矫正”原则，针对不同中微量元素的缺乏程度和时期，根据蔬菜对元素的吸收特性，选择合适的矫正方法，如肥料品种、施用量和施用时间等，但对钙、镁和硼应重点补充。中微量元素肥料建议选择单一肥料，如硫酸镁、硝酸钙、氯化钙、硫酸锌、硼酸、硫酸铜等，或者吸收效果比较好的螯合态微肥。

表9-8　不同茄果类蔬菜对中微量元素的反应程度

蔬菜种类	钙	镁	锰	硼	铜	锌	钼	铁
辣椒	高	高	中	低	低	—	中	—
番茄	高	高	中	中	高	中	中	高
茄子	高	高	中	低	低	低	—	—

注：当土壤微量元素浓度低时，反应程度“高”表示作物施用该微量元素肥料有效果，反应程度“中”表示效果较不明显，反应程度“低”表示无效果。

对于茄果类蔬菜而言，需要注重中微量元素补充。由于茄果类蔬菜对中微量元素需求量大，大量投入的畜禽粪便有机肥中的微量元素含量丰富，使得土壤中有效态铁、锰、铜、锌等含量处于较高水平，可以不考虑补充添加，但集约化茄果类蔬菜生产中钙、镁、硼等缺乏的可能性较大，因此，需重点考虑钙、镁、硼等中微量元素的添加。尤其在开花结果初期至结果盛期，注重适当补充钙、镁、硼肥。具体添加量按照钾钙镁质量比为 10∶2∶1，根据土壤情况在结果期利用水肥一体化系统亩施钙镁肥分别为 2.4 ～ 4.0kg CaO、1.2 ～ 2.4kg MgO，硼肥根据土壤及作物需求情况在开花期分 2 ～ 5 次喷施，其他微量元素根据土壤条件、作物需要等决定是否喷施。同时，需要与其他管理措施相结合，如在酸性土壤及质地较粗的砂质土壤通过基施生石灰或钙镁磷肥等增加钙肥的投入。

9.1.3.4　有机肥推荐技术

有机肥对蔬菜生产非常重要，首先，大多数蔬菜根系浅、根系弱，其养分吸收能力差，需要较高养分浓度供应，因此需要保水保肥的土壤。其次，有机肥大中微量元素供应均衡，养分速效和缓效结合，有利于提高蔬菜品质。最后，菜田温度、湿度高，有机养分矿化速率快，有机质分解快，需大量补充有机质。先前大量研究表明，合理的有机肥替代化肥管理措施可在增加或维持蔬菜产量的同时，降低活性氮损失，提高土壤有机碳，减少净温室气体的排放。当有机肥替代氮肥比例≤ 70% 时，蔬菜产量和土壤有机碳分别提高了 5.5% ～ 5.6% 和 13.1% ～ 18.0%，氮淋洗量降低了 41.6% ～ 48.1%。

有机肥合理施用技术为“3R”原则（right source、right rate、right method）。①正确的有机肥种类。选择适宜的有机肥种类是提高有机肥作用效果的基础。主要考虑有机肥安全性、功能性及有机肥来源和经济成本。②合理的用量。明确有机肥合理用量需要考虑两个方面：培肥土壤为主要目的时，有机肥总量以磷为控制指标，可选择含碳量高、氮磷含量低的有机肥；提供养分为主要目的时，有机肥用量考虑养分含量与有效性。③合理的方法。根据土壤状况和作物生长特征选择合适的施肥方式。

有机肥要与化肥配合施用，合理施用有机肥。针对设施茄果类蔬菜有机肥投入量高，土壤有机质提升缓慢，土壤养分盈余量高等突出问题，采用“以磷定量”的方法确定有机肥用量，选用优质堆肥，提倡优先选用植物源堆肥，老菜棚注意多施高碳氮比外源秸秆或有机肥，少施禽粪肥，以快速提升土壤有机质，提高土壤 C/N、C/P 比。

在选择有机肥时，根据当地原料、土壤条件以及作物需求等，可以选用优质农家肥（用量 4 ～ 6m³/ 亩）、优质商品有机肥（4 ～ 6m³/ 亩）或高碳氮比有机物料（500 ～ 700kg/ 亩）作基肥一次施用。

9.1.3.5 养分资源综合管理技术/基于产品和知识的土壤作物综合管理

基于产品和知识的土壤-作物综合管理技术（IKPS，integrated knowledge and products strategy）包括两个方面。一是理论知识方面，基于作物生长发育和养分吸收规律，进行作物全生育期养分根层调控和土壤健康培育技术，优化全生育期蔬菜施肥用量、施肥时期和施肥次数，满足高产作物体系整个生育时期的养分需求，同时降低环境代价（最佳养分管理）；另外，以作物产量生理学为基础，从品种、密度和播期等措施上对作物生产体系进行设计，优化群体结构和功能以最大限度利用光温资源，提高作物产量（最佳作物管理）。二是产品应用方面，基于区域和蔬菜特点进行产品创新，改善根系生长和养分吸收，同时控制养分损失。其本质是基于作物养分需求规律、优化作物管理和使用增效肥料（缓控释肥料、硝化抑制剂、水溶肥、纳米肥料等）进行蔬菜生产养分综合管理，旨在时间、空间和数量上满足蔬菜生长养分需求，以实现蔬菜高产并最大限度降低环境损失（图 9-4）。

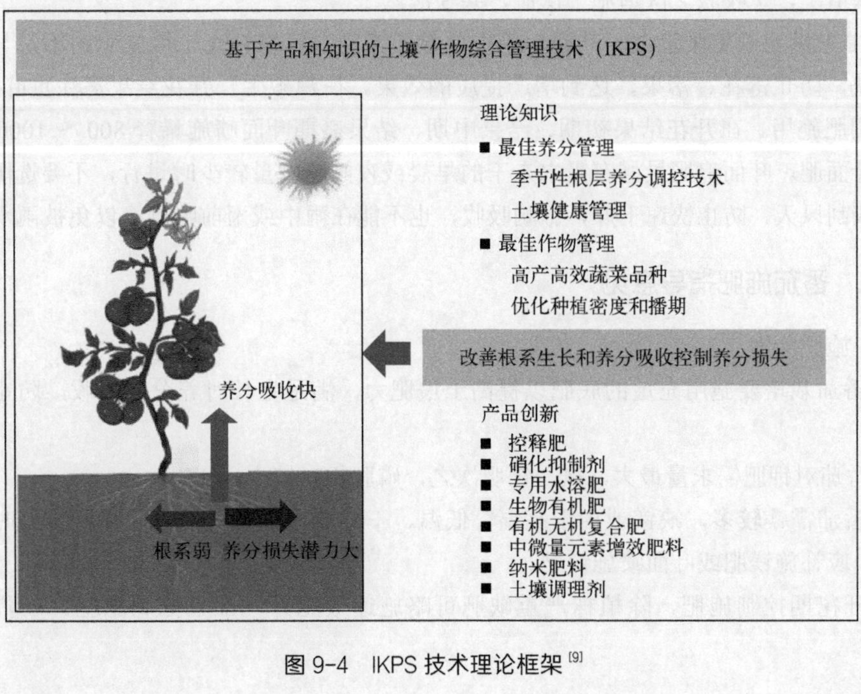

图 9-4 IKPS 技术理论框架[9]

9.1.4 茄果类蔬菜施肥指导意见

9.1.4.1 辣椒施肥指导意见

（1）施肥原则

① 因地制宜地增施优质有机肥，夏季闷棚之后推荐施用生物有机肥。

② 开花期控制施肥，从始花到分枝坐果时，除植株严重缺肥可略施速效肥外，都应控制施肥，以防止落花、落叶、落果。

③ 幼果期和采收期要及时施用速效肥，以促进幼果迅速膨大。

④ 辣椒移栽后到开花期前，促控结合，薄肥勤浇。

⑤ 忌用高浓度肥料，忌湿土追肥，忌在中午高温时追肥，忌过于集中追肥。

⑥ 提倡应用水肥一体化技术，做到控水控肥、提质增产、提高水肥利用效率。

（2）施肥建议

① 优质农家肥 4 ～ 5m^3/ 亩作基肥一次施用。

② 亩产量水平 2000kg 以下，施氮肥（N）6 ～ 8kg，磷肥（P_2O_5）2 ～ 3kg，钾肥（K_2O）9 ～ 12kg；亩产量水平 2000 ～ 4000kg，施氮肥（N）8 ～ 16kg，磷肥（P_2O_5）3 ～ 4kg，钾肥（K_2O）10 ～ 18kg；亩产量水平 4000kg 以上，施氮肥（N）16 ～ 20kg，磷肥（P_2O_5）4 ～ 5kg，钾肥（K_2O）18 ～ 24kg。

③ 一般情况下氮肥总量的 20% ～ 30% 作基肥，70% ～ 80% 作追肥，对于气温高、湿度大情况应减少氮肥基施量，甚至不施；磷肥可 60% 作基肥，40% 到结果期追肥；钾肥总量的 30% ～ 40% 作基肥，60% ～ 70% 作追肥，追肥期为门椒期、对椒期、盛果期。盛果期根据收获情况，每收获 2 次追施一次肥，共 3 次。

④ 中微量元素施肥管理。叶面追施中微量元素肥料可以补充土壤施肥的不足与营养元素的欠缺，防止落花、落果，达到增产提质的效果。在辣椒生长开花结果需注重叶面钙肥、镁肥和硼肥施用。在开花结果初期、结果中期、结果盛期叶面喷施稀释 800 ～ 1000 倍含钙镁硼的叶面肥。叶面追肥最好在露水未干的早晨或夜间蒸发量较少时进行，不要选阳光充足的中午或刮风天，防止快速干燥，影响吸收，也不能在雨中或雨前喷施，以免被雨水冲刷。

9.1.4.2 番茄施肥指导意见

（1）施肥原则

① 番茄栽培要施用充足的底肥以提高土壤肥力，满足生长对养分的吸收，防止生长后期脱肥。

② 番茄对钾肥需求量最大，氮、钙肥次之，磷肥相对较少。

③ 番茄需镁较多，缺镁或由于高温、低温、干旱等原因使镁的吸收受到抑制时，叶脉间失绿，应补施镁肥或叶面喷施镁肥。

④ 开花期控制施肥，除植株严重缺肥可略施速效肥外，都应控制施肥，以防止植株徒长。

⑤ 幼果期和采收期要及时施用速效肥，以促进幼果迅速膨大。

（2）施肥建议

① 育苗肥：增施腐熟有机肥，补施磷肥，每 10m^2 苗床施经过腐熟的禽粪 60 ～ 100kg，钙镁磷肥 0.5 ～ 1kg，硫酸钾 0.5kg，根据苗情喷施 0.05% ～ 0.1% 尿素溶液 1 ～ 2 次。

② 基肥：基施优质商品有机肥 4 ～ 5m^3/ 亩或高碳氮比有机物料 8 ～ 10t/hm^2，基肥肥料配方为 18-18-9（或相近的配方），用量 40kg/ 亩，施用方式为撒施后旋耕，或条施后起垄栽培。

③ 追肥：采用水肥一体化技术。蔬菜施肥推荐量一般根据目标产量及养分吸收量而定，每生产 1000kg 番茄果实需纯氮 2.8 ～ 3.2kg，纯磷（P_2O_5）0.2 ～ 0.3kg，纯钾（K_2O）3.5 ～ 4.5kg。具体各时期追肥推荐用量为：定植后前两次只灌水，不施肥，灌水量为 15 ～ 20m^3/ 亩；苗期推荐水溶肥配方为 20-5-20（或相近的配方），每次用量为 3 ～ 5kg/ 亩，每隔 5 ～ 10 天灌水施肥一次，灌水量为 10 ～ 15m^3/（亩 · 次），共 3 ～ 5 次；开花期、坐果期和果实膨大期的水溶肥配方均为 19-8-27（或相近的配方），每次施肥用量为 3 ～ 5kg/ 亩，每隔 7 ～ 10 天一次，灌水量为 5 ～ 15m^3/（亩·次），共 10 ～ 15 次。注意秋冬茬前期（8 ～ 9 月份）灌水施肥频率较高，而冬春茬在果实膨大期（4 ～ 5 月份）灌水施肥频率较高。

9.1.4.3　茄子施肥指导意见

（1）施肥原则

① 由于茄子的生长期比较长，因此在定植之前需施足基肥，增施有机肥，提倡有机无机配合。

② 茄子结果期比较长，因此需要多次施肥，施肥注意掌握轻施、勤施、先轻后重的原则。

③ 慎施磷肥。茄子苗期对磷量需求多，在茄子苗期多施磷肥，可以促进茄子植株发根和定植后的成活，有利于植株生长，提高产量。而进入果实膨大期和结果盛期时对磷的吸收量相对减少，茄子果实膨大期和结果盛期少施磷肥，避免促进果实中的种子发育，引起果皮硬化、品质下降，影响茄子商品价值。

④ 氮钾肥注意分期施用，适当增加生育中期的氮肥施用比例和生育后期钾肥比例。

（2）施肥建议

① 苗期施肥：苗期育苗主要是培育壮苗，达到幼苗苗壮茎粗、节间短，根系发达，定植时幼苗已现蕾，定植后抗逆性强的目的。增施腐熟有机肥，补施磷肥，每 10m^2 苗床施经过腐熟的禽粪 60 ～ 100kg，钙镁磷肥 0.5 ～ 1kg，硫酸钾 0.5kg，根据苗情喷施 0.05% ～ 0.1% 尿素溶液 1 ～ 2 次。

② 基肥：基施优质商品有机肥 5 ～ 6m^3/ 亩或高碳氮比有机物料 8 ～ 10t/hm^2，亩施过磷酸钙 50kg 和硫酸钾 25kg。施用方式为撒施后旋耕，或条施后起垄栽培。

③ 追肥：采用水肥一体化技术。茄子缓过苗后，结合浇水，适当追施水溶肥，苗期推荐水溶肥配方为 20-5-20（或相近的配方），每次用量为 3 ～ 5kg/ 亩，每隔 5 ～ 10 天灌水施肥一次，灌水量为 10 ～ 15m^3/（亩 · 次），共 2 ～ 3 次。当第一批果实长到核桃大小时到结果期，灌水时增施水溶肥，水溶肥配方均为 16-7-18（或相近的配方），每次施肥用量为 3 ～ 5kg/ 亩，每隔 7 ～ 10 天一次，灌水量为 5 ～ 15m^3/（亩·次），共 7 ～ 12 次。注意秋冬茬前期（8 ～ 9 月份）灌水施肥频率较高，而冬春茬在果实膨大期（4 ～ 5 月份）灌水施肥频率较高。

9.1.5 典型茄果类蔬菜体系高产优质绿色施肥应用案例

9.1.5.1 茄果类蔬菜养分管理中存在的主要问题

（1）设施茄果类养分管理的主要问题　对于设施茄果类蔬菜而言，养分资源管理中存在施肥用量大，远超过自身生长过程的养分需求；不同时期养分施用配比不合理，基 / 追比例不合理，后期钾肥用量普遍过量；有机肥施用不合理，尤其是畜禽粪便投入过量。直接导致养分损失量大、肥料利用率低、环境代价高、土壤有机质提升缓慢、土壤 C/N 和 C/P 失调、土壤酸化严重、中微量元素缺乏问题突出，影响了蔬菜产量和品质。

（2）露地茄果类养分管理的主要问题　露地茄果类养分资源管理中存在施肥用量大；不同时期养分施用配比不合理，基 / 追比例不合理；有机肥施用不合理，有机肥过量与缺乏共存的问题。直接导致养分损失量大、肥料利用率低、环境代价高、土壤有机质含量低，影响了蔬菜产量和品质。

9.1.5.2 典型茄果类蔬菜体系高产优质绿色肥料产品及应用效果——以长江经济带下游辣椒为例

经过前期调研走访以及数据分析发现，长江经济带下游地区辣椒种植主要存在以下几个问题。第一，土壤连作障碍问题严重。该地区农户连续种植辣椒 20 多年并过量投入肥料，尤其是过量投入鸡粪，导致土壤连作障碍比较严重。第二，作物管理不合理。种植密度是限制该区域辣椒生产的主要因素，研究发现，当地农户普遍存在种植密度过小的问题，导致辣椒在生长过程中不能充分利用光热资源，影响了辣椒的生长。第三，水肥管理问题突出。一方面，施肥普遍过量，尤其是有机肥的施用过量。另一方面，各时期氮、磷、钾的施用比例、施肥基追比例不合理。针对以上问题，进行本地区辣椒种植的优化设计如下：

（1）品种选育

根据不同的栽种季节、消费习惯选择适宜铜梁区气候的，且高产、优质、抗病性好、抗逆能力强产量水平在 2000 ～ 3000kg 的辣椒品种，大面积栽培区注意选择抗茎基腐、抗病毒的品种。

（2）育苗管理

① 种子处理　种子在播种前先进行种子的筛选和温烫浸种处理。种子在播种前先进行种子的筛选和温烫浸种或磷酸钠浸种处理，洗去种子上的胶质附着物。在冷却的水中继续浸种 8h 后，置于 28 ～ 30℃温度下催芽，待 80% 以上种子露白时即可播种。

② 播种　采用自动化精良播种机进行播种，前期通过温烫浸种的种子必须在晾干后才能播种，或者直接选择包衣的种子进行播种。

可以选择 72 孔，128 孔或 200 孔的穴盘进行播种，基质为草炭∶蛭石∶珍珠岩 = 2∶1∶1，每株添加 40 ～ 60mg 的优质缓控释氮肥混匀，以及根际促生菌。

一般从 6 月下旬～ 7 月下旬分批播种育苗，越冬推迟采收期的播种时间则在 7 月下旬～ 8 月中旬。

③ 苗期管理　育苗过程需严格注意控制好适宜的温度、湿度和光照等，以便促进辣椒幼苗生长。

A．温度管理　出苗前温度控制在25℃左右，出苗后白天控制在20℃，夜间8～10℃。育苗棚内温度较高时，采用多次喷淋，通风的方式降温。

B．湿度管理　出苗前严格控制水分，保持较低湿度环境，有利于控制幼苗徒长；出苗3～5天后，及时补充水分，水分含量为基质最大持水量的65%～70%。

C．光照管理　尽可能地增加光照强度和光照时间，也可配以LED补光灯进行光照的补充。

D．其他管理　根据幼苗生长情况，在幼苗有徒长趋势时喷施适量矮壮素，在幼苗有病害发生趋势时噁霉灵、普力克等绿色药剂。

（3）整地定植　严格选用无病虫害为害的健康壮苗进行田间定植。深翻土壤，将土壤表面的蔬菜病残体、落叶埋至土壤深层使其腐烂，也可将病原菌翻至地表，消灭病原菌及越冬孢子，疏松土壤，有利于植物根系发育。

辣椒的定植以土温15℃以上为宜，田间定植时合理密植，既能使作物充分利用光、热、水、肥，又能保障通风顺畅，同时要适时透光。辣椒定植行距50cm，株距50cm，整地时，要做好防洪措施，在场地每隔2m左右的距离挖一条水沟。垄宽2.5m，高20cm，两垄之间的小沟宽40cm，排水沟深60cm。

（4）水肥管理　缓控释育苗：添加40～60mg/株的优质缓控释氮肥混匀。根际促生菌育苗：添加根际促生菌（如枯草芽孢杆菌、哈茨木霉菌等）1g/L基质混匀。

① 土壤改良　土壤连作障碍是限制该地区辣椒高产、养分高效的主要因素之一。施用碱性土壤消毒剂石灰氮和采取土壤灌水闷棚措施，可改良土壤酸碱度，杀灭土壤病原菌，改善土壤连作障碍；而采用微生物商品有机肥替代常规鸡粪，可增加土壤有益微生物数量，提高土壤有机质含量，同时减少有机肥投入量，减少养分盈余。

② 施肥管理　首先，明确辣椒全生育期的生长发育规律、干物质累积规律、养分吸收规律。其次，要基于辣椒生长中的养分需求规律和土壤养分累积规律，设计和研发全生育期辣椒专用肥产品（基肥配方肥产品20-20-9；追肥水溶肥产品21-10-24+TE，TE含镁、锰、铜、锌、硼等中微量元素）。同时，要以创新新型肥料为抓手，优化施肥量、施肥时间以及氮、磷、钾配比和基追比例，添加中微量元素，提高肥料利用率。具体措施包括：前期采用缓控释育苗技术，促进幼苗根系生长；采用辣椒专用配方肥（20-20-9）和微生物商品有机肥，降低基肥肥料用量；采用含中微量元素的辣椒专用水溶肥（21-10-24+TE），并优化后期养分配比与用量。

长江经济带下游秋延辣椒高产高效体系绿色生产技术集成见表9-9。

表9-9　长江经济带下游秋延辣椒高产高效体系绿色生产技术集成

项目	农民传统（FP）	高产高效体系（IKPS）	解决的问题
品种	好农11	好农11	高抗病毒能力、高产、易坐果、果面光滑，转红快且着色艳丽，商品性好
种植密度	36/40cm	40/40cm	适当减少种植密度，构建高产群体
定植时间	8月13日	8月13日	
育苗方式	普通基质育苗	缓控释肥育苗	培育壮苗，实现带肥移栽

续表

项目	农民传统（FP）	高产高效体系（IKPS）	解决的问题
施肥/（kg/hm^2）	N-P_2O_5-K_2O 有机肥：407-371-338，鸡粪（干） 基肥：101-101-101（15-15-15） 追肥：29.3-15.8-90（13-7-40，追肥 3 次） 总量：537-488-529	N-P_2O_5-K_2O 有机肥：83.3-221-79.2，商品有机肥 基肥：60-60-27（20-20-9） 追肥：101-48-115（21-10-24+TE，追肥 5 次） 总量：245-329-222	根据养分吸收规律，优化施肥量、施肥时间以及氮、磷、钾配比和基追比例，添加中微量元素，最终达到降低磷肥用量和提高肥料利用率的目的
土壤修复技术	高温煮田	高温煮田 + 石灰氮	消除土传病害，解决重茬问题，调节土壤酸碱度
目标产量	31.3t/hm^2	47.3t/hm^2	提高产量 50%，单果重达 80g 以上，果长 14 ～ 15cm，粗 4.5 ～ 5.0cm，果大肉厚，皮薄，商品性好

（5）技术应用效果　与农民习惯相比，综合调控技术可以节省 N 54.5%、P_2O_5 32.6%、K_2O 58.0%，提高商品果产量 23.6%，显著增加收益 20.4%，减少温室气体排放 39.4%[9]（图 9-5）。

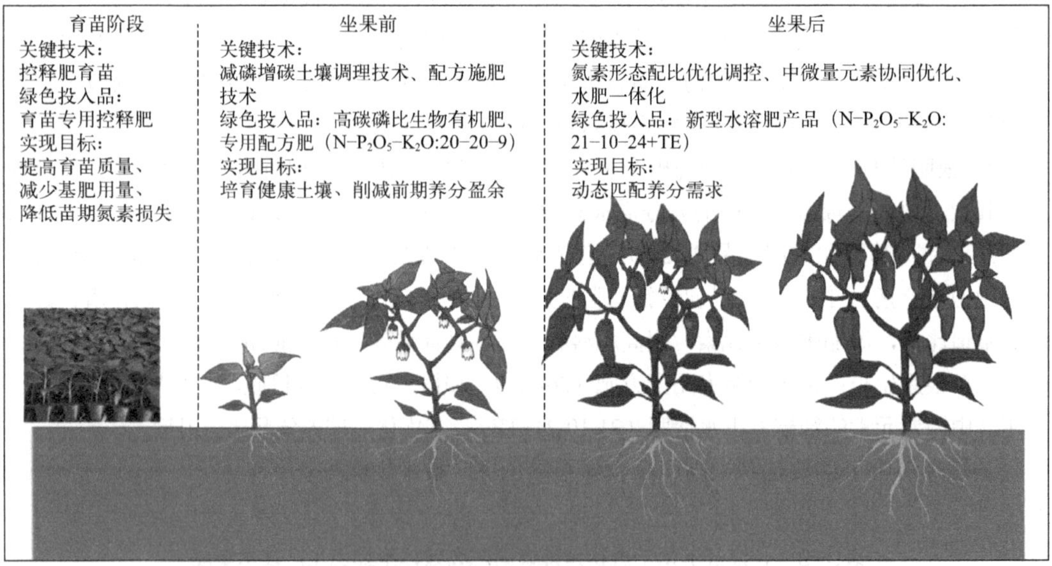

图 9-5　长江经济带下游秋延辣椒高产高效体系绿色生产技术集成

9.2　叶类蔬菜高产优质绿色施肥原理与技术

随着人们生活水平的不断提高，近些年来市场对蔬菜种类要求越来越多。叶类蔬菜是以食用叶片、叶柄为主的蔬菜，是人体所需维生素、酚类化合物的重要来源，是叶酸的天然来源，铁和钙等矿物质含量高于谷物。叶类蔬菜是我国蔬菜的重要类型之一，具有种植面积广、产量高的特点。叶类蔬菜生长适应性广，生育期短，生长迅速，产量形成快且上市及时，除去根和少量黄叶外，其余都属于可食部分，比根菜类、茎菜类和果菜类等蔬菜的可利用率要高出约40%，所以叶类蔬菜的生产非常重要，发展前景十分广阔。叶类蔬菜一般植株矮小，生长迅速，以叶片、叶柄或嫩茎为产品，采收标准不严格，有的播种后一个月即可收大留小陆续上市。合理安排叶类蔬菜的种植茬口，排开播种，分期收获，对调节市场供应有重要意义。叶类蔬菜也适于与其他高棵蔬菜间作套种，以减少空闲期、提高土地和光能的利用率和单位面积的经济效益。叶类蔬菜根系较浅，能有效利用土壤深层水分和养分的能力不强，因此栽培时要合理灌溉和施肥，并结合精耕细作以促进根系的发展，加强叶类蔬菜的养分吸收。

9.2.1　叶类蔬菜生长发育规律与养分需求特征

9.2.1.1　叶类蔬菜特性

叶类蔬菜种类繁多，根据对生长温度的要求分为喜冷凉蔬菜和喜温暖蔬菜。喜冷凉蔬菜适宜在春秋季节生长，如大白菜、油菜、芹菜、菠菜等。喜温暖蔬菜可在夏季种植，如空心菜、苋菜、木耳菜等。按农业生物学分类法分为白菜类、甘蓝类和绿叶类。白菜类包括大白菜、小白菜（不结球白菜）、乌塌菜等，属十字花科芸薹属植物，以柔嫩的叶丛、叶球、肉质茎为食用部分，大多为二年生植物，第一年形成叶丛或叶球，第二年抽薹开花。甘蓝类同属十字花科芸薹属，有肥厚而呈蓝绿色的外叶，具明显的蜡粉和波状的叶缘，包括结球甘蓝、皱叶甘蓝、花椰菜、芥蓝等，以叶球、短缩的花薹、球茎和侧芽为食用部分。绿叶类包括菠菜、芹菜、莴苣、茼蒿、小油菜等，分属不同科属，多数以嫩叶供食用，也有以叶柄（芹菜）和茎部（莴笋）供食用的。

9.2.1.2　叶类蔬菜生长发育特性

叶类蔬菜多为二年生作物，需要低温春化阶段和长日照阶段才能完成阶段发育，如大白菜、甘蓝、芹菜、菠菜等。叶类蔬菜最适宜的生长温度是15～20℃，且对温度的适应性广，兼具较强的耐寒性和耐热性。叶类蔬菜营养生长期一般经过发芽期、幼苗期、缓慢生长期、旺盛生长期等几个时期（图9-6）。种子萌发至第1片真叶露出为发芽期，一般为10天左右；出苗至第5片真叶出现为幼苗期，此时期为20～25天；从第5片真叶至15～20片真叶为缓慢生长期；叶片充分展开，叶柄迅速肥大到收获期为旺盛生长期，此时期所经历的时间长短因栽培方式、蔬菜类型和品种不同有较大差异。

叶类蔬菜大多数情况下主要取食其营养生长期各阶段的茎叶部分。叶类蔬菜根系较浅，其根系主要集中于表土下25cm左右的范围内，多分布在地表10～15cm土层，根系发育较弱，再生能力差，根量少，导致能有效利用土壤深层水分和养分的能力不强，但是生长量大，养分需求较高，要有肥沃的土壤条件，且在移栽时需施用较多的基肥以及各生长发育关键时期（如白菜莲座期、结球期）的追肥。

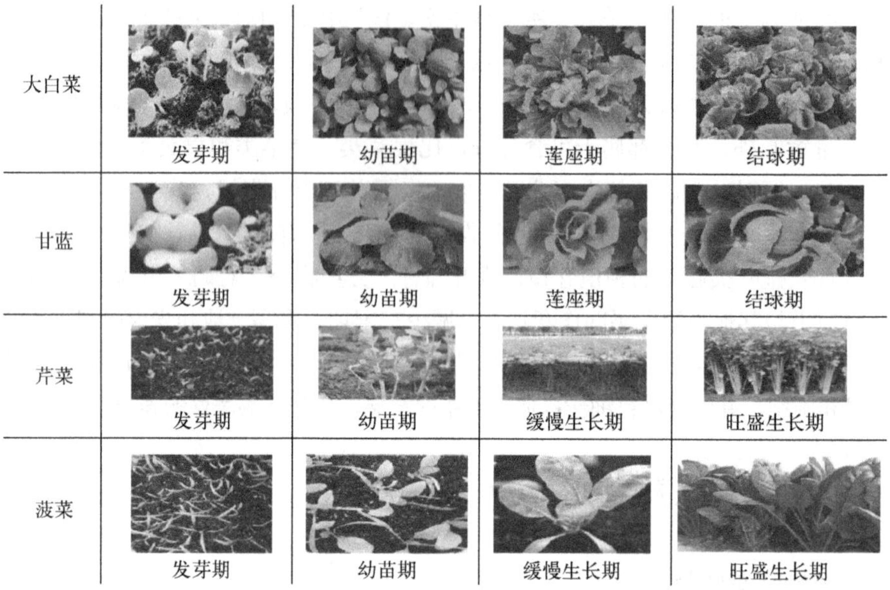

图 9-6　几种常见叶类蔬菜的生长发育时期

9.2.1.3　叶类蔬菜养分需求特征

叶类蔬菜的根系较浅，生长迅速，生育期短，种植密度大，对肥水管理要求高。与大田作物相比，叶类蔬菜普遍产量高，亩产多在5000kg以上，加之叶类蔬菜复种指数高，可食部分比例大，归还土壤的养分少，需肥量通常是大田作物的2～3倍。叶类蔬菜整个生育期对氮磷钾吸收量大，其中对钾吸收量最高，其次是氮（表9-10）。各生育时期地上部干物质累积量和养分吸收量不同，并随着生育推进而变化，呈“S”形曲线增长。在幼苗期植株生长量小，干物质积累较慢，需要的养分量少，氮磷钾养分吸收量占总累积量的3%～10%；缓慢生长期，干物质累积速度变快，氮磷钾养分累积量增长速度变快，养分吸收量变大，占总累积量的15%～30%；旺盛生长期，干物质累积量迅速增加，氮磷钾养分累积量进入快速增长期，养分吸收量最大，占总累积量的30%～50%；旺盛生长期至收获期，干物质累积量增长速度变缓，氮磷钾累积量增长速度变缓，占总累积量的10%～20%。就中微量元素而言，叶类蔬菜对钙和镁需求量较大。但不同时期对中微量元素需求也不同，缓慢生长期至旺盛生长期是植株吸收钙镁硼的关键时期，这一时期吸收量占整个生育期的二分之一左右。叶类蔬菜茎叶和根部的氮磷钾养分积累量均随着生长生育期的变化逐渐升高，且茎叶氮磷钾养分积累量远高于根部氮磷钾养分积累量。在养分种类需求上，与果类蔬菜相比，叶类蔬菜氮的需求比例增加，若缺乏氮、钾，难以形成鲜嫩、质优的产品。叶类蔬菜普遍偏爱硝态氮，铵态氨过多会产生生育障碍，所以要改善土壤通气状况，利于土壤铵态氨向硝态氮转化。在有条件时，还可适量施用硝态氮肥，但要防止灌水过量，使硝酸盐淋失到根层以下。叶类蔬菜对钙、硼需求较多，叶类蔬菜抗旱、抗涝能力低，更易发生缺钙、缺硼症状，必须注重施用有机肥或补施中微量元素肥料。

表9-10　几种常见叶类蔬菜每形成1000kg蔬菜氮磷钾养分吸收量

蔬菜种类	N/kg	P_2O_5/kg	K_2O/kg	N：P_2O_5：K_2O
大白菜	2.2 ～ 2.5	0.3 ～ 0.6	2.8 ～ 3.2	1.0：0.3：1.3
甘蓝	3.2 ～ 4.0	0.6 ～ 0.9	3.4 ～ 4.2	1.0：0.3：1.2
芹菜	1.8 ～ 2.0	0.7 ～ 0.9	3.8 ～ 4.0	1.0：0.4：2.0
菠菜	2.1 ～ 3.5	0.58 ～ 1.1	3.0 ～ 5.3	1.0：0.4：1.2

下面以大白菜和芹菜为例介绍其生育期内具体养分需求特征。

大白菜的养分需求特征：如图 9-7 所示，每生产 1000kg 大白菜需氮（N）2.2 ～ 2.5kg、磷（P_2O_5）0.3 ～ 0.6kg、钾（K_2O）2.8 ～ 3.2kg，氮、磷、钾、钙、镁需求比例为 1：0.3：1.3：0.9：0.2，对氮、钾和钙的需求量相对较高。大白菜营养生长阶段包括苗期、莲座期和结球期。由于大白菜不同生长时期的生长量和生长速度不同，因此，对营养条件的要求也不相同。在苗期植株生长量小，干物质积累较少，氮磷钾养分吸收量占总量的 5% ～ 8%；莲座期植株生长量加快，氮磷钾养分吸收量增多，占吸收总量的 25% ～ 35%；结球期干物质累积快速增加，氮磷钾养分吸收量增多，占吸收总量的 35% ～ 50%；结球期至收获期，氮磷钾累积量增长速度变缓，占总累积量的 15% ～ 20%。地上部和根部的氮磷钾养分积累量均随着生长生育期的变化逐渐升高，且地上部氮磷钾养分积累量远高于根部氮磷钾养分积累量。钙是大白菜生长发育所必需的营养元素之一。大白菜是喜钙作物，特别是在酸性土壤上易发生缺钙现象。当不良的环境条件发生生理缺钙时，往往会出现烧心病，影响产品的品质。

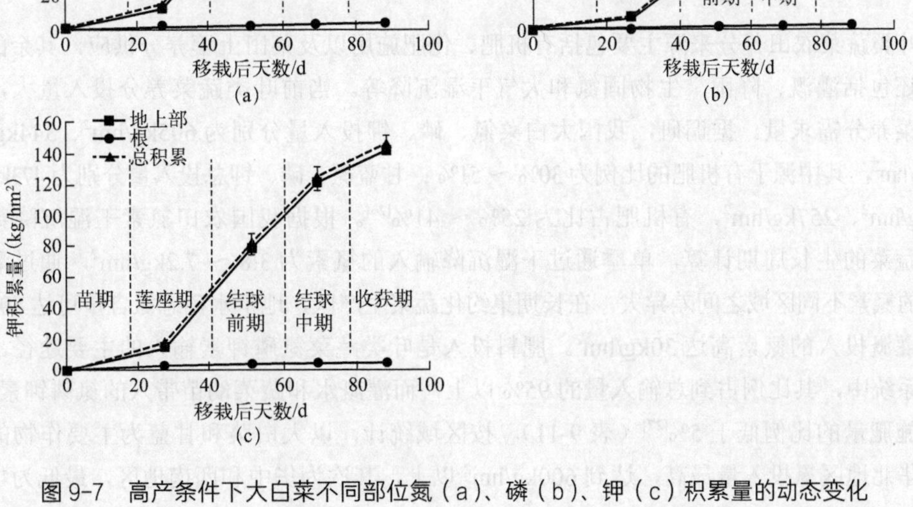

图 9-7　高产条件下大白菜不同部位氮（a）、磷（b）、钾（c）积累量的动态变化

芹菜的养分需求特征：如图 9-8 所示，每生产 1000kg 芹菜，氮（N）、磷（P_2O_5）、钾（K_2O）需求量分别为 1.8 ～ 2.0kg、0.7 ～ 0.9kg、3.8 ～ 4.0kg，氮、磷、钾、的需求比例为 1∶0.4∶2.0。氮主要影响芹菜叶柄的长度和叶数，氮素不足时显著影响叶片的分化，叶柄老化中空；磷对芹菜的品质有较大影响，但磷过多时会使叶片细长和纤维增多；钾不仅促进养分运转，还能促使叶柄粗壮而充实、光泽性好，有利于提高产量与改善品质。幼苗期养分需求少，氮磷钾累积量占总累积量的 3% ～ 5%；缓慢生长期植株分化新叶与大量新根，短缩茎增粗，生长缓慢，养分吸收量占总累积量的 15% ～ 25%；植株快速生长期叶片充分展开，叶柄迅速肥大，养分吸收量占总累积量的 30% ～ 50%；植株快速生长期至收获期，养分累积量增长速度变缓，占总累积量的 10% ～ 15%。芹菜在整个生长期需氮肥多，在初期需磷较多，在后期需钾多。植株快速生长期是养分需求量的高峰期，此时对氮、磷、钾、钙、镁等元素的需求量占总需求量的 80% 以上，其中需钾量最高，氮、钙次之，磷最少。芹菜对硼、钙供应敏感，缺乏时会导致芹菜心腐、茎裂或叶柄空心。

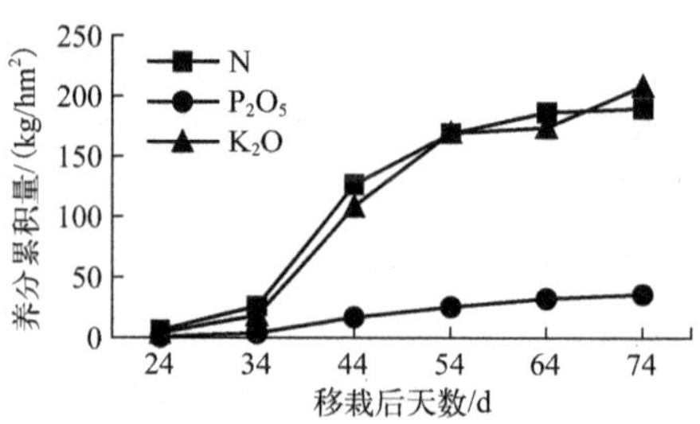

图 9-8　芹菜氮、磷、钾累积量的动态变化[25]

9.2.2　叶类蔬菜养分来源和去向

9.2.2.1　叶类蔬菜养分来源

叶类蔬菜农田养分来源主要包括有机肥、化肥施用以及菜田土壤养分供应，其余的养分来源还包括灌溉、降雨、生物固氮和大气干湿沉降等。当前叶类蔬菜养分投入量大，远高于蔬菜养分需求量。据调研，我国大白菜氮、磷、钾投入量分别为 605kg/hm²、344kg/hm²、335kg/hm²，其中源于有机肥的比例为 30% ～ 51%；甘蓝氮、磷、钾总投入量分别为 473kg/hm²、255kg/hm²、257kg/hm²，有机肥占比为 25% ～ 41%[26]。根据我国农田氮素干湿沉降数量与叶类蔬菜的生长周期计算，单季通过干湿沉降输入的氮素为 3.8 ～ 7.2kg/hm²，通过灌溉水输入的氮素不同区域之间差异大，在长期集约化蔬菜生产区，地下水硝态氮含量可达 50mg/L，通过灌溉投入的氮素高达 30kg/hm²。肥料投入是叶类蔬菜氮磷钾素输入的主要途径，设施芹菜系统中，其比例占到总输入量的 95% 以上，而灌溉水和蔬菜幼苗带入的氮磷钾素极少，占总施肥量的比例低于 5%[27]（表 9-11）。按区域统计，以大白菜和甘蓝为主要作物的露地蔬菜华北地区氮投入量最高，达到 600kg/hm² 以上，其次为华中和西南地区，最低为华南地区，但投入量仍高于 520kg/hm²，远高于作物需求量。

表9-11　农民习惯施肥条件下设施芹菜养分输入、输出与平衡[27]

项目		N/（kg/hm²）	P_2O_5/（kg/hm²）	K_2O/（kg/hm²）
输入	灌溉水	4.6	0.2	11.1
	苗	13.7	4.4	16.6
	施肥量	956.5	1029.5	832.1
	总输入	974.8	1034.1	859.8
输出	氨挥发	5.9	—	—
	N_2O 排放	3.1	—	—
	淋溶	105.3	0.4	3.4
	作物吸收	265.7	108.5	619.9
	总输出	380	108.9	623.3
平衡		594.8	925.1	236.5

9.2.2.2　叶类蔬菜养分去向及平衡

从氮素输出项来看，作物吸收是主要方面，其次为淋溶，以气体形式损失（氨挥发和 N_2O 排放）的量很小。从磷素和钾素输出项来看，作物吸收是主要方面，磷素和钾素淋失量极少（表 9-11）。

作物对氮素的吸收是氮素优化调控的核心，也是系统氮素重要的输出途径。但是，施肥量偏高导致肥料利用率低。在黄淮海地区的研究表明，大白菜氮、磷、钾的吸收量分别为 154kg/hm²、61kg/hm² 和 192kg/hm²，氮素利用率仅为 14%，磷肥利用率仅为 5.2%，钾肥的利用率为 32%[28]；西南地区的研究表明，大白菜的氮素吸收量为 109 ～ 139kg/hm²，传统种植模式氮素利用率仅为 14%，甘蓝氮吸收量为 52 ～ 68kg/hm²，利用率为 11% ～ 18%[29]；西南地区莴苣、西芹、结球生菜的氮当季利用率分别为 11%、9%、11%[30]；太湖流域大白菜化肥氮素表观利用率为 8.4%[31]；华南地区叶的氮、磷、钾利用率分别为 18%、17%、25%[32-33]；在华东地区的研究结果表明，传统施肥下菠菜对氮素的当季利用率仅为 12%[34]。

未被当季作物利用的氮素大多残留在土壤剖面。在小青菜和大白菜收获后，残留在 0 ～ 100cm 剖面的当季化肥氮为 52kg/hm² 和 33kg/hm²，分别占施氮量的 52% 和 34%[35]。大白菜收获后残留在 0 ～ 120cm 剖面的氮占施用量的 50% 以上 [36]。在莴苣上的研究结果表明，0 ～ 80cm 土壤氮素平均残留率为 59%[33]。在连续种植 5 季叶菜之后，30 ～ 60cm、60 ～ 90cm 土层硝态氮累积量都超过 150kg/hm² [37]，由于叶类蔬菜根系浅，这部分残留氮素很难被吸收利用，淋溶风险大。

黄淮海集约农区的研究表明，露地蔬菜氮素淋失量占比 22%[28]。在华北地区秋季大白菜单季施氮量 780kg/hm²，淋溶到 80cm 土层以下的氮素淋失量达 306kg/hm²，占施氮量的 39%[34]。

太湖地区传统番茄-莴苣-芹菜轮作体系下全年50cm以下氮淋失量高达194kg/hm^2，占施肥量的11%[39]。在西南地区的研究表明，大白菜生长季氮淋溶损失平均为40kg/hm^2，占比9%[29]。

氨挥发也是菜地氮素损失的主要途径之一。太湖流域的研究结果表明，大白菜种植中土壤氨挥发损失为102kg/hm^2，占总施氮量的17%左右[31，40]。在西南地区的研究表明大白菜生长季平均28%的氮素通过气态损失[40]。在华南地区的研究表明上海青撒施基肥和追肥的氨挥发损失为24%和21%，生菜穴施基肥和撒施追肥的氨挥发损失率分别为18%和24%[41]。

在南方坡地，氮素还可能发生径流损失。太湖流域青菜种植期间总氮流失量为10～12kg/hm^2[42]。太湖流域菜地氮素径流流失系数约为5.6%[43]。在太湖的研究表明，传统处理氮素径流流失为10～23kg/hm^2，占投入量的3.5%～7.6%[44]。

9.2.3 叶类蔬菜推荐施肥技术

9.2.3.1 氮肥“总量控制、分期调控”技术

氮素根层调控技术的本质是通过维持合理的根层无机氮供应数量，实现土壤供应水平与作物吸收能力相匹配。氮素推荐量决定于土壤、肥料及环境氮素输入，是协调作物高产与减少环境氮损失的关键。根据叶类蔬菜目标产量，确定氮素需求总量，结合氮素供应目标值、不同来源的氮素供应量（除化学氮肥之外，其他氮素来源的养分，如有机氮矿化、灌溉水等），确定氮素推荐总量。氮肥推荐用量＝氮素供应目标值-根层土壤最低氮残留量。我国主要叶菜氮素供应目标值见表9-12。对于灌溉水硝酸盐含量低的地区，氮肥推荐数量为氮素供应目标值与根层土壤硝态氮含量之差，如果地下水硝酸盐大于10mg/kg，在计算氮肥推荐量时随灌溉水投入的氮素值得考虑。另外，还需要根据不同时期叶类蔬菜养分需求特征，确定关键施肥时期及不同时期施肥用量。

表9-12 叶类蔬菜参考氮素供应目标值

项目	大白菜	结球甘蓝	花椰菜	菠菜	芹菜	生菜
目标产量 / （t/hm^2）	90～120	60～90	20～40	30～60	75～105	15～30
氮素供应目标值 / [kg(N)/hm^2]	300～320	300～350	300～320	180～220	300～325	180～220

叶类蔬菜根系不发达、养分吸收能力弱、需肥量大、生长期短，氮肥施用过量造成严重的活性氮损失。在基于根层氮调控的优化氮肥用量基础上，氮肥形态需要进一步精准调控。新型增效氮肥（缓控释肥、脲酶抑制剂、硝化抑制剂）是调控氮素形态和氮转化过程，优化氮肥类型，促进蔬菜对氮素的吸收利用，降低肥料用量，提高肥料利用率，降低环境损失的有效途径。基于全球数据整合分析表明，应用硝化抑制剂能够提高作物产量5%～15%，降低硝酸盐淋洗量48%[45]。

9.2.3.2 磷钾恒量监控技术

磷是植物生长发育所需的第二大营养元素。磷是核酸的组成部分，能够影响细胞的增

殖，影响大白菜的生殖与发育。磷可以促进根系的发育，扩大根的面积，进而增加了叶类蔬菜吸收营养的范围。钾作为植物生长发育所必需的元素，长期蔬菜种植中，以施氮肥为主，而有机肥和钾肥施用不足，造成了菜地土壤养分不平衡，土壤钾素缺乏，致使蔬菜作物产量和品质明显降低，现在已成为限制农业生产发展的重要因素之一。土壤对磷、钾等元素的供应缓冲性较大，施用时不需要同氮素一样采用实时监测的方式。可以根据土壤有效磷、有效钾的测定值进行土壤肥力分组，结合目标产量下作物磷、钾携出量进行推荐施肥。施肥量为目标产量下磷、钾的携出量乘以矫正系数。不同叶类蔬菜目标产量下磷、钾携出量见表9-13，菜地不同土壤肥力水平磷、钾推荐参考指标见表9-14。

表9-13　中高水平目标产量下叶类蔬菜磷、钾携出量

蔬菜种类	目标产量 / (t/hm^2)	携出量 / (kg/hm^2)	
		P_2O_5	K_2O
大白菜	90 ～ 120	41 ～ 54	270 ～ 360
结球甘蓝	60 ～ 90	45 ～ 68	228 ～ 342
花椰菜	20 ～ 30	60 ～ 90	240 ～ 360
菠菜	40 ～ 60	23 ～ 35	120 ～ 180
芹菜	75 ～ 105	60 ～ 84	293 ～ 410
生菜	15 ～ 30	11 ～ 21	48 ～ 96

表9-14　菜地土壤肥力分级及磷、钾肥推荐施用量参考指标

有效磷含量 / (mg/kg)	速效钾含量 / (mg/kg)	土壤肥力分级	P_2O_5 或 K_2O 推荐量矫正系数
0 ～ 20	0 ～ 80	低	1.5 ～ 2.0
20 ～ 60	80 ～ 150	中	0.8 ～ 1.5
＞ 60	＞ 150	高	0 ～ 0.8

9.2.3.3　中微量元素“因缺矫正”技术

中微量元素的施用依据“因缺矫正”原则，针对不同中微量元素的缺乏程度和时期，根据蔬菜对元素的吸收特性，选择合适的矫正方法，如肥料品种、施用量和施用时间等，但对钙、镁和硼应重点补充。中微量元素肥料建议选择单一肥料，如硫酸镁、硝酸钙、氯化钙、硫酸锌、硼酸、硫酸铜等，或者吸收效果比较好的螯合态微肥。例如，对大白菜或甘蓝往年“干烧心”发生较严重的地块，注意控氮补钙，可于莲座期至结球后期叶面喷施 0.3% ～ 0.5% 的氯化钙溶液或硝酸钙溶液 2 ～ 3 次；南方地区菜园土壤 pH 值＜ 5 时，宜在整地前施用生石灰 100 ～ 150kg/ 亩；土壤 pH 值＜ 4.5 时，施用生石灰 150 ～ 200kg/ 亩。缺硼的地块基施硼砂 0.5 ～ 1kg/ 亩，或叶面喷施 0.2% ～ 0.3% 的硼砂溶液 2 ～ 3 次。

9.2.3.4 有机肥推荐技术

为响应化肥零增长、减少环境污染、发展绿色可持续农业的需求，有机肥替代化肥施用工作正在全面推进。叶类蔬菜有机肥推荐技术同茄果类蔬菜，在此不再详细阐述，可参考本章 9.1.3.4。

9.2.3.5 养分资源综合管理技术/基于产品和知识的土壤作物综合管理

叶类蔬菜基于产品和知识的土壤-作物综合管理技术同茄果类蔬菜，包括理论知识和产品应用两方面。在此不再详细阐述，可参考本章 9.1.3.5。

9.2.4 叶类蔬菜施肥指导意见

9.2.4.1 大白菜施肥指导意见

（1）施肥原则

针对大白菜生产中有机肥施用量不足，偏施氮肥、单次施肥量过大，盲目施用高磷复合肥，蔬菜地土壤酸化等问题，提出以下施肥原则：

① 合理施用有机肥料，提倡施用腐熟的农家肥或商品有机肥，忌用没有充分腐熟的有机肥料，有机无机配合施用。

② 依据土壤肥力和目标产量，优化氮磷钾肥用量。

③ 以基肥为主，基肥追肥相结合。追肥以氮钾肥为主，适当补充微量元素。莲座期之后加强追肥管理，包心前期需要增加一次追肥，采收前两周不宜追氮肥。

④ 北方石灰性土壤有效硼含量较低，南方酸度大的土壤有效钼含量较低，应注意微量元素的补充。

⑤ 土壤酸化严重时应适量施用石灰。

（2）施肥建议

① 产量水平 8000 ～ 10000kg/ 亩，施充分腐熟的优质农家肥 3 ～ 4m^3/ 亩或商品有机肥 300 ～ 400kg/ 亩；氮肥（N）20 ～ 25kg/ 亩，磷肥（P_2O_5）7 ～ 9kg/ 亩，钾肥（K_2O）25 ～ 30kg/ 亩。

② 产量水平 6000 ～ 8000kg/ 亩，施充分腐熟的优质农家肥 3 ～ 4m^3/ 亩或商品有机肥 300 ～ 400kg/ 亩；氮肥（N）15 ～ 20kg/ 亩，磷肥（P_2O_5）5 ～ 7kg/ 亩，钾肥（K_2O）20 ～ 25kg/ 亩。

③ 产量水平 4500 ～ 6000kg/ 亩，施充分腐熟的优质农家肥 2 ～ 3m^3/ 亩或商品有机肥 200 ～ 300kg/ 亩；氮肥（N）10 ～ 13kg/ 亩，磷肥（P_2O_5）4 ～ 6kg/ 亩，钾肥（K_2O）13 ～ 15kg/ 亩。

④ 产量水平 3500 ～ 4500kg/ 亩，施充分腐熟的优质农家肥 2 ～ 3m^3/ 亩或商品有机肥 200 ～ 300kg/ 亩；氮肥（N）8 ～ 10kg/ 亩，磷肥（P_2O_5）3 ～ 4kg/ 亩，钾肥（K_2O）10 ～ 13kg/ 亩。

⑤ 基肥重视有机无机配合施用，全部有机肥和磷肥以条施或穴施方式作基肥，氮肥30%作基肥，70%分别于莲座期和结球前期结合灌溉分两次作追肥施用；注意在包心前期追施钾肥，占总施钾量的50%左右。

⑥ 微量元素硼缺乏的地块，可于播种前基施硼砂1kg/亩，或于生长中后期用0.1%～0.5%的硼砂或硼酸水溶液进行叶面喷施，每隔5～6天喷一次，连喷2～3次；大白菜为喜钙作物，除了基施含钙肥料（如过磷酸钙）以外，还可叶面喷施0.3%～0.5%的氯化钙或硝酸钙溶液。南方菜地土壤pH＜5时，每亩施用生石灰100～150kg，可调节土壤和补充钙素。

9.2.4.2 芹菜施肥指导意见

（1）施肥原则

① 芹菜栽培要施用充足的底肥以提高土壤肥力，满足生长对养分的吸收，防止生长后期脱肥。

② 芹菜对氮肥需求量最大，钙、钾肥次之，磷、镁肥相对较少。

③ 芹菜需硼较多，缺硼或由于高温、低温、干旱等原因使硼的吸收受到抑制时，叶柄易发生“劈裂”，出现茎折病，应补施硼肥或叶面喷施多元微肥。

④ 芹菜是浅根作物，根系不发达，要求土壤相对湿度在80%以上。

⑤ 芹菜不宜强光直射，尤其是苗期，但充足的阳光有利于生长，减少病虫害发生。

（2）施肥建议

① 基肥施用充分腐熟的农家肥2～3m^3/亩，或商品有机肥300～400kg/亩。

② 目标产量水平8000～10000kg/亩，施氮肥（N）20～25kg/亩，磷肥（P_2O_5）10～13kg/亩，钾肥（K_2O）25～30kg/亩；目标产量水平6000～8000kg/亩，施氮肥（N）15～20kg/亩，磷肥（P_2O_5）8～10kg/亩，钾肥（K_2O）20～25kg/亩；目标产量水平4000～6000kg/亩，施氮肥（N）10～15kg/亩，磷肥（P_2O_5）5～8kg/亩，钾肥（K_2O）15～20kg/亩。

③ 芹菜全生育期需追肥3～4次，其中20%的氮、钾肥和100%的磷肥作基施，在5～6叶时开始第一次追肥，追肥结合灌溉施入，每次追肥间隔15～20天，每次追肥之间可根据土壤墒情进行一次灌溉，以保持土壤含水量。

④ 芹菜生长前期应注重氮肥施用，后期应注重钾肥施用。如缺钙发生心腐病，可用0.3%～0.5%的硝酸钙或者氯化钙溶液进行叶面喷施。芹菜生育期叶面喷施0.2%硼砂溶液，可一定程度上避免茎裂的发生。

9.2.5 典型叶类蔬菜体系高产优质绿色施肥应用案例

9.2.5.1 铜梁区甘蓝生产中存在的主要问题

（1）铜梁区甘蓝生产中存在施肥用量大的现象，肥料用量远超过自身生长过程的养分需求。

（2）不同时期养分施用配比不合理，基/追比例不合理，后期钾肥用量普遍过量。

（3）有机肥施用不合理，尤其是畜禽粪便投入过量。

（4）养分损失量大、肥料利用率低、环境代价高、土壤有机质提升缓慢、土壤 C/N 和 C/P 失调、土壤酸化严重、中微量元素缺乏问题突出，影响了蔬菜产量和品质。

9.2.5.2　铜梁区甘蓝高产优质绿色施肥与生产关键技术组成

（1）育苗管理技术

① 种子处理　种子在播种前先进行种子的筛选，适宜的甘蓝种子应满足种子发芽率大于 90%，籽粒饱满，抗逆性强，产量高、品质好的条件。然后进行温烫浸种处理，或者采用化学处理、药剂拌种的方式来提高种子发芽率，预防苗期病虫害的发生。

② 播种　采用自动化精良播种机进行播种，前期通过温烫浸种的种子必须在晾干后才能播种，或者直接选择包衣的种子进行播种。可以选择 72 孔、128 孔或 200 孔的穴盘进行播种，基质为草炭∶蛭石∶珍珠岩 =2∶1∶1，添加 40 ～ 60mg/ 株的优质缓控释氮肥混匀，以及根际促生菌。一般从 6 月下旬～ 7 月下旬分批播种育苗，越冬推迟采收期的播种时间则在 7 月下旬～ 8 月中旬。

③ 苗期管理　育苗过程需严格注意控制好适宜的温度、湿度和光照等，以促进甘蓝幼苗生长。出苗前温度控制在 25℃左右，出苗后白天控制在 20℃，夜间 8 ～ 10℃。育苗棚内温度较高时，采用多次喷淋、通风的方式降温；苗前严格控制水分，保持较低湿度环境，有利于控制幼苗徒长；出苗 3 ～ 5 天后，及时补充水分，水分含量为基质最大持水量的 65% ～ 70% ；尽可能地增加光照强度和光照时间，也可配以 LED 补光灯进行光照的补充；根据幼苗生长情况，在幼苗有徒长趋势时喷施适量矮壮素，在幼苗有病害发生趋势时噁霉灵、普力克等绿色药剂（图 9-9）。

（2）水肥管理技术

甘蓝不耐干旱，在定植后及时浇足定植水，建议安装自动化喷淋设施或者水肥一体化设施。在移栽后的 3 天要早晚喷淋，缓苗后至叶片初卷期间视天气情况喷淋。

① 土壤改良　当前铜梁区蔬菜种植户在种植管理中过量施用化肥，且当前有机肥主要以畜禽粪便为主，导致当前菜地土壤有机质提升缓慢，处于中等水平，菜地土壤氮磷钾养分含量较高，所以要适量施用商品有机肥或生物有机肥，或适量施用土壤改良剂，以改良土壤，增强保肥、保水和供肥、供水能力。蔬菜地土壤 pH 小于 5.5 时，可每亩施用生石灰 50 ～ 200kg 或土壤调理剂 50 ～ 200kg 或石灰氮 50 ～ 100kg。

② 施肥管理　重视基肥、追肥和中微量元素管理。

A．施肥原则　肥料分配上以基、追结合为主；追肥以氮肥为主，氮磷钾合理配合；注意在莲座期至结球后期适当地补充钙、硼等中微量元素，防止“干烧心”等病害的发生。30% ～ 40% 氮肥作基肥，60% ～ 70% 作追肥，分别在莲座期和结球初期施用。70% 磷钾肥作基肥，30% 作追肥，结合氮肥在莲座期和结球初期施用，追 2 ～ 3 次。

B．基肥管理　采取有机无机肥配合施用。甘蓝移栽前，每亩撒施猪粪、鸡粪、牛粪等经过充分腐熟的优质农家肥 2 ～ $3m^3$，或商品有机肥（含生物有机肥）300 ～ 500kg，同时基施 45% 15-15-15 的复合肥 25 ～ 30kg。

C．追肥管理　铜梁区的菜地土壤经取样分析后发现其含有较高量的速效钾，故在追肥管理上会适当减少钾肥料的投入。a．追肥采用配方肥模式：每次每亩穴施 46%（24-7-9 或相近配方）的配方肥 15 ～ 20kg，分 2 次追施，施肥时期为莲座期、结球前期。b．追肥采用水肥一体化模式：在甘蓝莲座期、结球前期结合灌水每次每亩推荐施用 50%（25-10-15 或相近配方）的水溶肥 5 ～ 8kg，灌水量为每次每亩 10 ～ 15m^3，共 3 ～ 5 次。

D．中微量元素管理　对往年“干烧心”发生较严重的地块，在苗期至结球初期施用硝酸铵钙；对于缺硼的地块，可基施硼砂 0.5 ～ 1kg/ 亩，或叶面喷施 0.2% ～ 0.3% 的硼砂溶液 2 ～ 3 次。同时可结合喷药喷施 2 ～ 3 次 0.5% 的磷酸二氢钾。

<table>
<tr><td>生育时期</td><td>幼苗期
（育苗管理）</td><td>幼苗期
（整地定植）</td><td>结球期-莲座期-成熟期</td></tr>
<tr><td>生长特征</td><td></td><td></td><td>  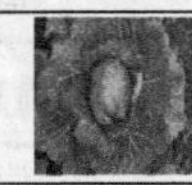</td></tr>
<tr><td rowspan="2">关键技术要点</td><td rowspan="2">育苗方式：采用全自动化基质穴盘育苗
育苗管理：基质搅拌过程添加40～60mg/株的缓控释氮肥和1g/L根际促生菌（如枯草芽孢杆菌、哈茨木霉菌等）混匀
其他管理：注意控制好适宜的温度、湿度和光照等，以便促进幼苗生长</td><td>移栽时间：9月中下旬～10月初
移栽密度：行距50cm，株距35～45cm
水肥管理：移栽前7～10天施用商品生物有机肥200～300kg/亩；配合施用45% 15-15-15（或相近配方）的配方肥20～30kg/亩</td><td>水肥管理：每次每亩穴施高氮（40%，24-7-9或相近配方）的配方肥15～20kg，分2次追施，施肥时期为莲座期、结球前期；对往年“干烧心”发生较严重的地块，在苗期至结球初期施用硝酸铵钙；对与缺硼的地块，可基施硼砂0.5～1kg/亩，或叶面喷施0.2%～0.3%的硼砂溶液2～3次</td></tr>
<tr><td colspan="2">病虫绿色防控：防控（杀虫灯、诱虫板）、生物防控（性诱剂）、生态调控（施用微生物菌剂）、化学防控（低毒环保生物农药）
其他栽培管理：起垄栽培（畦的宽度以2～2.5m为宜，两畦之间挖一条50～60cm深、30～40cm宽的水沟）。注意控制好种植生长过程适宜的温度、温度和光照等</td></tr>
</table>

图 9-9　铜梁区甘蓝高产优质绿色施肥与生产关键技术

9.2.5.3　铜梁区甘蓝高产优质绿色施肥技术应用效果

如表 9-15 所示，与农民习惯处理相比，通过蔬菜全产业链绿色生产全程技术，最终可显著提高总产量 18%；分别节省氮、磷、钾肥 32%、29%、32%，分别提高氮、磷、钾偏生产力 72%、66%、74%；增收经济效益 32%；分别减少活性氮损失和温室气体排放 45% 和 37%。

表9-15　全生育期绿色生产技术对甘蓝农学、经济、肥效与环境效应的影响评价

项目	农民习惯	绿色生产技术集成
肥料投入		
氮肥用量 /［kg（N）/hm^2］	530	362
磷肥用量 /［kg（P_2O_5）/hm^2］	356	252
钾肥用量 /［kg（K_2O）/hm^2］	370	250
产量 /（t/hm^2）	56	66
总收入 /（元 /hm^2）	84285	99180
净收入 /（元 /hm^2）	49080	64680

续表

项目	农民习惯	绿色生产技术集成
肥料利用率		
氮肥偏生产力 /（kg/kg）	106	183
磷肥偏生产力 /（kg/kg）	158	262
钾肥偏生产力 /（kg/kg）	152	264
环境效应		
活性氮损失 / [$kg(N)/hm^2$]	151	84
温室气体排放 /（kg CO_2-eq/t）	6411	4023

9.3 葱姜蒜高产优质绿色施肥原理与技术

葱又叫大葱，属百合科葱属，为2～3年生宿根草本植物，是香辛型蔬菜和重要调味品。大葱起源于温带大陆性气候地区，是由野生葱经我国驯化选育而成，后经过朝鲜传入日本，公元1583年传入欧洲，19世纪传入美国。中国关于葱的记载始见于《山海经》《尔雅》，此后《礼记》《论语》《神农本草》《食疗本草》《齐民要术》《清异录》等古籍都有葱的食用和疗效的记载。汉代《四月民令》对葱的种植时间和不同季节葱的民间称呼进行了阐述。贾思勰的《齐民要术》中还详细介绍了葱的种植方法。所以说，大葱在我国栽培历史悠久，已有3000多年的栽培历史，在公元前1000多年已经成为我国的栽培食用蔬菜。

生姜，属于姜科姜属的多年生宿根植物，生产上做一年栽培。原产中国及东南亚热带、亚热带地区。公元1世纪传入地中海地区，3世纪传入日本，15世纪传入美洲。中国自古栽培姜，战国时代已经用姜作为陪葬品。据《史记》记载，西汉时，姜在中国已经成为一种重要的经济作物，明代开始向北方扩大，清代北方已经普遍栽培。生姜在我国分布很广，除东北和西北等寒冷地区外，中部和南部大部分地区都有种植。我国生姜种植生产规模增长较快，近十年间增长了70%，2018年生姜种植面积达到29.3万公顷，约占世界种植面积的40%，产量约为950万吨，占世界总产量的75%以上，稳居世界第1位，单产水平也排名世界第1。山东省是我国最主要生姜产地，种植面积占全国种植面积的30.9%，产量占据全国生姜产量的51.41%，同时山东省也是我国最主要的生姜出口省份。

大蒜又名胡蒜、蒜头，为蒜类植物的统称，属百合科葱属，1～2年生草本植物。大蒜原产于欧洲南部和中亚，最早在古埃及和希腊等地中海沿岸地区种植。公元前113年汉武帝时期，张骞将大蒜引入我国陕西关中地区，从此大蒜开始在中国进行种植，其栽培历史已经长达两千年之久。如今大蒜在世界各地都有种植，总面积120万公顷左右。我国的大蒜种植面积70万公顷左右，占全球种植面积的60%以上；大蒜产量占全球总产量的70%以上，种植面积和产量均居世界第一位，生产基地主要集中在山东、河南、江苏、河北、安徽五省。大蒜中富含碳水化合物、蛋白质、钾、维生素 B 族、维生素 C、胡萝卜素，并含有人体所必需的多种氨基酸。大蒜具有的独特辛辣气味可以去除鱼、肉的腥味，是膳食烹调中不可缺少的调味品。20 世纪 70 年代以来，国际上越来越重视对大蒜药用价值的研究和应用。国内对大蒜和大蒜制剂的研究、应用也越来越广泛。此外，大蒜在兽医临床和饲料添加剂方面的应用，显示出广阔的开发前景。

9.3.1　葱姜蒜生长发育规律与养分需求特征

9.3.1.1　大葱生长发育规律与养分需求特征

（1）大葱特性　大葱（*Allium fistulosum* L.）为百合科葱属二年生草本植物，食用以假茎（葱白）和嫩叶为主，具有较高的营养和保健功效。大葱起源于中国西北地区和附近的中亚地区，我国栽培面积 55 万公顷，占世界总栽培面积的 91.7%[48]，主产区位于秦岭-淮河以北，其中华北平原大葱种植区是中国大葱的发源地和第一大主产区，包括山东、河北、河南、北京和天津。葱类的基本形态相似，根为弦状须根，入土不深；叶为圆筒形，以叶鞘与嫩叶为产品供食用；鳞茎不特别膨大或较小；以种子或分株繁殖。不同变种略有区别。大葱植株较高，分蘖力不强或不分蘖。鳞茎不特别膨大，叶身中空，假茎发达，经软化后成葱白，成为主要食用部分。多数大葱能开花结子，以种子繁殖。

（2）大葱生长发育特性　大葱的整个生育周期可分为两个阶段、七个时期（图 9-10）。两个阶段即营养生长阶段和生殖生长阶段[49]。前者分为发芽期、幼苗期和葱白形成期三个时期，后者可分为返青期、抽薹期、开花期和结籽期四个时期。生育周期的长短因播种期而异，春播需 15 ～ 16 个月，秋播 21 ～ 22 个月。大葱干物质积累及养分管理主要集中在葱白形成期，即从定植到大葱冬前停止生长，历时 120 ～ 140 天，又细分为缓苗期、假茎形成盛期和假茎充实期 3 个时期。

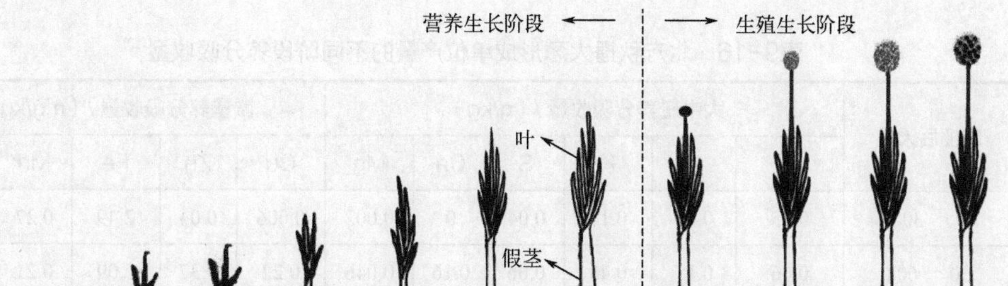

生育时期	发芽期	幼苗期	葱白形成期			返青期	抽薹期	开花期	结籽期
			缓苗期	假茎形成盛期	假茎充实期				
经历时间	10～15d	240～270d	30～60d	60～70d	30d左右	30d左右	10～15d	20d左右	20～30d

图 9-10　大葱生育周期

秋播幼苗期为 240 ～ 270d，春播幼苗期为 80 ～ 90d，其他时期时间一致大葱定植后长出新根，恢复生长，到旺盛生长前为缓苗期，缓苗期的长短与定植期和高温时间有关，一般需 30 ～ 60 天；此期大葱每株功能叶片仅 2 ～ 3 片，干物质量积累缓慢并且累积量较小，占整个生育期的 15% ～ 20%（图 9-11）。大葱假茎形成盛期，是大葱生长速度最快的时期，需 60 ～ 70 天，每株功能叶增至 6 ～ 8 片，且叶片的寿命长，制造大量有机物质贮存于假茎中，使假茎迅速伸长和加粗，累积干物质量最多，占总干重的 65% ～ 70%。从全株重量达到最大限度，到假茎重量不再增加，管状叶开始衰老为假茎充实期，干物质累积量最少，占 10% ～ 15%，此时期大葱叶身和外层叶鞘的养分向内层叶鞘转移，充实假茎，使大葱品质提高。

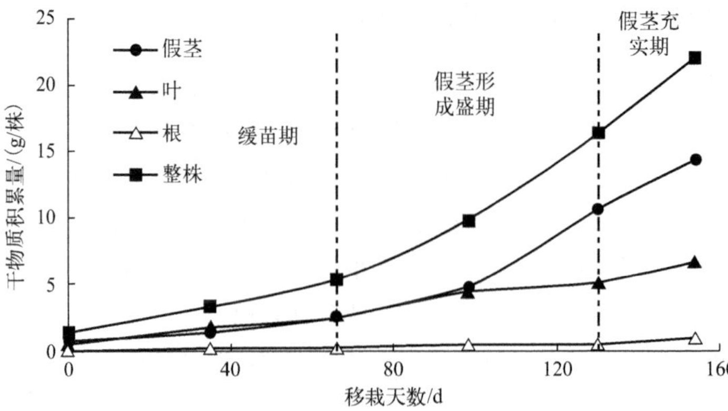

图 9-11　大葱干物质积累

（3）大葱养分需求特征　大葱根为浅根性须根系，主要分布在 30cm 以上的耕作层内，其中 90% 左右的根密度分布在植株 20cm 的半径周围。根群小、不发达，吸肥能力差。据统计，每生产 1000kg 大葱，需吸收氮（N）为 2.7 ～ 3.0kg、磷（P_2O_5）为 0.5 ～ 1.2kg、钾（K_2O）为 3.3 ～ 4.0kg[48]，三者吸收比例为 1∶0.2 ～ 0.4∶0.8 ～ 1.3，需钾最多，磷最少（表 9-16）。

表9-16　北方秋播大葱形成单位产量的不同阶段养分吸收量[50]

定植后天数	大中量养分吸收量 / (g/kg)						微量养分吸收量 / (mg/kg)				
	N	P	K	S	Ca	Mg	Cu	Zn	Fe	Mn	B
0 ～ 30d	0.25	0.02	0.14	0.04	0	0.002	0.006	0.04	2.49	0.27	0.016
30 ～ 60d	0.66	0.15	0.48	0.06	0.16	0.046	0.22	0.37	2.09	0.21	0.24
60 ～ 90d	0.38	0.11	0.61	0.13	0.12	0.075	0.46	0.28	7.11	0.60	0.046
90 ～ 120d	0.86	0.26	1.11	0.18	1.02	0.093	0.69	0.62	6.69	2.3	0.30
120 ～ 150d	0.35	0.06	1.62	1.11	0.64	0.32	2.55	2.13	45.80	3.44	0.57
总量	2.5	0.6	3.96	1.52	1.94	0.54	3.93	3.44	64.18	6.82	1.17

大葱对养分需求存在明显的阶段性特征，缓苗期对氮、磷、钾养分的吸收占总吸收量的36.4%、28.3% 和 15.7%；假茎形成盛期的氮、磷、钾吸收总量占比分别为 49.6%、61.7% 和 43.4%；假茎充实期植株氮、磷的累积量显著降低，而钾的累积量仍较高，占总累积量的 40.9%（表 9-16）。前期吸收的养分主要存储在叶片中（图 9-12），占比近 60%，随着生育期的延长，养分主要向假茎和根分配，收获时 38% 的氮（N）、66% 的磷（P）和 42% 的钾（K）集中在假茎中，而根中养分由 3% ～ 4% 增加至 8% ～ 21%，尤其是钾素。

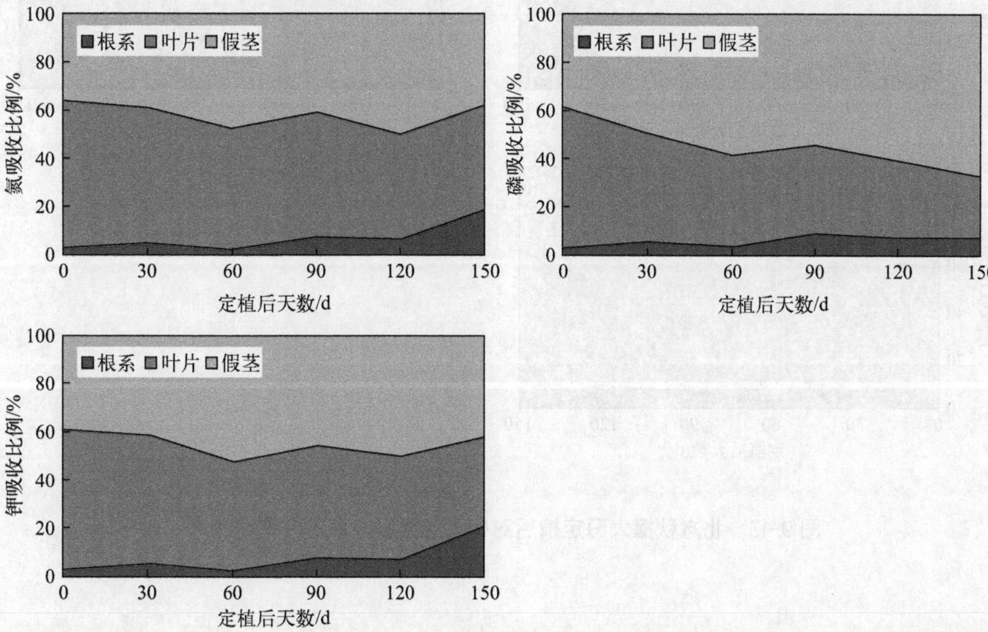

图 9-12 北方秋播大葱定植后对大量元素吸收量占全株比例 [50]

大葱缓苗期对中量元素硫、钙和镁的吸收量最少，不足总吸收量的 9%；假茎形成盛期的硫、钙和镁吸收总量均显著增加，分别占总吸收量的 20.4%、58.8% 和 31.1%；假茎充实期植株硫和镁的累积量最高，占总累积量的 73% 和 59%，钙略有降低，占比 33%(表 9-16)。前期吸收的硫和镁主要集中在叶片中（图 9-13），分别占比近 70% 和 55%，后期吸收逐渐向假茎和根分配，收获时叶片、假茎和根中分别占比 25.7% 和 35.1%、46.6% 和 34.4%、27.8% 和 30.6%；而钙元素在叶片中的吸收量最高，定植一个月时最高占比 91%，说明大葱吸收的钙大部分分布在大葱叶部。

大葱定植后对微量元素（铜、锌、铁、锰和硼）的吸收量逐渐增加（表 9-16），缓苗期、假茎形成盛期和假茎充实期吸收量分别占比 5.8% ～ 21.9%、21.5% ～ 42.5% 和 48.7% ～ 71.4%。生长前期大葱叶对铜、锌和硼的吸收量最高（图 9-14），占比 46.9% ～ 56.3%，随后逐渐降低，收获时吸收量占比约 30%；生长盛期和收获时假茎对三种微量元素的吸收量最高，占比 44.0% ～ 62.6%。整个营养生长期，大葱叶对铁和锰的吸收量呈逐渐降低趋势，但其养分占比仍最高（收获期铁除外），介于 39.5% ～ 61.8%；根系和假茎的吸收比例波动较大，收获时假茎吸收量占比 15% 左右，而根系对铁和锰的吸收量分别占比 66.5% 和 39.4%。

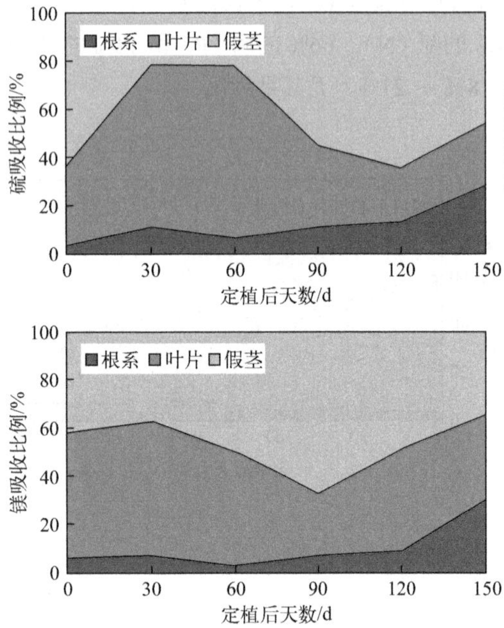

图 9-13　北方秋播大葱定植后对中量元素吸收量占全株比例[50]

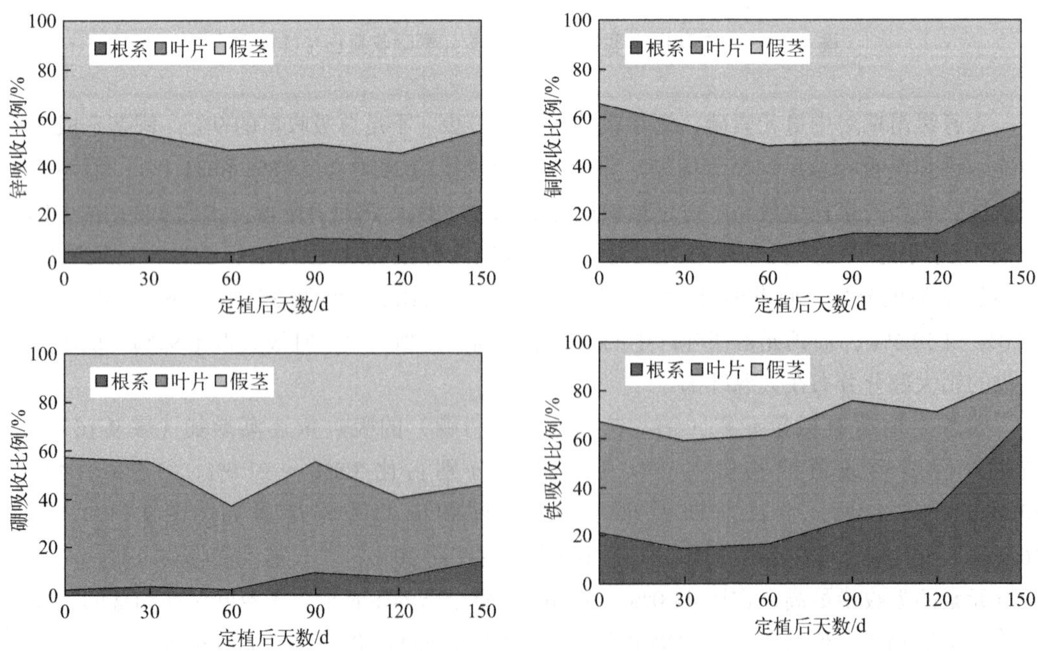

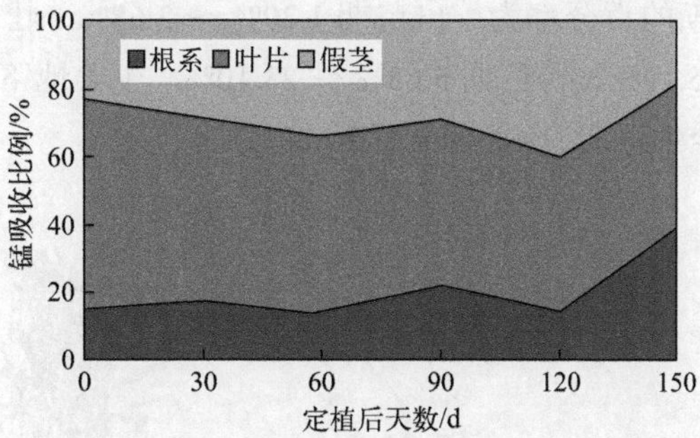

图 9-14　北方秋播大葱定植后对微量元素吸收量占全株比例 [50]

9.3.1.2　生姜生长发育规律与养分需求特征

（1）生姜特性　生姜（*Zinger Officinale* Rosc.）属姜科姜属，为多年生草本宿根植物，在我国作为一年生经济作物栽培，是我国的重要蔬菜品种。生姜原产于印度、马来西亚热带多雨森林地区，在我国栽培历史悠久。

生姜根系不发达，入土浅，主要分布在 30cm 左右的范围内。播种后先从幼芽基部发生数条不定根，且水平生长，此后随幼苗的生长不定根的数目稍有增加，但为数不多。原有根的长度和粗度继续增长，并发生若干细小的侧根，形成吸收根，当姜进入旺盛生长期以后，在一次子姜及姜母上部的 2 ～ 3 节处，常生出若干条肉质不定根，兼有吸收和支持的功能。茎为肉质根状茎，腋芽可多次不断分生，次生根茎，从生密集成块状，一般苗数愈多，姜块愈大，产量愈高。地上茎是叶鞘抱合成的假茎，高 70 ～ 100cm，直立不分枝。叶披针形，具叶鞘，绿色，叶互生，排列两行。姜在热带能开花，花黄绿色或红色，很少结果，以根茎繁殖。生姜的颜色有金黄色、黄色、淡红色、茶色、米色和白色等各种颜色。生姜地方品种很多，根据植株形态和生长习性，按生物学特性分类可分为两大类型：一是疏苗型，植株高大，茎秆粗壮，分枝少，（根状）块茎节少而稀，姜块肥大，多单层排列，如莱芜大姜、广东疏轮大肉姜等；另一种是密苗型，长势中等，分枝多，块茎节多而密，姜球数多，但姜球较小，呈双层或多层排列，如广东密轮细肉姜、莱芜片姜、安徽铜陵白姜等。

（2）生姜生长发育特性　姜是典型的喜温耐阴蔬菜，气温以白天 22 ～ 25℃、夜间 18℃为宜，15℃以下植株停止生长。幼苗在中等光照、花荫状态下生长良好，旺盛生长期需要稍强的光照。生姜最宜栽培在土层深厚，土质疏松肥沃，有机质丰富，通气、排水良好的砂壤土；土壤 pH 在 5 ～ 7 为宜，土壤持水量为 80% ～ 90%，缺水时植株萎蔫，生长不良。

生姜生育期约 200 天，可分为 4 个时期，即出苗期、壮苗期、旺盛生长期、转色期（图 9-15）。生姜出苗期生长缓慢，干物质累积量少，每株日增长量为 0.02 ～ 0.10g/d；进入壮苗期后地下根茎的生长仍较缓慢，但地上部茎叶的生长已明显加快，在生姜生长到 113 天后（立秋前后）开始培土；自此进入旺盛生长期，生姜开始快速生长，干物质累积也迅速增加，此时期是生姜产量的主要形成期，地下部根茎的每株日增长量达 0.95 ～ 1.37g/d，地上部茎叶的每株日增长量达 1.02 ～ 1.55g/d；旺盛生长期过后进入转色期，生姜的生长趋于稳定，转色期生姜的每株日增长量为 0.22 ～ 0.75g/d。生姜的干物质积累动态符合“S”形生长曲线，各阶段积累量占全生育期的百分率为：出苗期 1.29% ～ 3.68%、壮苗期 17.35% ～ 26.36%、旺盛生长期 56.83% ～ 65.19%、转色期 5.65% ～ 23.10%，生姜地下部块姜干物质积累主要集中在旺盛生长期（占全生育期的 48.99% ～ 78.00%）。

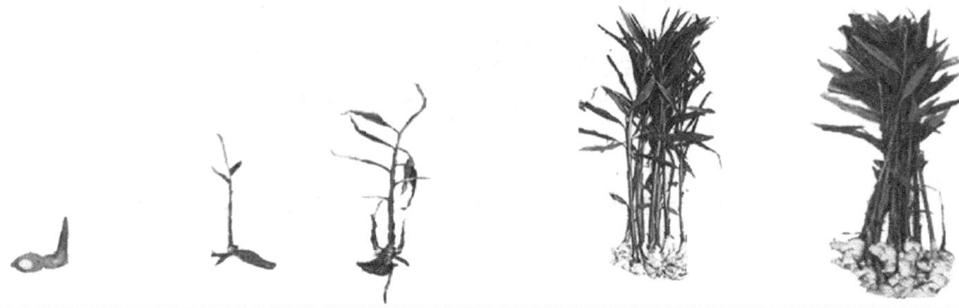

生育期	出苗期	壮苗期	旺盛生长期		转色期
			发棵期	根茎膨大期	
经历时间	60～90d	30～50d	20～40d	30～40d	20～30d

图 9-15　生姜生育周期

（3）生姜的养分需求特征

① 对大量元素吸收特性　生姜幼苗期生长时间虽占全生育期的 50% 以上，但对氮、磷、钾元素吸收速率较低，其相对吸收量仅占全生育期的 1/4 左右；旺盛生长前期（发棵期）持续 30 ～ 40 天，对氮、磷、钾的吸收速率较高，相对吸收量达全生育期的 1/3 左右；旺盛生长后期（根茎膨大期）对氮吸收速率略有下降，对钾的吸收速率则增加，氮磷钾吸收量占全生育期的 40% ～ 50%。

生姜不同生育时期对氮、磷、钾的吸收比例不同，幼苗期 N、P_2O_5、K_2O 吸收比例为 2.4 ～ 3.4∶1.0∶3.7 ～ 9.0，发棵期和根茎膨大期则分别为 1.9 ～ 2.6∶1.0∶3.7 ～ 4.1 和 2.4 ～ 6.6∶1.0∶4.0 ～ 12.3。可见，随生长的进行，生姜对氮、钾的吸收比例增加，而根茎膨大期则氮的吸收比例降低，钾的吸收比例进一步提高。生姜全生育期吸收钾最多，氮次之，磷最少，N、P_2O_5、K_2O 吸收比例为 2.4 ～ 3.2∶1.0∶3.8 ～ 7.3。根据生姜产量，计算得出每生产 1000kg 生姜新鲜根茎，需从土壤中吸收 N 2.45 ～ 6.1kg、P_2O_5 0.77 ～ 2.36kg 和 K_2O 5.61 ～ 9.4kg。王馨笙等[51]对生姜不同生育时期对氮磷钾的吸收特性研究结果如表 9-17 所示。

表9-17　不同生育时期生姜植株对氮磷钾的吸收特性[51]

生育时期	吸收速率 /[kg/（hm²·d）]			吸收量 /（kg/hm²）			相对吸收量 /%			吸收比例 N-P_2O_5-K_2O
	N	P_2O_5	K_2O	N	P_2O_5	K_2O	N	P_2O_5	K_2O	
幼苗期（103d）	0.9	0.4	1.4	95.7	39.6	146.7	24.2	24.7	23.9	2.4∶1.0∶3.7
发棵期（36d）	3.5	1.3	4.9	125.4	47.8	177.3	31.8	29.8	29	2.6∶1.0∶3.7
根茎膨大期（57d）	3.1	1.3	5.1	173.9	72.8	288.5	44.0	45.5	47.1	2.4∶1.0∶4.0
全生育期（196d）	2.0	0.8	3.1	394.9	160.2	612.5	100	100	100	2.5∶1.0∶3.8

② 对中微量元素的吸收特性　生姜植株对中微量元素的吸收量均在发棵期开始快速增加，生姜收获时，姜秧中的 Ca、Mg 含量分别占单株吸收量的 80% 和 60% 以上。微量元素中，Fe 和 Mn 的单株吸收量明显高于其他元素，在根茎膨大期时，姜秧中的含量呈快速增长的趋势，至生姜收获时，姜秧中的 Fe、Mn 元素含量分别达全株吸收量的 60% 和 70% 以上。生姜植株对于 Zn、B 和 Cu 的吸收量相对较低，至生姜收获时的全株吸收量分别在 0.5 ～ 10.0mg 范围内，三种元素在姜秧中的累积量亦均高于姜块，分别占全株吸收量的 70%、95% 和 60% 以上。山东昌邑地区高产模式下（亩产 9000kg），生姜 7 种常见中微量元素单株吸收量的累积动态变化分析如图 9-16 所示。

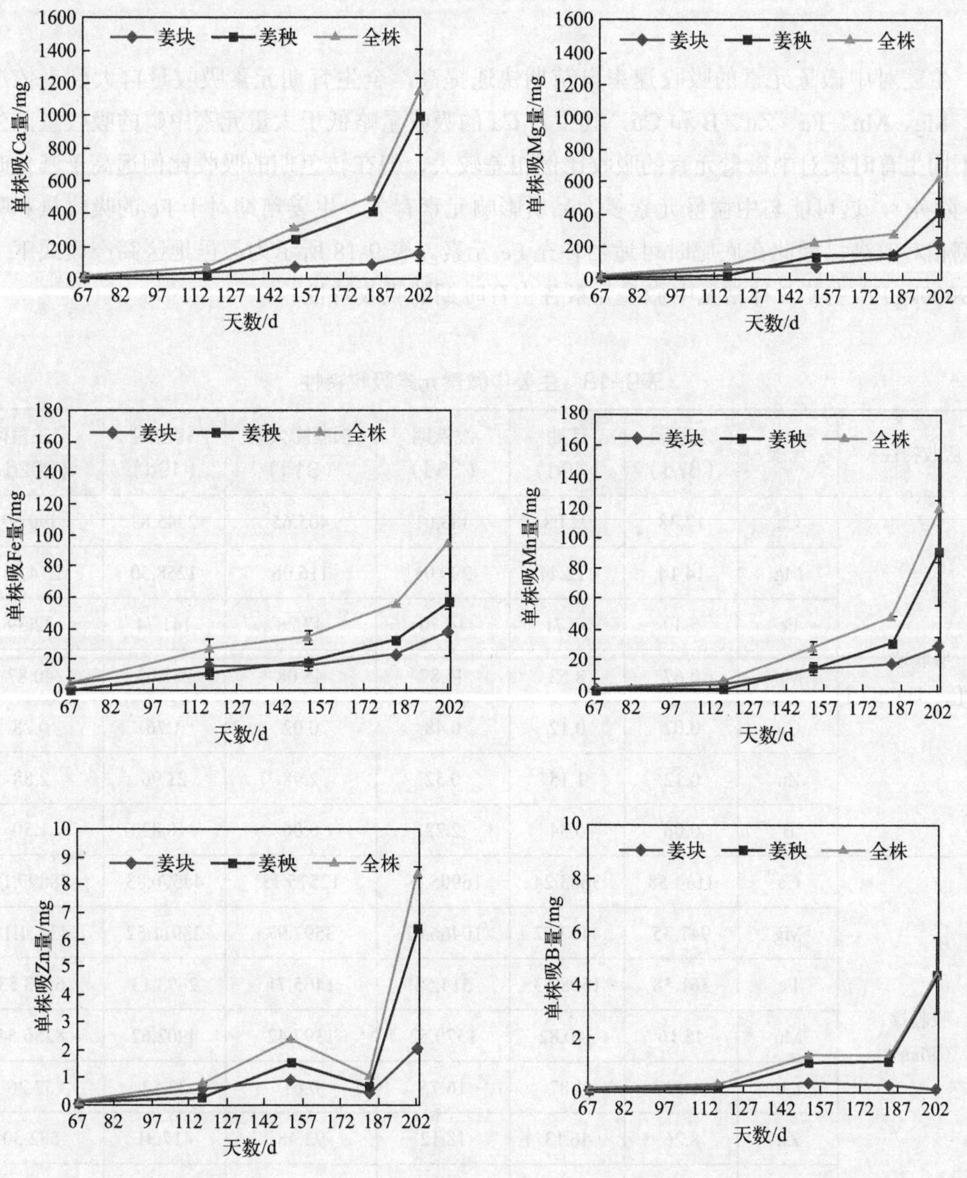

图 9-16

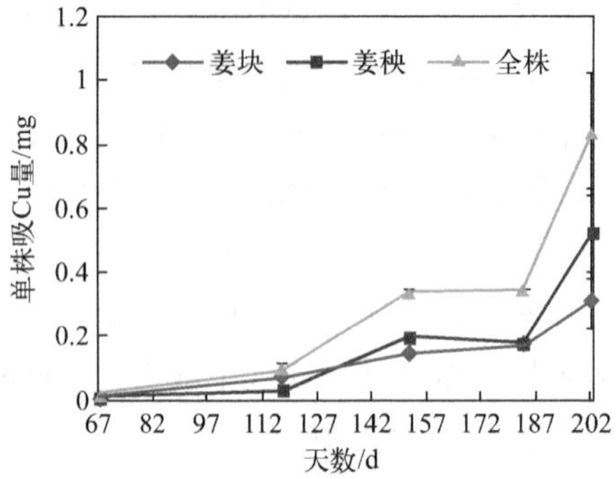

图 9-16 生姜中微量元素累积吸收动态变化

生姜对中微量元素的吸收速率自苗期快速提高，全生育期元素吸收量自大到小依次为 Ca、Mg、Mn、Fe、Zn、B 和 Cu，其中对 Ca 的吸收量略低于大量元素中磷的吸收量。生姜在不同生育时期对中微量元素的吸收比例相差较大，但在转色期的吸收比例远高于其他时期（Fe 除外），这可能与中微量元素多为品质影响元素有关。生姜苗期对于 Fe 的吸收量和吸收比例相对较高，因此在底肥时可适当补充 Fe 元素。表 9-18 所示为昌邑地区高产模式下（亩产 9000kg），生姜 7 种常见中微量元素各生育时期的吸收特性。

表9-18 生姜中微量元素吸收特性

吸收特性	元素	发芽期（67d）	苗期（40d）	发棵期（35d）	根茎膨大期（31d）	转色期（19d）	全生育期（202d）
吸收速率 /[g/（hm^2·d）]	Ca	17.38	92.08	483.01	405.65	2345.83	390.59
	Mg	14.14	112.44	299.05	116.06	1258.50	214.96
	Fe	5.40	37.71	14.70	47.28	141.74	32.39
	Mn	0.67	8.52	44.87	45.08	258.03	40.87
	Cu	0.02	0.12	0.48	0.02	1.76	0.28
	Zn	0.12	1.15	0.52	2.98	21.96	2.88
	B	0.06	0.34	2.22	0.06	10.83	1.50
吸收量 /（g/hm^2）	Ca	1164.58	3683.24	16905.39	12575.13	44570.83	78899.18
	Mg	947.35	4497.72	10466.62	3597.97	23911.52	43421.18
	Fe	361.58	1508.53	514.58	1465.71	2693.13	6543.53
	Mn	45.16	340.82	1570.52	1397.42	4902.62	8256.54
	Cu	1.51	4.87	16.75	0.61	33.52	57.26
	Zn	8.26	46.13	18.12	92.48	417.31	582.30
	B	3.75	13.53	77.78	1.93	205.83	302.82

续表

吸收特性	元素	发芽期（67d）	苗期（40d）	发棵期（35d）	根茎膨大期（31d）	转色期（19d）	全生育期（202d）
相对吸收量 /%	Ca	1.48	4.67	21.43	15.94	56.49	100.00
	Mg	2.18	10.36	24.10	8.29	55.07	100.00
	Fe	5.53	23.05	7.86	22.40	41.16	100.00
	Mn	0.55	4.13	19.02	16.92	59.38	100.00
	Cu	2.64	8.50	29.25	1.07	58.54	100.00
	Zn	1.42	7.92	3.11	15.88	71.67	100.00
	B	1.24	4.47	25.68	0.64	67.97	100.00

注：生姜种植密度按照 69000 株 /hm^2 计。

9.3.1.3　大蒜生长发育规律与养分需求特征

（1）大蒜特性　大蒜（*Allium sativum* L.）为百合科葱属，1～2 年生草本植物。大蒜的根为弦状须根，在土层中分布较浅，根毛极少，吸收水分和养分的能力较弱，具有喜湿、喜肥的特性。大蒜的短缩茎节间极短，生长点被叶鞘覆盖，分化花芽以后，从短缩茎顶端生花薹，在花薹的总苞中能形成气生鳞茎。大蒜的鳞茎包被几层灰白色的薄膜，内有几个到十几个蒜瓣。蒜瓣是短缩茎上环绕花薹茎部的侧芽发育而成的，肥厚多汁，外面包被 2～3 层半透明的薄膜，中孔的底部中央生有一个短小的胚芽。大蒜的叶片扁平，狭长，不中空，绿色，肉质，表面有少量的蜡粉。叶互生，对称排列，其着生方向与蒜瓣背腹连线相垂直。叶鞘圆筒形，淡绿色，在植株的生长过程中，多个叶鞘套叠成粗壮的假茎，是营养物质的临时储藏器官。

（2）大蒜生长发育特性　如图 9-17 所示，大蒜整个生育期可分为 5 个时期。播种至初生叶展开，为萌芽期，春播大蒜需 7～10 天，秋播大蒜需 15～20 天，该时期主要靠种瓣供应养分。由初生叶展开到生长点不再分化叶片为止，为幼苗期，春播品种 50～60 天，秋播品种 150～165 天，此期为营养生长阶段，表现为根系逐渐扩展，新叶不断分化和伸展，叶面积占总面积的 40%。从花芽、鳞芽分化开始到结束，为鳞芽花芽分化期，一般花芽分化为 25～30 天，鳞芽分化为 5～7 天，为营养生长与生殖生长并进阶段，此期根系、茎叶生长增强，株高和叶面积增长加速，是大蒜生长发育的关键时期。从花芽分化结束到抽薹为止，为抽薹期，一般 25～30 天，是大蒜生长发育的盛期，包括蒜薹伸长期和蒜薹收获期。这一阶段叶片全部长出，根系生长、叶面积达到最大值，蒜薹迅速伸长、长度和重量均达到高峰，蒜头也逐步膨大。从鳞芽分化结束到蒜头收获为止，为鳞茎（蒜头）膨大期，需 15～25 天，当蒜薹采收后顶端优势解除，根的生长量不再增加，叶片由绿变黄，植株长势衰退，养分流向鳞芽，蒜头迅速膨大。大蒜收获后即进入生理休眠期，早熟品种 65～75 天，晚熟品种 35～45 天，这一时期蒜瓣不发芽。

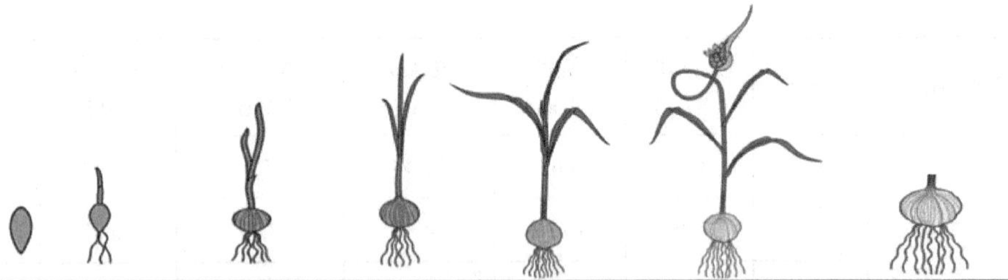

生育时期	萌芽期	幼苗期	鳞芽花芽分化期	抽薹期	鳞茎膨大期
历经时间	15～20d	150～160d	10～120d	25～30d	20～30d

图 9-17　大蒜生育周期

以金乡大蒜为例，大蒜从种植到收获历经 232 天（图 9-18），蒜种（785.9kg/hm^2）占整个生育期干物质积累量的 6.2%；从种植到苗期（70d），干物质积累量为 11.8kg/hm^2，积累率仅为 0.1%，日均积累 0.17kg/hm^2；从苗期到鳞芽花芽分化期（110d），干物质积累量为 2581.7kg/hm^2，积累率为 20.3%，日均积累 23.5kg/hm^2；从鳞芽花芽分化期到蒜薹伸长期（21d），蒜薹迅速伸长，干物质积累量为 2955.7kg/hm^2，积累率占 23.3%，日均积累 140.7kg/hm^2；从蒜薹伸长期到蒜薹收获期（14d），蒜薹迅速伸长、成熟，鳞茎开始膨大，干物质积累量为 2041.7kg/hm^2，占 16.1%，日均积累 145.8kg/hm^2；从蒜薹收获期到蒜头收获期（17d），大蒜鳞茎迅速膨大，是干物质积累最快的时期，积累量为 4320.3kg/hm^2，占 34.0%，日均积累 254.1kg/hm^2。

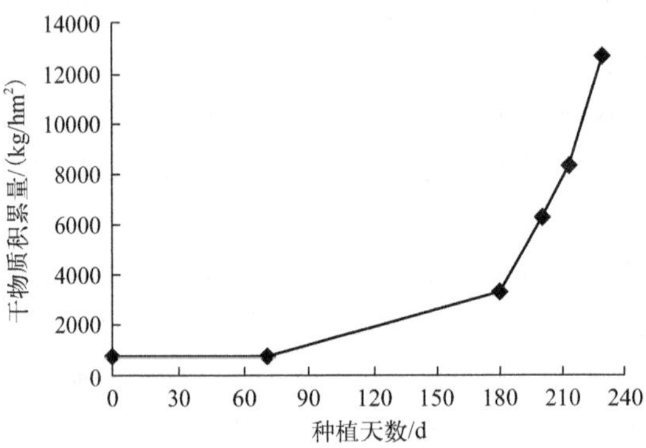

图 9-18　大蒜干物质积累曲线[48]

（3）大蒜的养分需求特征

① 对大量元素的吸收特性　大蒜在苗期、鳞芽花芽分化期、蒜薹伸长期、蒜薹收获期、蒜头收获期 5 个生育阶段，对氮、磷、钾的吸收量也各不相同（图 9-19）。对氮素的吸收高峰主要集中在蒜薹收获后鳞茎迅速膨大时期，各个时期吸收的氮分别占整个生育期吸收量的 8.0%、22.7%、15.2%、14.1% 和 40.0%；对磷素的吸收主要集中在苗期和蒜薹收获后鳞茎迅速膨大时期，吸收的磷分别占整个生育期吸收量的 19.3%、17.5%、11.4%、19.3% 和 32.5%；对钾素的吸收苗期和蒜薹伸长期相对较少，吸收的 K 分别占整个生育期吸收量

的 10.6%、35.5%、23.3%、4.6% 和 26.0%。由此可见，大蒜对 N 的吸收主要集中在中后期，对磷和钾的吸收主要集中在中前期。大蒜是需肥较多的蔬菜之一，每生产 1000kg 大蒜需吸收氮 8.5 ～ 14.2kg、磷 1.4 ～ 1.9kg、钾 5.2 ～ 8.2kg，其比例为 6.1 ～ 7.5∶1∶3.7 ～ 4.3。

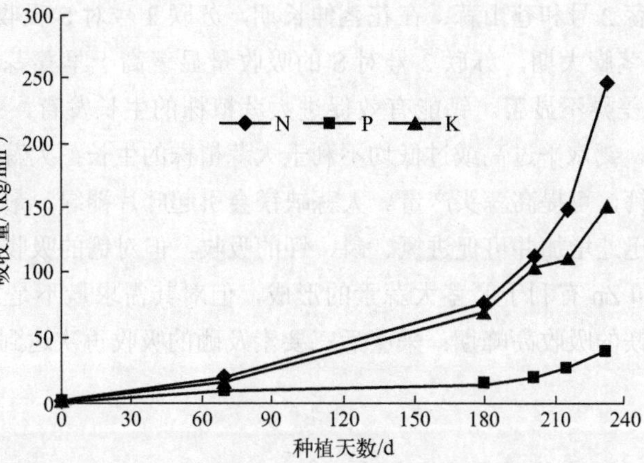

图 9-19 大蒜不同时期氮磷钾吸收曲线[52]

相同生育时期、不同大蒜品种氮、磷、钾吸收量和吸收率存在差异（表 9-19）。苗期，苏联 2 号对 N、P 的吸收量显著大于早薹蒜 2 号和苍山蒜，对 K 的吸收量显著高于苍山蒜；在花茎伸长期，苏联 2 号对 N 和 K 的吸收量和吸收率显著高于苍山蒜，对 P 的吸收量显著大于苍山蒜、早薹蒜 2 号；在鳞茎膨大期，苏联 2 号的 N、K 的吸收量和吸收率显著低于苍山蒜，对 P 的吸收量和吸收率显著高于早薹蒜 2 号。

表9-19 不同大蒜品种各生育时期N、P、K、S的吸收量和吸收率

生育时期	品种	N		P		K		S	
		吸收量/（g/株）	吸收率/%	吸收量/（g/株）	吸收率/%	吸收量/（g/株）	吸收率/%	吸收量/（g/株）	吸收率/%
幼苗期	ES2	0.132b	19.9b	0.022b	29.8a	0.085a	22.8a	0.049b	29.6a
	CS	0.128b	27.6a	0.017b	22.1b	0.053b	23.7a	0.047b	29.9a
	SL2	0.197a	25.1a	0.029a	19.7b	0.100a	26.4a	0.063a	23.4b
花茎生长期	ES2	0.487a	72.1a	0.042b	56.8a	0.254a	68.3a	0.096b	58.3a
	CS	0.267b	57.7b	0.036b	46.8b	0.094b	42.2b	0.088b	55.6a
	SL2	0.539a	68.6a	0.083a	56.7a	0.245a	64.5a	0.154a	57.2a
鳞茎膨大期	ES2	0.053b	8.0b	0.010c	13.4b	0.033b	8.9b	0.020b	12.1ab
	CS	0.068a	14.7a	0.024b	31.1a	0.076a	34.1a	0.024b	14.5a
	SL2	0.050b	6.3b	0.035a	23.5a	0.035b	9.1b	0.052a	19.4a

注：ES2 为早薹蒜 2 号；CS 为苍山蒜；SL2 为苏联 2 号。同栏同列数据后不同字母表示 5% 水平差异显著性。

② 对中微量元素的吸收特性　大蒜对硫、钙、镁、铜、硼、锌、铁等中微量元素敏感，增施上述中微量元素有增产和改善品质的作用。大蒜对S的吸收量大，占干物质重的0.64%～0.90%，吸收量和吸收率在花茎伸长期最大，幼苗期次之，鳞茎膨大期最小。相同生育时期、不同大蒜品种对硫的吸收量和吸收率不同（表9-19）。苗期，苏联2号对S的吸收量显著大于早薹蒜2号和苍山蒜；在花茎伸长期，苏联2号对S吸收量显著大于苍山蒜、早薹蒜2号；在鳞茎膨大期，苏联2号对S的吸收量显著高于早薹蒜2号和苍山蒜，但S的吸收率与苍山蒜差异不显著。钙能有效促进大蒜植株的生长发育，显著提高株高、假茎粗、假茎长及叶宽，钙水平过高或过低均不利于大蒜植株的生长；大蒜缺钙时，植株叶片上出现坏死斑；增施钙，可提高蒜头产量。大蒜缺镁会引起叶片褪绿，最终变黄死亡。增施镁可使大蒜蒜头产量迅速增加并可促进氮、磷、钾的吸收，但对钙的吸收有一定影响。在一定范围内，增施Cu和Zn有利于鳞茎大蒜素的形成，但对其需求量不是太高。抽薹前是微量元素硼、铁、锰、镁的吸收高峰期；采薹后三要素及硼的吸收再次达到小高峰，锌的吸收达到高峰。

9.3.2　葱姜蒜体系养分来源和去向

9.3.2.1　大葱农田养分来源和去向

（1）大葱集约化农田养分来源　大葱种植过程中输入农田的养分包括施肥、前茬秸秆还田（小麦）、种苗、灌溉水和降水，以肥料养分输入为主，占总输入养分的70%左右。以山东省大葱主产区——章丘为例（表9-20），输入到农田的养分N、P_2O_5和K_2O分别为616.8kg/hm^2、356.4kg/hm^{2}和638.0kg/hm^2，有72%养分来源于肥料，尤其是化肥，占比67%。化肥N、P_2O_5和K_2O养分平均投入量分别为413kg/hm^2（202.5～682.5kg/hm^2），300kg/hm^2（124.9～546.0kg/hm^2）和374kg/hm^2（180～450kg/hm^2），而有机肥用量750～4500kg/hm^2，平均2115kg/hm^2，带入N、P_2O_5和K_2O养分分别为29.6kg/hm^2、29.6kg/hm^{2}和14.8kg/hm^2。从农田氮肥输入来源来看，70%氮素来源于化肥，其次是灌溉水，占比10.4%，小麦秸秆还田和降水带入量相当，平均带入7%左右；磷素主要来源于肥料，84.2%和8.3%的磷素分别来源于化肥和有机肥；农田钾素主要来源于化肥和秸秆还田，分别占比58.6%和35.7%。

表9-20　章丘大葱农田养分来源（课题组2017年数据）　单位：kg/hm^2

养分	有机肥	化肥	秸秆还田	种苗	灌溉水	降水	总量
N	29.6	413	45.0	24.7	63.9	40.6	616.8
P_2O_5	29.6	300	9.3	9.1	1.8	6.6	356.4
K_2O	14.8	374	228.0	21.2	—	—	638.0

注：有机肥养分按照2%N、2%P_2O_5、1%K_2O和30%水分计算，灌溉水和降水钾素未检测。

（2）大葱集约化农田养分去向　大葱养分的输出主要包括作物收获带走、养分损失和土壤残留三个方面。其中作物带走的氮磷钾养分量占总养分投入量的 20% ～ 30%；养分损失包括淋溶、径流和气体损失（N_2O、NH_3 等），这方面研究较少，尤其是氨挥发，几乎为零。已有研究表明[53-54]（含课题组未发表数据），葱田 N 素损失占施氮量的 5.3% ～ 10.5%，主要以淋溶为主，约占损失数量的 94%；其次是 N_2O 排放，占比 5% 左右；径流损失最少，仅约占 0.2%。有 30% ～ 40% 的氮素残留在 0 ～ 90cm 土体中。以 2020 年山东章丘定位监测点 N 素去向为例，氮输出量总计 381.9kg/hm^2，其中大葱收获带走氮素最高，占总输出量的 50.4%；其次为残留在土体中的氮素，占比 41.7%；通过淋溶和 N_2O 排放损失的氮素最少，仅占比 7.9%。与农民习惯相比，优化施肥降低 32% 氮肥投入量，氮素输出量降低 23.5%，主要是氮素损失和土壤残留大大降低，分别减少 18.3% 和 41.6%。

（3）大葱集约化农田氮磷钾养分循环特征　大葱植株吸收的氮磷钾养分中，有 40% ～ 60% 来自土壤矿化和环境，其余则主要来源于肥料。氮磷钾肥料的养分利用效率较低，分别为 10% ～ 35%、10% ～ 20% 和 25% ～ 35%，其余养分除少部分残留于土壤中外，绝大部分则通过径流淋溶或以气体形式散失至周围环境中。以课题组 2020 年章丘大葱定位监测点为例（表 9-21），大葱前茬小麦秸秆不还田时，农民习惯模式下农田氮、磷和钾素的盈余量分别为 184.3kg/hm^2、274.9kg/hm^2 和 54.9kg/hm^2；与农民习惯模式相比，优化模式下氮和磷盈余量显著降低，分别减少 27.0% 和 59.9%，而钾盈余量增加 69.9%，主要与优化模式钾肥投入量较高有关。

表9-21　大葱集约化农田氮磷钾养分表观平衡（课题组2020年试验数据）

模式	养分	输入 / (kg/hm^2)		输出 / (kg/hm^2)			表观平衡 / (kg/hm^2)
		肥料	其他	收获	损失	残留	
农民习惯	氮（N）	437.0	129.2	192.6	30.1	159.2	184.3
	磷（P_2O_5）	345.0	17.5	87.3	0.27	—	274.9
	钾（K_2O）	193.7	21.2	160.0	—	—	54.9
优化	氮（N）	297.3	129.2	174.4	24.6	93	134.5
	磷（P_2O_5）	165.0	17.5	72.0	0.16	—	110.3
	钾（K_2O）	268.7	21.2	196.6	—	—	93.3

9.3.2.2　生姜农田养分来源和去向

（1）生姜农田养分来源　生姜养分来源主要包括肥料投入、灌溉水和降水带入及土壤养分矿化等多种形式，其中肥料形式投入占比 80% 以上。以山东生姜主产区为例，氮、磷、钾肥的年投入量分别为 N 500 ～ 900kg/hm^2，P_2O_5 300 ～ 600kg/hm^2 和 K_2O 600 ～ 1200kg/hm^2。年平均投入量约为 N 670kg/hm^2，P_2O_5 420kg/hm^2 和 K_2O 750kg/hm^2，其中有机态养分投入比例分别约为 40%、30% 和 20%。以安丘地区为例，设施和露地两种种植模式下的氮素投入形式及投入量如表 9-22 所示。氮素的年带入量介于 975.52 ～ 1337.89kg/hm^2，其中化肥带入比例最大，平均值为 58.65%；其次为有机肥和灌溉带入，平均比例分别为 19.78% 和 13.28%。

表9-22　生姜农田氮素来源　　单位：kg/hm²

模式	化肥带入	种植前土壤 N_{min}（0 ~ 40cm）	灌水带入氮量	有机肥矿化量	合计
设施常规	753.80	85.04	136.17	362.88	1337.89
设施优化	518.30	122.81	136.17	362.88	1140.16
露地常规	866.30	76.53	168.11	109.35	1220.29
露地优化	603.00	95.06	168.11	109.35	975.52

（2）生姜农田养分去向　养分去向主要包括姜块收获、生姜茎叶带走、土壤残留、以气体散失或径流淋溶等途径损失至周围环境等多种形式。其中，植株吸收利用的氮磷钾养分量占总养分投入量的 30% ～ 50%，养分损失比例占总养分的 50% ～ 70%，由于生姜种植土壤多为砂质土，保水保肥能力较弱，土壤固持养分基本保持不变。实际生产中，为了避免姜瘟等土传病害的传播，生姜茎叶几乎全部离田，且大多被废弃在田间地头或沟渠内，植株腐解后，养分也多随雨水冲洗进入地表或者地下水环境，因此养分的实际损失率会有所增加。以安丘地区为例，设施和露地种植模式下的氮素去向及带走量如表 9-23 所示。植株吸收带走的氮素总量介于 338.6 ～ 434.96kg/hm²，仅占氮输入总量的 27.75% ～ 43.33%；实际损失至周围环境的氮素则占总输入量的 70% 以上。

表9-23　生姜农田氮素去向　　单位：kg/hm²

模式	姜块带走氮量	茎叶带走氮量	土壤残留 N_{min}（0 ~ 40cm）
设施常规	131.93	261.30	73.90
设施优化	155.24	279.72	74.13
露地常规	123.84	214.76	57.84
露地优化	168.35	254.35	82.88

（3）生姜农田氮磷钾养分循环特征　生姜植株吸收的氮磷钾养分中，有 30% ～ 50% 来自土壤，其余则主要来源于肥料。氮磷钾肥料的养分利用效率分别为 20% ～ 35%、15% ～ 30% 和 25% ～ 40%，其余养分除少部分残留于土壤中外，绝大部分则通过径流淋溶或以气体形式散失至周围环境中，损失率达 40% ～ 60%。安丘地区两种种植模式下的氮平衡分析如表 9-24 所示，氮素盈余量达 469.93 ～ 870.75kg/hm²，占氮总投入量的 48.17% ～ 67.51%，此部分几乎均通过径流淋溶或以气体形式散失至周围环境中。综上所述，实际生产中的生姜减肥潜力巨大，通过养分资源综合管理技术，实现生姜的绿色提质增效具有可行性。

表9-24 氮素表观平衡 单位：kg/hm^2

模式	投入		产出		盈余
	肥料	其他	收获	土壤残留 N_{min}（0 ~ 40cm）	
设施常规	1116.68	221.21	393.23	73.90	870.75
设施优化	881.18	258.98	434.96	74.13	631.07
露地常规	975.65	244.64	338.60	57.84	823.85
露地优化	712.35	263.17	422.70	82.88	469.93

9.3.2.3 大蒜农田养分来源和去向

（1）大蒜农田养分来源　大蒜养分来源主要包括肥料投入、种苗和灌溉水等，其中肥料投入占比 90% 以上。以山东大蒜主产区为例，氮磷钾肥的年投入量分别为 284 ～ 526kg/hm^2，238 ～ 484kg/hm^2 和 239 ～ 432kg/hm^2；年平均投入量约为 N 431.0kg/hm^2，P_2O_5 327.8kg/hm^2 和 K_2O 317.2kg/hm^2，其中有机态养分投入比例分别约为 4.5%、6.4% 和 2.7%。以山东金乡及周边为例，大蒜农田养分投入形式及投入量如表 9-25 所示。

表9-25 大蒜农田养分来源（课题组调查数据） 单位：kg/hm^2

养分	有机肥	化肥	蒜种	灌溉	总量
N	21.00	409.98	37.39	37.5	505.87
P_2O_5	21.00	306.80	20.01	—	347.81
K_2O	9.24	308.01	29.22	—	346.47

注：有机肥养分按氮（N）2.0%、磷（P_2O_5）2.0%、钾（K_2O）1.0%、水分 30% 计算，灌溉水磷、钾未检测。

（2）大蒜农田养分去向　养分去向主要包括大蒜收获、茎叶带走、土壤残留、以气体散失或径流淋溶等途径损失至周围环境等多种形式。其中，植株吸收利用的氮磷钾养分量占总养分投入量的 20% ～ 60%，养分损失比例占总养分的 40% ～ 80%，由于大蒜种植土壤多为砂质土，保水保肥能力较弱，土壤固持养分基本保持不变。实际生产中，为了避免根腐、叶枯等土传病害的传播，大蒜茎叶几乎全部离田，且大多被废弃在田间地头或沟渠内，植株腐解后，养分也多随雨水冲洗进入地表或者地下水环境，因此养分的实际损失率会有所增加。以金乡地区为例，氮素去向及带走量如表 9-26 所示。植株吸收带走的氮素总量介于 248.06 ～ 312.96kg/hm^2，占氮输入总量的 52.96% ～ 59.56%；植株吸收带走的磷总量介于 92.16 ～ 106.26kg/hm^2，占磷输入总量的 21.98% ～ 26.50%；植株吸收带走的钾素总量介于 181.63 ～ 209.14kg/hm^2，占钾输入总量的 48.51% ～ 52.42%；耕层土壤氮残留量介于 47.94 ～ 50.55kg/hm^2，占氮输入总量的 9.1% ～ 10.8%。

表9-26 大蒜农田养分去向 单位：kg/hm^2

模式	大蒜带走氮量（N）	大蒜带走磷量（P_2O_5）	大蒜带走钾氮量（K_2O）	土壤残留 N_{min}（0 ~ 30cm）
优化	248.06	92.16	181.63	50.55
常规	312.96	106.26	209.14	47.94

（3）大蒜农田氮磷钾养分循环特征　大蒜植株吸收的氮磷钾养分中，有 30% ～ 50% 来自土壤，其余则主要来源于肥料。氮磷钾肥料的养分利用效率分别约为 20% ～ 35%、15% ～ 30% 和 25% ～ 40%，其余养分除少部分残留于土壤中外，绝大部分则通过径流淋溶或以气体形式散失至周围环境中，损失率达 40% ～ 80%。金乡地区两种种植模式下的氮平衡分析如表 9-27 所示，氮素盈余量达 187.35 ～ 245.06kg/hm^2，占氮总投入量的 38.55% ～ 40.44%，此部分几乎均通过径流淋溶或以气体形式损失至周围环境中。

表9-27 大蒜农田的氮素表观平衡 单位：kg/hm^2

处理	氮输入				氮输出		表观平衡
	施氮量	播前无机氮	环境氮输入	表观矿化	作物带出	残留无机氮	
优化	240	40.54	36.7	168.72	248.06	50.55	187.35
常规	360	40.54	36.7	168.72	312.96	47.94	245.06

注：环境氮输入指蒜种 + 降雨；表观矿化指土壤氮素矿化 + 有机肥矿化量；土壤氮素矿化 = 不施氮小区作物吸氮量 + 不施氮肥区土壤残留 N_{min}− 不施氮肥区土壤起始 N_{min}；有机肥矿化量 = 只施有机肥区（作物吸氮量 + 土壤残留 N_{min}）− 不施肥区（作物吸氮量 + 土壤残留 N_{min}）。

9.3.3 葱姜蒜推荐施肥技术

9.3.3.1 氮肥“总量控制、分期调控”技术

根层土壤无机氮（N_{min}）是同步土壤、肥料氮素供应和作物氮素需求的有效方法，利用各生长阶段满足作物正常生长的氮素目标供应值减去氮肥施用前根区土壤 N_{min} 含量，从而实现平衡土壤、肥料氮素供应和作物氮素需求。先确定作物在不同生育时期的养分供应目标值，明确土壤及有机肥的氮素供应量，进行分阶段养分推荐，这样才能使作物养分吸收与土壤养分供应达到同步。

（1）大葱氮肥“总量控制、分期调控”技术　大葱在缓苗越夏期、旺盛生长期、假茎充实期的氮素供应目标值分别为 38.05kg/hm^2、196.20kg/hm^2、233.22kg/hm^2[55]；大葱产量在 65t/hm^2 时，整个生长季的氮素供应总目标值为 571.21kg/hm^2。结合氮肥阶段累积规律，从定植到缓苗越夏期施肥量为 30kg/hm^2（基肥），从缓苗越夏期到旺盛生长期为 30kg/hm^2（第一追肥），从旺盛生长期到假茎充实期为 120kg/hm^2（第二追肥），从假茎充实期到收获为 90kg/hm^2（第三追肥），氮肥的总用量为 270kg/hm^2 左右。氮肥分配比例为 11%、11%、45% 和 33%。

（2）生姜氮肥“总量控制、分期调控”技术　以山东潍坊生姜为例，对于目标产量为90t/hm^{2}及以上的生姜来说，结合氮肥阶段累积规律，播种时施肥量为60kg/hm^2（基肥），从播种到三股叉时期为60kg/hm^2（第一追肥），从三股叉到第一次培土为120kg/hm^2（第二追肥），旺盛生长期间结合培土追肥再追肥两次，每次180kg/hm^2。氮肥的总用量为600kg/hm^{2}左右。氮肥分配比例为：基肥10%；追肥4次，第一次10%，第二次20%，第三、四次各30%。

（3）大蒜氮肥“总量控制、分期调控”技术　以山东金乡大蒜为例，大蒜在苗期、鳞芽花芽分化期、蒜薹伸长期、蒜头膨大期的氮素供应目标值分别为N 70～80kg/hm^2、110～120kg/hm^2、100～110kg/hm^2、60～70kg/hm^2[56]；大蒜产量在30t/hm^{2}时，整个生长季的氮素供应总目标值为N 350～360kg/hm^2。结合氮肥阶段累积规律，从苗期到鳞芽花芽分化期施肥量为110～120kg/hm^2（第一次追肥），从鳞芽花芽分化期到蒜薹伸长期为100～112kg/hm^2（第二次追肥），从蒜薹伸长期到蒜头膨大期为60～70kg/hm^2（第三追肥）。氮肥分配比例为基肥20%左右，三次追肥分别为30%、30%和20%左右。

9.3.3.2　磷钾平衡施用技术

大葱、生姜和大蒜磷、钾肥适宜施用量的确定，可根据磷钾恒量监控的技术原理，即在土壤有效磷钾养分处于极高或较高水平时，采取控制策略，不施磷钾肥或施肥量等于作物带走量的50%～70%；在土壤有效磷钾养分处于适宜水平时，采取维持策略，施肥量等于作物带走量；在土壤有效磷钾养分处于较低或极低水平时，采取提高策略，施肥量等于作物带走量的130%～170%或200%。以3～5年为一个周期，并3～5年监测一次土壤肥力，以决定是否调整磷钾肥的用量。简易方法见参考表9-28和表9-29。

表9-28　山东省葱姜蒜磷素优化管理技术

作物	分级	土壤有效磷/（mg/kg）	产量/（t/hm^2）	磷素优化管理技术	
				短期和中期/（kg/hm^2）	长期
大葱	高	＞40	60	0	每3～5年对土壤有效磷进行监测，调整磷肥的施用量
	中	20～40		20	
	低	＜20		30	
生姜	高	＞30	90	50	
	中	18～30		70	
	低	＜18		105	
大蒜	高	＞30	24	0	
	中	18～30		40	
	低	＜18		80	

表9-29 山东省葱姜蒜钾素优化管理技术

作物	分级	土壤有效钾 /(mg/kg)	产量 /(t/hm^2)	钾素优化管理技术	
				短期和中期 /(kg/hm^2)	长期
大葱	高	> 200	60	0	每 3 ～ 5 年对土壤速效钾进行监测，调整钾肥的施用量
	中	100 ～ 200		40 ～ 80	
	低	< 100		120	
生姜	高	> 200	90	450	
	中	100 ～ 200		300 ～ 400	
	低	< 100		750	
大蒜	高	> 200	24	0	
	中	100 ～ 200		50 ～ 90	
	低	< 100		120	

9.3.3.3 中微量元素“因缺矫正”技术

钙、镁、硼、锰等中微量元素对大葱的生长有一定的影响，增施含这些元素的肥料可使葱白增长增粗，从而达到提高产量和品味变浓的目的。根据土壤中微量元素的丰缺状况和植株缺素症状，可以针对性地施用中微量元素。在缺锌缺硼地块，基肥时一般每亩施用 1 ～ 2kg 硫酸锌、硼砂 0.5 ～ 1kg，与细土或有机肥均匀混合：如作追肥和叶面喷施，可用 0.05% ～ 0.1% 硼砂，0.2% ～ 0.3% 的硫酸锌溶液在生长期中喷施。

9.3.3.4 有机肥推荐技术

有机肥种类繁多，组分复杂，功能多样。实际生产中可根据用肥目的，选择不同类型有机肥，以实现有机肥的精准施用。大葱有机肥施用，可选用腐熟堆肥 1 ～ $4m^3$/ 亩（500 ～ 2000kg）随整地施用，或商品有机肥 80 ～ 200kg 随整地或大葱定植时，葱沟施用。生姜有机肥投入量和使用品种较多，分别如下：以改良土壤结构，提供有机质为主要目标，推荐施用高碳含量有机肥 1500 ～ 3000kg/ 亩或 3 ～ $5m^3$/ 亩，如牛粪、猪粪、羊粪及秸秆类为主的堆肥，翻地前撒施，翻耕入土；以提供有机氮、小分子多肽为主要目标，推荐施用饼粕类有机肥 25 ～ 100kg/ 亩，如豆饼、香油渣、花椒饼、花生粕、发酵大豆等，此类有机肥宜作为种肥集中施用；以持续提供养分和有机质为主要目标，推荐施用商品有机肥 300 ～ 500kg/ 亩，其中 100 ～ 200kg 作为种肥集中施用，200 ～ 300kg 作为追肥，在两次小培时施用；以构建健康的土壤环境为主要目标，推荐施用生物有机肥 40 ～ 100kg/ 亩，宜作为种肥或追肥集中施用；以提高生姜抗逆性（促生根）为主要目标，推荐施用有机水溶肥、生物刺激素类有机肥 3 ～ 6 次，每次 5 ～ 15kg/ 亩，此类肥料可在苗期随水施用两次，培土后施用 1 次，如果经济条件允许，也可以每次浇水均冲施有机水溶肥。受生产效益和种植习惯的影响，大蒜生产中有机肥使用较少，导致土壤有机质含量较低、连作障碍较为严重，生产中推荐使用腐熟堆肥 1 ～ 4m³/ 亩（500 ～ 2000kg）或商品有机肥 80 ～ 200kg，随整地时均匀撒施后做畦、播种。

9.3.4 葱姜蒜施肥指导意见

9.3.4.1 施肥原则

针对华北葱姜蒜生产中氮磷化肥用量普遍偏高，肥料增产效率下降，而有机肥施用不足，微量元素锌和硼缺乏时有发生等问题，提出以下施肥原则：

以有机肥为主，有机肥与化肥配合施用。施用有机肥可以培肥地力，改善土壤。但有机肥养分含量低，肥效缓慢，必须配合施用适量化肥，以满足作物的生长和高产需要。

依据土壤肥力条件，施用适宜的氮磷钾肥料，氮、磷、钾养分使用比例为 1∶0.4～0.6∶0.7。磷钾肥以基肥为主，基肥追肥相结合。追肥以氮肥为主，氮钾合理配合，适当补充微量元素。

葱姜蒜的产量、品质不但与肥料关系密切，还与水分管理、培土等栽培措施密切相关。所以应加强田间管理，将调肥、控水、培土等高产优质栽培技术有机结合。

9.3.4.2 施肥建议

（1）大葱施肥建议 在基肥施用腐熟的鸡粪 2000kg/ 亩或商品有机肥 200kg/ 亩条件下，不同产量水平、化肥用量如下：

① 产量水平 4000kg/ 亩以上：氮肥（N）18 ～ 20kg/ 亩，磷肥（P_2O_5）10 ～ 12kg/ 亩，钾肥（K_2O）13 ～ 15kg/ 亩。

② 产量水平 3500 ～ 4000kg/ 亩：氮肥（N）16 ～ 18kg/ 亩，磷肥（P_2O_5）8 ～ 10kg/ 亩，钾肥（K_2O）10 ～ 13kg/ 亩。

③ 产量水平 3000kg/ 亩以下：氮肥（N）12 ～ 14kg/ 亩，磷肥（P_2O_5）6 ～ 8kg/ 亩，钾肥（K_2O）6 ～ 9kg/ 亩。

全部磷、1/2 钾肥以及氮肥总量的 1/5 作基肥施用，4/5 的氮肥作为追肥在缓苗越夏期（立秋前后）、葱白生长初期（白露前后）、葱白生长盛期施用；1/2 钾肥作为追肥在缓苗越夏期（立秋前后）施用。养分分配：氮肥：基施占 8%，在 8 月上旬、8 月下旬、9 月中上旬和 10 月上旬进行四次追肥，分别约占 8%、13%、36% 和 35%。磷肥：基肥占 50% ～ 60%，第一次追肥时施入 40% ～ 50%。钾肥：一次基肥四次追肥，每次用量 25%。

（2）生姜施肥建议 在基肥施用腐熟的鸡粪 5000kg/ 亩或商品有机肥 500kg/ 亩条件下，不同产量水平、化肥用量如下：

① 产量水平 6000kg/ 亩以上：氮肥（N）35 ～ 40kg/ 亩，磷肥（P_2O_5）10 ～ 12kg/ 亩，钾肥（K_2O）40 ～ 50kg/ 亩。

② 产量水平 4000 ～ 6000kg/ 亩：氮肥（N）30 ～ 35kg/ 亩，磷肥（P_2O_5）8 ～ 10kg/ 亩，钾肥（K_2O）40 ～ 45kg/ 亩。

③ 产量水平 4000kg/ 亩以下：氮肥（N）28 ～ 30kg/ 亩，磷肥（P_2O_5）6 ～ 8kg/ 亩，钾肥（K_2O）30 ～ 40kg/ 亩。

70% 磷肥、30% 钾肥、20% 氮肥作基肥施用，剩余肥料作为追肥在幼苗期、发棵期、膨大期分次施用。

（3）大蒜施肥建议　在基肥施用商品有机肥 200 ～ 300kg/ 亩条件下，不同产量水平化肥用量如下：

① 产量水平蒜薹 300kg/ 亩、蒜头 2000kg/ 亩以上：氮肥（N）18 ～ 20kg/ 亩，磷肥（P_2O_5）8 ～ 10kg/ 亩，钾肥（K_2O）12 ～ 15kg/ 亩。

② 产量水平蒜薹 300 ～ 350kg/ 亩、蒜头 1500 ～ 1750kg/ 亩：氮肥（N）16 ～ 18kg/ 亩，磷肥（P_2O_5）7 ～ 10kg/ 亩，钾肥（K_2O）10 ～ 12kg/ 亩。

③ 产量水平蒜薹 300kg/ 亩、蒜头 1500kg/ 亩以下：氮肥（N）12 ～ 14kg/ 亩，磷肥（P_2O_5）6 ～ 8kg/ 亩，钾肥（K_2O）8 ～ 11kg/ 亩。

全部磷、钾肥作基肥施用，氮肥总量的 1/3 作基肥施用，2/3 作为追肥在鳞芽花芽分化期、鳞茎膨大期施用。

9.3.5　葱姜蒜体系高产优质绿色施肥应用案例

9.3.5.1　葱姜蒜体系施肥存在的主要问题

大葱生产中有机养分投入少，土壤有机质缺乏；化学养分过量施用，养分配比失调及高效简化施肥技术缺乏。生姜生产中有机肥使用不合理，土壤有机质和盐渍化问题突出；生姜种植初期出苗及抗逆问题以及化学养分过量施用，养分配比失调，病害发生严重。大蒜生产中有机肥料施用量严重不足，化肥盲目施用现象严重，养分投入不平衡；传统大蒜主产区连作障碍严重，以化学养分管理为主的施肥技术不能获得高产，养分利用效率低；新的大蒜种植区域缺少大蒜绿色施肥技术，存在凭经验和过量施肥的现象。

9.3.5.2　葱姜蒜体系高产优质绿色施肥技术策略

（1）大葱高产优质绿色施肥技术策略　a. 氮、磷、钾养分投入要均衡，比例为 1∶0.4∶1.3，大葱是喜钾作物，绝不能少施或不施钾肥。b. 有机肥和化肥不可互相替代。有机肥肥效长、营养全，有保水、保肥、改土作用，能提高化肥的利用率。化肥肥效快，可在短时期内满足大葱生长发育需要，有机肥和化肥各有特点，不可互相替代。c. 基肥、追肥不可互相替代。基肥是大葱种植中重要的一环，基肥在定植前结合整地施入，可培肥土壤，并为幼苗缓苗、生根发育提供所需养分。d. 大量元素和微量元素不可互相替代。大葱需肥量大且集中，容易造成部分元素的暂时性缺乏，需及时补充以防影响产量或造成品质下降。e. 应根据大葱的生长特点进行施肥，掌握“前轻、中重、攻中补后”的原则。施肥宜将较大比例的肥料放在大葱缓苗后施用，以在大葱吸肥高峰提供养分，减少土壤中转化造成的各种损失、提高肥料利用率。

（2）生姜高产优质绿色施肥技术策略　a. 氮、磷、钾养分投入要均衡，比例为

1∶0.4∶1.5，生姜是喜钾作物，绝不能少施或不施钾肥。b．农家肥和化肥不可互相完全替代。农家肥肥效长、营养全，有保水、保肥、改土作用，能提高化肥的利用率，宜作为底肥集中施用。化肥肥效快，可在短时期内满足生姜生长发育需要，宜作为追肥分次施用。c．基肥、追肥不可互相替代。基肥是生姜种植中重要的一环，基肥在定植前结合整地施入，可培肥土壤，并为幼苗植株前期发育提供所需养分。d．大量元素和微量元素不可互相替代。生姜需肥量大且集中，容易造成部分元素的暂时性缺乏，需及时补充以防影响产量或造成品质下降。e．应根据生姜的生长特点进行施肥，掌握“前轻、中攻、补后”的原则。施肥宜将较大比例的肥料放在生姜发棵期后施用，以在生姜吸肥高峰期提供养分，减少土壤中养分转化所造成的各种损失，提高肥料利用率。

（3）大蒜高产优质绿色施肥技术策略　a．氮、磷、钾养分投入要均衡，比例为1∶0.16∶0.61。b．有机肥和化肥不可互相替代。有机肥肥效长、营养全，有保水、保肥、改土作用，能提高化肥的利用率。化肥肥效快，可在短时期内满足大蒜生长发育需要，有机肥和化肥各有特点，不可互相替代。c．基肥、追肥不可互相替代。基肥是大蒜生产中重要的一环，基肥在定植前结合整地施入，可培肥土壤，并为幼苗缓苗、生根发育提供所需养分。d．大量元素和微量元素不可互相替代。大蒜需肥量大且集中，容易造成部分元素的暂时性缺乏，需及时补充以防影响产量或造成品质下降。e．应根据大蒜的生长特点进行施肥，掌握“重施基肥、攻中补后”的原则。因为地膜覆盖栽培，施肥宜将较大比例的肥料放作为基肥施用，在蒜薹伸长前期或后期进行一次（或两次）追肥。

9.3.5.3　葱姜蒜作物体系高产优质绿色肥料产品及应用效果

根据葱姜蒜作物的养分需求规律、干物质量累积规律、土壤养分供应状况和肥料利用率而设计了不同作物的配方肥。配方拟订主要考虑土壤养分状况、作物养分吸收规律、产量管理水平、田间试验结果与有关文献资料、农民施肥习惯等因素，使农民选购使用时，既方便操作，又易与其他措施配套。实际施肥量介于理论需要量和农民习惯施肥量之间，让农民易于接受，提高可操作性。不同作物的绿色肥料产品研发及应用效果分别阐述如下。

（1）大葱体系高产优质绿色肥料产品及应用效果

① 配方肥设计　根据目标产量、土壤和环境供肥能力以及氮磷钾肥的养分利用率，并结合配方设计原则、磷钾肥特性和农民施肥习惯，大葱基肥设计总养分含量为45%，N-P_2O_5-K_2O配方为15-18-12；追肥设计总养分含量为40%，N-P_2O_5-K_2O配方为18-6-16。

② 使用方法　大葱定植前在沟底施商品有机肥200kg/亩和大葱专用基肥；将肥料与土壤混合均匀。立秋以后，气温逐渐下降，根系已基本恢复生长，进入发叶盛期，对肥水的需要量迅速增加，进行第一次追肥，将配方肥撒在距大葱15～20cm的葱沟处，浅锄并浇水。此时正值雨季，为增加肥料利用率，也可将此阶段肥料于8月上旬与下旬分两次施用。9月中上旬葱白生长盛期，要将肥料施在行间沟内距葱根较近的部位，追肥后用培土同时埋肥，培土以不埋心叶为宜，立即在沟内灌水。最后一次追肥在9月底或结合种麦施入葱行之间。

③ 使用效果

A．配方肥对大葱产量和产值的影响　从表9-30可以看出，与农民习惯相比，施用配方肥略有增产，每亩产量和产值分别增加100kg和115元；每亩肥料节本61元，总效益增加176.8元。

表9-30　不同处理下小区试验产量与效益

处理	产量/（t/亩）	增产率/%	产值/（元/亩）	增产效益/（元/亩）	肥料节本/（元/亩）	总效益/（元/亩）
农民习惯	4.7a		5592.4			
配方肥	4.8a	2.2	5707.5	115.0	61.8	176.8

注：普通大葱价格按照1200元/t计。同栏同列数据后不同字母表示5%水平差异显著性。

B．配方肥对大葱品质的影响　与农民习惯相比，施用配方肥对大葱硝酸盐、可溶性糖及可溶性固形物的影响不显著（表9-31），但大葱维生素C含量显著提高42.3%。

表9-31　不同处理下大葱品质

处理	维生素C/（mg/kg）	硝酸盐/（mg/kg）	可溶性糖/%	可溶性固形物/%
农民习惯	89.8b	483.5a	8.2a	8.6a
配方肥	127.8a	472.5a	8.5a	8.6a

注：同栏同列数据后不同字母表示5%水平差异显著性。

（2）生姜体系高产优质绿色肥料产品及应用效果

① 配方肥设计　根据生姜养分吸收规律，以8000kg/亩为目标产量，根据文献资料，每生产1000kg鲜姜需从土壤中吸收N 4.6～6.1kg，P_2O_5 1.9～2.5kg，K_2O 7.2～11.4kg，全生育期氮磷钾的吸收比例为2.5∶1∶4，钾最多，氮次之，磷最少。目标产量下，仅考虑以化学肥料供应作物生长所需全部NPK等养分，即施用氮（N）42.4kg、磷（P_2O_5）17.6kg、钾（K_2O）74.4kg，总体N∶P_2O_5∶K_2O为2.4∶1∶4.2。

生姜不同生育时期所需要的养分不同。幼苗期，此期萌芽、展叶及新梢等营养器官的快速生长需要大量氮素，因此此期适合高氮低磷；旺盛生长期，是生姜迅速膨大期，再往后是品质形成关键期，为了避免贪青晚熟和促进着色，需要控氮，提高钾的比例，此期应中氮低磷高钾分配。随着生长期的推进，钾的吸收比例略有下降，氮的吸收比例略有所上升，故养分分配比例如下：基肥：氮肥50%、磷肥50%、钾肥40%；追肥：氮肥50%、磷肥50%、钾肥60%。即基肥施用氮21.2kg、磷8.8kg、钾29.76kg，肥料配比14-6-20，肥料推荐用量140～160kg/亩。追肥施用氮21.2kg、磷8.8kg、钾44.64kg，肥料配比12-5-25，肥料推荐用量170～180kg/亩。

考虑到春季低温少雨干旱，建议基肥添加速效的硝态氮，硝态氮∶铵态氮为3∶7。追肥以酰胺态氮素为主。为提高生姜商品性，建议配方中硼锌添加量为0.02%和0.04%，氧化镁添加量为0.8%，氧化钙的添加量为0.3%。

② 配方提升　在生姜配方基肥和追肥中添加5%的水溶性腐植酸，可以增加土壤有机质，改善土壤碳氮比，提高作物的养分吸收能力，提高作物品质。

③ 使用方法　正确使用产品是发挥肥料效果的重要保证。生姜的萌芽主要依靠块姜的

贮藏营养，而幼苗期的生物量相对较小，因此对养分的吸收量少，这两个时期内应少施甚至不施肥；但自幼苗期开始，至旺盛生长前期，应重视补充氮肥和磷肥，以促进地上部茎叶的生长，因此在基肥时可结合有机肥施入氮肥和磷肥的50%，将有机肥和化肥与土混合后施入。但在较肥沃的土壤上应注意减施或少施化学肥料，并避免将化肥作为种肥，以免造成烧根。此外，在砂质土壤中，应注意与灌溉结合，以免漏水漏肥。

④ 使用效果　2018 年在潍坊开展了生姜专用肥及配方提升效果验证小区试验，处理及施肥方法见表 9-32；试验地点土壤基本养分含量见表 9-33。

表9-32　不同处理施肥方法

<table>
<tr><th rowspan="2">施肥时间</th><th colspan="2">农民习惯（46.75-23.25-71.25）</th><th colspan="2">配方（39.8-16.75-73.75）</th><th colspan="2">配方提升（39.8-16.75-73.75+腐植酸）</th></tr>
<tr><th>施肥类型</th><th>施肥量/（kg/亩）</th><th>施肥类型</th><th>施肥量/（kg/亩）</th><th>施肥类型</th><th>施肥量/（kg/亩）</th></tr>
<tr><td rowspan="3">底肥 3 月底</td><td>有机肥</td><td>200</td><td>有机肥</td><td>200</td><td>有机肥</td><td>200</td></tr>
<tr><td rowspan="2">复合肥（17-17-17）</td><td rowspan="2">50</td><td rowspan="2">基肥配方（14-6-20）</td><td rowspan="2">100</td><td>基肥配方（14-6-20）</td><td>100</td></tr>
<tr><td>腐植酸</td><td>7.5</td></tr>
<tr><td>4 月初</td><td>有机肥</td><td>160</td><td>有机肥</td><td>160</td><td>有机肥</td><td>160</td></tr>
<tr><td>4 月下旬</td><td>15-5-25</td><td>15</td><td>生根剂</td><td>5</td><td>生根剂 1</td><td>5</td></tr>
<tr><td>5 月初</td><td>15-5-25</td><td>15</td><td>生根剂</td><td>5</td><td>追肥配方（12-5-25）</td><td>10</td></tr>
<tr><td>5 月中旬</td><td>15-5-25</td><td>15</td><td>追肥配方（12-5-25）</td><td>10</td><td>追肥配方（12-5-25）</td><td>10</td></tr>
<tr><td>6 月初</td><td>15-5-25</td><td>30</td><td>追肥配方（12-5-25）</td><td>10</td><td>追肥配方（12-5-25）</td><td>10</td></tr>
<tr><td rowspan="2">6 月下旬（小培）</td><td>15-5-25</td><td>40</td><td>追肥配方（12-5-25）</td><td>60</td><td>追肥配方（12-5-25）</td><td>60</td></tr>
<tr><td>商品有机肥</td><td>160</td><td>商品有机肥</td><td>160</td><td>商品有机肥</td><td>160</td></tr>
<tr><td rowspan="2">7 月初（与上次左右交替）</td><td>商品有机肥</td><td>160</td><td>商品有机肥</td><td>160</td><td>商品有机肥</td><td>160</td></tr>
<tr><td>15-5-25</td><td>40</td><td>追肥配方（12-5-25）</td><td>60</td><td>追肥配方（12-5-25）</td><td>60</td></tr>
<tr><td rowspan="3">7 月中下旬（大培）</td><td>15-7-24</td><td>100</td><td rowspan="3">追肥配方（12-5-25）</td><td rowspan="3">60</td><td rowspan="3">追肥配方（12-5-25）</td><td rowspan="3">60</td></tr>
<tr><td>K_2SO_4</td><td>25</td></tr>
<tr><td>中微量元素</td><td>20</td></tr>
<tr><td>8 月末～9 月中下旬（1～3 次）</td><td>15-10-30</td><td>5/ 次</td><td>追肥配方（12-5-25）3 次</td><td>5/ 次</td><td>追肥配方（12-5-25）3 次</td><td>5/ 次</td></tr>
</table>

表9-33　供试地点土壤基本养分含量

土层 /cm	碱解氮 /（mg/kg）	速效磷 /（mg/kg）	速效钾 /（mg/kg）	有机质 /（g/kg）	pH 值
0 ～ 20	68.98	62.07	221.00	16.9	7.58
20 ～ 40	26.32	58.31	175.00	15.3	7.68

对产量和经济效益进行分析（表 9-34），配方肥比农民习惯增产 3% 左右，化肥减施量为 10%，每亩增收 642.9 元；添加腐植酸的处理较农民习惯增产效果显著，达 5.23%，化肥总体 PFP 和总效益最高的处理为配方提升处理，较配方肥处理增产 2.05%。配方肥和配方提升技术与农民习惯相比，都达到了预设效果。

表9-34　试验小区效益分析

处理	测产产量 /（t/ 亩）	亩施肥总量 /kg	化肥总体 PFP/（kg/kg）	生姜产值 /(元 / 亩）	增产效益 /(元 / 亩）	节约肥料成本 /（元 / 亩）	总效益 /(元 / 亩）
农民习惯	8.50c	143.35	59.33	17008.55	—	—	—
配方	8.77b	128.96	68.00	17538.46	529.91	112.99	642.90
配方提升	8.95a	128.96	69.39	17897.44	888.89	89.89	978.78

注：同栏同列数据后不同字母表示 5% 水平差异显著性。

（3）大蒜体系高产优质绿色肥料产品及应用效果

① 配方肥设计　根据前人研究成果，并结合近几年试验数据，大蒜整个生育期吸收 N 248.1kg/hm^2，P 40.2kg/hm^2，K 151.4kg/hm^2。对 N、P、K 的吸收比例为 1∶0.16∶0.61。大蒜在种植—苗期—鳞芽花芽分化期—蒜薹伸长期—蒜薹收获期—蒜头收获 5 个不同生育阶段，对 N、P、K 的吸收量也各不相同。大蒜对氮素的吸收高峰主要集中在蒜薹收获后鳞茎迅速膨大时期。

根据金乡蒜地土壤的肥力状况及大蒜的养分需求特征，应用测土配方施肥的成果来制定配方。结合市场销售价，肥料配比设计为基肥配方 18-10-17-Zn 0.2-B 0.1 和追肥配方 18-5-17（腐植酸型）。基肥推荐施用 80kg/ 亩，追肥推荐施用 20kg/ 亩。

② 使用方法　山东大蒜专用配方肥基肥配方 18-10-17（硫酸钾型），施用量 80 ～ 100kg/ 亩；追肥配方 18-5-17（腐植酸型），施用量 20 ～ 30kg/ 亩。基肥在 10 月初期，结合有机肥施用，每亩专用配方肥 80 ～ 100kg、3000 ～ 5000kg 完全腐熟的有机肥或 200kg 商品有机肥，肥料撒施均匀后，立即翻土深耕，耕翻深度一般 25 ～ 30cm，播种前采用平畦栽培，在整好的畦面上，按 18cm 的行距平地开沟。追肥在第二年 3 月份蒜薹伸长期进行，施用配方复合肥（18-5-17）20 ～ 30kg/ 亩，随水冲施。

③ 使用效果

A．配方肥对大蒜产量的影响　与农民习惯相比，配方肥处理的蒜头每亩增产 257.6kg，增产率达 14.99%；但蒜薹产量略有降低，减产 0.84%（表 9-35）。

表9-35　不同处理大蒜产量

处理	重复一/（kg/亩）	重复二/（kg/亩）	重复三/（kg/亩）	蒜头平均亩产量/（kg/亩）	蒜头增产率/%	蒜薹平均亩产量/（kg/亩）	蒜薹增产率/%
农民习惯	1782.09	1747.42	1626.75	1718.75b	—	318.83a	—
配方肥	2034.10	1854.09	2040.77	1976.32a	14.99	316.16a	−0.84

注：同栏同列数据后不同字母表示 5% 水平差异显著性。

B．配方肥对大蒜品质的影响　大蒜收获后，对蒜头和蒜薹的维生素 C 和硝酸盐进行检测，结果见表 9-36。与农民习惯比较，施用配方肥对大蒜的品质有明显的提升作用，可以明显减少蒜薹和蒜头硝酸盐含量，降幅分别为 8.8% 和 5.1%；而显著提高了维生素 C 含量，分别增加 6.2% 和 7.3%。

表9-36　大蒜品质分析

处理	蒜头		蒜薹	
	维生素 C/（mg/100g）	硝酸盐/（mg/kg）	维生素 C/（mg/100g）	硝酸盐/（mg/kg）
农民习惯	6.14b	1022.49a	32.85b	711.90a
配方肥	6.59a	970.26b	34.90a	649.25b

注：同栏同列数据后不同字母表示 5% 水平差异显著性。

C．配方肥对大蒜经济效益的影响　2017—2019 年，在金乡、鱼台和商河布置了 7 个专用肥示范和小区试验，相关结果平均值如表 9-37 所示。从肥料效率比较，配方肥总体化肥平均偏生产力达到 47.8，氮肥平均偏生产力达到 118.3，较农民习惯处理分别提高 68.9% 和 55.5%。与农民习惯比较，配方肥化肥总量减少 37.79%，氮肥减少 33.36%，化肥节本 144.0 元 / 亩，收益增加 692.1 元 / 亩；但 2018 年和 2019 年大蒜价格差异较大，仅就 2019 年而言，农民习惯纯收益 7421.24 元，专用肥处理收益 8504.88 元，增收了 1083.64 元。因此，不论大蒜价格如何变化，配方肥的施用对大蒜产量、蒜农的收入及肥料的偏生产力都有积极作用。

表9-37　2017—2019年大蒜专用肥经济效益及收益分析

处理	N/（kg/亩）	P_2O_5/（kg/亩）	K_2O/（kg/亩）	总量/（kg/亩）	化肥总体PFP	PFP_N	肥料成本/（元/亩）	收益/（元/亩）
农民习惯	27.8	18.8	27.2	73.7	28.3	76.1	379.7	4424.1
配方肥	18.5	9.5	17.8	45.9	47.8	118.3	235.7	5116.2

9.4 瓜类蔬菜高产优质绿色施肥原理与技术

9.4.1 瓜类蔬菜生长发育规律与养分需求特征

9.4.1.1 瓜类蔬菜特性

瓜类蔬菜均为葫芦科，常见的瓜类蔬菜包括冬瓜、苦瓜、黄瓜、南瓜、西葫芦、丝瓜、节瓜、瓠瓜和蛇瓜等。瓜类蔬菜植株包括根、茎、叶、花、果实五个部分。不同瓜类蔬菜其根系分布存在较大差异，深根系（如冬瓜），主根最深可深入土层 1.5m，须根主要分布在 15 ～ 25cm 的耕作层，水肥吸收能力强；浅根系（如黄瓜），侧根生长强于主根，横向伸展较宽，根系一般分布在 15 ～ 20cm 的耕作层，水肥吸收能力较弱。瓜类蔬菜茎通常具纵沟纹，匍匐或借助卷须攀缘，卷须侧生叶柄基部。叶互生，通常为 2/5 叶序，无托叶，具叶柄。花为单性，雄花有雄蕊 5 枚，两两结合，1 枚分离，雌花有雌蕊一枚，子房下位。果实为瓜类蔬菜可食用部分为瓠果，果肉常肥厚多汁，果实的肉质部分是子房和被丝托共同发育而成的，属于假果。

9.4.1.2 瓜类蔬菜生长发育特性

瓜类蔬菜为一年生草本植物，因其原产温带及热带，喜高温、阳光、不耐霜。其生命周期一般经过发芽期、幼苗期、抽蔓期、开花结果期等几个关键时期（图 9-20）。从种子萌发至第一对真叶展开为种子发芽期，一般为 10 天左右。第一对真叶到第五片真叶展开至开始抽出卷须为幼苗期，一般需要 25 ～ 35 天。第一条卷须长出时开始进入抽蔓期，节间明显变长，茎蔓的伸长加快，已不能直立，开始匍匐生长或攀援生长，直至第一雌花开始显现，抽蔓期结束。从第一雌花开放，一直到全部果实成熟采收为开花结果期，此时期所经历的时间长短因栽培方式不同有较大差异。进入开花结果期后，瓜类蔬菜生物量迅速增加，植株由茎叶生长逐渐转为以果实生长为主。

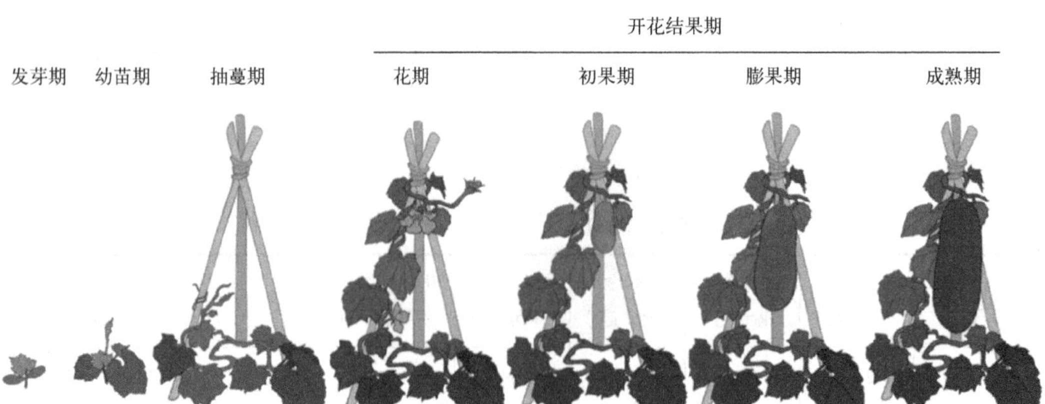

图 9-20　瓜类蔬菜生长发育周期（以冬瓜为例）

9.4.1.3　瓜类蔬菜养分需求特征

瓜类蔬菜生长发育需要大量养分，若不及时补充，会对最终果实产量和品质造成严重影响。瓜类蔬菜整个生育期对氮磷钾吸收量大，其中对钾吸收量最高，其次是氮（表9-38）。瓜类蔬菜生育期内干物质积累随生育推进而呈现"S"形曲线变化，幼苗期植株生物量最小，养分需求少，氮磷钾养分吸收量占总累积量3%～10%；初花期到壮果期，干物质累积量迅速增长，氮磷钾养分累积量进入快速增长期，约占总累积量50%～70%；壮果期到成熟期，植株生长变慢，干物质累积速度变慢，氮磷钾养分累积量增长速度变缓，约占总累积量的24%～47%[57-60]。瓜菜对钙和镁需求量较大，其中，初果期对钙和镁的吸收量约占整个生育期吸收总量的30%与40%；在成熟期对钙的吸收量降低，不足整个生育期的10%。瓜类蔬菜养分在各器官中的分配随生育时期不同而存在差异，整个生育期养分累积量一般表现为果实＞叶片＞茎秆，其中果实的养分吸收主要集中在开花坐果期到盛果期[61]。

瓜类蔬菜以果实为主要食用器官，其生殖生长和营养生长相互依存又相互制约，强健的营养生长是生殖生长的基础和保证，但生殖生长又与营养生长竞争养分，当营养生长过旺时，生殖生长受到抑制；当生殖生长过旺时，容易出现营养生长不良的现象。因此，在瓜菜生长发育的不同时期，需要通过合理水肥管理，正确地调整营养生长与生殖的关系。

表9-38　几种常见瓜类蔬菜每形成1000kg果实所吸收养分量

蔬菜种类	N/kg	P_2O_5/kg	K_2O/kg	N∶P_2O_5∶K_2O
冬瓜	0.80～1.36	0.44～0.69	2.31～3.82	1∶0.22∶2.81
苦瓜	5.20～5.40	0.78～0.84	6.21～7.18	1∶0.15∶1.33
黄瓜	2.00～3.20	0.90～1.25	2.30～4.73	1∶0.39∶1.48

（1）冬瓜养分需求特征　每生产1000kg冬瓜需氮（N）0.80～1.36kg、磷（P_2O_5）0.44～0.69kg、钾（K_2O）2.31～3.82kg，氮、磷、钾需求比例为1∶0.22∶2.81。冬瓜定植后干物质积累动态总体呈"S"形曲线变化[58]。冬瓜干物质积累随时间进行不断增加，在初花期前干物质积累缓慢，此时叶、茎为主要干物质积累器官。在初花期后，由于冬瓜开始结果，果实快速膨大，干物质快速积累。到壮果期后，叶的干物质积累逐渐减少，整株冬瓜干物质累积重心向果实转移（图9-21）。冬瓜在苗期、初花期、初果期、壮果期和成熟期干物质积累量分别占整个生育期的3%、8%、34%、23%及32%[58]。

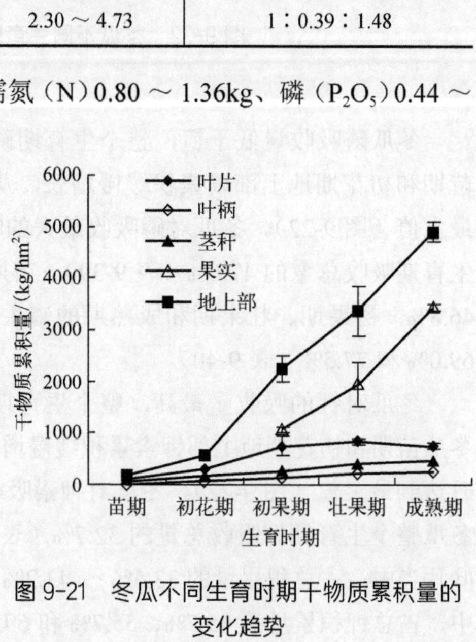

图9-21　冬瓜不同生育时期干物质累积量的变化趋势

冬瓜对氮的吸收量仅次于钾，冬瓜整个生育

期氮素吸收量为104kg/hm^2，养分收获指数为0.73。冬瓜苗期和初花期地上部氮素累积增长缓慢，从初果期开始，氮素累积量快速上升，最后在成熟时达到最大值（图9-22）。冬瓜对氮素吸收最大的时期是初果期，吸收量为41.6kg/hm^2，占冬瓜整个生育期吸收总量的39.9%（表9-39）。冬瓜苗期、花期和初果期吸收的氮主要分配在叶片中，分别占总量的72.0%、67.2%和51.6%，而在膨果期和成熟期氮主要分布在果实当中，分别占总量的59.7%和73.0%（表9-40）。

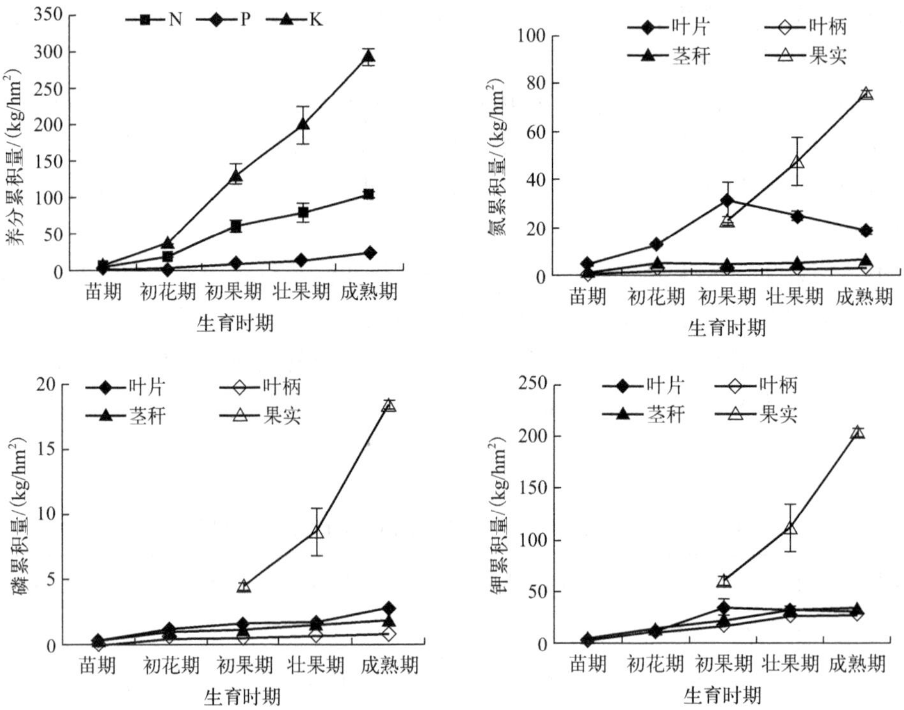

图9-22　冬瓜不同生育时期氮、磷、钾累积量的变化趋势

冬瓜磷吸收量低于氮，整个生育期磷吸收量为24kg/hm^2，磷素收获指数为0.78。冬瓜苗期和初花期地上部磷累积缓慢增长，从初果期开始，磷累积量快速上升，在成熟时达到最大值（图9-22）。冬瓜对磷吸收最大的时期是成熟期，吸收量为11.2kg/hm^2，占冬瓜整个生育期吸收总量的47.6%（表9-39）。苗期和花期，磷主要分配在叶片中，占总量59.1%和46.8%，初果期、壮果期和成熟期的磷主要分配在果实当中，分别占总磷积累量的58.5%、69.0%和77.5%（表9-40）。

冬瓜对钾的吸收量最高，整个生育期钾素吸收量为293kg/hm^2，养分收获指数是0.70。冬瓜苗期和初花期地上部钾素累积缓慢增长，从初果期开始，钾素累积量快速上升，在成熟时达到最大值（图9-22）。冬瓜对钾素吸收最大的时期是初果期，吸收量为95.8kg/hm^2，占冬瓜整个生育期钾吸收总量的32.7%（表9-39）。在冬瓜苗期和花期，钾主要分配在茎秆和叶片当中，占总积累量的33.5%～43.2%，初果期、壮果期和成熟期的钾主要分配在果实当中，占总钾积累量的45.7%、55.7%和69.7%（表9-40）。

表9-39　冬瓜不同生育时期地上部氮、磷、钾吸收量的分配比例　　单位：%

养分	苗期	初花期	初果期	壮果期	成熟期
N	6.0	12.3	39.9	17.9	23.9
P	2.8	7.7	21.3	20.6	47.6
K	3.1	9.4	32.7	22.9	31.9
吸收比例	1∶0.11∶1.42	1∶0.14∶2.15	1∶0.12∶2.30	1∶0.26∶3.61	1∶0.45∶3.74

表9-40　冬瓜不同生育时期各器官氮、磷、钾养分的分配比例　　单位：%

养分	器官	苗期	初花期	初果期	壮果期	成熟期
N	叶片	72.0	67.2	51.6	30.9	18.0
	叶柄	5.2	8.4	2.9	2.8	2.8
	茎秆	22.8	24.4	7.4	6.6	6.2
	果实	—	—	38.1	59.7	73.0
P	叶片	59.1	46.8	21.4	13.4	11.6
	叶柄	6.9	16.8	5.8	5.7	3.4
	茎秆	34.0	36.4	14.3	11.9	7.5
	果实	—	—	58.5	69.0	77.5
K	叶片	39.3	33.5	25.6	16.0	10.0
	叶柄	17.5	27.8	12.4	12.6	8.9
	茎秆	43.2	38.7	16.3	15.7	11.4
	果实	—	—	45.7	55.7	69.7

（2）苦瓜养分需求特征　每生产1000kg苦瓜需氮（N）5.00～5.40kg、磷（P_2O_5）0.78～0.84kg、钾（K_2O）6.21～7.18kg，氮、磷、钾需求比例为1∶0.15∶1.33。随着苦瓜生育期的推进，干物质积累量不断增加，且不同器官在不同生长时期增加幅度不同。苦瓜营养器官干物质积累量较果实先快速增加，后期逐渐下降[62]；苦瓜果实干物质积累量在生长前期迅速增加，后期增势趋缓（图9-23）。

苦瓜不同生长期内氮、磷、钾累积量变化趋势大致相同，氮、磷、钾养分累积量随着生育期的推进而逐渐增加，但不同营养元素在苦瓜不同生长时期的净累积量存在差异（图9-24）。从种植到幼苗期，苦瓜氮、磷、钾累积速率较慢，而从幼苗期开始，氮、磷、钾积累均进入快速增长期，特别在花期以后各养分累积速率均最高，整个生育期累积氮素160.7kg/hm^2，累积磷素25.0kg/hm^2，累积钾素238.2kg/hm^2。不同时期苦瓜氮、磷、钾养分净累积量占总累积量的比例不同，总体表现为前期少、后期多，主要累积时期都在盛瓜期，分别占总累积量的48.2%、51.5%和47.1%。氮、磷、钾在各生长时期的吸收比例分别为幼苗期 1.0∶0.1∶1.2；花期 1.0∶0.1∶1.5；初瓜期 1.0∶0.1∶1.4；盛瓜期后，植株磷累积量增加，表现为盛瓜期 1.0∶0.2∶1.5；末瓜期 1.0∶0.2∶1.6。

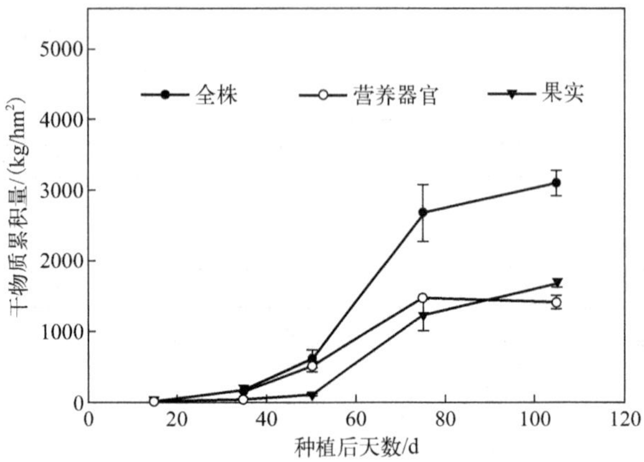

图 9-23　苦瓜生长期内地上部各部位干物质积累量差异

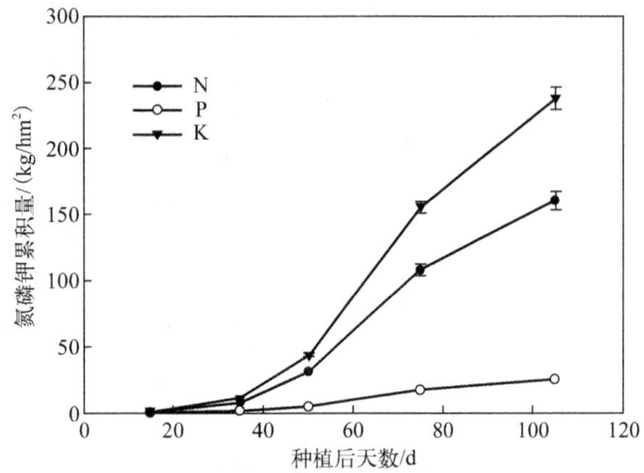

图 9-24　不同生育时期内苦瓜氮、磷、钾养分累积变化动态

（3）黄瓜养分需求特征　每生产 1000kg 黄瓜需氮（N）2.00 ～ 3.20kg、磷（P_2O_5）0.19 ～ 1.25kg、钾（K_2O）2.30 ～ 4.73kg，氮、磷、钾需求比例为 1∶0.39∶1.48，全生育期需钾最多，其次是氮，再次是磷。从黄瓜不同生长阶段养分积累量来看，前期生长速度较缓，所需营养较少，而在后期黄瓜迅速生长，其对土壤中养分吸收量必然增多[63]。以结果阶段为例，黄瓜对土壤中营养元素的吸收速率达到整个成长过程的峰值。因此，在生产过程中，在黄瓜幼果期至采收期应加重追肥，以促进其生长发育及果实膨大对养分的需求。

黄瓜氮素总积累量随生育期推进呈“S”形曲线增长，在苗期，氮素累积量缓慢增加，进入开花期后，氮素累积量进入快速增长期，在结果后期，黄瓜氮素累积量增长速度变缓。苗期氮素积累量最低，占总积累量的 13.1%，开花期到结果初期氮素累积量最大，占 55.2%。根、茎、叶中氮素积累量随着生育期的推进而逐渐升高，其中叶片中氮素累积量先缓慢升高后迅速增加，在结果期增长变缓；果实氮素累积量呈现逐渐增加的趋势，整个生育期黄瓜果实氮素积累量占植株总量的38.3%（图9-25）。

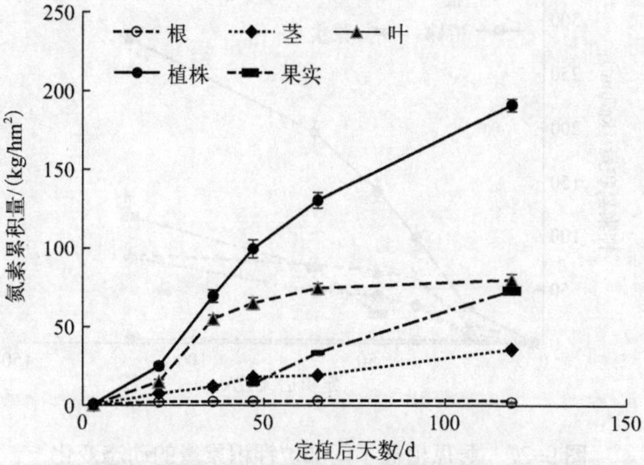

图9-25 黄瓜植株不同部位氮积累量的动态变化

黄瓜磷素积累量呈现逐渐增加的趋势，进入开花期后，磷素累积量快速增长，在结果期磷素累积量增长速度变缓。苗期磷素积累量最低，占总积累量的16.5%，开花期到结果初期累积量最大，占58.3%。根、茎、叶中磷素积累量随着生育期的推进而逐渐升高，其中叶片中磷素累积量逐渐增加，在结果期增长变缓。果实磷素累积量呈现先快速增加，在结果后期出现增长变缓的趋势，整个生育期黄瓜果实磷素吸收量占植株总量的40.5%（图9-26）。

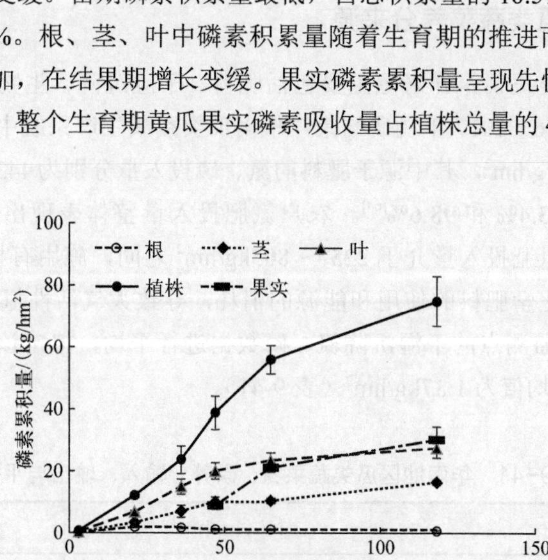

图9-26 黄瓜植株不同部位磷积累量的动态变化

黄瓜钾积累动态与氮相似，累积量呈“S”形曲线增长，在结果期，钾素累积量快速增长。苗期钾素积累量最低，占总积累量的11.1%，大部分钾素在结果期累积。根、茎、叶中钾素积累量随着生育期的推进逐渐升高，其中叶片中钾素累积量先缓慢升高后迅速增加，在结果期增长变缓。果实钾素累积量呈现逐渐增加的趋势，整个生育期黄瓜果实钾素吸收量占植株总量的 41.5%（图 9-27）。

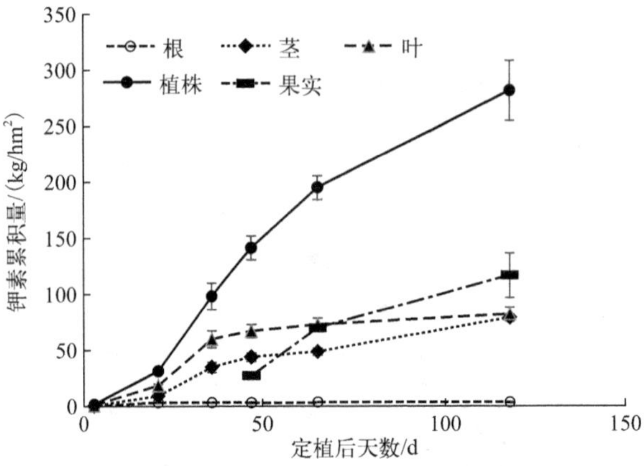

图 9-27　黄瓜植株不同部位钾积累量的动态变化

9.4.2　瓜类蔬菜养分来源和去向

9.4.2.1　华南地区瓜类蔬菜养分来源

在华南地区，瓜类蔬菜养分来源主要包括肥料、干湿沉降、生物固定、灌溉、种子等方面。据课题组在 2016—2017 年调研结果，华南瓜类蔬菜生产系统中氮、磷投入量分别为 531.51kg/hm^2、359.58kg/hm^2，其中源于肥料的氮、磷投入量分别为443.34kg/hm^2、354.72kg/hm^2，分别占总量的 83.4% 和 98.6%[64]。农户氮肥投入量整体表现出变异较大、有机肥施用较少的特点，其中氮肥投入量介于 225 ～ 805kg/hm^2 之间，施用有机肥农户占比仅 27%。当前，畜牧业发展、化学肥料的使用和能源的消耗，导致大气活性氮浓度持续升高 [65]。对 2010 年华南区域多个监测点的干湿沉降氮、磷数据进行平均，拟定该区域氮沉降平均值为 29.1kg/hm^2，磷沉降平均值为 1.37kg/hm^2（表 9-41）。

表9-41　华南地区瓜类蔬菜氮、磷养分输入、输出与平衡

项目		N/（kg/hm^2）	P_2O_5/（kg/hm^2）
输入	肥料	443.34	354.72
	种子	0.07	0.05
	灌溉	44.00	3.44
	干湿沉降	29.10	1.37
	生物固定	15.00	—
	总输入	531.51	359.58

续表

项目		N/（kg/hm²）	P_2O_5/（kg/hm²）
输出	果实	58.91	43.95
	茎叶	33.31	10.45
	氨挥发	46.45	—
	反硝化	1.44	—
	淋洗	100.57	1.42
	径流	52.68	47.14
	总输出	293.36	102.96
平衡		238.15	256.62

9.4.2.2 华南地区瓜类蔬菜养分去向及平衡特征

在华南地区，瓜类菜田氮素输出主要包括植株和果实氮素带走量，以及淋洗、径流、氨挥发和反硝化损失量[66]。华南瓜类蔬菜生产系统中，氮素总输入为531.51kg/hm²，收获带走92.22kg/hm²（占总输入17.4%），收获后根层残留氮素为238.15kg/hm²（占总输入44.8%），氮素表观损失201.14kg/hm²（占总输入37.8%），其中，淋洗损失占总输入的18.9%，占表观损失的50%，这表明淋洗是瓜类蔬菜生产系统中的主要氮素损失途径（表9-41）。

在华南地区，瓜类菜田磷素输出主要包括植株和果实带走量，以及淋洗和径流损失量。磷素总输入为359.58kg/hm²，收获带走54.40kg/hm²（占总输入的15.1%），收获后根层残留磷素为256.62kg/hm²（占总输入的71.4%），磷素表观损失48.56kg/hm²（占总输入的13.5%），其中，径流损失占总输入的13.1%，占表观损失的97.1%，表明径流是瓜类蔬菜生产系统中主要的磷素损失途径（表9-41）。

9.4.3 瓜类蔬菜推荐施肥技术

根据土壤养分含量和作物需肥规律和特点，及作物根系可耐受肥液浓度，将可溶性固体或液体肥料稀释配制成的肥液，借助压力系统，与水一起灌溉，均匀、定时、定量输送到作物根系发育生长区域的技术。该技术的应用可以节约灌溉用水30%～70%，降低人工投入量20%～60%。

以冬瓜为例，冬瓜的需肥量和需水量大，农户传统种植大水大肥，不仅浪费资源，还导致肥料利用率低、冬瓜品质下降、土质恶化，对生态环境造成不利影响。利用滴灌、膜下喷灌等水肥一体化管理模式，根据不同生育时期的需水量调控土壤墒情，利用水肥一体化装置实现冬瓜施肥的“早促、中控、开花结果而后攻”的原则，实现水肥精准调控，节水节肥，优质高产。

9.4.4 瓜类蔬菜施肥指导意见

9.4.4.1 冬瓜施肥指导意见

（1）施肥原则

① 应根据土壤有效养分含量估算土壤供肥量，对施肥量进行合理调整，提高肥料利用率。

② 重施基肥，基肥以有机肥为主，化学肥料为辅。

③ 巧施追肥，勤施薄施，前轻后重，氮、磷、钾合理搭配。

④ 苗期和抽蔓期以促进茎叶生长、防止徒长为主，适当调控氮肥施用量。

⑤ 结果期以促进果实膨大、增加果实产量为主，适时适量增施镁钙肥。

⑥ 收获前以促进果实养分积累、提高产品品质为主，适当增施磷钾肥。

⑦ 鼓励采用水肥一体化管理模式，实现水肥精准控制。

（2）施肥建议

① 基肥施用优质有机肥 500 ～ 1000kg/ 亩，硼砂 0.3kg/ 亩。

② 目标产量水平 4000 ～ 6000kg/ 亩，施氮肥（N）8 ～ 14kg/ 亩，磷肥（P_2O_5）3 ～ 9kg/ 亩，钾肥（K_2O）9 ～ 18kg/ 亩，镁肥（MgO）2 ～ 4kg/ 亩；目标产量水平 6000 ～ 8000kg/ 亩，施氮肥（N）14 ～ 20kg/ 亩，磷肥（P_2O_5）9 ～ 15kg/ 亩，钾肥（K_2O）18 ～ 27kg/ 亩，镁肥（MgO）4 ～ 6kg/ 亩；目标产量水平 8000 ～ 10000kg/ 亩，施氮肥（N）20 ～ 26kg/ 亩，磷肥（P_2O_5）15 ～ 20kg/ 亩，钾肥（K_2O）27 ～ 36kg/ 亩，镁肥（MgO）6 ～ 8kg/ 亩[58，67-68]。

③ 冬瓜全生育期需追肥 4 次，其中 30% 氮肥、30% 钾肥、100% 磷肥和 50% 镁肥作基施；在苗期进行第 1 次追肥，追施 20% 氮肥和钾肥；在花期进行第 2 次追肥，追施 15% 氮肥、钾肥以及 50% 镁肥；在初果期进行第 3 次追肥，追施 15% 氮肥和钾肥；在盛果期追施第 4 次肥，追施 20% 氮肥和钾肥。

④ 在初果期叶面喷施有效钙浓度为 170 ～ 190mg/kg 的钙肥进行补钙；在盛果期可适量追施磷酸氢二铵，并视植株生长情况适当喷施钙、铁、锌、硼等中微量元素。

9.4.4.2 苦瓜施肥指导意见

（1）施肥原则

① 施足底肥，苦瓜根系发达，耐肥而不耐瘠。

② 及时追肥，苦瓜生长周期长，需肥量大，根据其生长需求进行适时追肥。

③ 巧补叶面肥，在苦瓜盛果期喷施适量叶面肥（如 0.3% 磷酸二氢钾）能有效提高产量和品质。

④ 应根据土壤施肥条件进行施肥种类及数量的调整。

⑤ 有机肥与无机肥相结合，基肥与追肥相结合，大量元素与中量元素、微量元素相结合的施肥原则，实行平衡施肥。

⑥ 忌偏施、重施氮肥，氮肥施用过量易导致苦瓜徒长，影响产量和品质，同时还会降低苦瓜抗逆性。

⑦ 鼓励采用水肥一体化管理模式，实现水肥精准控制。

（2）施肥建议

① 基肥施用商品有机肥 300kg/ 亩，或农家有机肥 750kg/ 亩。

② 目标产量水平 2000 ～ 3000kg/ 亩，施氮肥（N）10 ～ 26kg/ 亩，磷肥（P_2O_5）9 ～ 17kg/ 亩，钾肥（K_2O）14 ～ 31kg/ 亩；目标产量水平 3000 ～ 4000kg/ 亩，施氮肥（N）26 ～ 42kg/ 亩，磷肥（P_2O_5）17 ～ 24kg/ 亩，钾肥（K_2O）31 ～ 47kg/ 亩[69-71]。

③ 苦瓜全生育期需追肥 6 次，其中 10% 氮肥、10% 钾肥、50% 磷肥作基施；第 1 次追肥在幼苗定植 7 天后进行，追施 5% 氮肥和钾肥，10% 磷肥；第 2 次追肥在初花期进行，追施 10% 氮肥和钾肥，10% 磷肥；第 3 次追肥在初果期进行，追施 15% 氮肥和钾肥，10% 磷肥；第 4 次追肥距第 3 次追肥约隔 10 天，追施 20% 氮肥和钾肥，10% 磷肥；10 天后进行第 5 次追肥，追施 20% 氮肥和钾肥，10% 磷肥；再过 10 天后，进行第 6 次追肥，追施 20% 氮肥和钾肥。

④ 在一般情况下，若在基肥时施足有机肥，可以不施用中、微量元素肥料，但当土壤有效镁极缺（交换性镁含量＜ 100mg/kg）以致影响产量的情况下，可考虑酌情施用中量元素镁肥，全期施镁（Mg）肥量为 0.3 ～ 0.8kg/ 亩，拆合为七水硫酸镁（含 Mg 9.8%）3.0 ～ 8.0kg/ 亩。当土壤有效硼极缺（有效硼含量＜ 0.20mg/kg）以致影响产量的情况下，可考虑酌情施用微量元素硼肥，全期施硼（B）肥量为 0.03 ～ 0.06kg/ 亩，拆合为硼砂（含 B 11%）0.27 ～ 0.55kg/ 亩。当土壤有效钼极缺（有效钼含量＜ 0.07mg/kg）以致影响产量的情况下，可考虑酌情施用微量元素钼肥料，全期施钼（Mo）肥量为 0.008 ～ 0.016g/ 亩，拆合为钼酸铵（含 Mo 54%）15 ～ 30g/ 亩。

9.4.4.3　黄瓜施肥指导意见

（1）施肥原则

① 提倡施用优质有机堆肥，老菜棚注意多施含秸秆多的堆肥，少施禽粪肥，实行有机无机肥配合施用和秸秆还田。

② 依据土壤肥力条件和有机肥的施用量，综合考虑环境养分供应，适当调整氮、磷、钾化肥用量。

③ 采用合理的灌溉技术，遵循少量多次的灌溉施肥原则。

④ 定植后苗期不宜频繁追肥，氮肥和钾肥分次施用，少量多次，避免追施磷含量高的复合肥，前期追施高氮复合肥，中后期重视钾肥的追施。

⑤ 蔬菜地酸化严重时，尤其是土壤 pH 值在 5.0 以下，应适量施用石灰等碱性土壤调理剂。

⑥ 提倡应用水肥一体化技术，做到控水控肥、提质增产、提高水肥利用效率[68]。

（2）施肥建议

① 基肥施用优质有机肥 400 ～ 500kg/ 亩。

② 产量水平 3000 ～ 6000kg/ 亩，氮肥（N）12 ～ 20kg/ 亩，磷肥（P_2O_5）5 ～ 9kg/ 亩，钾肥（K_2O）15 ～ 24kg/ 亩；产量水平 6000 ～ 9000kg/ 亩，氮肥（N）20 ～ 28kg/ 亩，磷肥（P_2O_5）9 ～ 15kg/ 亩，钾肥（K_2O）24 ～ 36kg/ 亩；产量水平 9000 ～ 12000kg/ 亩，氮肥（N）28 ～ 36kg/ 亩，磷肥（P_2O_5）15 ～ 18kg/ 亩，钾肥（K_2O）36 ～ 48kg/ 亩；产量水平 12000 ～ 15000kg/ 亩，氮肥（N）36 ～ 45kg/ 亩，磷肥（P_2O_5）18 ～ 24kg/ 亩，钾肥（K_2O）48 ～ 60kg/ 亩[72-74]。

③ 全部有机肥作基肥施用，60% 以上的磷肥、20% ～ 30% 氮钾肥作基肥施用，施肥方式为条（穴）施，其余氮钾肥在初花期和结瓜期按养分需求分 6 ～ 8 次追施，其余的磷肥随氮钾肥追施，每次追施氮肥用量不超过 5kg/ 亩；秋冬茬和冬春茬的氮钾肥在初花期和结瓜期分 6 ～ 7 次追肥，越冬长茬的氮钾肥在初花期和结瓜期分 8 ～ 11 次追肥。如果采用滴灌施肥技术，可减少 20% 左右的化肥施用量，采取少量多次的原则，灌溉施肥次数在 15 次左右。

9.4.5 典型瓜类蔬菜体系高产优质绿色施肥应用案例

9.4.5.1 三水黑皮冬瓜生产中存在的主要问题

三水黑皮冬瓜是佛山市三水区最具特色的农产品，但存在冬瓜产量增长缓慢的问题，限制当地冬瓜产业发展。对当地村庄进行调研走访后发现，90% 的农户缺乏基础的肥料知识，冬瓜种植过程中存在氮磷钾肥料施用不均衡、有机肥施用率低等问题。通过测土配方技术，我们发现该区域冬瓜种植地的土壤有效磷含量高，中微量元素镁缺乏，农户施肥不合理的问题。

9.4.5.2 三水区黑皮冬瓜体系高产优质绿色施肥技术策略

针对三水黑皮冬瓜施肥存在的主要问题，提出以下策略：一是降低氮、磷养分施用量，增加钾肥与镁肥施用量；二是改进栽培技术，选择菜稻轮作模式、调整播期和适当增密，加施有机肥（表 9-42）。

表9-42 三水区黑皮冬瓜体系高产优质绿色施肥技术策略

优化项	农户管理	优化措施	备注
氮肥用量（N）	370kg/hm^2	290kg/hm^2	−80kg/hm^2
磷肥用量（P_2O_5）	336kg/hm^2	213kg/hm^2	−123kg/hm^2
钾肥施用量（K_2O）	354kg/hm^2	398kg/kg	+44kg/hm^2
有机肥	施用率 27%	550 ～ 700kg/ 亩	加施有机肥
密度	370 ～ 460 株 / 亩	480 ～ 500 株 / 亩	适当增密
轮作模式	冬瓜-豆角-椰菜	冬瓜-水稻-椰菜	
镁肥用量（MgO）	基本不施用	基施 MgO 60kg/hm^2, 施用时间与氮肥追施时间一致；或者于苗期、初果期、中果期喷施 3% 的硫酸镁	

9.4.5.3 技术应用效果

如图 9-28 所示，与农民传统管理相比，综合调控技术增产 24.8%，种植效益提高 35.6%，氮（N）、磷（P_2O_5）、钾（K_2O）养分利用效率分别提高 132kg/kg，224kg/kg 和 11kg/kg。

农户管理处理　　　　　　　　　综合调控处理

图 9-28　三水黑皮冬瓜农户管理处理与综合调控处理效果对比

参考文献

[1] Bamji M S, Murty P V V S, Sudhir P D. Nutritionally sensitive agriculture-an approach to reducing hidden hunger[J]. European Journal of Clinical Nutrition, 2021, 75(7): 1001-1009.

[2] Dias J S. Nutritional Quality and Health Benefits of Vegetables: A Review[J]. Food and Nutrition Sciences, 2012, 3(10): 1354-1374.

[3] Septembre-Malaterre A, Remize F, Poucheret P. Fruits and vegetables, as a source of nutritional compounds and phytochemicals: Changes in bioactive compounds during lactic fermentation[J]. Food Research International, 2018, 104: 86-99.

[4] FAO. 2020.

[5] 夏密林. 番茄生长习性及施肥技术 [J]. 农业与技术，2018,38(22): 66.

[6] 赵洪志. 探析辣椒的生长习性 [J]. 农业与技术，2015, 35(5): 106-123.

[7] 徐云民. 茄子生长习性与环境条件 [J]. 吉林农业，2017(12): 86.

[8] 李波，任树梅，杨培岭，等. 供水条件对温室番茄根系分布及产量影响 [J]. 农业工程学报，2007(9): 39-44.

[9] Wang X Z, Dou Z X, Shi X J, et al. Innovative management programme reduces environmental impacts in Chinese vegetable production[J]. Nature Food, 2021, 2(1): 47-53.

[10] 刘彬，王孝忠，管西林，等. 膜下滴灌条件下温室秋延辣椒养分吸收及分配规律 [J]. 中国蔬菜，2017(5): 50-57.

[11] 管西林. 北方设施黄瓜生产体系养分负荷削减及其评价 [D]. 北京：中国农业大学，2021.

[12] 龚玉琴，侯晓宁，白锦红，等. 冬春茬设施果菜氮磷钾吸收量研究 [J]. 宁夏农林科技，2008, (6): 25-26.

[13] 曲明山，陈保华，郭宁，等. 京郊露地茄子养分吸收规律试验研究 [J]. 中国农技推广，2013, 29(1): 37-39.

[14] 刘彬. 两种果类蔬菜专用肥的区域配肥设计与田间验证 [D]. 北京：中国农业大学，2018.

[15] 王孝忠. 我国蔬菜生产的环境代价、减排潜力与调控途径-以辣椒为例 [D]. 北京：中国农业大学，2018.

[16] 武良，张卫锋，陈新平，等. 中国农田氮肥投入和生产效率 [J]. 中国土壤与肥料，2016(4): 76-83.

[17] Guo R, Qin W, Jiang C, et al. Sweet corn significantly increases nitrogen retention and reduces nitrogen leaching as summer catch crop in protected vegetable production systems[J]. Soil and tillage research, 2018, 180: 148-153.

[18] 叶芳芳. 京郊六种主栽设施蔬菜施肥现状及其节肥潜力分析 [D]. 北京：中国农业大学，2016.

[19] Wang X, Zou C, Gao X, et al. Nitrous oxide emissions in Chinese vegetable systems: A meta-analysis[J]. Environmental Pollution, 2018, 239: 375-383.

[20] Qasim W, Xia L, Lin S, et al. Global greenhouse vegetable production systems are hotspots of soil N_2O emissions and nitrogen leaching: A meta-analysis[J]. Environmental Pollution, 2021, 272: 116372.

[21] Wang D, Guo L, Zheng L, et al. Effects of nitrogen fertilizer and water management practices on nitrogen leaching from a typical open field used for vegetable planting in northern China[J]. Agricultural Water Management, 2019, 213: 913-921.

[22] Lu M, Liu D, Shi Z, et al. Nutritional quality and health risk of pepper fruit as affected by magnesium fertilization[J]. Journal of the Science of Food and Agriculture, 2020, 101(2): 582-592.

[23] 陈清，卢树昌. 果类蔬菜养分管理 [M]. 北京：中国农业出版社. 2015.

[24] 陈清，张福锁. 蔬菜养分资源综合管理理论与实践 [M]. 北京：中国农业大学出版社. 2007.

[25] 万佳淼. 宁夏典型土壤养分供应能力及蔬菜施肥效应研究 [D]. 银川：宁夏大学，2021.

[26] 黄绍文，唐继伟，李春花，等. 我国蔬菜化肥减施潜力与科学施用对策 [J]. 植物营养与肥料学报，2017, 23(6): 1480-1493.

[27] 郝小雨. 设施菜田养分平衡特征与优化调控研究 [D]. 北京：中国农业科学院，2012.

[28] 李彦，张英鹏，王艳芹，等. 黄淮海集约农区氮磷面源污染防控关键技术与应用. 2018-12-01.

[29] 唐振亚. 重庆市露地大白菜氮素去向及投入阈值研究 [D]. 重庆：西南大学硕士学位论文，2013.

[30] 杜会英，冀宏杰，徐爱国，等. 太湖和滇池流域保护地蔬菜氮肥去向研究 [J]. 农业环境科学学报，2010, 29(7): 1410-1416.

[31] 姜振萃，闵炬，陆志新，等. 机械起垄侧条施肥对大白菜产量和氨挥发的影响 [J]. 土壤，2020, 52(1): 10-15.

[32] 王荣萍，余炜敏，李淑仪，等. 华南地区主要蔬菜氮肥肥料利用率研究 [J]. 中国农学通报，2016, 32(25): 34-39.

[33] 王现洁，梁嘉伟，廖新荣，等. 华南地区主要蔬菜磷钾肥料利用率研究现状 [J]. 中国农学通报，2020(1): 7.

[34] 于红梅，王志刚，葛建军，等. 适量施肥提高土壤残留硝态氮利用率及菠菜产量 [J]. 农业工程学报，2014, 30(16): 121-128.

[35] 曹兵，贺发云，徐秋明，等. 露地蔬菜的氮肥效应与氮素去向 [J]. 核农学报，2008, 22(3): 343-347.
[36] 刘宏斌，李志宏，张维理，等. 露地栽培条件下大白菜氮肥利用率与硝态氮淋溶损失研究 [J]. 植物营养与肥料学报，2004, 10(3): 286-291.
[37] 汤丽玲，陈清，张宏彦，等. 不同灌溉与施氮措施对露地菜田土壤无机氮残留的影响 [J]. 植物营养与肥料学报，2002, 8(3): 282-287.
[38] 汪东炎. 华北潮褐土区露地菜地氮磷淋溶特征及阻控措施研究 [D]. 北京：中国农业科学院，2019.
[39] 陆扣萍，闵炬，李蒙，等. 施氮量对太湖地区设施菜地年氮素淋失的影响 [J]. 农业环境科学学报，2012, 31(4): 706-712.
[40] 曹兵，贺发云，徐秋明，等. 露地种植大白菜的氮肥效应与氮素损失研究 [J]. 植物营养与肥料学报，2007, 13(6): 1116-1122.
[41] 龚巍巍，张宜升，何凌燕，等. 菜地氨挥发损失及影响因素原位研究 [J]. 环境科学，2011, 32(2): 345-350.
[42] 王春梅. 太湖流域典型菜地地表径流氮磷流失研究 [D]. 南京：南京农业大学，2011.
[43] 曾招兵，李盟军，姚建武，等. 习惯施肥对菜地氮磷径流流失的影响 [J]. 水土保持学报，2012, 26(5): 34-38.
[44] 单立楠. 不同施肥模式下菜地氮素面源污染特征及生态拦截控制研究 [D]. 杭州：浙江大学，2015.
[45] Qiao C, Liu L, Hu S, et al. How inhibiting nitrification affects nitrogen cycle and reduces environmental impacts of anthropogenic nitrogen input[J]. Global Change Biology, 2015, 21(3): 1249-1257.
[46] Liu B, Wang X Z, Ma L, et al. Combined applications of organic and synthetic nitrogen fertilizers for improving crop yield and reducing reactive nitrogen losses from China's vegetable systems: A meta-analysis[J]. Environmental Pollution, 2021, 269(2): 116143-116154.
[47] Wang X Z, Dou Z X, Shi X J, et al. Innovative management programme reduces environmental impacts in Chinese vegetable production[J]. Nature Food, 2021, 2(1): 47-53.
[48] 孙冬梅. 氮、硫水平和培土措施对大葱生长、品质及根层养分供应的影响 [D]. 福州：福建农林大学，2009.
[49] 万连步，杨力，张民. 作物营养与施肥丛书・蔬菜卷（大葱、圆葱）[M]. 济南：山东科学技术出版社，2004.
[50] 董飞. 大葱需肥规律及钙、镁、硫、硅对其产量和品质的影响 [D]. 泰安：山东农业大学，2012.
[51] 王馨笙. 生姜对氮磷钾吸收分配规律及高效施肥技术研究 [D]. 泰安：山东农业大学，2010.
[52] 张文君. 高产条件下大蒜干物质积累和养分吸收规律的研究 [J]. 广西农业科学，2008, 39(3): 340-343.
[53] 张静，李虎，王立刚，等. 冬小麦 / 大葱轮作体系 N_2O 排放特征及影响因素研究 [J]. 农业环境科学学报，2012, 31(8): 1639-1646.
[54] 李虎. 小清河流域农田非点源氮污染定量评价研究 [D]. 北京：中国农业科学院，2009.
[55] 江丽华，刘兆辉，张文君，等. 氮素对大葱产量影响和氮素供应目标值的研究 [J]. 植物营养与肥料学报，2007, 13(5): 890-896.
[56] 张文君. 氮素对大蒜产量影响和氮素供应目标值的研究 [J]. 土壤肥料科学，2008, 24(7): 254-259.
[57] 王丽英，张彦才，李若楠，等. 水氮供应对温室黄瓜干物质积累、养分吸收及分配规律的影响 [J]. 华北农学报，2012, 27(5): 230-238.
[58] 焦加斌，陈晓东，郑朝元，等. 黑皮冬瓜干物质和养分吸收与分配的动态规律 [J]. 中国农学通报，2022, 38(18): 62-69.
[59] 张金铭，杨衍，戚志强，等. 苦瓜干物质分配和养分吸收规律研究 [J]. 北方园艺，2021(1): 7-11.
[60] 邹冰雪，王曼曼，屈淑平，等. 不同氮磷钾配比对籽用南瓜干物质积累及产量的影响 [J]. 北方园艺，2018(7): 26-30.
[61] 陈清，卢树昌. 果类蔬菜养分管理 [M]. 北京：中国农业大学出版社，2015.
[62] 张白鸽，曹健，张长远，等. 苦瓜的干物质和养分累积与分配规律 [J]. 广东农业科学，2016, 43(2): 39-44.
[63] 于淑芳，高贤彪，卢丽萍，等. 高效节能型日光温室黄瓜养分的吸收规律 [J]. 中国蔬菜，2000, 1(5): 10-11.
[64] 杨林章. 中国农田面源污染防控 [M]. 北京：科学出版社，2022.
[65] 程泰鸿，吴吉，梁涛，等. 重庆市露地蔬菜生产施肥现状与活性氮损失及温室气体排放估算 [J]. 农业环境科学学报，2022(6): 1380-1390.
[66] 付浩然，李婷玉，曹寒冰，等. 我国化肥减量增效的驱动因素探究 [J]. 植物营养与肥料学报，2020, 26(3): 561-580.
[67] 焦加斌，李金隆，郑朝元，等. 减肥加镁对冬瓜产量及果实品质的影响 [J]. 广东农业科学，2021(9): 124-132
[68] 王春荣，崔迎军. 无公害冬瓜生产技术规程 [J]. 农业开发与装备，2017(11): 142.
[69] 张白鸽. 华南露地苦瓜生产体系的氮素调控 [D]. 北京：中国农业大学，2016.
[70] 邓真旺，邓永辉. 苦瓜“3414”田间肥料效应试验研究 [J]. 现代农业科技，2014(8): 90-91.
[71] 车宋朝. 苦瓜测土配方施肥田间肥效试验 [J]. 现代农业科技，2019(11): 54.
[72] 李志. 黄瓜栽培要点 [J]. 现代农业，2010(1): 1.
[73] 黄淑文. 温室黄瓜测土配方施肥技术 [J]. 蔬菜，2008(8): 14-15.
[74] 叶晓东. 设施黄瓜测土配方施肥技术研究 [J]. 现代农业科技，2015(16): 215-126.